高等院校精品课程系列教材·省级

离散数学及其应用

第2版

徐凤生◎主编 巩建闽 宁玉富◎副主编

郭长友 李天志 刘建军 潘东静
戎丽霞 王付山 张建臣 李海军 ◎参编

Discrete Mathematics and Its Applications

Second Edition

机械工业出版社
China Machine Press

本书是山东省省级精品课程“离散数学”的主讲教材，是全国教育科学“十一五”国家课题“我国高校应用型人才培养模式研究”重点子课题“应用型本科院校计算机专业课程体系构建研究”的研究成果。

本书系统讲解离散数学基础知识和应用方法，由六部分构成：第一部分数理逻辑，内容包括命题逻辑和谓词逻辑；第二部分集合论，内容包括集合的基本知识、排列与组合、递推关系、集合论在命题逻辑中的应用、关系、函数、经典集合的扩展等；第三部分数论，内容包括整除和同余；第四部分代数系统，内容包括代数系统的基本概念及性质、半群、独异点、群、环、域、布尔代数等；第五部分图论，内容包括图的基本概念及矩阵表示、几类重要的图、最短路径、关键路径等；第六部分计算机科学中的应用，内容包括形式语言与自动机、纠错码等。

本书在内容安排上，突出由浅入深、循序渐进、通俗易懂的特点，另外各章配备了大量的例题，便于自学。为了体现与前导课和后继课的联系，激发学生的学习兴趣，书中融入了一些编程的思想，并加进了上机实验内容。

本书可作为高等院校计算机及相关专业本科生的“离散数学”课程教材，也可供相关科技人员学习参考。

图书在版编目（CIP）数据

离散数学及其应用　第2版 / 徐凤生主编．—北京：机械工业出版社，2009.7（2023.11重印）

（高等院校精品课程系列教材）

ISBN 978-7-111-27284-7

Ⅰ．离…　Ⅱ．徐…　Ⅲ．离散数学-高等学校-教材　Ⅳ．O158

中国版本图书馆CIP数据核字（2009）第082630号

机械工业出版社（北京市西城区百万庄大街22号　邮政编码　100037）
责任编辑：迟振春
固安县铭成印刷有限公司印刷
2023年11月第2版第13次印刷
184mm×260mm・17.5印张
标准书号：ISBN 978-7-111-27284-7
定价：30.00元

客服电话：（010）88361066　68326294

前 言

目前，在计算机科学的研究和应用中遇到的许多重大问题，不仅是技术问题，而且是理论问题，至少是技术方面的理论问题。因此，无论学生今后从事计算机的理论研究，还是应用开发或者技术管理工作，都必须打下坚实的数学理论基础，以适应学科迅速发展和知识更新的需要，而离散数学是必备的数学基础。

离散数学是研究离散量的结构及其相互关系的数学学科。它是计算机及相关专业的核心和骨干课程，为数据结构、编译原理、数据库、算法分析和人工智能等课程提供必要的数学基础。

离散数学的特点是概念多、理论性强和高度抽象，学生学习起来往往比较困难。针对这种情况，我们在参考各种离散数学教材的基础上，结合作者多年的教学实践，编写了这本普通高等院校计算机及其相关专业本科生适用的离散数学教材。

本书按“精、广、新”的要求组织教学内容，并本着实用的原则增加了上机实验内容等，确保了计算机专业学生能够获得应有的数学知识和解决问题的能力。全书由六部分构成。第一部分数理逻辑（第 1 章和第 2 章），内容包括命题逻辑和谓词逻辑；第二部分集合论（第 3 章、第 4 章和第 5 章），内容包括集合的基本知识、排列与组合、递推关系、集合论在命题逻辑中的应用、关系、函数、经典集合的扩展等；第三部分数论（第 6 章和第 7 章），内容包括整除和同余；第四部分代数系统（第 8 章和第 9 章），内容包括代数系统的基本概念及性质、半群和群、环与域、布尔代数等；第五部分图论（第 10 章），内容包括图的基本概念及矩阵表示、几类重要的图、最短路径、关键路径等；第六部分计算机科学中的应用（第 11 章和第 12 章），内容包括形式语言与自动机、纠错码等。

本书由徐凤生任主编，巩建闽、宁玉富任副主编，参与编写工作的人员还包括郭长友、李天志、刘建军、潘东静、戎丽霞、王付山、张建臣、李海军。最后，全书由徐凤生统稿并定稿。

本书具有以下特色：

（1）内容涉猎面广，可满足不同层面学生的需求。

（2）讲述全面而翔实，阐述简洁而明了。

（3）重点突出解题思路，注重培养学生的数学思维能力和分析、解决问题的能力。

（4）为了体现与前导课和后继课的联系，激发学生的学习兴趣，书中融入了一些编程的思想，并加进了上机实验内容。

（5）例题丰富，题型多样，便于学生自学。

（6）通过典型例题的分析，使学生对所学知识的掌握更加系统化和条理化，更易于对所学知识融会贯通和举一反三。

（7）本书配有电子教案、习题答案和上机实验参考源程序，有需要的教师可与出版社直接联系或发送邮件至 xfs@dzu.edu.cn 与作者联系。

本教材的出版得到了德州学院教材出版基金的资助。在本书编写过程中，得到了德州学院计算机系一些老师的帮助，谨对他们表示衷心的感谢。另外，在编写中参阅了许多离散数学教材和相关资料，在此也向作者表示感谢。最后，还要特别感谢机械工业出版社的大力支持，使得本书得以顺利出版。

限于作者水平，书中不当和疏漏之处在所难免，敬请读者不吝指正。

编者

教学建议

教 学 内 容	学习要点及教学要求	课 时 安 排
第 1 章 命 题 逻 辑	掌握命题及五个命题联结词的概念 重点掌握命题公式类型的判定 熟悉常用的等价式与蕴涵式 了解其他联结词和最小全功能联结词组 重点掌握求主范式的方法 重点掌握利用 P 规则、T 规则、CP 规则进行命题逻辑的推理	12
第 2 章 谓 词 逻 辑	掌握谓词、量词、自由变元和约束变元的概念 了解谓词公式的解释与分类 熟悉常用的谓词等价式与蕴涵式 熟练掌握前束范式的表示，了解斯柯林范式的表示 重点掌握利用 UG 规则、US 规则、EG 规则、ES 规则进行谓词演算的推理	6
第 3 章 集　　合	掌握集合的基本概念、运算及性质 掌握空集、全集和幂集的概念 了解有限幂集元素的编码表示 重点掌握集合相等的证明 了解集合的划分与覆盖的概念 掌握排列、组合的概念，了解排列、组合的生成方法 了解结构归纳原理，掌握数学归纳原理 重点掌握容斥原理及其应用，了解抽屉原理 了解递推关系及其求解方法 了解集合论在命题逻辑中的应用	8
第 4 章 关　　系	掌握序偶、笛卡儿积、关系的概念 熟练掌握关系性质的判定 熟练掌握关系闭包的求法、等价关系的证明 了解相容关系 重点掌握偏序关系与哈斯图	6
第 5 章 函　　数	掌握函数的概念 重点掌握单射、满射、双射的证明 了解集合的基数、可数集、不可数集的概念，掌握基数的比较方法 了解 Fuzzy 集、Rough 集、Vague 集的概念	4
第 6 章 整　　除	掌握因数、倍数、素数、合数、最大公因数、最小公倍数的概念 重点掌握带余除法与辗转相除法，会求最大公因数和最小公倍数 了解算术基本定理	4（选讲）

（续）

教学内容	学习要点及教学要求	课时安排
第 7 章 同　余	掌握同余、剩余类、剩余系的概念 了解欧拉定理和威尔逊定理 掌握一次同余式和一次同余式组的求解方法 了解数论在密码学中的作用	4（选讲）
第 8 章 代数系统	掌握代数系统、同态、同构、同余关系、群、环、域等概念 掌握同余关系的证明 重点掌握群、子群、正规子群的证明方法，掌握群同态和同构的证明 掌握循环群、置换群的概念，重点掌握循环群相关结论的证明 掌握环、子环、域的证明	18
第 9 章 格与布尔代数	掌握格、分配格、有界格、有补格、有补分配格、模格和布尔代数的概念 能够判别某个偏序集或代数系统是否构成格 能够证明格中的等式或不等式 了解格的同态与同构	4（选讲）
第 10 章 图	掌握图的基本概念，理解路、回路与连通性的概念 掌握图的矩阵表示，能够由邻接矩阵求可达矩阵 掌握欧拉图、哈密顿图的判定 了解二部图及匹配的概念 了解平面图的概念，重点掌握欧拉公式及相关结论的证明 掌握无向树和根树的概念，重点掌握求最小生成树和最优二叉树的方法 了解点着色、面着色和边着色的含义 掌握求最短路径和关键路径的方法	18
第 11 章 形式语言与 自动机简介	掌握语言、文法、正规语言、上下文无关语言等概念 了解有限自动机、下推自动机、图灵机 掌握文法类型的判定 重点掌握求已知文法的最左推导、最右推导和相应的导出树	4（选讲）
第 12 章 纠错码简介	掌握纠错码、群码的概念 重点掌握纠错码的构造	2（选讲）

说明：

（1）本教材主要是为计算机专业的本科“离散数学”课程而编写的。建议授课时数为 72 ~ 90 学时（包含习题课、讨论课等必要的教学环节，实验另行安排学时），不同学校可根据各自的教学要求、教学计划学时及学生实际情况对教材内容进行取舍。

（2）非计算机专业的师生在使用本教材时可适当降低要求或减少教学内容。

（3）本书的重点是第 1 章、第 2 章、第 3 章、第 4 章、第 5 章、第 8 章、第 10 章。如果受教学时数限制，第 1 章的 1.5 节，第 3 章的 3.4 节、3.5 节、3.7 节、3.8 节，第 6 章，第 7 章，第 8 章的 8.4 节、8.5 节，第 9 章，第 11 章，第 12 章可以略去不讲。

（4）上机实验可以根据学生实际情况进行合理安排。

目 录

前言

教学建议

第 1 章 命题逻辑 ……… 1

1.1 命题与联结词 ……… 1

1.1.1 命题的基本概念 ……… 1

1.1.2 命题分类及命题标识符 ……… 2

1.1.3 命题联结词 ……… 2

1.2 命题公式、翻译与真值表 ……… 4

1.2.1 命题公式 ……… 4

1.2.2 命题的符号化 ……… 4

1.2.3 真值表 ……… 5

1.3 公式分类与等价式 ……… 6

1.3.1 公式分类 ……… 6

1.3.2 等价公式（等值演算） ……… 6

1.3.3 基本等价式——命题定律 ……… 7

1.3.4 代入规则和替换规则 ……… 7

1.3.5 证明两个命题公式等价的方法 ……… 8

1.4 对偶式与蕴涵式 ……… 9

1.4.1 对偶式 ……… 9

1.4.2 蕴涵式 ……… 10

1.4.3 蕴涵式的证明方法 ……… 11

1.5 联结词的扩充与全功能联结词组 ……… 11

1.5.1 联结词的扩充 ……… 11

1.5.2 与非、或非、异或的性质 ……… 12

1.5.3 全功能联结词组 ……… 13

1.6 公式标准型——范式 ……… 13

1.6.1 简单合取式与简单析取式 ……… 13

1.6.2 析取范式与合取范式 ……… 13

1.6.3 范式的应用 ……… 14

1.7 公式主范式 ……… 15

1.7.1 主析取范式 ……… 15

1.7.2 主合取范式 ……… 17

1.7.3 主范式的应用 ……… 19

1.8 命题逻辑的推理理论 ……… 20

1.8.1 推理规则 ……… 20

1.8.2 推理定律 ……… 21

1.8.3 判断有效结论的常用方法 ……… 21

1.9 典型例题分析 ……… 24

1.10 上机实验 ……… 28

习题 ……… 29

第 2 章 谓词逻辑 ……… 33

2.1 基本概念 ……… 33

2.1.1 个体、谓词和命题的谓词形式 ……… 33

2.1.2 量词 ……… 34

2.2 谓词公式与翻译 ……… 35

2.2.1 谓词公式 ……… 35

2.2.2 谓词逻辑的翻译 ……… 36

2.3 自由变元和约束变元 ……… 36

2.4 谓词公式的解释与分类 ……… 37

2.4.1 谓词公式的解释 ……… 37

2.4.2 谓词公式的分类 ……… 38

2.5 谓词演算的等价式与蕴涵式 ……… 39

2.5.1 等价式 ……… 39

2.5.2 蕴涵式 ……… 41

2.6 谓词演算中的公式范式 ……… 42

2.6.1 前束范式 ……… 42

2.6.2 斯柯林范式 ……… 43

2.7 谓词演算的推理理论 ……… 43

2.8 典型例题分析 ……… 47

习题 ……… 49

第 3 章 集合 ……… 53

3.1 集合的概念与表示法 ……… 53

3.1.1 集合的概念……53
3.1.2 集合的表示法……53
3.1.3 集合的包含与相等……54
3.1.4 空集、集族、幂集和全集……55
3.1.5 有限幂集元素的编码表示……56
3.2 集合的运算与性质……56
3.2.1 集合的交、并和补……56
3.2.2 集合的对称差……58
3.2.3 集合的广义并和广义交……58
3.2.4 集合的文氏图……59
3.3 集合的划分与覆盖……59
3.4 排列与组合……61
3.4.1 加法原理与乘法原理……61
3.4.2 排列……61
3.4.3 组合……62
3.4.4 排列与组合的生成……62
3.5 归纳原理……63
3.5.1 结构归纳原理……63
3.5.2 数学归纳原理……64
3.6 容斥原理和抽屉原理……65
3.6.1 容斥原理……65
3.6.2 抽屉原理（鸽巢原理）……66
3.7 递推关系……67
3.7.1 递推关系的概念……67
3.7.2 递推关系的求解……67
3.8 集合论在命题逻辑中的应用……69
3.8.1 命题逻辑中的集合表示……69
3.8.2 应用举例……71
3.9 典型例题分析……71
3.10 上机实验……73
习题……74
第 4 章 关系……77
4.1 序偶与笛卡儿积……77
4.1.1 序偶及有序 n 元组……77
4.1.2 笛卡儿积……77
4.2 关系及其表示……79
4.2.1 关系……79
4.2.2 关系矩阵与关系图……81
4.3 复合关系及逆关系……81
4.4 关系的性质……83
4.5 关系的闭包……85
4.6 等价关系和等价类……90
4.7 相容关系……92
4.8 偏序关系……94
4.9 典型例题分析……97
4.10 上机实验……99
习题……99
第 5 章 函数……102
5.1 函数的概念……102
5.1.1 函数定义……102
5.1.2 函数性质……103
5.2 逆函数和复合函数……104
5.2.1 逆函数……104
5.2.2 函数的复合……104
5.2.3 几种特殊的函数……107
5.3 集合的基数……107
5.3.1 基数的概念……108
5.3.2 可数集与不可数集……108
5.3.3 基数的比较……109
5.4 经典集合的扩展……110
5.4.1 Fuzzy 集……110
5.4.2 Vague 集……111
5.4.3 Rough 集……112
5.5 典型例题分析……113
5.6 上机实验……115
习题……115
第 6 章 整除……117
6.1 因数和倍数……117
6.2 素数和合数……117
6.3 带余除法与辗转相除法……118
6.4 最大公因数和最小公倍数……119
6.5 算术基本定理……121
6.6 典型例题分析……122
6.7 上机实验……124
习题……124
第 7 章 同余……125
7.1 同余及其性质……125
7.2 剩余类和剩余系……127

7.3 欧拉定理与威尔逊定理 128
7.4 一次同余式 130
7.5 一次同余式组 132
7.6 数论在密码学中的应用 133
7.6.1 仿射加密法 134
7.6.2 RSA 系统 135
7.6.3 MH 系统 136
7.7 典型例题分析 137
7.8 上机实验 138
习题 138
第 8 章 代数系统 140
8.1 代数系统的定义 140
8.2 代数系统的性质 141
8.3 代数系统的同态与同构 145
8.4 同余关系 147
8.5 商代数与积代数 148
8.6 半群和独异点 149
8.6.1 半群 149
8.6.2 独异点 150
8.7 群与子群 151
8.7.1 群 151
8.7.2 元素的阶 152
8.7.3 子群 153
8.8 循环群和置换群 154
8.8.1 循环群 154
8.8.2 置换群 156
8.9 陪集和正规子群 159
8.9.1 陪集 159
8.9.2 正规子群 161
8.10 群的同态与同构 162
8.11 环与域 164
8.11.1 环 164
8.11.2 子环与理想 166
8.11.3 域 166
8.11.4 环的同态与同构 168
8.12 典型例题分析 169
8.13 上机实验 173
习题 173
第 9 章 格与布尔代数 177
9.1 格的定义与性质 177
9.2 子格与格同态 179
9.3 特殊的格 180
9.4 布尔代数 181
9.5 典型例题分析 184
习题 185
第 10 章 图 186
10.1 图的基本概念 186
10.1.1 图 186
10.1.2 子图与补图 187
10.1.3 结点的度 188
10.1.4 图的同构 190
10.2 路、回路与连通性 191
10.3 图的矩阵表示 195
10.4 欧拉图与哈密顿图 198
10.4.1 欧拉图 198
10.4.2 哈密顿图 200
10.5 二部图与匹配 202
10.6 平面图 204
10.6.1 平面图的基本概念 204
10.6.2 欧拉公式 205
10.6.3 平面图的判定 206
10.6.4 平面图的对偶图 207
10.7 树及其应用 208
10.7.1 无向树及生成树 208
10.7.2 根树及其应用 211
10.8 着色问题 216
10.8.1 图中结点的着色 216
10.8.2 地图的着色与平面图的点着色 217
10.8.3 边着色 218
10.9 最短路径和关键路径 218
10.9.1 最短路径问题 218
10.9.2 关键路径问题 220
10.10 典型例题分析 222
10.11 上机实验 225
习题 229

第 11 章　形式语言与自动机简介……235
11.1　语言及其表示……235
11.1.1　语言……235
11.1.2　文法……236
11.1.3　识别器……237
11.2　正规语言与有限自动机……238
11.2.1　确定的有限自动机……238
11.2.2　不确定的有限自动机……241
11.3　上下文无关语言与下推自动机……243
11.3.1　上下文无关语言……244
11.3.2　下推自动机……244
11.3.3　下推自动机与上下文无关语言的关系……246
11.4　图灵机……247
11.4.1　图灵识别器……247
11.4.2　用于计算的图灵机……249
11.5　线性界限自动机……250
11.6　典型例题分析……250
11.7　上机实验……251
习题……252
第 12 章　纠错码简介……253
12.1　纠错码的基本概念……253
12.2　纠错码的纠错能力……255
12.3　纠错码的选择……257
12.4　群码的校正……261
12.5　典型例题分析……262
12.6　上机实验……263
习题……264
参考文献……265

第1章　命题逻辑

数理逻辑是用数学的方法来研究推理的形式结构和推理规律的学科，它与数学的其他分支、计算机科学、人工智能、程序理论和数据库理论等有着密切的关系。数理逻辑的内容相当丰富，本书只介绍其中的命题逻辑和谓词逻辑两部分。本章讲述命题逻辑；谓词逻辑在第2章讨论。

1.1　命题与联结词

1.1.1　命题的基本概念

数理逻辑研究的中心问题是推理，而推理的前提和结论都是可以判断真假的陈述句，即命题。因此，命题是推理的基本单位。在命题逻辑中，对命题的成分不再细分，因而命题也是命题逻辑中的最小的研究单位。

定义 1.1　能判断真假的陈述句称为命题。一个命题的真或假称为命题的真值，分别用T（或1）与F（或0）表示。真值为真的命题称为真（T）命题，真值为假（F）的命题称为假命题。

由定义可知，判断一个句子是否为命题，应分为两步：首先判断它是否为陈述句，其次判断它能否确定真假。另外还要注意，一个陈述句能否判断真假，和我们是否知道它的真假是两回事。

例 1　判断下列句子哪些是命题。

（1）雪是黑的。

（2）天气多好呀！

（3）别的星球上有生物。

（4）1+101=110。

（5）你上网了吗？

（6）全体立正！

（7）$x+y>5$。

（8）人有五指。

（9）现在是6点钟。

（10）我正在说谎。

解　在上述10个句子中，（2）是感叹句，（5）是疑问句，（6）是祈使句，因此它们都不是命题。（7）和（10）虽然都是陈述句，但因为（7）没有确定的真值，而（10）是悖论（即由真能推出假，也能由假推出真），因而它们也不是命题。（1）、（3）、（8）、（9）都是命题，其中，（3）虽然目前无法判断，但就其本质而言是可以判断真假的，因此我们说它是命题；（8）的真值因人而异；（9）的真值因地而异。（4）所表达的内容在十进制范围中真值为假，而在二进制范围中真值为真，因此其真值由上下文而定。■

1.1.2 命题分类及命题标识符

根据命题的结构形式，可以把命题分为原子命题和复合命题。简单地说，原子命题是能判断真假的简单陈述句，而复合命题是由原子命题组成的。

定义 1.2 不能再分解为其他命题的命题称为原子命题。由原子命题和命题联结词构成的命题称为复合命题。

例如，例 1 中的命题都是原子命题，而命题“张三和李四都是大学生”是复合命题，因为它由“张三是大学生”和“李四是大学生”两个原子命题组成。

在命题逻辑中，采用的是一种形式语言，它由规定了特定意义的符号和规则组成，其特征是有确切的含义。

一个原子命题一般用大写字母来表示，表示原子命题的符号称为命题标识符。命题标识符通常写在命题的前面，两者之间用冒号分开。

例 2 P：雪是黑的。 ■

定义 1.3 如果命题标识符表示真值确定的命题，则称其为命题常元。如果命题标识符表示真值不确定的陈述句，则称其为命题变元。

显然，命题变元不是命题。

1.1.3 命题联结词

通过命题联结词可以把原子命题复合成一个复合命题。命题逻辑中常用的联结词有以下五种：“非”（否定词）、“且”（合取词）、“或”（析取词）、“如果……，则……”（条件词）、“……当且仅当……”（双条件词），下面给出它们的确切含义和符号表示。

1. 否定词¬

定义 1.4 复合命题“非 P”称为命题 P 的否定，记作$\neg P$，读作非 P。$\neg P$ 为真当且仅当 P 为假。

例 3 设 P：离散数学是计算机专业的核心课程，则$\neg P$ 表示离散数学不是计算机专业的核心课程。 ■

2. 合取词∧

定义 1.5 复合命题“P 且 Q”称为 P 与 Q 的合取式，记作 $P\wedge Q$，读作 P 且 Q。$P\wedge Q$ 为真当且仅当 P 与 Q 都为真。

例 4 设 P：今天上机，Q：今天下雨，则 $P\wedge Q$ 表示今天上机且今天下雨。 ■

需要指出的是，上例中的两个命题是不相干的，在自然语言里 $P\wedge Q$ 是没有意义的，但在数理逻辑中这是允许的。

3. 析取词∨

定义 1.6 复合命题“P 或 Q”称为 P 与 Q 的析取式，记作 $P\vee Q$，读作 P 或 Q。$P\vee Q$ 为假当且仅当 P 和 Q 都为假。

由于自然语言中的“或”具有多义性，包括“可兼或”、“排斥或”和“表示近似的或”，因此需要指出命题逻辑中的“或”是指哪一种。先看下面表 1-1 给出的例子。

表 1-1

或的含义	例子		说明
联结词	可兼或	$a\cdot b=0$ 即 $a=0$ 或 $b=0$ 或 $a=b=0$	两者至少有一个发生，不排斥两者都发生的情况
	排斥或	小张在教室上课或参加长跑比赛	非此即彼，不可兼得
非联结词	表示近似的或	去主楼需 6 分钟或 8 分钟	表示近似数

命题逻辑中的析取词∨表示的是可兼或，即允许 $P\vee Q$ 中的 P 和 Q 同时为真。

例 5 （1）李强是 100 米或 400 米赛跑冠军。

（2）今天晚上我在家看电视或去剧场看戏。

解 （1）中的“或”是可兼或，可以用联结词∨表示。设 P：李强是 100 米赛跑冠军，Q：李强是 400 米赛跑冠军，则（1）表示为 $P\vee Q$。

（2）中的“或”是排斥或，不能用联结词∨直接表示。设 P：今天晚上我在家看电视，Q：今天晚上我去剧场看戏，则（2）可以表示为$(\neg P\wedge Q)\vee(P\wedge\neg Q)$，也可用后面介绍的异或联结词表示为 $P\oplus Q$。 ■

4．条件词→

定义 1.7 复合命题“如果 P，则 Q”称为 P 与 Q 的条件式，记作 $P\to Q$，读作如果 P 则 Q。其中 P 称为前件，Q 称为后件。$P\to Q$ 为假当且仅当 P 为真而 Q 为假。

在自然语言中，“如果”与“则”之间通常有因果联系，否则没有意义，但对条件命题 $P\to Q$ 来说，只要 P 和 Q 能够确定真值，$P\to Q$ 即成为命题。在条件命题中，若前提为假，条件命题的真值为真，称为善意的推断。前件假而整个句子为真的例子，在自然语言中也是常见的，例如：假如给我一根合适的杠杆，我可以把地球撬起来。

条件式 $P\to Q$ 表示的基本逻辑关系是：Q 是 P 的必要条件或 P 是 Q 的充分条件。复合命题“只要 P，就 Q”、“因为 P，所以 Q”、“除非 Q，才 P”、“除非 Q，否则非 P”、“P 仅当 Q”、“只有 Q，才 P”等均可符号化为 $P\to Q$ 的形式。

例 6 （1）只要不下雨，我就骑自行车上班。

（2）只有不下雨，我才骑自行车上班。

解 设 P：天下雨，Q：我骑自行车上班，则（1）表示为$\neg P\to Q$，（2）表示为 $Q\to\neg P$。■

5．双条件词↔

定义 1.8 复合命题“P 当且仅当 Q”称为 P 和 Q 的双条件复合命题，记作 $P\leftrightarrow Q$，读作 P 当且仅当 Q。$P\leftrightarrow Q$ 为真当且仅当 P 与 Q 的真值相同。

例 7 （1）两个三角形全等当且仅当它们的三组对应边相等。

（2）2+2=4 当且仅当雪是黑的。

解 （1）设 P：两个三角形全等，Q：两个三角形的三组对应边相等，则（1）表示为 $P\leftrightarrow Q$。

（2）设 P：2+2=4，Q：雪是黑的，则（2）表示为 $P\leftrightarrow Q$。 ■

与前面的联结词一样，双条件式命题中的两个命题也可以没有因果关系，只要能确定其真值即可。

1.2 命题公式、翻译与真值表

1.2.1 命题公式

定义 1.9 （1）单个命题变元是命题公式。

（2）如果 A 是命题公式，那么 $\neg A$ 也是命题公式。

（3）如果 A，B 是命题公式，那么（$A \wedge B$），（$A \vee B$），（$A \to B$）和（$A \leftrightarrow B$）都是命题公式。

（4）经过有限次地使用（1）、（2）、（3）所组成的有意义的符号串都是命题公式。

上述定义采用的是递归定义方式，以后还将出现这种定义方式。

由定义可知，命题公式是没有真假的，因此它不是命题。仅当在一个公式中命题变元用确定的命题代入时，才得到一个命题。

例 1 $\neg(P \wedge Q)$，$(P \to (P \wedge Q))$，$(((P \to Q) \wedge (Q \to R)) \leftrightarrow (P \to R))$都是命题公式。而$\neg P \vee Q \vee$，$((P \to Q) \to (\wedge Q))$，$(P \to Q$ 都不是命题公式。 ■

为了减少命题公式中的括号数量，我们规定：①联结词的优先次序依次为：$\neg$，$\wedge$，$\vee$，$\to$，$\leftrightarrow$；②具有相同优先级的联结词，按出现的先后次序进行计算，其括号可以省去；③最外层的括号可以省去。

定义 1.10 设 B 是命题公式 A 的一部分，且 B 也是命题公式，则称 B 是 A 的子公式。

例如，$P \to Q$ 和 $Q \to R$ 都是$((P \to Q) \wedge (Q \to R)) \leftrightarrow (P \to R)$的子公式。

1.2.2 命题的符号化

有了命题公式的概念之后，我们就可以把自然语言中的一些句子翻译成命题逻辑中的符号化形式。把一个用文字叙述的命题相应地写成由命题标识符、联结词和圆括号表示的命题公式称为命题的符号化或翻译。

把命题符号化，是不管具体内容而突出思维形式的一种方法。

例 2 将下列命题符号化。

（1）小王现在在宿舍或在图书馆。

（2）李明既聪明又用功。

（3）$\sqrt{2}$ 是有理数的话，$2\sqrt{2}$ 也是有理数。

（4）张三与李四是表兄弟。

（5）除非你努力，否则你将失败。

（6）除非天气好，我才骑自行车上班。

（7）小王晚上要回家，除非天下大雨。

（8）只有睡觉才能恢复疲劳。

（9）只要我还有口气，我就要战斗。

（10）A 中没有元素，A 就是空集。

（11）如果我上街，我就去书店看看，除非我很累。

解 （1）因为“小王现在在宿舍”与“小王现在在图书馆”不能同时成立，所以该命题符号化为$\neg(P\leftrightarrow Q)$或$(\neg P\wedge Q)\vee(P\wedge\neg Q)$，其中，$P$：小王现在在宿舍，$Q$：小王现在在图书馆。

（2）符号化为 $P\wedge Q$，其中，P：李明聪明，Q：李明用功。

（3）符号化为 $P\rightarrow Q$，其中，P：$\sqrt{2}$是有理数，Q：$2\sqrt{2}$是有理数。

（4）只能将其符号化为 P 的形式，而不能符号化为 $P\wedge Q$ 的形式，因为“张三是表兄弟”、“李四是表兄弟”都不是命题。

（5）符号化为$\neg P\rightarrow Q$，其中，P：你努力，Q：你失败。

（6）符号化为 $P\rightarrow Q$，其中，P：我骑自行车上班，Q：天气好。

（7）符号化为$\neg Q\rightarrow P$，其中，P：小王晚上要回家，Q：天下大雨。

（8）符号化为 $Q\rightarrow P$，其中，P：睡觉，Q：恢复疲劳。

（9）符号化为 $P\rightarrow Q$，其中，P：我还有口气，Q：我要战斗。

（10）符号化为 $P\leftrightarrow Q$，其中，P：A 中没有元素，Q：A 是空集。

（11）符号化为$(\neg R\wedge P)\rightarrow Q$，其中，$P$：我上街，$Q$：我去书店看看，$R$：我很累。■

由上面的例子可以看出，要正确地将自然语言中的联结词翻译成适当的命题联结词，需要正确理解各原子命题之间的关系。

1.2.3　真值表

定义 1.11　设 A 是一个命题公式，p_1，p_2，…，p_n 为出现在 A 中的所有命题变元。给 p_1，p_2，…，p_n 指定一组真值，称为对 A 的一个赋值（或解释或真值指派）。若指定的一组值使 A 为真，称这组值为 A 的一个成真赋值，若使 A 为假，称这组值为 A 的一个成假赋值。

易知，若 A 有 n 个不同的命题变元，则有 2^n 组不同的赋值。

定义 1.12　设 A 是含有 n 个命题变元的命题公式，将命题公式 A 在所有赋值之下取值的情况列成表，称为 A 的真值表。

真值表是一个非常重要的概念，利用它可以解决本章的几乎所有问题，因此，我们要正确地理解和使用真值表。

为了方便列出一个公式的真值表，我们约定：①命题变元按字典序排列；②对公式的每个解释，以二进制从小到大列出；③当公式较复杂时，先列出子公式的真值，最后列出所给公式的真值。

例 3　求下列命题公式的真值表，并求其成真赋值和成假赋值。

（1）$(P\rightarrow Q)\leftrightarrow(\neg P\vee Q)$。

（2）$\neg(P\rightarrow Q)\wedge Q$。

（3）$(P\rightarrow Q)\wedge\neg R$。

表　1-2

P　Q	$P\rightarrow Q$	$\neg P\vee Q$	$(P\rightarrow Q)\leftrightarrow(\neg P\vee Q)$
0　0	1	1	1
0　1	1	1	1
1　0	0	0	1
1　1	1	1	1

解　（1）、（2）和（3）的真值表如表 1-2、表 1-3 和表 1-4 所示。

由上述真值表可知，（1）的成真赋值为 00，01，10，11，无成假赋值；（2）的成假赋值为 00，01，10，11，无成真赋值；（3）的成真赋值为 000，010，110，成假赋值为 001，011，100，101，111。■

1.3 公式分类与等价式

1.3.1 公式分类

根据命题公式在不同解释下的取值情况，可以将命题公式进行分类。

定义 1.13 设 A 是一个命题公式，对 A 所有可能的解释：

（1）若 A 都为真，称 A 为永真式或重言式。

（2）若 A 都为假，称 A 为永假式或矛盾式。

（3）若至少存在一个解释使得 A 为真，称 A 为可满足式。

由定义可知，重言式一定是可满足式，但反之不成立。

公式类型的判定方法通常有三种：真值表法、公式法和求主范式法。

表 1-3

P	Q	$P\to Q$	$\neg(P\to Q)$	$\neg(P\to Q)\wedge Q$
0	0	1	0	0
0	1	1	0	0
1	0	0	1	0
1	1	1	0	0

表 1-4

P	Q	R	$P\to Q$	$\neg R$	$(P\to Q)\wedge\neg R$
0	0	0	1	1	1
0	0	1	1	0	0
0	1	0	1	1	1
0	1	1	1	0	0
1	0	0	0	1	0
1	0	1	0	0	0
1	1	0	1	1	1
1	1	1	1	0	0

例 1 从上一节表 1-2、表 1-3、表 1-4 可知，命题公式$(P\to Q)\leftrightarrow(\neg P\vee Q)$为重言式，$\neg(P\to Q)\wedge Q$ 为矛盾式，$(P\to Q)\wedge\neg R$ 为可满足式。 ■

用真值表法判断公式的类型，一般用于公式中含有较少命题变元的情况。当命题变元较多时，一般采用下面的公式法或求主范式法，但它总是可行的。

1.3.2 等价公式（等值演算）

下面，我们按照公式的真值表是否相同进行分类。同一类中的公式，其本质是一样的，只是表示它们的符号或形式不同而已，我们说它们是等价的。

定义 1.14 设 A 和 B 是两个命题公式，如 A 和 B 在任意解释下，其真值相同，称 A 与 B 是等价的或逻辑相等，记作 $A\Leftrightarrow B$。

显然，根据真值表就可以判明任何两个公式是否是等价的。

例 2 证明 $P\leftrightarrow Q\Leftrightarrow(P\to Q)\wedge(Q\to P)$。

证明 命题公式 $P\leftrightarrow Q$ 和$(P\to Q)\wedge(Q\to P)$的真值表如表 1-5 所示。

由表 1-5 可知，$P\leftrightarrow Q$ 与$(P\to Q)\wedge(Q\to P)$在任意解释下真值相同，所以 $P\leftrightarrow Q\Leftrightarrow (P\to Q)\wedge(Q\to P)$。 ■

表 1-5

P	Q	$P\to Q$	$Q\to P$	$(P\to Q)\wedge(Q\to P)$	$P\leftrightarrow Q$
0	0	1	1	1	1
0	1	1	0	0	0
1	0	0	1	0	0
1	1	1	1	1	1

定理 1.1 对命题公式 A 和 B，$A\Leftrightarrow B$ 当且仅当 $A\leftrightarrow B$ 是重言式。

证明 若 $A\leftrightarrow B$ 是重言式，则在任一解释下，$A\leftrightarrow B$ 的真值都为真。依 $A\leftrightarrow B$ 的定义知，当 $A\leftrightarrow B$ 为真时，A 和 B 有相同

的真值。于是，在任一解释下，A 和 B 都有相同的真值，从而有 $A\Leftrightarrow B$。

反过来，若 $A\Leftrightarrow B$，则在任一解释下 A 和 B 都有相同的真值，依 $A\leftrightarrow B$ 的定义知，此时 $A\leftrightarrow B$ 为真，从而 $A\leftrightarrow B$ 是重言式。■

注　"$\Leftrightarrow$"不是联结词，而是表示两个命题公式之间的一种关系。它具有以下性质：

（1）自反性：$A\Leftrightarrow A$。

（2）对称性：若 $A\Leftrightarrow B$，则 $B\Leftrightarrow A$。

（3）传递性：若 $A\Leftrightarrow B$ 且 $B\Leftrightarrow C$，则 $A\Leftrightarrow C$。

1.3.3　基本等价式——命题定律

虽然用真值表法可以判断任何两个命题公式是否等价，但当命题变元较多时，计算量较大。可以先用真值表验证一组等价式，以后作为等值演算的基础，来判断公式之间是否等价。这种证明方法称为公式法。

下面给出 14 组常用的重要等价式。牢记并熟练运用这些公式，是学好数理逻辑的关键之一。

（1）双重否定律：$\neg\neg A\Leftrightarrow A$。

（2）结合律：$(A\vee B)\vee C\Leftrightarrow A\vee(B\vee C)$，$(A\wedge B)\wedge C\Leftrightarrow A\wedge(B\wedge C)$，$(A\leftrightarrow B)\leftrightarrow C\Leftrightarrow A\leftrightarrow(B\leftrightarrow C)$。

（3）交换律：$A\vee B\Leftrightarrow B\vee A$，$A\wedge B\Leftrightarrow B\wedge A$，$A\leftrightarrow B\Leftrightarrow B\leftrightarrow A$。

（4）分配律：$A\vee(B\wedge C)\Leftrightarrow(A\vee B)\wedge(A\vee C)$，$A\wedge(B\vee C)\Leftrightarrow(A\wedge B)\vee(A\wedge C)$。

（5）等幂律（恒等律）：$A\vee A\Leftrightarrow A$，$A\wedge A\Leftrightarrow A$。

（6）吸收律：$A\vee(A\wedge B)\Leftrightarrow A$，$A\wedge(A\vee B)\Leftrightarrow A$。

（7）德·摩根律：$\neg(A\vee B)\Leftrightarrow\neg A\wedge\neg B$，$\neg(A\wedge B)\Leftrightarrow\neg A\vee\neg B$。

（8）同一律：$A\vee \mathrm{F}\Leftrightarrow A$，$A\wedge \mathrm{T}\Leftrightarrow A$。

（9）零律：$A\vee \mathrm{T}\Leftrightarrow \mathrm{T}$，$A\wedge \mathrm{F}\Leftrightarrow \mathrm{F}$。

（10）补余律：$A\vee\neg A\Leftrightarrow \mathrm{T}$，$A\wedge\neg A\Leftrightarrow \mathrm{F}$。

（11）条件转化律：$(A\rightarrow B)\Leftrightarrow\neg A\vee B\Leftrightarrow\neg B\rightarrow\neg A$。

（12）双条件转化律：$(A\leftrightarrow B)\Leftrightarrow(A\rightarrow B)\wedge(B\rightarrow A)\Leftrightarrow(A\wedge B)\vee(\neg A\wedge\neg B)$。

（13）输出律：$(A\wedge B)\rightarrow C\Leftrightarrow A\rightarrow(B\rightarrow C)$。

（14）归谬律：$(A\rightarrow B)\wedge(A\rightarrow\neg B)\Leftrightarrow\neg A$。

上述定律的正确性均可通过真值表法加以验证。其中最重要的是（4）、（7）和（11），在证明中常用。其余各式可在使用时逐步记住。（5）和（6）对简化公式是有用的。

1.3.4　代入规则和替换规则

定理 1.2（代入规则）　在一个永真式 A 中，任何一个原子命题变元 R 出现的每一处用另一个公式代入，所得公式 B 仍为永真式。

证明　因为永真式对任何解释，其真值都是真，与每个命题变元指派的真假无关，所以，用一个命题公式代入到原子命题变元出现的每一处，所得命题公式的真值仍为真。■

例 3　证明$(P\rightarrow Q)\vee\neg(P\rightarrow Q)$为永真式。

证明　因为 $R\vee\neg R$ 为永真式，由代入规则可知，将 R 用（$P\rightarrow Q$）代入得到的式子仍为

永真式，所以$(P\to Q)\vee\neg(P\to Q)$为永真式。■

定理 1.3（替换规则） 设A_1是公式A的子公式，若$A_1\Leftrightarrow B_1$，并且将A中的A_1用B_1替换，得到公式B，则$A\Leftrightarrow B$。

证明 因为$A_1\Leftrightarrow B_1$，即对于它们的命题变元的任意一组赋值，A_1与B_1的真值相同。所以，将A中的A_1用B_1替换后，A与B在对其命题变元的任意赋值下，它们的真值也相同，故$A\Leftrightarrow B$。■

代入是对原子命题变元而言，而替换可对命题公式进行，代入必须处处代入，替换可部分或全部替换。代入规则可用来扩大永真式的个数，替换规则可增加等价式的个数，也是用公式法证明等价式的依据。

1.3.5 证明两个命题公式等价的方法

有了上面 14 组等价公式、代入规则和替换规则之后，我们就可以推演出更多的等价式。由已知等价式推出另外一些等价式的过程称为等值演算。

两个命题公式等价的证明方法通常有真值表法、公式法和求主范式法，下面只讨论公式法。

例 4 证明下列等价式：

（1）$P\to(Q\to R)\Leftrightarrow Q\to(P\to R)$。

（2）$(P\vee Q)\wedge\neg(P\wedge Q)\Leftrightarrow\neg(P\leftrightarrow Q)$。

证明 （1）$P\to(Q\to R)\Leftrightarrow P\to(\neg Q\vee R)$

$\Leftrightarrow\neg P\vee(\neg Q\vee R)$

$\Leftrightarrow\neg Q\vee(\neg P\vee R)$

$\Leftrightarrow\neg Q\vee(P\to R)\Leftrightarrow Q\to(P\to R)$

（2）$(P\vee Q)\wedge\neg(P\wedge Q)\Leftrightarrow(P\vee Q)\wedge(\neg P\vee\neg Q)$

$\Leftrightarrow(P\wedge\neg Q)\vee(Q\wedge\neg P)$

$\Leftrightarrow\neg((\neg P\vee Q)\wedge(\neg Q\vee P))$

$\Leftrightarrow\neg((P\to Q)\wedge(Q\to P))$

$\Leftrightarrow\neg(P\leftrightarrow Q)$ ■

例 5 某件事是甲、乙、丙、丁 4 人中某一个人干的，询问 4 人后回答如下：（1）甲说是丙干的；（2）乙说我没干；（3）丙说甲讲的不符合事实；（4）丁说是甲干的。若其中 3 人说的是对的、1 人说的不对，问是谁干的？

解 设A：这件事是甲干的，B：这件事是乙干的，C：这件事是丙干的，D：这件事是丁干的。

4 人所说命题分别用Q，R，S，M表示，则（1）、（2）、（3）、（4）分别符号化为：

$$Q\Leftrightarrow\neg A\wedge\neg B\wedge C\wedge\neg D;\quad R\Leftrightarrow\neg B;\quad S\Leftrightarrow\neg C;\quad M\Leftrightarrow A\wedge\neg B\wedge\neg C\wedge\neg D$$

3 人对、1 人错的命题P符号化为：

$$P\Leftrightarrow(\neg Q\wedge R\wedge S\wedge M)\vee(Q\wedge\neg R\wedge S\wedge M)\vee(Q\wedge R\wedge\neg S\wedge M)\vee(Q\wedge R\wedge S\wedge\neg M)$$

而$(\neg Q\wedge R\wedge S\wedge M)\Leftrightarrow A\wedge\neg B\wedge\neg C\wedge\neg D$，其他三项$\Leftrightarrow$F，所以$P$为真时，$A\wedge\neg B\wedge\neg C\wedge\neg D$为真，所以这件事是甲干的。■

例6 A，B，C，D四人进行百米竞赛，观众甲、乙、丙预测比赛的名次为甲：C第一、B第二；乙：C第二、D第三；丙：A第二、D第四。比赛结束后发现甲、乙、丙每人报告的情况都是各对一半，试问实际名次如何（假如无并列者）？

解 设A_i表示A第i名，B_i表示B第i名，C_i表示C第i名，D_i表示D第i名，则依据题意有

$$(C_1 \wedge \neg B_2) \vee (\neg C_1 \wedge B_2) \Leftrightarrow \mathrm{T} \tag{1}$$

$$(C_2 \wedge \neg D_3) \vee (\neg C_2 \wedge D_3) \Leftrightarrow \mathrm{T} \tag{2}$$

$$(A_2 \wedge \neg D_4) \vee (\neg A_2 \wedge D_4) \Leftrightarrow \mathrm{T} \tag{3}$$

因为真命题的合取仍为真命题，所以

$$\begin{aligned}(1)\wedge(2) &\Leftrightarrow (C_1 \wedge \neg B_2 \wedge C_2 \wedge \neg D_3) \vee (C_1 \wedge \neg B_2 \wedge \neg C_2 \wedge D_3) \vee (\neg C_1 \wedge B_2 \wedge C_2 \wedge \neg D_3) \\ &\quad \vee (\neg C_1 \wedge B_2 \wedge \neg C_2 \wedge D_3) \\ &\Leftrightarrow (C_1 \wedge \neg B_2 \wedge \neg C_2 \wedge D_3) \vee (\neg C_1 \wedge B_2 \wedge \neg C_2 \wedge D_3) \Leftrightarrow \mathrm{T} \end{aligned} \tag{4}$$

$$\begin{aligned}(3)\wedge(4) &\Leftrightarrow (A_2 \wedge \neg D_4 \wedge C_1 \wedge \neg B_2 \wedge \neg C_2 \wedge D_3) \vee (\neg A_2 \wedge D_4 \wedge C_1 \wedge \neg B_2 \wedge \neg C_2 \wedge D_3) \vee (A_2 \wedge \neg D_4 \wedge \\ &\quad \neg C_1 \wedge B_2 \wedge \neg C_2 \wedge D_3) \vee (\neg A_2 \wedge D_4 \wedge \neg C_1 \wedge B_2 \wedge \neg C_2 \wedge D_3) \\ &\Leftrightarrow A_2 \wedge \neg D_4 \wedge C_1 \wedge \neg B_2 \wedge \neg C_2 \wedge D_3 \\ &\Leftrightarrow \mathrm{T}\end{aligned}$$

所以，A第二、B第四、C第一、D第三。 ■

1.4 对偶式与蕴涵式

1.4.1 对偶式

定义 1.15 在给定的仅使用联结词$\neg$、$\vee$和$\wedge$的命题公式A中，若把T和F互换、$\wedge$和$\vee$互换得到一个命题公式A^*，则称A^*是A的对偶式，或说A和A^*互为对偶式。

例1 $(P \vee Q) \wedge R$的对偶式为$(P \wedge Q) \vee R$，$P \vee \mathrm{F}$的对偶式为$P \wedge \mathrm{T}$。 ■

定理 1.4 设A和A^*互为对偶式，P_1，…，P_n是出现在A和A^*中的所有原子命题变元，则：

（1）$\neg A(P_1, \cdots, P_n) \Leftrightarrow A^*(\neg P_1, \cdots, \neg P_n)$。

（2）$A(\neg P_1, \cdots, \neg P_n) \Leftrightarrow \neg A^*(P_1, \cdots, P_n)$。

证明 （1）由德·摩根律得$P \wedge Q \Leftrightarrow \neg(\neg P \vee \neg Q)$，$P \vee Q \Leftrightarrow \neg(\neg P \wedge \neg Q)$，故$\neg A(P_1, \cdots, P_n) \Leftrightarrow A^*(\neg P_1, \cdots, \neg P_n)$。

（2）同理，$A(\neg P_1, \cdots, \neg P_n) \Leftrightarrow \neg A^*(P_1, \cdots, P_n)$。 ■

定理 1.5（对偶定律） 若$A \Leftrightarrow B$，则$A^* \Leftrightarrow B^*$。

证明 设P_1，…，P_n是出现在A和B中的所有原子命题变元。若$A \Leftrightarrow B$，即$A(P_1, \cdots, P_n) \Leftrightarrow B(P_1, \cdots, P_n)$，则$\neg A(P_1, \cdots, P_n) \Leftrightarrow \neg B(P_1, \cdots, P_n)$，由定理 1.4 得$A^*(\neg P_1, \cdots, \neg P_n) \Leftrightarrow B^*(\neg P_1, \cdots, \neg P_n)$，再由代入规则得$A^*(P_1, \cdots, P_n) \Leftrightarrow B^*(P_1, \cdots, P_n)$。 ■

定理 1.5 说明，利用公式的对偶式可以扩大等价式的个数，也可减少证明次数。例如$\neg(P \wedge Q) \to (\neg P \vee Q) \Leftrightarrow \neg P \vee Q$与$(P \vee Q) \wedge (\neg P \wedge Q) \Leftrightarrow \neg P \wedge Q$两个等价式的两端是分别对偶的，因此只需证明一个等价式即可。

例 2 设 $A(P, Q, R)=\neg P\vee(\neg Q\wedge R)$，试证明 $A^*(\neg P, \neg Q, \neg R)\Leftrightarrow P\wedge(Q\vee\neg R)$。

证明

$$\begin{aligned}A^*(\neg P, \neg Q, \neg R)&\Leftrightarrow\neg A(P, Q, R)\\&\Leftrightarrow\neg(\neg P\vee(\neg Q\wedge R))\\&\Leftrightarrow P\wedge(Q\vee\neg R)\end{aligned}$$ ■

1.4.2 蕴涵式

定义 1.16 设 A 和 B 为命题公式，若 $A\to B$ 是永真式，则称 A 蕴涵 B，记作 $A\Rightarrow B$，称 $A\Rightarrow B$ 为蕴涵式或永真条件式。对 $A\to B$ 来说，$B\to A$ 称为它的逆换式；$\neg A\to\neg B$ 称为它的反换式；$\neg B\to\neg A$ 称为它的逆反式。其关系为：$A\to B\Leftrightarrow\neg B\to\neg A$，$B\to A\Leftrightarrow\neg A\to\neg B$。

蕴涵式的一些常用性质如下：

（1）自反性：$A\Rightarrow A$。

（2）传递性：$A\Rightarrow B$，$B\Rightarrow C$，则 $A\Rightarrow C$。

（3）若 $A\Rightarrow B$ 且 A 为重言式，则 B 为重言式。

（4）若 $A\Rightarrow B$ 且 $A\Rightarrow C$，则 $A\Rightarrow B\wedge C$。

（5）若 $A\Rightarrow C$ 且 $B\Rightarrow C$，则 $A\vee B\Rightarrow C$。

定理 1.6 $A\Leftrightarrow B$ 的充要条件是 $A\Rightarrow B$ 且 $B\Rightarrow A$。

证明 若 $A\Leftrightarrow B$，则 $A\leftrightarrow B$ 为永真式，而 $A\leftrightarrow B\Leftrightarrow(A\to B)\wedge(B\to A)$，故 $A\to B$ 和 $B\to A$ 皆为真，即 $A\Rightarrow B$ 且 $B\Rightarrow A$。

反之，若 $A\Rightarrow B$ 且 $B\Rightarrow A$，则 $A\to B$ 和 $B\to A$ 为永真式，于是$(A\to B)\wedge(B\to A)$永真，即 $A\leftrightarrow B$ 为永真式，所以 $A\Leftrightarrow B$ 成立。 ■

下面给出常用的 14 组蕴涵式，它们的正确性可用后面介绍的真值表法、分析法和公式法来证明。

（1）化简式：$P\wedge Q\Rightarrow P$，$P\wedge Q\Rightarrow Q$。

（2）附加式：$P\Rightarrow P\vee Q$。

（3）附加式变形：$\neg P\Rightarrow P\to Q$。

（4）附加式变形：$Q\Rightarrow P\to Q$。

（5）化简式变形：$\neg(P\to Q)\Rightarrow P$。

（6）化简式变形：$\neg(P\to Q)\Rightarrow\neg Q$。

（7）假言推论：$P\wedge(P\to Q)\Rightarrow Q$。

（8）拒取式：$\neg Q\wedge(P\to Q)\Rightarrow\neg P$。

（9）析取三段论：$\neg P\wedge(P\vee Q)\Rightarrow Q$。

（10）条件三段论：$(P\to Q)\wedge(Q\to R)\Rightarrow P\to R$。

（11）双条件三段论：$(P\leftrightarrow Q)\wedge(Q\leftrightarrow R)\Rightarrow P\leftrightarrow R$。

（12）合取构造二难：$(P\to Q)\wedge(R\to S)\wedge(P\wedge R)\Rightarrow Q\wedge S$。

（13）析取构造二难：$(P\to Q)\wedge(R\to S)\wedge(P\vee R)\Rightarrow Q\vee S$。

（14）前件附加：$P\to Q\Rightarrow(P\vee R)\to(Q\vee R)$，$P\to Q\Rightarrow(P\wedge R)\to(Q\wedge R)$。

除了上述蕴涵式外，等价式也可作为蕴涵式，即若有 $A\Leftrightarrow B$，则有 $A\Rightarrow B$ 和 $B\Rightarrow A$。

1.4.3 蕴涵式的证明方法

1．真值表法

例 3 证明$\neg Q\wedge(P\to Q)\Rightarrow\neg P$。

证明 命题公式的真值表如表 1-6 所示。

表 1-6

P	Q	$P\to Q$	$\neg Q\wedge(P\to Q)$	$\neg P$
0	0	1	1	1
0	1	1	0	1
1	0	0	0	0
1	1	1	0	0

由表 1-6 可知，当$\neg Q\wedge(P\to Q)$为真时，$\neg P$ 为真，所以$\neg Q\wedge(P\to Q)\Rightarrow\neg P$。■

2．分析法

分析法分为以下两种形式：

（1）若 A 为真推出后件 B 也真，则 $A\Rightarrow B$。

（2）若 B 为假推出前件 A 也假，则 $A\Rightarrow B$。

例 4 证明：

（1）$\neg Q\wedge(P\vee Q)\Rightarrow P$。

（2）$(P\vee Q)\wedge(P\to R)\wedge(Q\to R)\Rightarrow R$。

证明 （1）若$\neg Q\wedge(P\vee Q)$为真，则$\neg Q$ 与（$P\vee Q$）都为真，有 Q 为假、（$P\vee Q$）为真，于是 P 为真，故$\neg Q\wedge(P\vee Q)\Rightarrow P$。

（2）若 R 为假，当 P 和 Q 有一个为真时，有 $P\to R$ 与 $Q\to R$ 有一个为假，此时$(P\vee Q)\wedge(P\to R)\wedge(Q\to R)$为假；当 P 和 Q 都为假时，有 $P\vee Q$ 为假，因此也有$(P\vee Q)\wedge(P\to R)\wedge(Q\to R)$为假。总之，若 R 为假，不管 P 和 Q 如何取值都有$(P\vee Q)\wedge(P\to R)\wedge(Q\to R)$为假，故$(P\vee Q)\wedge(P\to R)\wedge(Q\to R)\Rightarrow R$。■

3．公式法

例 5 证明 $P\wedge(P\to Q)\Rightarrow Q$。

证明 因为

$$\begin{aligned}(P\wedge(P\to Q))\to Q&\Leftrightarrow(P\wedge(\neg P\vee Q))\to Q\\&\Leftrightarrow((P\wedge\neg P)\vee(P\wedge Q))\to Q\\&\Leftrightarrow(P\wedge Q)\to Q\\&\Leftrightarrow\neg(P\wedge Q)\vee Q\\&\Leftrightarrow(\neg P\vee\neg Q)\vee Q\\&\Leftrightarrow\neg P\vee(\neg Q\vee Q)\\&\Leftrightarrow\neg P\vee \mathrm{T}\Leftrightarrow \mathrm{T}\end{aligned}$$

所以 $P\wedge(P\to Q)\Rightarrow Q$。■

1.5 联结词的扩充与全功能联结词组

1.5.1 联结词的扩充

为了更方便地表示命题之间的联系，除了前面介绍的 5 个联结词之外，还要用到下面 4 个联结词。

定义 1.17 设 P，Q 为两个命题，则：

（1）复合命题"P 与 Q 的否定"称为 P 与 Q 的合取非（与非），记为 $P\uparrow Q$。即 $P\uparrow Q\Leftrightarrow\neg(P\wedge Q)$。

（2）复合命题"P 或 Q 的否定"称为 P 与 Q 的析取非（或非），记为 $P\downarrow Q$。即 $P\downarrow Q\Leftrightarrow\neg(P\vee Q)$。

（3）复合命题"如果 P 则 Q 的否定"称为 P 与 Q 的条件非（条件否定），记为 $P\nrightarrow Q$（或 $P\overset{c}{\rightarrow}Q$）。即 $P\nrightarrow Q\Leftrightarrow\neg(P\rightarrow Q)$。

（4）复合命题"P，Q 之中恰有一个成立"称为 P 与 Q 的异或（双条件非、不可兼析取），记为 $P\oplus Q$ 或 $P\overline{\vee}Q$。

由定义可知，$P\uparrow Q$ 为假当且仅当 P 与 Q 同时为真；$P\downarrow Q$ 为真当且仅当 P 与 Q 同时为假；$P\nrightarrow Q$ 为真当且仅当 P 为真 Q 为假；$P\oplus Q$ 为真当且仅当 P 与 Q 真值不相同。

到目前为止，一共介绍了 9 个联结词，可以证明这 9 个联结词穷尽了一切命题的联结词。

1.5.2 与非、或非、异或的性质

与非、或非、异或在计算机科学中是经常用到的 3 个联结词，下面给出它们的性质。设 P，Q，R 为 3 个原子命题变元。

1."与非"的性质

（1）$P\uparrow Q\Leftrightarrow Q\uparrow P$。

（2）$P\uparrow P\Leftrightarrow\neg(P\wedge P)\Leftrightarrow\neg P$。

（3）$(P\uparrow Q)\uparrow(P\uparrow Q)\Leftrightarrow\neg(P\uparrow Q)\Leftrightarrow P\wedge Q$。

（4）$(P\uparrow P)\uparrow(Q\uparrow Q)\Leftrightarrow\neg P\uparrow\neg Q\Leftrightarrow\neg(\neg P\wedge\neg Q)\Leftrightarrow P\vee Q$。

2."或非"的性质

（1）$P\downarrow Q\Leftrightarrow Q\downarrow P$。

（2）$P\downarrow P\Leftrightarrow\neg(P\vee P)\Leftrightarrow\neg P$。

（3）$(P\downarrow Q)\downarrow(P\downarrow Q)\Leftrightarrow\neg(P\downarrow Q)\Leftrightarrow P\vee Q$。

（4）$(P\downarrow P)\downarrow(Q\downarrow Q)\Leftrightarrow\neg P\downarrow\neg Q\Leftrightarrow P\wedge Q$。

从上述"与非"和"或非"的性质可以看出，联结词$\neg$、$\wedge$和$\vee$可分别用联结词$\uparrow$或$\downarrow$取代。

3."异或"的性质

（1）$P\oplus Q\Leftrightarrow Q\oplus P$。

（2）$(P\oplus Q)\oplus R\Leftrightarrow P\oplus(Q\oplus R)$。

（3）$P\wedge(Q\oplus R)\Leftrightarrow(P\wedge Q)\oplus(P\wedge R)$。

（4）$P\oplus Q\Leftrightarrow(P\wedge\neg Q)\vee(\neg P\wedge Q)$。

（5）$P\oplus P\Leftrightarrow \mathrm{F}$，$\mathrm{F}\oplus P\Leftrightarrow P$，$\mathrm{T}\oplus P\Leftrightarrow\neg P$。

（6）$P\oplus Q\Leftrightarrow\neg(P\leftrightarrow Q)$。

以上所有性质均可用真值表法或公式法加以证明。

例 1 设 P，Q，R 为命题公式。如果 $P\oplus Q\Leftrightarrow R$，则 $P\oplus R\Leftrightarrow Q$，$Q\oplus R\Leftrightarrow P$，且 $P\oplus Q\oplus R$ 为矛盾式。

证明 如果 $P\oplus Q\Leftrightarrow R$，则 $P\oplus R\Leftrightarrow P\oplus P\oplus Q\Leftrightarrow \mathrm{F}\oplus Q\Leftrightarrow Q$，$Q\oplus R\Leftrightarrow Q\oplus P\oplus Q\Leftrightarrow \mathrm{F}\oplus P\Leftrightarrow P$，$P\oplus Q\oplus R\Leftrightarrow R\oplus R\Leftrightarrow \mathrm{F}$。 ■

1.5.3 全功能联结词组

定义 1.18 设 G 是一个联结词的集合，若任意一个命题公式都可用 G 中联结词构成的公式来表示，则称 G 为全功能联结词组。如在 G 中去掉任何一个联结词，就不再具有这种特性，就称其为最小全功能联结词组。

9 个命题联结词之间是否可以相互表达呢？最少需要多少联结词才能表达所有联结词呢？

可以证明，$\{\neg, \vee, \wedge\}$，$\{\neg, \vee\}$，$\{\neg, \wedge\}$，$\{\neg, \rightarrow\}$，$\{\uparrow\}$和$\{\downarrow\}$都是全功能联结词组，而$\{\neg, \vee\}$，$\{\neg, \wedge\}$，$\{\neg, \rightarrow\}$，$\{\uparrow\}$和$\{\downarrow\}$都是最小全功能联结词组。

例 2 证明$\{\uparrow\}$是最小全功能联结词组。

证明

$$\neg P \Leftrightarrow P\uparrow P,\ P\vee Q \Leftrightarrow (P\uparrow P)\uparrow(Q\uparrow Q),\ P\wedge Q \Leftrightarrow (P\uparrow Q)\uparrow(P\uparrow Q),$$
$$P\rightarrow Q \Leftrightarrow P\uparrow(Q\uparrow Q),\ P\leftrightarrow Q \Leftrightarrow (P\uparrow(Q\uparrow Q))\wedge(Q\uparrow(P\uparrow P))$$

故$\{\uparrow\}$是最小全功能联结词组。 ■

1.6 公式标准型——范式

同一个命题公式可以有各种不同的表示方式，如 $P\rightarrow Q \Leftrightarrow \neg P\vee Q \Leftrightarrow \neg Q\rightarrow \neg P$，为了把命题公式规范化，以便简化问题并且便于讨论，本节介绍命题公式的较规范的形式——范式。

1.6.1 简单合取式与简单析取式

定义 1.19 在一个公式中，仅由命题变元或其否定构成的合取式称为简单合取式；仅由命题变元或其否定构成的析取式称为简单析取式。

例如，P，$\neg P$，$\neg P\wedge Q$，$P\wedge\neg Q\wedge\neg P$ 都是简单合取式，而 P，$\neg P$，$P\vee Q$ 都是简单析取式。

定理 1.7 简单合取式为永假式当且仅当它同时含有某个命题变元及其否定。

证明 设 A 为简单合取式，其包含的所有命题变元为 p_1，p_2，…，p_n。

若 A 为永假式，但不同时含有某个命题变元及其否定，则不妨设 $A=p_1\wedge p_2\wedge\cdots\wedge p_i\wedge\neg p_{i+1}\wedge\cdots\wedge\neg p_n$，于是当 p_1，p_2，…，p_i 的真值都是真，而 p_{i+1}，…，p_n 的真值都是假时，A 的真值为真，与 A 为永假式矛盾。

反之，若 A 同时含有某个命题变元及其否定，显然有 A 为永假式。 ■

定理 1.8 简单析取式为永真式当且仅当它同时含有某个命题变元及其否定。

证明留给读者。

1.6.2 析取范式与合取范式

定义 1.20 若干个简单合取式的析取称为析取范式；若干个简单析取式的合取称为合取范式。

定义 1.21 与公式 A 等价的析取范式称为公式 A 的析取范式，与公式 A 等价的合取范式称为公式 A 的合取范式。

下面给出范式存在定理，限于篇幅证明略。

定理 1.9 对任意命题公式，都存在与其等价的析取范式和合取范式。

由范式的定义可知，一个命题公式的范式应具有的特征为：不含→，↔；不含¬¬；¬仅出现在命题变元之前。

下面给出求公式的范式的步骤：

（1）使用命题定律消去除¬，∧，∨以外公式中出现的所有联结词。

（2）消去¬¬。

（3）使¬出现在命题变元之前。

（4）用结合律、分配律等将公式化为所需范式。

例 1 求$\neg(P\vee Q)\leftrightarrow(P\wedge Q)$的析取范式。

解

$$\begin{aligned}\neg(P\vee Q)\leftrightarrow(P\wedge Q)&\Leftrightarrow(\neg(P\vee Q)\wedge(P\wedge Q))\vee(\neg\neg(P\vee Q)\wedge\neg(P\wedge Q))\\&\Leftrightarrow(\neg P\wedge\neg Q\wedge P\wedge Q)\vee((P\vee Q)\wedge(\neg P\vee\neg Q))\\&\Leftrightarrow(\neg P\wedge\neg Q\wedge P\wedge Q)\vee(P\wedge\neg P)\vee(P\wedge\neg Q)\vee(Q\wedge\neg P)\vee(Q\wedge\neg Q)\\&\Leftrightarrow(P\wedge\neg Q)\vee(\neg P\wedge Q)\end{aligned}$$ ■

上面所求的最后两个等价的公式都是原公式的析取范式，所以命题公式的析取范式不是惟一的。

例 2 求$\neg(P\vee Q)\leftrightarrow(P\wedge Q)$的合取范式。

解

$$\begin{aligned}\neg(P\vee Q)\leftrightarrow(P\wedge Q)&\Leftrightarrow(\neg\neg(P\vee Q)\vee(P\wedge Q))\wedge(\neg(P\vee Q)\vee\neg(P\wedge Q))\\&\Leftrightarrow((P\vee Q)\vee(P\wedge Q))\wedge((\neg P\wedge\neg Q)\vee(\neg P\vee\neg Q))\\&\Leftrightarrow(P\vee Q\vee P)\wedge(P\vee Q\vee Q)\wedge(\neg P\vee\neg P\vee\neg Q)\wedge(\neg Q\vee\neg P\vee\neg Q)\\&\Leftrightarrow(P\vee Q)\wedge(\neg P\vee\neg Q)\end{aligned}$$ ■

上面所求的最后两个等价的公式都是原公式的合取范式，所以命题公式的合取范式不是惟一的。

1.6.3 范式的应用

利用析取范式和合取范式可对公式的类型进行判定。

定理 1.10 公式A为矛盾式当且仅当A的析取范式的每个简单合取式至少同时含有一个命题变元及其否定。

定理 1.11 公式A为永真式当且仅当A的合取范式的每个简单析取式至少同时含有一个命题变元及其否定。

以上两个定理的证明留给读者。

例 3 判断下列公式的类型：

（1）$P\vee(Q\rightarrow R)\vee\neg(P\vee R)$。

（2）$\neg(P\rightarrow Q)\wedge Q$。

解 （1）

$$\begin{aligned}P\vee(Q\rightarrow R)\vee\neg(P\vee R)&\Leftrightarrow P\vee(\neg Q\vee R)\vee\neg(P\vee R)\\&\Leftrightarrow P\vee\neg Q\vee R\vee(\neg P\wedge\neg R)\\&\Leftrightarrow(P\vee\neg Q\vee R\vee\neg P)\wedge(P\vee\neg Q\vee R\vee\neg R)\end{aligned}$$

由定理 1.11 可知，$P\vee(Q\to R)\vee\neg(P\vee R)$是永真式。

（2）$\neg(P\to Q)\wedge Q\Leftrightarrow\neg(\neg P\vee Q)\wedge Q\Leftrightarrow P\wedge\neg Q\wedge Q$

由定理 1.10 可知，$\neg(P\to Q)\wedge Q$ 为矛盾式。 ■

1.7 公式主范式

由上一节可知，一个命题公式的范式不是惟一的，这使得范式的使用受到一定的限制。本节将讨论命题公式的惟一的规范化形式表示——主范式。

1.7.1 主析取范式

1. 小项的概念及性质

定义 1.22 *在含有 n 个命题变元的简单合取式中，若每个命题变元与其否定不同时存在，而两者之一出现一次且仅出现一次，称该简单合取式为小项。*

例如，两个命题变元 P 和 Q 产生 4 个小项，分别为：$\neg P\wedge\neg Q$，$\neg P\wedge Q$，$P\wedge\neg Q$，$P\wedge Q$。三个命题变元 P，Q 和 R 产生 8 个小项，分别为：$\neg P\wedge\neg Q\wedge\neg R$，$\neg P\wedge\neg Q\wedge R$，$\neg P\wedge Q\wedge\neg R$，$\neg P\wedge Q\wedge R$，$P\wedge\neg Q\wedge\neg R$，$P\wedge\neg Q\wedge R$，$P\wedge Q\wedge\neg R$，$P\wedge Q\wedge R$。

一般来说，n 个命题变元共形成 2^n 个小项。

小项的二进制编码为：约定命题变元按字典顺序排列，命题变元与 1 对应，命题变元的否定与 0 对应，则得到小项的二进制编码，记为 m_i，其下标 i 是由二进制转化的十进制数。n 个命题变元形成的 2^n 个小项，分别记为：m_0，m_1，…，m_{2^n-1}。

两个命题变元 P 和 Q 的小项真值表如表 1-7 所示。

由真值表可得小项具有如下性质：

（1）各小项的真值表都是不同的。

（2）每个小项只有当赋值与其对应的二进制编码相同时，其真值为真，且其真值 1 位于主对角线上。

（3）任意两个小项的合取式是永假式。

（4）所有小项的析取式为永真式。

表 1-7

m(二进制)		m_{00}	m_{01}	m_{10}	m_{11}
P	Q	$\neg P\wedge\neg Q$	$\neg P\wedge Q$	$P\wedge\neg Q$	$P\wedge Q$
0	0	1	0	0	0
0	1	0	1	0	0
1	0	0	0	1	0
1	1	0	0	0	1
m(十进制)		m_0	m_1	m_2	m_3

2. 主析取范式定义与存在定理

定义 1.23 *由若干个不同的小项组成的析取式称为主析取范式；与 A 等价的主析取范式称为 A 的主析取范式。*

定理 1.12 *任意含 n 个命题变元的非永假命题公式 A 都存在与其等价的主析取范式，并且是惟一的。*

证明 设 A'是 A 的析取范式，即 $A\Leftrightarrow A'$。若 A'的某个简单合取式 A_i 中不含命题变元 P 及其否定$\neg P$，将 A_i 展成形式 $A_i\Leftrightarrow A_i\wedge T\Leftrightarrow A_i\wedge(P\vee\neg P)\Leftrightarrow(A_i\wedge P)\vee(A_i\wedge\neg P)$，继续这个过程，直到所有的简单合取式成为小项。然后，消去重复的项及矛盾式之后，得到 A 的主析取范式。

下面证明其惟一性。

若 A 有两个与之等价的主析取范式 B 和 C，则 $B\Leftrightarrow C$。由 B 和 C 是 A 的不同的主析取范式，不妨设小项 m_i 只出现在 B 中而不在 C 中，于是 i 的二进制为 B 的成真赋值、C 的成假赋

值，与 $B \Leftrightarrow C$ 矛盾。因而 A 的主析取范式是惟一的。■

3．求主析取范式的方法

真值表法

定理 1.13 在真值表中，命题公式 A 的真值为 T 的赋值所对应的小项的析取即为此公式 A 的主析取范式。

证明 设命题公式 A 的真值为 T 的赋值所对应的小项为 m_1，m_2，…，m_k，令 $B=m_1 \vee m_2 \vee \cdots \vee m_k$。下证 $A \Leftrightarrow B$。

若 A 为真，则其赋值所对应的小项一定是 m_1，m_2，…，m_k 中的某一项，不妨设为 m_i，因为 m_i 为真，而 m_1，m_2，…，m_{i-1}，m_{i+1}，…，m_k 都为假，故 B 也为真。

若 A 为假，则其赋值所对应的小项一定不是 m_1，m_2，…，m_k 中的某一项，此时 m_1，m_2，…，m_k 都为假，故 B 也为假。

因此，$A \Leftrightarrow B$。■

例 1 用真值表法求 $\neg(P \vee Q) \leftrightarrow (P \to Q)$ 的主析取范式。

解 $\neg(P \vee Q) \leftrightarrow (P \to Q)$ 的真值表如表 1-8 所示。

表 1-8

P	Q	$P \vee Q$	$\neg(P \vee Q)$	$P \to Q$	$\neg(P \vee Q) \leftrightarrow (P \to Q)$
0	0	0	1	1	1
0	1	1	0	1	0
1	0	1	0	0	1
1	1	1	0	1	0

从表 1-8 知，该公式在其真值表的 00 行和 10 行处取真值 1，所以 $\neg(P \vee Q) \leftrightarrow (P \to Q) \Leftrightarrow m_0 \vee m_2$。■

例 2 用真值表法求 $(P \wedge Q) \vee R$ 的主析取范式。

解 $(P \wedge Q) \vee R$ 的真值表如表 1-9 所示。

表 1-9

P	Q	R	$P \wedge Q$	$(P \wedge Q) \vee R$
0	0	0	0	0
0	0	1	0	1
0	1	0	0	0
0	1	1	0	1
1	0	0	0	0
1	0	1	0	1
1	1	0	1	1
1	1	1	1	1

从表 1-9 知，该公式在其真值表的 001 行、011 行、101 行、110 行、111 行处取真值 1，所以 $(P \wedge Q) \vee R \Leftrightarrow m_1 \vee m_3 \vee m_5 \vee m_6 \vee m_7$。■

公式法

除了用真值表法来求一个命题公式的主析取范式外，还可以利用等价式推导的方法，即公式法。

求主析取范式的步骤如下：

（1）求 A 的析取范式 A'。

（2）若 A' 的某简单合取式 B 中不含某个命题变元 P 或其否定 $\neg P$，则将 B 展成形式 $B \Leftrightarrow B \wedge 1 \Leftrightarrow B \wedge (P \vee \neg P) \Leftrightarrow (B \wedge P) \vee (B \wedge \neg P)$。

（3）将重复出现的命题变元、矛盾式及重复出现的小项都消去。

（4）将小项按顺序排列。

例 3 用公式法求 $(P \to Q) \wedge Q$ 的主析取范式。

解

$$(P \to Q) \wedge Q \Leftrightarrow (\neg P \vee Q) \wedge Q \Leftrightarrow (\neg P \wedge Q) \vee Q$$
$$\Leftrightarrow (\neg P \wedge Q) \vee ((P \vee \neg P) \wedge Q)$$

$\Leftrightarrow(\neg P\wedge Q)\vee((P\wedge Q)\vee(\neg P\wedge Q))$

$\Leftrightarrow(\neg P\wedge Q)\vee(P\wedge Q)$

$\Leftrightarrow m_1\vee m_3$ ■

例 4 用公式法求$((P\vee Q)\to R)\to P$的主析取范式。

解

$((P\vee Q)\to R)\to P$

$\Leftrightarrow\neg(\neg(P\vee Q)\vee R)\vee P$

$\Leftrightarrow((P\vee Q)\wedge\neg R)\vee P$

$\Leftrightarrow(P\wedge\neg R)\vee(Q\wedge\neg R)\vee P$

$\Leftrightarrow(Q\wedge\neg R)\vee P$

$\Leftrightarrow((P\vee\neg P)\wedge Q\wedge\neg R)\vee(P\wedge(Q\vee\neg Q))$

$\Leftrightarrow(P\wedge Q\wedge\neg R)\vee(\neg P\wedge Q\wedge\neg R)\vee(P\wedge Q)\vee(P\wedge\neg Q)$

$\Leftrightarrow(P\wedge Q\wedge\neg R)\vee(\neg P\wedge Q\wedge\neg R)\vee(P\wedge Q\wedge(R\vee\neg R))\vee(P\wedge\neg Q\wedge(R\vee\neg R))$

$\Leftrightarrow(P\wedge Q\wedge\neg R)\vee(\neg P\wedge Q\wedge\neg R)\vee(P\wedge Q\wedge R)\vee(P\wedge Q\wedge\neg R)\vee(P\wedge\neg Q\wedge R)\vee(P\wedge\neg Q\wedge\neg R)$

$\Leftrightarrow(P\wedge Q\wedge\neg R)\vee(\neg P\wedge Q\wedge\neg R)\vee(P\wedge Q\wedge R)\vee(P\wedge\neg Q\wedge R)\vee(P\wedge\neg Q\wedge\neg R)$

$\Leftrightarrow m_2\vee m_4\vee m_5\vee m_6\vee m_7$ ■

1.7.2 主合取范式

1. 大项的概念及性质

定义 1.24 *在含有 n 个命题变元的简单析取式中，若每个命题变元与其否定不同时存在，而两者之一出现一次且仅出现一次，称该简单析取式为大项。*

例如，两个命题变元 P 和 Q 产生 4 个大项，分别为：$P\vee Q$，$P\vee\neg Q$，$\neg P\vee Q$，$\neg P\vee\neg Q$。

一般来说，n 个命题变元共形成 2^n 个大项。

大项的二进制编码为：约定命题变元按字典顺序排列，命题变元与 0 对应，命题变元的否定与 1 对应，则得到大项的二进制编码，记为 M_i，其下标 i 是由二进制转化的十进制数。n 个命题变元形成的 2^n 个大项，分别记为：M_0，M_1，…，M_{2^n-1}。

两个命题变元 P 和 Q 的大项真值表如表 1-10 所示。

由真值表可得大项具有如下性质：

（1）各大项的真值表都是不同的。

（2）每个大项只有当赋值与其对应的二进制编码相同时，其真值为假，且其真值 0 位于主对角线上。

（3）任意两个大项的析取式是永真式。

（4）所有大项的合取式为永假式。

表 1-10

M（二进制）	M_{00}	M_{01}	M_{10}	M_{11}
P Q	$P\vee Q$	$P\vee\neg Q$	$\neg P\vee Q$	$\neg P\vee\neg Q$
0 0	0	1	1	1
0 1	1	0	1	1
1 0	1	1	0	1
1 1	1	1	1	0
M（十进制）	M_0	M_1	M_2	M_3

2. 主合取范式定义与存在定理

定义 1.25 *由若干个不同的大项组成的合取式称为主合取范式；与 A 等价的主合取范式称为 A 的主合取范式。*

定理 1.14 任意含 n 个命题变元的非永真命题公式 A 都存在与其等价的主合取范式，并且是惟一的。

定理的证明留给读者。

3. 求主合取范式的方法

真值表法

定理 1.15 在真值表中，命题公式 A 的真值为 F 的赋值所对应的大项的合取即为此公式 A 的主合取范式。

定理的证明留给读者。

例 5 用真值表法求 $(P\to Q)\wedge Q$ 的主合取范式。

解 $(P\to Q)\wedge Q$ 的真值表如表 1-11 所示。

表 1-11

P	Q	$P\to Q$	$(P\to Q)\wedge Q$
0	0	1	0
0	1	1	1
1	0	0	0
1	1	1	1

从表 1-11 知，该公式仅在其真值表的 00 行、10 行处取真值 0，所以 $(P\to Q)\wedge Q\Leftrightarrow(P\vee Q)\wedge(\neg P\vee Q)\Leftrightarrow M_0\wedge M_2$。 ■

公式法

求主合取范式的步骤如下：

（1）求 A 的合取范式 A'。

（2）若 A'的某简单析取式 B 中不含某个命题变元 P 或其否定$\neg P$，则将 B 展成形式 $B\Leftrightarrow B\vee 0\Leftrightarrow B\vee(P\wedge\neg P)\Leftrightarrow(B\vee P)\wedge(B\vee\neg P)$。

（3）将重复出现的命题变元、永真式及重复出现的大项都消去。

（4）将大项按顺序排列。

例 6 用公式法求 $(P\to Q)\to(P\wedge\neg R)$的主合取范式。

解

$$
\begin{aligned}
&(P\to Q)\to(P\wedge\neg R)\\
\Leftrightarrow&(P\wedge\neg Q)\vee(P\wedge\neg R)\\
\Leftrightarrow&P\wedge(\neg Q\vee\neg R)\\
\Leftrightarrow&(P\vee Q)\wedge(P\vee\neg Q)\wedge(P\vee\neg Q\vee\neg R)\wedge(\neg P\vee\neg Q\vee\neg R)\\
\Leftrightarrow&(P\vee Q\vee R)\wedge(P\vee Q\vee\neg R)\wedge(P\vee\neg Q\vee R)\wedge(P\vee\neg Q\vee\neg R)\wedge(P\vee\neg Q\vee\neg R)\wedge(\neg P\vee\neg Q\vee\neg R)\\
\Leftrightarrow&M_0\wedge M_1\wedge M_2\wedge M_3\wedge M_7
\end{aligned}
$$
■

4. 主析取范式与主合取范式之间的关系

定理 1.16 小项 m_i 与大项 M_i 满足$\neg m_i\Leftrightarrow M_i$，$\neg M_i\Leftrightarrow m_i$。

证明 由小项和大项的定义及对偶性即得。 ■

定理 1.17 设 A 是含有 n 个命题变元的命题公式，且 A 的主析取范式中含 k 个小项 m_{i_1}，m_{i_2}，…，m_{i_k}，则$\neg A$ 的主析取范式中必含有其余的 2^n-k 个小项，记为 m_{j_1}，m_{j_2}，…，$m_{j_{2^n-k}}$，且 $A\Leftrightarrow M_{j_1}\wedge M_{j_2}\wedge\cdots\wedge M_{j_{2^n-k}}$。

证明 由定理 1.13 和定理 1.15 即得。 ■

由定理 1.17 可知，只要求出了一个命题公式的主析取范式（或主合取范式），即可写出该命题公式的主合取范式（或主析取范式）。

例 7 求$\neg(P\wedge Q)\leftrightarrow\neg(\neg P\to R)$的主析取范式和主合取范式。

解

$\neg(P\wedge Q)\leftrightarrow\neg(\neg P\rightarrow R)$

$\Leftrightarrow(\neg(P\wedge Q)\rightarrow\neg(\neg P\rightarrow R))\wedge(\neg(\neg P\rightarrow R)\rightarrow\neg(P\wedge Q))$

$\Leftrightarrow((P\wedge Q)\vee\neg(\neg P\rightarrow R))\wedge((\neg P\rightarrow R)\vee\neg(P\wedge Q))$

$\Leftrightarrow((P\wedge Q)\vee(\neg P\wedge\neg R))\wedge((P\vee R)\vee(\neg P\vee\neg Q))$

$\Leftrightarrow(P\vee\neg R)\wedge(\neg P\vee Q)\wedge(Q\vee\neg R)$

$\Leftrightarrow(P\vee Q\vee\neg R)\wedge(P\vee\neg Q\vee\neg R)\wedge(\neg P\vee Q\vee R)\wedge(\neg P\vee Q\vee\neg R)\wedge(P\vee Q\vee\neg R)\wedge(\neg P\vee Q\vee\neg R)$

$\Leftrightarrow M_1\wedge M_3\wedge M_4\wedge M_5$

$\Leftrightarrow m_0\vee m_2\vee m_6\vee m_7$ ■

1.7.3 主范式的应用

1. 判断命题公式的类型

定理 1.18 设 A 是含 n 个命题变元的命题公式，则：

（1）A 为永真式当且仅当 A 的主析取范式含有全部 2^n 个小项。

（2）A 为矛盾式当且仅当 A 的主合取范式含有全部 2^n 个大项。

（3）若 A 的主析取范式至少含有一个小项，则 A 是可满足式。

定理的证明留给读者。

例 8 判断下列命题公式的类型：

（1）$(\neg P\vee Q)\wedge(\neg Q\vee R)\wedge(P\wedge\neg R)$。

（2）$((P\rightarrow Q)\wedge P)\rightarrow Q$。

（3）$(P\rightarrow Q)\wedge Q$。

解

（1）$(\neg P\vee Q)\wedge(\neg Q\vee R)\wedge(P\wedge\neg R)$

$\Leftrightarrow(\neg P\vee Q\vee R)\wedge(\neg P\vee Q\vee\neg R)\wedge(P\vee\neg Q\vee R)\wedge(\neg P\vee\neg Q\vee R)\wedge(P\vee Q)$
$\wedge(P\vee\neg Q)\wedge(P\vee\neg R)\wedge(\neg P\vee\neg R)$

$\Leftrightarrow(\neg P\vee Q\vee R)\wedge(\neg P\vee Q\vee\neg R)\wedge(P\vee\neg Q\vee R)\wedge(\neg P\vee\neg Q\vee R)\wedge(P\vee Q\vee R)$
$\wedge(P\vee Q\vee\neg R)\wedge(P\vee\neg Q\vee R)\wedge(P\vee\neg Q\vee\neg R)\wedge(P\vee Q\vee\neg R)\wedge(P\vee\neg Q\vee\neg R)$
$\wedge(\neg P\vee Q\vee\neg R)\wedge(\neg P\vee\neg Q\vee\neg R)$

$\Leftrightarrow M_0\wedge M_1\wedge M_2\wedge M_3\wedge M_4\wedge M_5\wedge M_6\wedge M_7$

（2）$((P\rightarrow Q)\wedge P)\rightarrow Q\Leftrightarrow\neg((\neg P\vee Q)\wedge P)\vee Q\Leftrightarrow\neg(\neg P\vee Q)\vee\neg P\vee Q$

$\Leftrightarrow(P\wedge\neg Q)\vee\neg P\vee Q$

$\Leftrightarrow(P\wedge\neg Q)\vee(\neg P\wedge(Q\vee\neg Q))\vee((P\vee\neg P)\wedge Q)$

$\Leftrightarrow(P\wedge\neg Q)\vee(\neg P\wedge Q)\vee(\neg P\wedge\neg Q)\vee(P\wedge Q)\vee(\neg P\wedge Q)$

$\Leftrightarrow m_0\vee m_1\vee m_2\vee m_3$

（3）$(P\rightarrow Q)\wedge Q\Leftrightarrow(\neg P\vee Q)\wedge Q\Leftrightarrow(\neg P\wedge Q)\vee Q$

$\Leftrightarrow(\neg P\wedge Q)\vee((\neg P\vee P)\wedge Q)$

$\Leftrightarrow(\neg P\wedge Q)\vee(\neg P\wedge Q)\vee(P\wedge Q)$

$\Leftrightarrow(\neg P\wedge Q)\vee(P\wedge Q)$

$\Leftrightarrow m_1\vee m_3$

因此，(1)为永假式，(2)为永真式，(3)为可满足式。■

2. 判断两个命题公式是否等价

例 9 判断$(P\to Q)\wedge(P\to R)$与$P\to(Q\wedge R)$是否等价。

解 因为

$$(P\to Q)\wedge(P\to R)\Leftrightarrow(\neg P\vee Q)\wedge(\neg P\vee R)$$
$$\Leftrightarrow(\neg P\vee Q\vee(R\wedge\neg R))\wedge(\neg P\vee(Q\wedge\neg Q)\vee R)$$
$$\Leftrightarrow(\neg P\vee Q\vee R)\wedge(\neg P\vee Q\vee\neg R)\wedge(\neg P\vee Q\vee R)\wedge(\neg P\vee\neg Q\vee R)$$
$$\Leftrightarrow M_4\wedge M_5\wedge M_6$$
$$P\to(Q\wedge R)\Leftrightarrow\neg P\vee(Q\wedge R)$$
$$\Leftrightarrow(\neg P\vee Q)\wedge(\neg P\vee R)$$
$$\Leftrightarrow M_4\wedge M_5\wedge M_6$$ ■

所以，$(P\to Q)\wedge(P\to R)\Leftrightarrow P\to(Q\wedge R)$。

3. 求命题公式的成真赋值和成假赋值

由于小项对应的是成真赋值，大项对应的是成假赋值，所以可以根据命题公式的主范式求其成真赋值和成假赋值。

例如，由$P\to(Q\wedge R)\Leftrightarrow M_4\wedge M_5\wedge M_6$可知，$P\to(Q\wedge R)$的成假赋值为：100，101，110，成真赋值为：000，001，010，011，111。

1.8 命题逻辑的推理理论

数理逻辑的主要任务是用数学的方法研究推理。所谓推理是指从前提出发推出结论的过程。而前提是已知命题公式的集合，推论是用推理规则推出的命题公式。下面给出推理的结构化形式。

定义 1.26 若$A_1\wedge A_2\wedge\cdots\wedge A_n\to B$为重言式，则称$A_1$，$A_2$，…，$A_n$推出结论$B$的推理正确，$B$是$A_1$，$A_2$，…，$A_n$的有效结论，记为$A_1$，$A_2$，…，$A_n\vdash B$或$A_1$，$A_2$，…，$A_n\Rightarrow B$。

1.8.1 推理规则

(1)**P 规则**(前提引入规则)：在推导过程中，在任何地方都可引用前提。

(2)**T 规则**(结论引入规则)：在推导过程中，前面导出的有效结论都可作为后续推导的前提。

(3)**CP 规则**(附加前提证明规则)：要证A_1，A_2，…，$A_n\vdash A\to B$，只需证明A_1，A_2，…，A_n，$A\vdash B$。

证明 要证A_1，A_2，…，$A_n\vdash A\to B$，即要证$(A_1\wedge A_2\wedge\cdots\wedge A_n)\to(A\to B)\Leftrightarrow T$，因为

$$(A_1\wedge A_2\wedge\cdots\wedge A_n)\to(A\to B)\Leftrightarrow\neg(A_1\wedge A_2\wedge\cdots\wedge A_n)\vee(\neg A\vee B)$$
$$\Leftrightarrow\neg(A_1\wedge A_2\wedge\cdots\wedge A_n\wedge A)\vee B$$
$$\Leftrightarrow(A_1\wedge A_2\wedge\cdots\wedge A_n\wedge A)\to B$$

所以，即要证$(A_1 \wedge A_2 \wedge \cdots \wedge A_n \wedge A) \to B \Leftrightarrow T$，即 A_1，A_2，…，A_n，$A \vdash B$。 ■

（4）**代入规则**：在推理过程中，对重言式中的命题变元可使用代入规则。

（5）**置换规则**：在推理过程中，命题公式中的任何部分公式都可以用与之等值的命题公式来置换。

（6）**分离规则**（假言推理）：如果已知命题公式 $A \to B$ 和 A，则有命题公式 B。

1.8.2 推理定律

在推理过程中，除了要用上面的推理规则以及前面的等价式之外，还要用到下面一些推理定律。

（1）$P \wedge Q \vdash P$。

（2）$\neg(P \to Q) \vdash P$。

（3）$\neg(P \to Q) \vdash \neg Q$。

（4）$P \vdash P \vee Q$。

（5）$\neg P \vdash P \to Q$。

（6）$Q \vdash P \to Q$。

（7）$\neg P \wedge (P \vee Q) \vdash Q$。

（8）$P \wedge (P \to Q) \vdash Q$。

（9）$\neg Q \wedge (P \to Q) \vdash \neg P$。

（10）$(P \to Q) \wedge (Q \to R) \vdash P \to R$。

（11）$(P \leftrightarrow Q) \wedge (Q \leftrightarrow R) \vdash P \leftrightarrow R$。

（12）$(P \to R) \wedge (Q \to R) \wedge (P \vee Q) \vdash R$。

（13）$(P \to Q) \wedge (R \to S) \wedge (P \vee R) \vdash Q \vee S$。

（14）$(P \to Q) \wedge (R \to S) \wedge (\neg Q \vee \neg S) \vdash \neg P \vee \neg R$。

（15）$(Q \to R) \vdash ((P \vee Q) \to (P \vee R))$。

（16）$(Q \to R) \vdash ((P \to Q) \to (P \to R))$。

在推理过程中使用的等价式和蕴涵式，分别称为 E 规则和 I 规则。

1.8.3 判断有效结论的常用方法

1．分析法

例 1 证明$(P \to Q) \wedge (Q \to R) \vdash (P \to R)$。

证明 设$(P \to Q) \wedge (Q \to R)$为真，则有 $P \to Q$ 与 $Q \to R$ 都为真。若 P 为真，则 Q 为真。由 $Q \to R$ 与 Q 为真，可得 R 为真，从而 $P \to R$ 为真。若 P 为假，则 $P \to R$ 为真。因此，$(P \to Q) \wedge (Q \to R) \vdash (P \to R)$。 ■

2．真值表法

用真值表法进行推理证明的方法是：列出前提 A_1，A_2，…，A_n 和结论 B 的真值表，从真值表中找出 A_1，A_2，…，A_n 为真的行，对于每一个这样的行，若 B 也为真，则 A_1，A_2，…，$A_n \vdash B$ 成立。或者找出 B 的真值为假的行，在每个这样的行中，若 A_1，A_2，…，A_n 的真值中至少有一个为假，则 A_1，A_2，…，$A_n \vdash B$ 成立。

例 2 判断结论 C 是否是前提 H、S 的有效结论。

（1）H：$P \to Q$；S：$\neg P$；C：Q。

（2）H：$P \to Q$；S：$Q \to R$；C：$P \to R$。

解 （1）、（2）的真值表分别如表 1-12、表 1-13 所示。

表 1-12

P Q	H	S	C
0 0	1	1	0
0 1	1	1	1
1 0	0	0	0
1 1	1	0	1

表 1-13

P Q R	H	S	C
0 0 0	1	1	1
0 0 1	1	1	1
0 1 0	1	0	1
0 1 1	1	1	1
1 0 0	0	1	0
1 0 1	0	1	1
1 1 0	1	0	0
1 1 1	1	1	1

由表 1-12 可知，（1）中 C 不是前提 H、S 的有效结论。由表 1-13 可知，（2）中 C 是前提 H、S 的有效结论。 ■

3．使用推理规则进行推理演算

例 3 证明 R 是 $P \to Q$, $Q \to R$, P 的有效推论。

证明

（1）P P

（2）$P \to Q$ P

（3）Q T(1)(2)，I

（4）$Q \to R$ P

（5）R T(3)(4)，I ■

例 4 证明 $C \vee D$，$(C \vee D) \to \neg E$，$\neg E \to (A \wedge \neg B)$，$(A \wedge \neg B) \to (R \vee S) \vdash R \vee S$。

证明

（1）$(C \vee D) \to \neg E$ P

（2）$\neg E \to (A \wedge \neg B)$ P

（3）$(C \vee D) \to (A \wedge \neg B)$ T(1)(2)，I

（4）$(A \wedge \neg B) \to (R \vee S)$ P

（5）$(C \vee D) \to (R \vee S)$ T(3)(4)，I

（6）$C \vee D$ P

（7）$R \vee S$ T(5)(6)，I ■

例 5 证明$(P \vee Q) \wedge (P \to R) \wedge (Q \to S) \vdash S \vee R$。

证明 因为 $S \vee R \Leftrightarrow \neg R \to S$，所以，即要证$(P \vee Q) \wedge (P \to R) \wedge (Q \to S) \vdash \neg R \to S$。

（1）$\neg R$ 附加前提

（2）$P \to R$ P

（3）$\neg P$ T(1)(2)，I

（4）$P \vee Q$ P

（5）Q T(3)(4)，I

（6）$Q \to S$ P

（7）S T(5)(6)，I

（8）$\neg R \to S$ CP

（9）$S \vee R$ T(8)，E ■

例 6 证明$(P \to (Q \to S)) \wedge (\neg R \vee P) \wedge Q \vdash R \to S$。

证明

（1）R 附加前提

（2）$\neg R \vee P$ P

(3) P T(1)(2)，I
(4) $P\to(Q\to S)$ P
(5) $Q\to S$ T(3)(4)，I
(6) Q P
(7) S T(5)(6)，I
(8) $R\to S$ CP ■

例 7 证明$(\neg(P\to Q)\to\neg(R\vee S))$，$((Q\to P)\vee\neg R)$，$R\vdash(P\leftrightarrow Q)$。

证明

(1) $(Q\to P)\vee\neg R$ P
(2) R P
(3) $Q\to P$ T(1)(2)，I
(4) $R\vee S$ T(2)，I
(5) $\neg(P\to Q)\to\neg(R\vee S)$ P
(6) $P\to Q$ T(4)(5)，I
(7) $(Q\to P)\wedge(P\to Q)$ T(3)(6)，I
(8) $P\leftrightarrow Q$ T(7)，E ■

4．反证法

定义 1.27 若公式 A_1，A_2，…，A_n 中的所有命题变元为 P_1，P_2，…，P_m，对于 P_1，P_2，…，P_m 的一些赋值，如果能使 $A_1\wedge A_2\wedge\cdots\wedge A_n$ 为真，称公式 A_1，A_2，…，A_n 为相容的。如果对于 P_1，P_2，…，P_m 的每一组赋值使得 $A_1\wedge A_2\wedge\cdots\wedge A_n$ 为假，则称公式 A_1，A_2，…，A_n 为不相容的。

可以证明，要证 $A_1\wedge A_2\wedge\cdots\wedge A_n\vdash B$，只需证 $A_1\wedge A_2\wedge\cdots\wedge A_n$ 与$\neg B$ 不相容即可。

例 8 证明 $P\to Q$，$\neg(Q\vee R)\vdash\neg P$。

证明

(1) P 附加前提
(2) $P\to Q$ P
(3) Q T(1)(2)，I
(4) $\neg(Q\vee R)$ P
(5) $\neg Q\wedge\neg R$ T(4)，E
(6) $\neg Q$ T(5)，I
(7) $Q\wedge\neg Q$ T(3)(6)，I
(8) $\neg P$ ■

例 9 证明$(P\vee Q)\wedge(P\to R)\wedge(Q\to S)\vdash S\vee R$。

证明

(1) $\neg(S\vee R)$ 附加前提
(2) $\neg S\wedge\neg R$ T(1)，E
(3) $\neg S$ T(2)，I

(4) $Q \to S$	P
(5) $\neg Q$	T(3)(4)，I
(6) $\neg R$	T(2)，I
(7) $P \to R$	P
(8) $\neg P$	T(6)(7)，I
(9) $\neg P \wedge \neg Q$	T(5)(8)，I
(10) $\neg(P \vee Q)$	T(9)，E
(11) $P \vee Q$	P
(12) $\neg(P \vee Q) \wedge (P \vee Q)$	T(10)(11)，I
(13) $S \vee R$	

■

1.9 典型例题分析

例 1 判断下列命题公式的类型：

(1) $((P \to Q) \wedge Q) \leftrightarrow ((Q \vee R) \wedge Q)$。

(2) $\neg((Q \to P) \vee \neg P) \wedge (P \vee R)$。

(3) $((\neg P \vee Q) \to R) \to ((P \wedge Q) \vee R)$。

【相关知识】 永真式、永假式、可满足式、真值表、等值演算。

【分析】 可以采用三种方法求解，即真值表法、公式法或求主范式法。真值表法机械繁琐，一般不用，如果时间允许的话，可以用它来验证结果。

解 为了熟悉真值表的概念，这里给出真值表法。(1)、(2)、(3)的真值表分别如表 1-14、表 1-15、表 1-16 所示。

表 1-14

P	Q	R	$P \to Q$	$(P \to Q) \wedge Q$	$Q \vee R$	$(Q \vee R) \wedge Q$	$((P \to Q) \wedge Q) \leftrightarrow ((Q \vee R) \wedge Q)$
0	0	0	1	0	0	0	1
0	0	1	1	0	1	0	1
0	1	0	1	1	1	1	1
0	1	1	1	1	1	1	1
1	0	0	0	0	0	0	1
1	0	1	0	0	1	0	1
1	1	0	1	1	1	1	1
1	1	1	1	1	1	1	1

表 1-15

P	Q	R	$Q \to P$	$(Q \to P) \vee \neg P$	$P \vee R$	$\neg((Q \to P) \vee \neg P) \wedge (P \vee R)$
0	0	0	1	1	0	0
0	0	1	1	1	1	0
0	1	0	0	1	0	0
0	1	1	0	1	1	0
1	0	0	1	1	1	0
1	0	1	1	1	1	0
1	1	0	1	1	1	0
1	1	1	1	1	1	0

表 1-16

P	Q	R	$\neg P\vee Q$	$(\neg P\vee Q)\to R$	$P\wedge Q$	$(P\wedge Q)\vee R$	$((\neg P\vee Q)\to R)\to((P\wedge Q)\vee R)$
0	0	0	1	0	0	0	1
0	0	1	1	1	0	1	1
0	1	0	1	0	0	0	1
0	1	1	1	1	0	1	1
1	0	0	0	1	0	0	0
1	0	1	0	1	0	1	1
1	1	0	1	0	1	1	1
1	1	1	1	1	1	1	1

由表 1-14、表 1-15、表 1-16 可知，（1）为永真式，（2）为永假式，（3）为可满足式。

例 2 求命题公式$\neg(P\to Q)\vee R$的主合取范式、主析取范式及成真赋值。 ■

【相关知识】 主合取范式、主析取范式、成真赋值、成假赋值、真值表。

【分析】 求命题公式的主合取范式和主析取范式通常有两种方法，即真值表法和公式法。小项对应的是成真赋值，大项对应的是成假赋值。

解 这里只给出公式法。

$$
\begin{aligned}
\neg(P\to Q)\vee R &\Leftrightarrow\neg(\neg P\vee Q)\vee R\\
&\Leftrightarrow(P\wedge\neg Q)\vee R\\
&\Leftrightarrow(P\vee R)\wedge(\neg Q\vee R)\\
&\Leftrightarrow(P\vee Q\vee R)\wedge(P\vee\neg Q\vee R)\wedge(\neg P\vee\neg Q\vee R)\\
&\Leftrightarrow M_0\wedge M_2\wedge M_6\\
&\Leftrightarrow m_1\vee m_3\vee m_4\vee m_5\vee m_7
\end{aligned}
$$

成真赋值为：001，011，100，101，111。 ■

例 3 写出命题公式$(\neg P\wedge\neg Q)\vee(\neg R\vee S)$的等价式，要求该等价式中只出现联结词$\neg$和$\to$。

【相关知识】 等价式。

【分析】 各种联结词之间的相互转换关系。

解 本题主要用到几个联结词之间的等价转换。

$$
\begin{aligned}
(\neg P\wedge\neg Q)\vee(\neg R\vee S) &\Leftrightarrow(\neg P\wedge\neg Q)\vee(R\to S)\\
&\Leftrightarrow\neg(P\vee Q)\vee(R\to S)\\
&\Leftrightarrow(P\vee Q)\to(R\to S)\\
&\Leftrightarrow(\neg\neg P\vee Q)\to(R\to S)\\
&\Leftrightarrow(\neg P\to Q)\to(R\to S)
\end{aligned}
$$
■

例 4 判断$(P\to Q)\to((R\to S)\to((P\vee R)\to(Q\vee S)))$是否为永真式。

【相关知识】 永真式、命题推理、等值演算。

【分析】 判断蕴涵式是否为真，最好的办法是用赋值法，假设蕴涵式的前件为真，观察结论是否为真，若在该赋值下后件为真，则蕴涵式是永真的，否则不是。如果蕴涵式的后件仍为蕴涵式，就可利用附加前提证明方法，再把该蕴涵式的前提提前，依此类推，来判断蕴涵式的永真式。

解 上述公式是永真式，与$(P\to Q)\vdash(R\to S)\to((P\lor R)\to(Q\lor S))$等价。证明如下：

（1）$P\to Q$ 附加前提

（2）$R\to S$ 附加前提

（3）$P\to(Q\lor S)$ T(1)，I

（4）$R\to(Q\lor S)$ T(2)，I

（5）$(P\lor R)\to(Q\lor S)$ T(3)(4)，I

（6）$(R\to S)\to((P\lor R)\to(Q\lor S))$ CP ■

例 5 甲、乙、丙、丁 4 个人有且仅有 2 个人参加围棋优胜比赛。关于谁参加比赛，下列 4 种判断都是正确的：

（1）甲和乙只有一人参加。

（2）丙参加，丁必参加。

（3）乙或丁至多参加一人。

（4）丁不参加，甲也不会参加。

请推出哪两个人参加了围棋比赛。

【相关知识】 命题符号化、等值演算、主范式。

【分析】 对于这类题目，首先要符号化，然后把原题表示成一个合取范式，将其化为主析取范式，这样每个小项就是一个可能产生的结果。根据题意，删去不符合要求的小项，剩下的即为所求的可能结果。

解 符号化命题，设 A：甲参加了比赛；B：乙参加了比赛；C：丙参加了比赛；D：丁参加了比赛。

依题意有：

（1）甲和乙只有一人参加，符号化为 $A\oplus B\Leftrightarrow(\neg A\land B)\lor(A\land\neg B)$。

（2）丙参加，丁必参加，符号化为 $C\to D$。

（3）乙或丁至多参加一人，符号化为$\neg(B\land D)$。

（4）丁不参加，甲也不会参加，符号化为$\neg D\to\neg A$。

所以原命题为

$$(A\oplus B)\land(C\to D)\land(\neg(B\land D))\land(\neg D\to\neg A)$$

$$\Leftrightarrow((\neg A\land B)\lor(A\land\neg B))\land(\neg C\lor D)\land(\neg B\lor\neg D)\land(D\lor\neg A)$$

$$\Leftrightarrow((\neg A\land B\land\neg C)\lor(A\land\neg B\land\neg C)\lor(\neg A\land B\land D)\lor(A\land\neg B\land D))\land((\neg B\land D)\lor(\neg B\land\neg A)\lor(\neg D\land\neg A))$$

$$\Leftrightarrow(A\land\neg B\land\neg C\land D)\lor(A\land\neg B\land D)\lor(\neg A\land B\land\neg C\land\neg D)\Leftrightarrow T$$

但依据题意条件，有且仅有 2 个人参加比赛，故$\neg A\land B\land\neg C\land\neg D$ 为 F。所以只有$(A\land\neg B\land\neg C\land D)\lor(A\land\neg B\land D)\Leftrightarrow T$，即甲、丁参加了围棋比赛。 ■

例 6 $\{\land,\to\}$是否是全功能联结词组？即能否仅用联结词$\land$和$\to$表示所有的命题公式？证明你的结论。

【相关知识】 全功能联结词组、赋值、数学归纳法。

【分析】 根据联结词$\wedge$和$\rightarrow$的特征，即如果一个命题公式中仅含联结词$\wedge$和$\rightarrow$，则当公式的所有命题变元赋值为真时，公式也取值为真。这显然不能表示所有的命题公式，例如永假式$\neg A\wedge A$。所以，{$\wedge$，$\rightarrow$}不是全功能联结词组。

解 应用数学归纳法对公式中的联结词个数 n 作归纳证明：

如果一个公式中仅含联结词$\wedge$和$\rightarrow$，则当公式的所有命题变元赋值为真时，公式也取值为真。

当 $n=0$ 时，即公式不含联结词时，公式为命题变元，成立。

假设 $n\leqslant k$ 时成立，即如果一个公式中共含 n 个联结词$\wedge$和$\rightarrow$，则当公式的所有命题变元赋值为真时，公式也取值为真。

当 $n=k+1$ 时，设任一含 $k+1$ 个联结词的公式为 A，则存在公式 B 和 C，使得 $A=B\rightarrow C$ 或 $A=B\wedge C$，且 B 和 C 中的联结词个数$\leqslant k$。

由归纳假设，当所有命题变元赋值为真时，B 和 C 为真。

所以 A 在该赋值下取值为真。

如果一个公式中仅含联结词$\wedge$和$\rightarrow$，则当公式的所有命题变元赋值为真时，公式也取值为真。

所以 A 不能表示永假式。

因此，{$\wedge$，$\rightarrow$}不是全功能联结词组。 ■

例 7 下列推理是否成立？证明你的结论。

Ⅰ. 前提：$\neg A\vee B$，$A\rightarrow(B\wedge C)$，$D\rightarrow B$，结论：$B\vee C$。

Ⅱ. 前提：$A\rightarrow(\neg(S\wedge D)\rightarrow\neg B)$，$A$，$\neg D$，结论：$\neg B$。

【相关知识】 有效结论、推理规则。

【分析】 Ⅰ. $\neg A\vee B\Leftrightarrow A\rightarrow B$，所以 3 个前提都是蕴涵式。而蕴涵式的前件 A 和 D 又不成立，故结论不成立。Ⅱ. $\neg(S\wedge D)\Leftrightarrow\neg S\vee\neg D$，并且有 A，$\neg D$，所以$\neg B$ 成立。

解 Ⅰ. 设赋值：$A=B=C=D=0$。在该赋值下，前提：$\neg A\vee B=1$，$A\rightarrow(B\wedge C)=1$，$D\rightarrow B=1$，但 $B\vee C=0$，所以推理不成立。

Ⅱ. 推导过程如下：

（1）$A\rightarrow(\neg(S\wedge D)\rightarrow\neg B)$	P
（2）A	P
（3）$\neg(S\wedge D)\rightarrow\neg B$	T(1)(2)，I
（4）$\neg D$	P
（5）$\neg D\vee\neg S$	T(4)，I
（6）$\neg(S\wedge D)$	T(5)，E
（7）$\neg B$	T(3)(6)，I

所以推理成立。 ■

例 8 证明$(P\vee Q)\rightarrow R$，$R\rightarrow(S\vee U)$，$U\rightarrow V$，$\neg(S\vee V)\vdash\neg P$。

【相关知识】 有效结论、推理规则。

【分析】 可采用多种方法证明。

证明	（1）$\neg(S\vee V)$	P
	（2）$\neg S\wedge\neg V$	T(1)，E
	（3）$\neg V$	T(2)，I
	（4）$U\rightarrow V$	P
	（5）$\neg U$	T(3)(4)，I
	（6）$\neg S$	T(2)，I
	（7）$\neg S\wedge\neg U$	T(5)(6)，I
	（8）$\neg(S\vee U)$	T(7)，E
	（9）$R\rightarrow(S\vee U)$	P
	（10）$\neg R$	T(8)(9)，I
	（11）$(P\vee Q)\rightarrow R$	P
	（12）$\neg(P\vee Q)$	T(10)(11)，I
	（13）$\neg P\wedge\neg Q$	T(12)，E
	（14）$\neg P$	T(13)，I

■

1.10 上机实验

1．实验内容

（1）求任意一个命题公式的真值表。

（2）利用真值表求任意一个命题公式的主范式。

（3）利用真值表进行逻辑推理。

注：（2）和（3）可在（1）的基础上完成。

2．实验目的

真值表是命题逻辑中的一个十分重要的概念，利用它几乎可以解决命题逻辑中的所有问题。例如，利用命题公式的真值表，可以判断命题公式的类型，求命题公式的主范式，判断两个命题公式是否等价，还可以进行推理等。

本实验通过编写一个程序，让计算机给出命题公式的真值表，并在此基础上进行命题公式类型的判断、求命题公式的主范式等。目的是让学生更加深刻地理解真值表的概念，并掌握真值表的求解方法及其在解决命题逻辑的其他问题中的应用。

3．算法的主要思想

利用计算机求命题公式真值表的关键是：①给出命题变元的每一组赋值；②计算命题公式在每一组赋值下的真值。

真值表中命题变元的取值具有如下规律：每列中 0 和 1 是交替出现的，且 0 和 1 连续出现的个数相同。n 个命题变元的每组赋值的生成算法可基于这种思想。

含有 n 个命题变元的命题公式的真值采用“算符优先法”来计算。

为了程序实现的方便，约定命题变元只用一个字母表示，非、合取、析取、条件和双条件联结词分别用!、&、|、－、＋来表示。

算符之间的优先关系如表 1-17 所示。

表 1-17 算符优先级

<table>
<tr><th></th><th>+</th><th>−</th><th>|</th><th>&</th><th>!</th><th>(</th><th>)</th><th>@</th></tr>
<tr><td>+</td><td>></td><td><</td><td><</td><td><</td><td><</td><td><</td><td>></td><td>></td></tr>
<tr><td>−</td><td>></td><td>></td><td><</td><td><</td><td><</td><td><</td><td>></td><td>></td></tr>
<tr><td>|</td><td>></td><td>></td><td>></td><td><</td><td><</td><td><</td><td>></td><td>></td></tr>
<tr><td>&</td><td>></td><td>></td><td>></td><td>></td><td><</td><td><</td><td>></td><td>></td></tr>
<tr><td>!</td><td>></td><td>></td><td>></td><td>></td><td>></td><td><</td><td>></td><td>></td></tr>
<tr><td>(</td><td><</td><td><</td><td><</td><td><</td><td><</td><td><</td><td>=</td><td>E</td></tr>
<tr><td>)</td><td>></td><td>></td><td>></td><td>></td><td>></td><td>E</td><td>></td><td>></td></tr>
<tr><td>@</td><td><</td><td><</td><td><</td><td><</td><td><</td><td><</td><td>E</td><td>=</td></tr>
</table>

为实现算符优先算法，我们采用两个工作栈：一个称作 OPTR，用于寄存运算符；另一个称作 OPND，用于寄存操作数或运算结果。算法的基本思想是：

（1）首先设置操作数栈为空栈，符号“@”为运算符的栈底元素。

（2）调用函数 Divi(exp，myopnd)得到命题公式包含的命题变元序列 myopnd（按字典序排列，同一个命题变元只出现一次）。

（3）依次读入命题公式中的每个字符，若是命题变元，则其对应的赋值进 OPND 栈；若是运算符，则和 OPTR 栈的栈顶运算符比较后作相应操作，直至整个命题公式求值完毕。

习 题

1．判断下列语句是否是命题，为什么？若是命题，判断是简单命题还是复合命题。

（1）离散数学是计算机专业的一门必修课。

（2）李梅能歌善舞。

（3）这朵花真美丽！

（4）$3+2>6$。

（5）只要我有时间，我就来看你。

（6）$x=5$。

（7）尽管他有病，但他仍坚持工作。

（8）太阳系外有宇宙人。

（9）小王和小张是同桌。

（10）不存在最大的素数。

2．判断下列各式是否是命题公式，为什么？

（1）$P\to(P\vee Q)$。

（2）$(\neg P\to Q)\to(Q\to P)))$。

（3）$((\neg P\to Q)\to(Q\to P))$。

（4）$(Q\to R\wedge S)$。

（5）$(P\vee QR)\to S$。

（6）$((R\to(Q\to R)\to(P\to Q))$。

3．将下列命题符号化：

（1）我们不能既划船又跑步。

（2）我去新华书店，仅当我有时间。

（3）如果天下雨，我就不去新华书店。

（4）除非天不下雨，我将去新华书店。

（5）张明或王平都可以做这件事。

（6）“2 或 4 是素数，这是不对的”是不对的。

（7）只有休息好，才能工作好。

（8）只要努力学习，成绩就会好的。

（9）大雁北回，春天来了。

（10）小张是山东人或河北人。

4．构造下列命题公式的真值表，并据此说明哪些是其成真赋值，哪些是其成假赋值。

（1）$\neg(P \vee \neg Q)$。

（2）$P \wedge (Q \vee R)$。

（3）$\neg(P \vee Q) \leftrightarrow (\neg P \wedge \neg Q)$。

（4）$\neg P \rightarrow (Q \rightarrow P)$。

5．分别用真值表法和公式法判断下列命题公式的类型：

（1）$(P \vee Q) \rightarrow (P \wedge Q)$。

（2）$(P \wedge Q) \rightarrow (P \vee Q)$。

（3）$(\neg P \vee Q) \wedge \neg(Q \vee \neg R) \wedge \neg(R \vee \neg P \vee \neg Q)$。

（4）$(P \wedge Q \rightarrow R) \rightarrow (P \wedge \neg R \wedge Q)$。

（5）$(Q \rightarrow P) \wedge (\neg P \wedge Q)$。

（6）$(\neg P \leftrightarrow Q) \leftrightarrow \neg(P \leftrightarrow Q)$。

（7）$(P \wedge Q) \wedge \neg(P \vee Q)$。

6．分别用真值表法和公式法证明下列各等价式：

（1）$(P \vee Q) \wedge \neg P \Leftrightarrow \neg P \wedge Q$。

（2）$\neg(P \vee Q) \vee (\neg P \wedge Q) \Leftrightarrow \neg P$。

（3）$(P \wedge Q) \vee \neg P \Leftrightarrow \neg P \vee Q$。

（4）$P \rightarrow (Q \wedge R) \Leftrightarrow (P \rightarrow Q) \wedge (P \rightarrow R)$。

（5）$(P \rightarrow Q) \wedge (R \rightarrow Q) \Leftrightarrow (P \vee R) \rightarrow Q$。

（6）$(P \wedge Q \wedge A \rightarrow C) \wedge (A \rightarrow P \vee Q \vee C) \Leftrightarrow (A \wedge (P \leftrightarrow Q)) \rightarrow C$。

（7）$\neg(P \uparrow Q) \Leftrightarrow \neg P \downarrow \neg Q$。

（8）$\neg(P \downarrow Q) \Leftrightarrow \neg P \uparrow \neg Q$。

7．设 A，B，C 为任意的三个命题公式，试问下面的结论是否正确？

（1）若 $A \vee C \Leftrightarrow B \vee C$，则 $A \Leftrightarrow B$。

（2）若 $A \wedge C \Leftrightarrow B \wedge C$，则 $A \Leftrightarrow B$。

（3）若 $\neg A \Leftrightarrow \neg B$，则 $A \Leftrightarrow B$。

（4）若 $A \to C \Leftrightarrow B \to C$，则 $A \Leftrightarrow B$。

（5）若 $A \leftrightarrow C \Leftrightarrow B \leftrightarrow C$，则 $A \Leftrightarrow B$。

8．试给出下列命题公式的对偶式：

（1）$(P \wedge Q) \vee R$。

（2）$\mathrm{T} \vee (P \wedge Q)$。

（3）$(P \vee Q) \wedge \mathrm{F}$。

（4）$\neg(P \wedge Q) \wedge (\neg P \vee Q)$。

9．分别用真值表法、分析法和公式法证明下列蕴涵式：

（1）$\neg(P \to Q) \Rightarrow P$。

（2）$(P \to Q) \to Q \Rightarrow P \vee Q$。

（3）$P \to Q \Rightarrow P \to (P \wedge Q)$。

（4）$(P \to Q) \wedge (Q \to R) \Rightarrow (P \to R)$。

10．将下列命题公式化成与之等价的仅含联结词↑或↓的公式：

（1）$P \wedge (Q \to R)$。

（2）$(P \to (Q \wedge R)) \vee P$。

11．证明$\{\wedge, \vee\}$，$\{\vee\}$和$\{\neg\}$都不是全功能联结词组。

12．证明$\{\neg, \wedge\}$是最小全功能联结词组。

13．完成定理 1.8 的证明。

14．完成定理 1.10 的证明。

15．完成定理 1.11 的证明。

16．完成定理 1.14 的证明。

17．完成定理 1.15 的证明。

18．完成定理 1.18 的证明。

19．分别用真值表法和公式法求下面命题公式的主析取范式与主合取范式，判断各公式的类型，并写出其相应的成真赋值和成假赋值。

（1）$P \to (Q \to R)$。

（2）$(P \vee Q) \to R$。

（3）$(P \to (Q \vee R)) \wedge (\neg P \vee (Q \leftrightarrow R))$。

（4）$(\neg(P \to Q) \wedge Q) \vee R$。

（5）$(\neg P \vee \neg Q) \to (P \leftrightarrow \neg Q)$。

（6）$(P \downarrow Q) \to (P \wedge \neg(Q \vee \neg R))$。

（7）$\neg((P \to Q) \wedge (R \to P)) \vee \neg((R \to \neg Q) \to \neg P)$。

（8）$((P \to (P \vee Q)) \to (Q \wedge R)) \leftrightarrow (\neg P \vee R)$。

20．使用将命题公式化为主范式的方法，证明下列各等价式：

（1）$(P \to Q) \to (P \wedge Q) \Leftrightarrow (Q \to P) \wedge (P \vee Q)$。

（2）$P \wedge Q \wedge (\neg P \vee \neg Q) \Leftrightarrow \neg P \wedge \neg Q \wedge (P \vee Q)$。

（3）$\neg(P \leftrightarrow Q) \Leftrightarrow (P \vee Q) \wedge \neg(P \wedge Q)$。

（4）$(P\wedge Q)\vee(\neg P\wedge R)\vee(Q\wedge R)\Leftrightarrow(P\wedge Q)\vee(\neg P\wedge R)$。

21．设计一盏电灯的开关电路，要求受3个开关 A、B、C 的控制：当且仅当 A 和 C 同时关闭或 B 和 C 同时关闭时灯亮。设 F 表示灯亮。

（1）写出 F 在全功能联结词组$\{\uparrow\}$中的命题公式。

（2）写出 F 的主析取范式与主合取范式。

22．证明下列推理：

（1）$\neg P\vee Q$，$\neg Q\vee R$，$R\rightarrow S\vdash P\rightarrow S$。

（2）P，$P\rightarrow(Q\rightarrow(R\wedge S))\vdash Q\rightarrow S$。

（3）$(P\vee Q)\rightarrow R\vdash(P\wedge Q)\rightarrow R$。

（4）$A\rightarrow(B\rightarrow C)$，$B\rightarrow(C\rightarrow D)\vdash A\rightarrow(B\rightarrow D)$。

（5）$A\rightarrow\neg B$，$A\vee C$，$C\rightarrow\neg B$，$R\rightarrow B\vdash\neg R$。

（6）$\neg B$，$C\rightarrow\neg A$，$\neg B\rightarrow A$，$C\vee D\vdash D$。

（7）$\neg(A\vee B)\rightarrow\neg(P\vee Q)$，$P$，$(B\rightarrow A)\vee\neg P\vdash A$。

（8）$P\rightarrow(Q\rightarrow R)$，$S\rightarrow Q\vdash P\rightarrow(S\rightarrow R)$。

（9）$\neg(P\wedge\neg Q)$，$\neg Q\vee R$，$\neg R\vdash\neg P$。

23．证明 $R\vee M$，$\neg R\vee S$，$\neg M$ 和 $\neg S$ 是不相容的。

24．某项工作需要派 A，B，C 和 D 4个人中的2个人去完成，按下面3个条件，有几种派法？如何派？

（1）若 A 去，则 C 和 D 中要去1个人。

（2）B 和 C 不能都去。

（3）若 C 去，则 D 留下。

25．在某次研讨会的休息时间，3名与会者根据王教授的口音分别作出下述判断：

甲说：王教授不是苏州人，是上海人。

乙说：王教授不是上海人，是苏州人。

丙说：王教授既不是上海人，也不是杭州人。

王教授听后说：你们3人中有一人全说对了，有一人全说错了，还有一人对错各一半。试判断王教授是哪里人？

26．判断下述推理是否正确：

（1）如果2是偶数，则3是奇数。或者2是偶数或者2整除3，结果2整除3，所以3不是奇数。

（2）如果 A 努力工作，那么 B 或 C 感到愉快；如果 B 愉快，那么 A 不努力工作；如果 D 愉快那么 C 不愉快。所以 A 努力工作，则 D 不愉快。

第2章 谓词逻辑

在命题逻辑中，命题是最基本的单位，对原子命题不再进行分解，并且不考虑命题内在的结构和逻辑关系，因而命题逻辑具有它的局限性，甚至无法判断一些简单而常见的推理。例如，著名的苏格拉底三段论推理：

所有的人都是要死的，
苏格拉底是人，
所以苏格拉底是要死的。

根据常识，这个推理显然是正确的，但利用命题逻辑是无法推证的。因为，在命题逻辑中，上述推理表示为：P，$Q \vdash R$，其中 P，Q，R 分别表示上述三个命题。

然而，$(P \wedge Q) \to R$ 并不是永真式，故上述推理形式是错误的。

为了克服命题逻辑的局限性，我们有必要对原子命题作进一步的分析，分析出其中的个体、谓词和量词，研究它们的形式结构和逻辑关系、正确的推理形式和规则，这就是谓词逻辑的基本内容，谓词逻辑是命题逻辑的继续。

2.1 基本概念

从语法上来分析原子命题，它由主语和谓语两部分组成，揭示了命题的内在结构和命题之间的关系。下面我们按照这两部分对原子命题进行分析。

2.1.1 个体、谓词和命题的谓词形式

定义 2.1 在原子命题中，所描述的对象称为个体；用以刻画个体的性质或个体间关系的词称为谓词。

个体可以是具体的事物，也可是抽象的概念，如张三、北京、计算机、大学生、精神等。

例 1 （1）张三是大学生。

（2）3 大于 5。 ■

在上述例子中，“张三”、“3”、“5”都是个体，而“……是大学生”、“……大于……”是谓词。其中，“……是大学生”是刻画个体“张三”性质的谓词，“……大于……”是刻画个体“3”和“5”间关系的谓词。

显然，有了个体和谓词的概念之后，可以进一步刻画命题的内在结构和命题之间的关系。例如，在命题逻辑中，“张三是大学生”和“李四是大学生”之间的关系是无法表达的，现在可用谓词“……是大学生”及个体“张三”、“李四”刻画之；再如，上一章中的“张三和李四是表兄弟”，在命题逻辑中也是无法刻画其内在结构的，现在可用谓词“……和……是表兄弟”及个体“张三”、“李四”刻画之。

命题变元是真值不确定的陈述句，反映在上述结构中，就是由个体或谓词不确定来体现。

定义 2.2 表示具体或特定个体的词称为个体常元，用小写字母 a，b 等表示。表示抽象或泛指个体的词称为个体变元，用 x，y 等表示。

定义 2.3 表示具体性质或关系的谓词称为谓词常元，表示抽象或泛指的性质或关系的谓词称为谓词变元。谓词常元或谓词变元都用大写字母 F，G 等表示。

例 2 （1）x 是大学生。

（2）3 与 5 具有关系 F。 ■

在这个例子中，（1）和（2）都不是命题，因为 x 和 F 是不确定的。x 是个体变元，F 是谓词变元。

下面给出命题的谓词表示形式。

定义 2.4 一个原子命题用一个谓词（如 P）和 n 个有序个体常元（如 a_1，a_2，…，a_n）表示成 $P(a_1, a_2, \cdots, a_n)$，称为该原子命题的谓词形式。若 x_1，x_2，…，x_n 为个体变元，称 $P(x_1, x_2, \cdots, x_n)$ 为 n 元谓词或 n 元命题函数。

一元谓词表达了个体的性质，而 n 元谓词表达了 n 个个体之间的关系。

显然，n 元谓词不是命题。只有当个体变元用特定的个体替代时，才成为一个命题。但个体变元的取值范围，对命题的真值极有影响。例如，用 $F(x)$表示 x 是大学生，当取值范围限定为某大学的全体学生时，$F(x)$是真的，但当取值范围限定为某中学的所有学生时，则 $F(x)$是假的。因此，在谓词逻辑中，我们要指定个体的取值范围。

定义 2.5 个体的取值范围称为个体域或论域；所有个体的取值范围称为全总个体域。

一般情况下，如果没有特别说明，个体的取值范围为全总个体域。当给定个体域后，个体常元为该个体域中的一个确定的元素，个体变元则可取该个体域中的任一元素。

例 3 将下列命题符号化：

（1）张三和李四都是三好学生。

（2）赵斌是象棋迷或围棋迷。

（3）李林比张强高。

（4）如果你不出去，我就不进来。

解 （1）符号化为 $S(a)\land S(b)$，其中，$S(x)$：x 是三好学生，a：张三，b：李四。

（2）符号化为 $Q(a)\lor R(a)$，其中，$Q(x)$：x 是象棋迷，$R(x)$：x 是围棋迷，a：赵斌。

（3）符号化为 $T(a, b)$，其中，$T(x, y)$：x 比 y 高，a：李林，b：张强。

（4）符号化为$\neg F(a)\rightarrow\neg G(b)$，其中，$F(x)$：$x$ 出去，$G(x)$：x 进来，a：你，b：我。 ■

有了个体和谓词的概念之后，对有些命题仍然不能准确地符号化，如“所有人都是要死的”。原因是还缺少表示个体数量关系的词。下面我们再引入量词的概念。

2.1.2 量词

定义 2.6 符号$\forall x$ 表示“所有的 x”、“每一个 x”和“任意一个 x”等词语，称$\forall x$ 为全称量词；符号$\exists x$ 表示“对某一个 x”、“至少存在某个 x”和“存在某个 x”等词语，称$\exists x$ 为存在量词。以上的 x 称为指导变元。全称量词和存在量词统称为量词。

现在，我们可以用个体、谓词和量词将命题符号化，并且可以刻画命题的内在结构以及命题之间的关系。因此，引进个体、谓词和量词后，用形式符号表示命题的功能得到加强，表达意思更加全面、确切。

例4 用谓词和量词将下列命题符号化：

（1）所有的人都是要死的。

（2）每个自然数都是实数。

（3）一些大学生有远大的理想。

（4）有的学生选修了人工智能课。

解 （1）符号化为$\forall x(S(x)\to L(x))$，其中，$S(x)$：x是人，$L(x)$：x是要死的。

（2）符号化为$\forall x(N(x)\to R(x))$，其中，$N(x)$：x是自然数，$R(x)$：x是实数。

（3）符号化为$\exists x(P(x)\land Q(x))$，其中，$P(x)$：$x$是大学生，$Q(x)$：$x$有远大理想。

（4）符号化为$\exists x(F(x)\land T(x))$，其中，$F(x)$：$x$是学生，$T(x)$：$x$选修了人工智能课。 ■

上述句子中，都没有指明个体的取值范围，因而都指全总个体域。但当个体域为一个特定的范围时，其符号形式将会有所不同。例如，在（1）中将个体域指定为所有人的集合，则（1）符号化为$\forall xL(x)$；在（2）中将个体域指定为实数集，则（2）符号化为$\forall xR(x)$等。我们把像上面例题中的$S(x)$，$N(x)$，$P(x)$，$F(x)$这种对个体变元变化范围进行限制的谓词称为特性谓词。在命题符号化时，一定要正确地使用特性谓词。

最后，还需要指出四点：

（1）在不同的个体域内，同一命题的符号化形式可能不同，也可能相同。

（2）同一命题，在不同的个体域中的真值可能不同，也可能相同。

（3）全称量词后跟的是条件式，存在量词后跟的是合取式。

（4）$P(x)$不是命题，但前面加上量词后，$\forall xP(x)$和$\exists xP(x)$在给定论域内就有了真假，也就成了命题。

2.2 谓词公式与翻译

2.2.1 谓词公式

有了谓词和量词的概念后，我们可以更好地刻画命题的内在结构和命题间的逻辑关系。那么如何表示谓词表达式呢？下面介绍谓词公式的概念。

我们把n元谓词$P(x_1, x_2, \cdots, x_n)$称为谓词演算的原子公式，其中$x_1, x_2, \cdots, x_n$是个体变元。因此原子谓词公式包括下列各种特例：如Q，$P(x)$，$P(x, y)$，$P(f(x), y)$，$P(a, y)$等。

特别需要指出的是，在谓词演算的原子公式中不能出现命题联结词和量词。

定义2.7 谓词公式的定义如下：

（1）原子公式是谓词公式。

（2）A和B是谓词公式，则$\neg A$，$A\land B$，$A\lor B$，$A\to B$和$A\leftrightarrow B$是谓词公式。

（3）A是谓词公式，x是个体变元，则$\forall xA$和$\exists xA$都是谓词公式。

（4）有限次使用（1）、（2）和（3）规则形成的有意义的符号串都是谓词公式。谓词公式也称为合式公式。

谓词公式中的某些括号也可以省略，其规定与命题公式相同，但量词后若有括号则不能省略。

特别地，命题公式也是谓词公式，因此命题逻辑包含在谓词逻辑中。

2.2.2 谓词逻辑的翻译

把一个文字叙述的命题用谓词公式表示出来，称为谓词逻辑的翻译或符号化。

例 1 用谓词和量词将下列命题符号化：

（1）每一个有理数都是实数。

（2）尽管有些人聪明，但并不是所有的人都聪明。

（3）没有最大的自然数。

（4）今天有雨雪，有些人会摔倒。

解 （1）符号化为$\forall x(H(x)\to M(x))$，其中，$H(x)$：x是有理数，$M(x)$：x是实数。

（2）符号化为$\exists x(P(x)\wedge Q(x))\wedge\neg(\forall x(P(x)\to Q(x)))$，其中，$P(x)$：$x$是人，$Q(x)$：$x$聪明。

（3）符号化为$\forall x(N(x)\to\exists y(N(y)\wedge G(y, x)))$，其中，$N(x)$：$x$是自然数，$G(x, y)$：$x$大于$y$。

（4）符号化为$R\wedge S\to\exists x(M(x)\wedge F(x))$，其中，$R$：今天有雨，$S$：今天有雪，$M(x)$：$x$是人，$F(x)$：$x$摔倒。 ■

2.3 自由变元和约束变元

定义 2.8 在一个谓词公式中，形如$\forall xA(x)$或$\exists xA(x)$的部分称为公式的x约束部分，$A(x)$称为量词$\forall x$或$\exists x$的辖域或作用域，x称为指导变元或作用变元。x在公式的x约束部分的任一出现都称为x的约束出现，x称为约束变元。若x的出现不是约束出现，称x为自由出现，x称为自由变元。

要正确地理解谓词公式，必须准确地判断量词的辖域以及哪些是约束变元，哪些是自由变元。

一般地，判断量词的辖域要看其后是否跟的是括号，如果是括号，则括号内的子公式为其辖域，否则量词邻接的子公式是其辖域。

判断给定公式中的个体变元是约束变元还是自由变元，关键看它是约束出现还是自由出现。

辖域的概念也出现在程序设计中。例如，C 语言中的全局变量和局部变量，其辖域分别是整个程序和某个子程序。

例 1 指出下列谓词公式中量词的辖域及变元的约束情况：

（1）$\forall x(P(x)\to\exists yQ(x, y))$。

（2）$\forall x\forall y(P(x, y)\vee Q(y, z))\wedge\exists xR(x, y)$。

（3）$\forall x(P(x)\wedge\exists xQ(x, z)\to\exists yR(x, y))\vee Q(x, y)$。

解 （1）$\forall x$的辖域是$P(x)\to\exists yQ(x, y)$，$\exists y$的辖域是$Q(x, y)$。x，y都是约束变元。

（2）$\forall x$的辖域是$\forall y(P(x, y)\vee Q(y, z))$，$\forall y$的辖域是$P(x, y)\vee Q(y, z)$，$x$和$y$为约束变元，$z$为自由变元。$\exists x$的辖域是$R(x, y)$，$x$为约束变元，$y$为自由变元。在整个公式中，$x$是约束出现，$y$既是约束出现也是自由出现，$z$是自由出现。

（3）$\forall x$的辖域是$P(x)\wedge\exists xQ(x, z)\to\exists yR(x, y)$，$\exists x$的辖域是$Q(x, z)$，$\exists y$的辖域是$R(x, y)$，$x$和$y$都是约束变元，$z$是自由变元，但$Q(x, z)$中的$x$是受$\exists x$的约束，而不是受$\forall x$的约束。

$Q(x, y)$中的 x 和 y 都是自由变元。 ■

需要指出的是，若用 $A(x)$表示 x 是其中一个个体变元自由出现的任意公式，在 $A(x)$前加 $\forall x$ 或$\exists x$，则它就成了约束出现的个体变元。

定义 2.9 任一谓词公式 A，若 A 中无自由出现的个体变元，称 A 是封闭的谓词公式，简称闭式。

例 2 $\forall x(P(x)\to Q(x))$和$\forall x\forall y(P(x)\vee Q(x, y))$都是闭式，但$\forall x(P(x)\to Q(x, y))$不是闭式。■

在谓词公式中，自由变元虽然可以出现在量词的辖域中，但它不受相应量词中指导变元的约束，因而可把自由变元看作公式的参数。另一方面，在谓词公式中，一个个体变元可以既是约束变元，也是自由变元。为了避免一个变元既是约束变元又是自由变元引起的混乱，可以对约束变元或自由变元进行改名，使得一个变元在一个公式中只呈现一种形式。为此，引入以下两个规则。

换名规则 将量词辖域中某个约束出现的个体变元及相应指导变元，改成本辖域中未曾出现过的个体变元，其余不变。

代入规则 对某个自由出现的个体变元用与原公式中和所有个体变元不同的个体变元代入，且处处代入。

显然，换名规则用于约束变元，代入规则用于自由变元。

例 3 将$\forall x(P(x)\to Q(x, y))\wedge R(x, y)$中的约束变元改名。

解 可改名为$\forall z(P(z)\to Q(z, y))\wedge R(x, y)$，但不能改名为$\forall y(P(y)\to Q(y, y))\wedge R(x, y)$或$\forall z(P(z)\to Q(x, y))\wedge R(x, y)$，因为后两种更改都将使公式中量词的约束范围有所变动。 ■

例 4 将$\forall x(P(x)\wedge \exists xQ(x, z)\to \exists yR(x, y))\vee Q(x, y)$中的约束变元改名。

解 可改名为$\forall u(P(u)\wedge \exists vQ(v, z)\to \exists wR(u, w))\vee Q(x, y)$，但不能改名为$\forall z(P(z)\wedge \exists xQ(x, z)\to \exists yR(z, y))\vee Q(x, y)$或$\forall x(P(x)\wedge \exists zQ(z, z)\to \exists yR(x, y))\vee Q(x, y)$，因为后两种更改都将使公式中量词的约束范围有所变动。 ■

例 5 将$\forall x(P(x)\to Q(x, y))\wedge R(x, y)$中的自由变元改名。

解 对自由变元 x 施行代入，经代入后公式为：$\forall x(P(x)\to Q(x, y))\wedge R(z, y)$，但不能是$\forall x(P(x)\to Q(x, y))\wedge R(y, y)$，因为后一种代入与代入规则不符。 ■

2.4 谓词公式的解释与分类

2.4.1 谓词公式的解释

在谓词公式中，要确定其真值，除了指定个体域之外，还要对个体变元、谓词变元等赋以确定的值。因而，谓词公式的解释较命题公式的解释要复杂得多。下面给出谓词公式的一个解释的概念。

定义 2.10 谓词公式的一个解释 I（或赋值）由四部分组成：①非空个体域 D；②D 中一些特定的元素；③D 上一些特定的函数；④D 上一些特定的谓词。

例 1 给定解释 I 如下：

（1）个体域为自然数集$\mathbb{N}$。

（2）$\mathbb{N}$ 中特定的元素 $a=0$。

（3）$\mathbb{N}$ 上特定的函数 $f(x, y)=x+y$，$g(x, y)=xy$。

（4）$\mathbb{N}$ 中特定的谓词 $F(x, y)$为 $x=y$。

在解释 I 下，求下列公式的真值：

（1）$\forall xF(g(x, a), x)$。

（2）$\forall x\forall y(F(f(x, a), y)\to F(f(y, a), x))$。

（3）$\forall x\forall y\exists zF(f(x, y), z)$。

（4）$\forall x\forall yF(f(x, y), g(x, y))$。

（5）$F(f(x, y), f(y, z))$。

解 （1）$\forall xF(g(x, a), x)\Leftrightarrow\forall xF(ax, x)\Leftrightarrow\forall x(ax=x)\Leftrightarrow\forall x(x=0)\Leftrightarrow \mathrm{F}$

（2）$\forall x\forall y(F(f(x, a), y)\to F(f(y, a), x))$

$\Leftrightarrow\forall x\forall y((f(x, a)=y)\to(f(y, a)=x))$

$\Leftrightarrow\forall x\forall y((a+x=y)\to(a+y=x))$

$\Leftrightarrow\forall x\forall y((x=y)\to(y=x))\Leftrightarrow \mathrm{T}$

（3）$\forall x\forall y\exists zF(f(x, y), z)\Leftrightarrow\forall x\forall y\exists z((f(x, y)=z)\Leftrightarrow\forall x\forall y\exists z(x+y=z)\Leftrightarrow \mathrm{T}$

（4）$\forall x\forall yF(f(x, y), g(x, y))\Leftrightarrow\forall x\forall y(f(x, y)=g(x, y))\Leftrightarrow\forall x\forall y(x+y = xy)\Leftrightarrow \mathrm{F}$

（5）$F(f(x, y), f(y, z)\Leftrightarrow x+y=y+z\Leftrightarrow x=z$

由于（5）的真值不确定，因而，它不是命题。 ■

由上面的例子可以看出，有的公式在具体的解释下真值确定，即为命题，而有的公式在某些解释下真值不确定，即不是命题。

2.4.2 谓词公式的分类

定义 2.11 设 A 是一谓词公式，如 A 在任何解释下都是真的，称 A 为永真式或逻辑有效式；如 A 在任何解释下都是假的，称 A 为矛盾式；若至少存在一个解释使 A 为真，称 A 是可满足式。

由于谓词公式的复杂性和解释的多样性，真值表方法已无法使用，目前还没有判断谓词公式类型的一种统一可行的方法，只能对一些特殊的谓词公式进行判断。

对于一些特殊的谓词公式，如果它是永真式或矛盾式，则可以采用分析法或公式法进行证明；如果它是可满足式，则要通过举例说明，即给出两种解释，一种解释使其为真，另一种解释使其为假。

定义 2.12 A_0 是含命题变元 p_1，p_2，…，p_n 的命题公式，A_1，A_2，…，A_n 是 n 个谓词公式，用 A_i 处处代换 p_i，所得公式 A 称为 A_0 的代换实例。

显然有以下结论。

定理 2.1 （1）命题公式中永真式的代换实例在谓词公式中仍为永真式（或逻辑有效式）。
（2）命题公式中矛盾式的代换实例在谓词公式中仍为矛盾式。

例 2 判断下列公式的类型（永真式、矛盾式、可满足式）:

（1）$\forall xF(x)\to\exists xF(x)$。

（2）$\forall xF(x)\to(\forall x\exists yG(x, y)\to\forall xF(x))$。

（3）$\neg(F(x, y)\to R(x, y))\wedge R(x, y)$。

（4）$\forall x\exists yF(x, y)\to\exists x\forall yF(x, y)$。

解 （1）设 I 为任意解释。如果 $\forall xF(x)$ 在 I 下为真，则对于任意一个个体 a 都有 $F(a)$ 为真，于是 $\exists xF(x)$ 为真，所以 $\forall xF(x)\to\exists xF(x)$ 为真。如果 $\forall xF(x)$ 在 I 下为假，则 $\forall xF(x)\to\exists xF(x)$ 为真。故 $\forall xF(x)\to\exists xF(x)$ 为永真式。

（2）因为 $P\to(Q\to P)\Leftrightarrow\neg P\vee(\neg Q\vee P)\Leftrightarrow(\neg P\vee P)\vee\neg Q\Leftrightarrow\mathrm{T}$，而 $\forall xF(x)\to(\forall x\exists yG(x, y)\to\forall xF(x))$ 是 $P\to(Q\to P)$ 的代换实例，所以 $\forall xF(x)\to(\forall x\exists yG(x, y)\to\forall xF(x))$ 为永真式。

（3）因为 $\neg(P\to Q)\wedge Q\Leftrightarrow\neg(\neg P\vee Q)\wedge Q\Leftrightarrow P\wedge\neg Q\wedge Q\Leftrightarrow\mathrm{F}$，而 $\neg(F(x, y)\to R(x, y))\wedge R(x, y)$ 是 $\neg(P\to Q)\wedge Q$ 的代换实例，所以 $\neg(F(x, y)\to R(x, y))\wedge R(x, y)$ 为矛盾式。

（4）取解释 I_1 为：个体域为自然数集 $\mathbb{N}$；$F(x, y)$ 为 $x=y$。则：

$$\forall x\exists yF(x, y)\to\exists x\forall yF(x, y)\Leftrightarrow\forall x\exists y(x=y)\to\exists x\forall y(x=y)\Leftrightarrow\mathrm{F}$$

取解释 I_2 为：个体域为自然数集 $\mathbb{N}$；$F(x, y)$ 为 $x\leqslant y$。则：

$$\forall x\exists yF(x, y)\to\exists x\forall yF(x, y)\Leftrightarrow\forall x\exists y(x\leqslant y)\to\exists x\forall y(x\leqslant y)\Leftrightarrow\mathrm{T}$$

所以，$\forall x\exists yF(x, y)\to\exists x\forall yF(x, y)$ 为可满足式。 ■

2.5 谓词演算的等价式与蕴涵式

2.5.1 等价式

定义 2.13 *设 A 和 B 是谓词公式，若 $A\leftrightarrow B$ 为逻辑有效式，则称 A 和 B 是等价的，记为 $A\Leftrightarrow B$。*

除了由命题逻辑中的等价式推广得到的谓词逻辑等价式外，还有许多谓词公式本身特有的等价式，下面给出一些常见的基本谓词公式等价式。

若个体域为 $\{a_1, a_2, \cdots, a_n\}$，则有下式成立：

（1）$\forall xA(x)\Leftrightarrow A(a_1)\wedge A(a_2)\wedge\cdots\wedge A(a_n)$。

（2）$\exists xA(x)\Leftrightarrow A(a_1)\vee A(a_2)\vee\cdots\vee A(a_n)$。

例 1 求下列各式的真值：

（1）$\forall x(P(x)\vee Q(x))$，其中 $P(x)$：$x=1$，$Q(x)$：$x=2$，个体域为 $\{1, 2\}$

（2）$\forall x(P\to Q(x))\vee R(a)$，$P$：$3>-2$，$Q(x)$：$x\leqslant 3$，$R(x)$：$x>5$，$a$：3，个体域为 $\{-2, 3, 5, 6\}$。

（3）$\exists x(P(x)\to Q(x))\wedge\mathrm{T}$，$P(x)$：$x>1$，$Q(x)$：$x=1$，T 为任意永真式，个体域为 $\{1\}$。

（4）$\forall x\exists y(x+y=4)$，个体域为 $\{1, 2\}$。

解 （1）$\forall x(P(x)\vee Q(x))\Leftrightarrow(P(1)\vee Q(1))\wedge(P(2)\vee Q(2))\Leftrightarrow(\mathrm{T}\vee\mathrm{F})\wedge(\mathrm{F}\vee\mathrm{T})\Leftrightarrow\mathrm{T}$

（2）$\forall x(P\to Q(x))\vee R(a)\Leftrightarrow((P\to Q(-2))\wedge(P\to Q(3))\wedge(P\to Q(5))\wedge(P\to Q(6)))\vee R(a)$

$$\Leftrightarrow(\mathrm{T}\wedge\mathrm{T}\wedge\mathrm{F}\wedge\mathrm{F})\vee\mathrm{F}\Leftrightarrow\mathrm{F}$$

（3）$\exists x(P(x)\to Q(x))\wedge\mathrm{T}\Leftrightarrow\exists x(P(x)\to Q(x))\Leftrightarrow P(1)\to Q(1)\Leftrightarrow\mathrm{T}$

（4）$\forall x\exists y(x+y=4)\Leftrightarrow\forall x((x+1=4)\vee(x+2=4))\Leftrightarrow((1+1=4)\vee(1+2=4))\wedge((2+1=4)\vee(2+2=4))\Leftrightarrow\mathrm{F}$

■

定理 2.2（量词否定的等价式） 设 $A(x)$是一个含个体变元 x 的谓词公式，则下列等价式成立：

（1）$\neg(\forall xA(x))\Leftrightarrow\exists x(\neg A(x))$。

（2）$\neg(\exists xA(x))\Leftrightarrow\forall x(\neg A(x))$。

证明 （1）$\neg(\forall xA(x))$为真$\Leftrightarrow\forall xA(x)$为假$\Leftrightarrow\exists a$ 使 $A(a)$为假$\Leftrightarrow\exists a$ 使$\neg A(a)$为真$\Leftrightarrow\exists x(\neg A(x))$为真，故$\neg(\forall xA(x))\Leftrightarrow\exists x(\neg A(x))$。

（2）$\forall x(\neg A(x))$为假$\Leftrightarrow\exists a$ 使$\neg A(a)$为假$\Leftrightarrow\exists a$ 使 $A(a)$为真$\Leftrightarrow\exists xA(x)$为真$\Leftrightarrow\neg(\exists xA(x))$为假，故$\neg(\exists xA(x))\Leftrightarrow\forall x(\neg A(x))$。 ■

定理 2.3（量词辖域收缩和扩张的等价式） 设 $A(x)$是一个含个体变元 x 的谓词公式，B 是一个不含个体变元 x 的谓词公式，则下列等价式成立：

（1）$\forall x(A(x)\vee B)\Leftrightarrow\forall xA(x)\vee B$。

（2）$\forall x(A(x)\wedge B)\Leftrightarrow\forall xA(x)\wedge B$。

（3）$\forall x(A(x)\rightarrow B)\Leftrightarrow\exists xA(x)\rightarrow B$。

（4）$\forall x(B\rightarrow A(x))\Leftrightarrow B\rightarrow\forall xA(x)$。

（5）$\exists x(A(x)\vee B)\Leftrightarrow\exists xA(x)\vee B$。

（6）$\exists x(A(x)\wedge B)\Leftrightarrow\exists xA(x)\wedge B$。

（7）$\exists x(A(x)\rightarrow B)\Leftrightarrow\forall xA(x)\rightarrow B$。

（8）$\exists x(B\rightarrow A(x))\Leftrightarrow B\rightarrow\exists xA(x)$。

证明 仅证（3），其余证明留给读者。

（3）$\forall x(A(x)\rightarrow B)\Leftrightarrow\forall x(\neg A(x)\vee B)\Leftrightarrow\forall x(\neg A(x))\vee B\Leftrightarrow\neg(\exists xA(x))\vee B\Leftrightarrow\exists xA(x)\rightarrow B$ ■

定理 2.4（量词分配的等价式） 设 $A(x)$和 $B(x)$都是含个体变元 x 的谓词公式，则下列等价式成立：

（1）$\forall x(A(x)\wedge B(x))\Leftrightarrow\forall xA(x)\wedge\forall xB(x)$。

（2）$\exists x(A(x)\vee B(x))\Leftrightarrow\exists xA(x)\vee\exists xB(x)$。

证明 （1）设 I 为任意解释。

如果$\forall x(A(x)\wedge B(x))$在 I 下为真，则对于任意一个个体 a 都有 $A(a)$与 $B(a)$为真，于是$\forall xA(x)$与$\forall xB(x)$都为真，从而$\forall xA(x)\wedge\forall xB(x)$为真，因此$\forall x(A(x)\wedge B(x))\Rightarrow\forall xA(x)\wedge\forall xB(x)$。

反之，如果$\forall xA(x)\wedge\forall xB(x)$在 I 下为真，则$\forall xA(x)$与$\forall xB(x)$都为真，于是对于任意一个个体 a 都有 $A(a)\wedge B(a)$为真，所以$\forall x(A(x)\wedge B(x))$为真，因此$\forall xA(x)\wedge\forall xB(x)\Rightarrow\forall x(A(x)\wedge B(x))$。

故$\forall x(A(x)\wedge B(x))\Leftrightarrow\forall xA(x)\wedge\forall xB(x)$。

（2）证明与（1）类似。 ■

定理 2.5 设 $A(x，y)$是含个体变元 x 和 y 的谓词公式，则下列等价式成立：

（1）$(\forall x)(\forall y)A(x，y)\Leftrightarrow(\forall y)(\forall x)\mathrm{A}(x，y)$。

（2）$(\exists x)(\exists y)A(x，y)\Leftrightarrow(\exists y)(\exists x)A(x，y)$。

下面通过例子来说明定理 2.5 也是成立的。

例如，设 $A(x，y)$表示 x 和 y 同姓，论域 x 是甲村的人，论域 y 是乙村的人，则

$(\forall x)(\forall y)A(x，y)$：甲村与乙村所有的人都同姓

$$(\forall y)(\forall x)A(x, y)\text{：乙村与甲村所有的人都同姓}$$

显然上述两个句子的含义是相同的。故$(\forall x)(\forall y)A(x, y) \Leftrightarrow (\forall y)(\forall x)A(x, y)$。

同理，

$$(\exists x)(\exists y)A(x, y)\text{：甲村与乙村有人同姓}$$

$$(\exists y)(\exists x)A(x, y)\text{：乙村与甲村有人同姓}$$

这两个句子的含义也是相同的。故$(\exists x)(\exists y)A(x, y) \Leftrightarrow (\exists y)(\exists x)A(x, y)$。

例 2　证明$\exists x(A(x) \to B(x)) \Leftrightarrow \forall xA(x) \to \exists xB(x)$。

证明　$\exists x(A(x) \to B(x)) \Leftrightarrow \exists x(\neg A(x) \vee B(x))$

$$\Leftrightarrow \exists x \neg A(x) \vee \exists xB(x)$$

$$\Leftrightarrow \neg \forall xA(x) \vee \exists xB(x)$$

$$\Leftrightarrow \forall xA(x) \to \exists xB(x)$$

■

2.5.2　蕴涵式

定义 2.14　*设 A 和 B 是两个谓词公式，若 $A \to B$ 为逻辑有效式，则称 A 蕴涵 B，记为 $A \Rightarrow B$，称 $A \Rightarrow B$ 为蕴涵式。*

定理 2.6　*设 $A(x)$和 $B(x)$都是含个体变元 x 的谓词公式，则下列蕴涵式成立：*

（1）$\forall xA(x) \vee \forall xB(x) \Rightarrow \forall x(A(x) \vee B(x))$。

（2）$\exists x(A(x) \wedge B(x)) \Rightarrow \exists xA(x) \wedge \exists xB(x)$。

（3）$\forall x(A(x) \to B(x)) \Rightarrow \forall xA(x) \to \forall xB(x)$。

（4）$\exists x(A(x) \to B(x)) \Rightarrow \forall xA(x) \to \exists xB(x)$。

证明　仅证（1）和（3），其他留给读者证明。

（1）若$\forall x(A(x) \vee B(x))$为假，则存在个体 a 使 $A(a) \vee B(a)$为假，于是 $A(a)$和 $B(a)$皆为假，$\forall xA(x)$和$\forall xB(x)$为假，从而$\forall xA(x) \vee \forall xB(x)$为假，所以$\forall xA(x) \vee \forall xB(x) \Rightarrow \forall x(A(x) \vee B(x))$。

（3）因为$\forall x(A(x) \to B(x)) \wedge \forall xA(x) \Leftrightarrow \forall x((\neg A(x) \vee B(x)) \wedge A(x)) \Leftrightarrow \forall x(A(x) \wedge B(x)) \Leftrightarrow \forall xA(x) \wedge \forall x B(x) \Rightarrow \forall xB(x)$，所以$\forall x(A(x) \to B(x)) \Rightarrow \forall xA(x) \to \forall xB(x)$。■

例 3　证明$\exists xA(x) \to \forall xB(x) \Rightarrow \forall x(A(x) \to B(x))$。

证明　$\exists xA(x) \to \forall xB(x) \Leftrightarrow \neg \exists xA(x) \vee \forall xB(x)$

$$\Leftrightarrow \forall x \neg A(x) \vee \forall xB(x)$$

$$\Rightarrow \forall x(\neg A(x) \vee B(x))$$

$$\Leftrightarrow \forall x(A(x) \to B(x))$$

■

定理 2.7　*设 $A(x, y)$都是含个体变元 x 和 y 的谓词公式，则下列蕴涵式成立：*

（1）$(\forall x)(\forall y)A(x, y) \Rightarrow \forall xA(x, x)$。

（2）$\exists xA(x, x) \Rightarrow (\exists x)(\exists y)A(x, y)$。

（3）$(\forall x)(\forall y)A(x, y) \Rightarrow (\exists y)(\forall x)A(x, y)$。

（4）$(\exists x)(\forall y)A(x, y) \Rightarrow (\forall y)(\exists x)A(x, y)$。

（5）$(\forall x)(\exists y)A(x, y) \Rightarrow (\exists y)(\exists x)A(x, y)$。

证明　仅证（1），其他留给读者证明。

（1）设 I 为任意解释。如果 $\forall xA(x, x)$ 在 I 下为假，则存在一个个体 a 使得 $A(a, a)$ 为假，于是 $(\forall y)A(a, y)$ 为假，从而 $(\forall x)(\forall y)A(x, y)$ 为假，因此 $(\forall x)(\forall y)A(x, y) \Rightarrow \forall xA(x, x)$。 ■

需要说明的是，定理 2.7 的逆不一定成立。下面以例子对（5）进行说明。

例如，设 $A(x, y)$ 表示 x 和 y 同姓，论域 x 是甲村的人，论域 y 是乙村的人，则

$(\forall x)(\exists y)A(x, y)$ 表示对于甲村的所有人，乙村都有人与他同姓

$(\exists y)(\exists x)A(x, y)$ 表示乙村与甲村有人同姓

显然 $(\forall x)(\exists y)A(x, y) \Rightarrow (\exists y)(\exists x)A(x, y)$ 成立，而其逆不成立。

例 4 下列断言是否为真，为什么？

（1）$\forall xP(x) \to \forall xQ(x) \Rightarrow \forall x(P(x) \to Q(x))$。

（2）$\forall x(P(x) \to Q(x)) \Rightarrow \exists xP(x) \to \forall xQ(x)$。

解

（1）设个体域为 $\{1, 2\}$，令 $P(x)$：$x=1$，$Q(x)$：$x=2$，则

$$\forall xP(x) \to \forall xQ(x) \Leftrightarrow (P(1) \wedge P(2)) \to (Q(1) \wedge Q(2)) \Leftrightarrow \mathrm{T}$$

$$\forall x(P(x) \to Q(x)) \Leftrightarrow (P(1) \to Q(1)) \wedge (P(2) \to Q(2)) \Leftrightarrow \mathrm{F}$$

所以，该断言假。

（2）设个体域为 $\{1, 2\}$，令 $P(x)$：$x=2$，$Q(x)$：$x=2$，则

$$\forall x(P(x) \to Q(x)) \Leftrightarrow (P(1) \to Q(1)) \wedge (P(2) \to Q(2)) \Leftrightarrow \mathrm{T}$$

$$\exists xP(x) \to \forall xQ(x) \Leftrightarrow (P(1) \vee P(2)) \to (Q(1) \wedge Q(2)) \Leftrightarrow \mathrm{F}$$

所以，该断言假。 ■

2.6 谓词演算中的公式范式

为了方便应用和讨论，有时需要把谓词公式写成规范化形式，即前束范式和斯柯林范式，这在定理的机器证明中将会用到。

2.6.1 前束范式

定义 2.15 *设 A 是谓词公式，如 A 具有形式 $(Q_1x_1)(Q_2x_2)\cdots(Q_kx_k)B$，其中 Q_i 为 $\forall$ 或 $\exists$，B 为不含量词的公式，则称 A 为前束范式。*

例如，$\forall x(A(x) \to B(x))$ 为前束范式，而 $\exists xA(x) \to \forall xB(x)$ 不是前束范式。

定义 2.16 *设 A 是具有形式 $(Q_1x_1)(Q_2x_2)\cdots(Q_kx_k)B$ 的前束范式，若 B 为合取范式，则称 A 为前束合取范式，若 B 为析取范式，则称 A 为前束析取范式。*

定理 2.8 *任何谓词公式的前束范式都存在。*

限于篇幅，该定理的证明略。

求一个谓词公式的前束范式的过程为：①消去联结词 $\to$ 和 $\leftrightarrow$；②消去 $\neg\neg$；③将 $\neg$ 移至量词之后；④公式中所有变元均用不同的符号，要用到换名规则和代入规则；⑤扩大量词的辖域至整个公式之末。

例 1 求下列公式的前束范式：

（1）$\forall xF(x) \wedge \exists xG(x)$。

（2）$\forall xF(x)\to\exists yG(x, y)$。

（3）$\forall xF(x)\to\exists xG(x)$。

（4）$\exists xF(x)\to\forall xG(x)$。

（5）$(\forall xP(x)\vee\exists yQ(y))\to\forall xR(x)$。

解 （1）$\forall xF(x)\wedge\exists xG(x)\Leftrightarrow\forall xF(x)\wedge\exists yG(y)\Leftrightarrow\forall x\exists y(F(x)\wedge G(y))$

（2）$\forall xF(x)\to\exists yG(x, y)\Leftrightarrow\forall xF(x)\to\exists yG(z, y)\Leftrightarrow\exists x(F(x)\to\exists yG(z, y))\Leftrightarrow\exists x\exists y(F(x)\to G(z, y))$

（3）$\forall xF(x)\to\exists xG(x)\Leftrightarrow\exists x\neg F(x)\vee\exists xG(x)\Leftrightarrow\exists x(\neg F(x)\vee G(x))$

（4）$\exists xF(x)\to\forall xG(x)\Leftrightarrow\forall x\neg F(x)\vee\forall xG(x)\Leftrightarrow\forall x\forall y(\neg F(x)\vee G(y))$

（5）$(\forall xP(x)\vee\exists yQ(y))\to\forall xR(x)\Leftrightarrow\forall x\exists y(P(x)\vee Q(y))\to\forall zR(z)\Leftrightarrow\exists x\forall y\forall z(P(x)\vee Q(y)\to R(z))$

■

在进行等值演算时，由于量词前移的顺序不同，因而可得到不同的前束范式。因此，给定公式的前束范式是不惟一的。例如，$\forall x\exists y(F(x)\wedge G(y))$和$\exists y\forall x(F(x)\wedge G(y))$都是$\forall xF(x)\wedge\exists xG(x)$的前束范式。

另外还要注意，一个公式的各指导变元应是各不相同的，原公式中自由出现的个体变元在前束范式中仍然是自由出现的。

2.6.2 斯柯林范式

在谓词公式的前束范式中，全称量词和存在量词是无序的，对其进行改进得到下面的斯柯林范式。

定义 2.17 *若 B 是 A 的前束范式且每个存在量词均在全称量词之前，则称 B 是 A 的斯柯林范式。*

例 2 求$\forall x((\neg P(x)\vee\forall yQ(y, z))\to\neg\forall zR(y, z))$的斯柯林范式。

解

$$\begin{aligned}\forall x((\neg P(x)\vee\forall yQ(y, z))\to\neg\forall zR(y, z))&\Leftrightarrow(\forall x)((P(x)\wedge\exists y\neg Q(y, z))\vee(\exists z)\neg R(y, z))\\&\Leftrightarrow(\forall x)((P(x)\wedge\exists u\neg Q(u, z))\vee(\exists v)\neg R(y, v))\\&\Leftrightarrow\exists u\exists v\forall x((P(x)\wedge\neg Q(u,z))\vee\neg R(y,v))\end{aligned}$$

■

2.7 谓词演算的推理理论

谓词演算的推理形式仍然为 $A_1, A_2, \cdots, A_k\vdash B$，其中 $A_1, A_2, \cdots, A_k$ 和 B 为谓词公式。但谓词演算的推理较命题逻辑的推理复杂得多。命题逻辑中的所有推理规则和推理定律在谓词演算中都适用，另外还有谓词演算特有的推理规则。

1．全称量词消去规则(US)

$$\forall xA(x)\vdash A(y)$$

$$\forall xA(x)\vdash A(c)$$

在推理过程中，以上两种形式可根据需要选用。两式成立的条件是：①x 是 $A(x)$中自由出现的个体变元；②y 为任意的不在 $A(x)$中约束出现的个体变元；③c 为任意的个体常元。

在使用中，如果不注意条件是会出错的。例如，在实数集上取 $F(x, y)$为 $x>y$，则公式

$\forall x\exists yF(x, y)$为真命题。若 $A(x)$表示$\exists yF(x, y)$，则 x 在 $A(x)$中是自由出现的、是满足的，而 y 在 $A(x)$中是约束出现的。若 y 取代 x，得$\forall x\exists yF(x, y)\vdash\exists yF(y, y)$，即有“存在 y，$y>y$”，这是假命题。出错的原因是违背了条件②。

2．全称量词引入规则(UG)

$$A(y)\vdash\forall xA(x)$$

上式成立的条件是：①y 是 $A(y)$中自由出现的个体变元，且 y 取任何值 A 均为真；②取代 y 的 x 不能在 $A(y)$中约束出现。

在实数集上取 $F(x, y)$为 $x>y$，若 $A(y)$表示$\exists xF(x, y)$，则对任意的 y，$A(y)$均为真命题。若 x 取代 y，得$\forall x\exists x(x>x)$，这是假命题。出错的原因是违背了条件②。

3．存在量词引入规则(EG)

$$A(c)\vdash\exists xA(x)$$

上式成立的条件是：①c 是特定的个体常元；②取代 c 的 x 不能在 $A(c)$中出现过。

在实数集上取 $F(x, y)$为 $x>y$，若 $A(2)$表示$\exists xF(x, 2)$，则 $A(2)$为真命题，x 已在 $A(2)$中出现过。若 x 取代 2，得$\exists x(x>x)$，这是假命题。出错的原因是违背了条件②。

4．存在量词消去规则(ES)

$$\exists xA(x)\vdash A(c)$$

上式成立的条件是：①c 是使 A 为真的特定的个体常元；②c 不曾在 $A(x)$中出现过；③$A(x)$中除 x 外还有其他自由出现的个体变元时，不能用此规则。

在实数集上取 $F(x, y)$为 $x>y$，若 $A(x)$表示 $F(x, 2)$，则$\exists xA(x)$为真命题，2 已在 $A(x)$中出现过。若 2 取代 x，得 $2>2$，这是假命题。出错的原因是违背了条件②。

谓词演算中推理的一般过程是：先把带量词前提中的量词去掉，变为命题逻辑的推理，推出结果后，再把量词附加上去，得出谓词逻辑的结论。为了避免出现错误，需要注意以下两点：

（1）US、UG、ES、EG 四个规则仅对谓词公式的前束范式适用。

（2）要弄清去掉量词后，个体 c 是特定的还是任意的。有全称量词的前提和存在量词的前提，最好先引入存在量词的前提。

例 1 证明苏格拉底三段论。

证明 设 $F(x)$：x 是人，$G(x)$：x 是要死的，a：苏格拉底，命题符号化为：$\forall x(F(x)\to G(x))$，$F(a)\vdash G(a)$。

（1）$\forall x(F(x)\to G(x))$	P
（2）$F(a)\to G(a)$	T(1)，US
（3）$F(a)$	P
（4）$G(a)$	T(3)(2)，I

■

例 2 证明$\forall x(H(x)\to M(x))$，$\exists xH(x)\vdash\exists xM(x)$。

证明

（1）$\exists xH(x)$	P
（2）$H(c)$	T(1)，ES

（3）$\forall x(H(x)\to M(x))$ P

（4）$H(c)\to M(c)$ T(3)，US

（5）$M(c)$ T(2)(4)，I

（6）$\exists xM(x)$ T(5)，EG ■

例 3 证明$\forall x(P(x)\to Q(x))\vdash\forall xP(x)\to\exists xQ(x)$。

证明（1）$\forall x(P(x)\to Q(x))$ P

（2）$P(c)\to Q(c)$ T(1)，US

（3）$\forall xP(x)$ 附加前提

（4）$P(c)$ T(3)，US

（5）$Q(c)$ T(2)(4)，I

（6）$\exists xQ(x)$ T(4)，EG

（7）$\forall xP(x)\to\exists xQ(x)$ CP ■

例 4 证明$\forall x(P(x)\vee Q(x))$，$\neg\exists xP(x)\vdash\exists xQ(x)$。

证明

（1）$\neg\exists xP(x)$ P

（2）$\forall x\neg P(x)$ T(1)，E

（3）$\neg P(c)$ T(2)，US

（4）$\forall x(P(x)\vee Q(x))$ P

（5）$P(c)\vee Q(c)$ T(4)，US

（6）$Q(c)$ T(3)(5)，I

（7）$\exists xQ(x)$ T(6)，EG ■

例 5 Ⅰ．只要今天天气不好，就一定有考生不能提前进入考场，当且仅当所有考生提前进入考场，考试才能准时进行。所以，如果考试准时进行，那么天气就好。

Ⅱ．每个考生或者勤奋或者聪明，所有勤奋的人都将有所作为，但并非所有考生都将有所作为，所以，一定有些考生是聪明的。

解 Ⅰ．设 P：今天天气好，Q：考试准时进行，$A(e)$：e 提前进入考场，个体域：考生的集合，则命题可符号化为：$\neg P\to\exists x\neg A(x)$，$\forall xA(x)\leftrightarrow Q\vdash Q\to P$。

（1）$\neg P\to\exists x\neg A(x)$ P

（2）$\neg P\to\neg\forall xA(x)$ T(1)，E

（3）$\forall xA(x)\to P$ T(2)，E

（4）$\forall xA(x)\leftrightarrow Q$ P

（5）$(\forall xA(x)\to Q)\wedge(Q\to\forall xA(x))$ T(4)，E

（6）$Q\to\forall xA(x)$ T(5)，I

（7）$Q\to P$ T(6)(3)，I

Ⅱ．设 $P(e)$：e 是考生，$Q(e)$：e 将有所作为，$A(e)$：e 是勤奋的，$B(e)$：e 是聪明的，个体域：人的集合，则命题可符号化为：$\forall x(P(x)\to(A(x)\vee B(x)))$，$\forall x(A(x)\to Q(x))$，$\neg\forall x(P(x)\to Q(x))\vdash\exists x(P(x)\wedge B(x))$。

（1）$\neg\forall x(P(x)\to Q(x))$　　P
（2）$\neg\forall x(\neg P(x)\lor Q(x))$　　T(1)，E
（3）$\exists x(P(x)\land\neg Q(x))$　　T(2)，E
（4）$P(a)\land\neg Q(a)$　　T(3)，ES
（5）$P(a)$　　T(4)，I
（6）$\neg Q(a)$　　T(4)，I
（7）$\forall x(P(x)\to(A(x)\lor B(x)))$　　P
（8）$P(a)\to(A(a)\lor B(a))$　　T(7)，US
（9）$A(a)\lor B(a)$　　T(8)(5)，I
（10）$\forall x(A(x)\to Q(x))$　　P
（11）$A(a)\to Q(a)$　　T(10)，US
（12）$\neg A(a)$　　T(11)(6)，I
（13）$B(a)$　　T(12)(9)，I
（14）$P(a)\land B(a)$　　T(5)(13)，I
（15）$\exists x(P(x)\land B(x))$　　T(14)，EG　■

例 6　P、Q 和 R 三个前提为：

P：$\forall x\forall y(Q(x,y)\lor Q(y,x))$。

Q：$\forall x\forall y(E(x,y)\leftrightarrow(Q(x,y)\land Q(y,x)))$。

R：$\forall x\forall y(P(x,y)\leftrightarrow\neg Q(y,x))$。

S、T 两个结论为：

S：$\forall xE(x,x)$。

T：$\forall x\forall y(P(x,y)\to\neg P(y,x))$。

写出推导过程。

解　证明 S：$\forall xE(x,x)$。

（1）$\forall x\forall y(Q(x,y)\lor Q(y,x))$　　P
（2）$Q(x,x)\lor Q(x,x)$　　T(1)，US
（3）$\forall x\forall y(E(x,y)\leftrightarrow(Q(x,y)\land Q(y,x)))$　　P
（4）$E(x,x)\leftrightarrow(Q(x,x)\land Q(x,x))$　　T(3)，US
（5）$Q(x,x)\to E(x,x)$　　T(4)，I
（6）$E(x,x)$　　T(2)(5)，I
（7）$\forall xE(x,x)$　　T(6)，UG

证明 T：$\forall x\forall y(P(x,y)\to\neg P(y,x))$。

（1）$\forall x\forall y(Q(x,y)\lor Q(y,x))$　　P
（2）$Q(x,y)\lor Q(y,x)$　　T(1)，两次 US
（3）$\forall x\forall y(P(x,y)\leftrightarrow\neg Q(y,x))$　　P
（4）$P(x,y)\leftrightarrow\neg Q(y,x)$　　T(3)，两次 US
（5）$P(x,y)\to\neg Q(y,x)$　　T(4)，I

(6) $P(x, y)$	附加前提
(7) $\neg Q(y, x)$	T(5)(6), I
(8) $Q(x, y)$	T(2)(7), I
(9) $\forall s \forall t(P(s, t) \leftrightarrow \neg Q(t, s))$	T(3), 换名规则
(10) $P(y, x) \leftrightarrow \neg Q(x, y)$	T(9), US
(11) $\neg P(y, x)$	T(8)(10), I
(12) $P(x, y) \rightarrow \neg P(y, x)$	T(6)(11), CP
(13) $\forall x \forall y(P(x, y) \rightarrow \neg P(y, x))$	T(12), UG ■

2.8 典型例题分析

例 1 设 $P(x)$: x 属于实数集合 A, $Q(x)$: x 属于实数集合 B, $L(x, y)$: $x>y$。试将命题“并非 A 中的数都不比 B 中的数大”按下列要求分别用谓词公式表示。

(1) 只出现全称量词。

(2) 只出现存在量词。

(3) 量词全部放在左边。

【相关知识】 符号化、等值演算、量词。

【分析】 先写出命题的逻辑表达式，再按要求化为相应的公式。

解 (1) 只出现全称量词：$\neg \forall x(P(x) \rightarrow \forall y(Q(y) \rightarrow L(x, y)))$。

(2) 只出现存在量词：$\neg \forall x(P(x) \rightarrow \forall y(Q(y) \rightarrow L(x, y))) \Leftrightarrow \exists x \neg(P(x) \rightarrow \neg \exists y \neg(Q(y) \rightarrow L(x, y)))$。

(3) 前束范式：$\neg \forall x(P(x) \rightarrow \forall y(Q(y) \rightarrow L(x, y))) \Leftrightarrow \neg \forall x \forall y(P(x) \rightarrow (Q(y) \rightarrow L(x, y)))$

$$\Leftrightarrow \exists x \exists y \neg(P(x) \rightarrow (Q(y) \rightarrow L(x, y)))。$$

例 2 个体域为$\{0, 1\}$，证明$\forall x(P(x) \leftrightarrow Q(x)) \Rightarrow \forall x P(x) \leftrightarrow \forall x Q(x)$，并证明蕴涵式之逆不成立。

【相关知识】 蕴涵式、等价式。

【分析】 本题属于在有限个体域下谓词公式的求值问题。

解

$$\forall x(P(x) \leftrightarrow Q(x)) \Leftrightarrow (P(0) \leftrightarrow Q(0)) \wedge (P(1) \leftrightarrow Q(1)) \qquad (1)$$

$$\forall x P(x) \leftrightarrow \forall x Q(x) \Leftrightarrow (P(0) \wedge P(1)) \leftrightarrow (Q(0) \wedge Q(1)) \qquad (2)$$

若 (1) 式为真，则 $P(0)$与 $Q(0)$、$P(1)$与 $Q(1)$的真值相同，于是 $P(0) \wedge P(1)$与 $Q(0) \wedge Q(1)$的真值相同，所以蕴涵式成立。反之，令 $P(0)$和 $Q(1)$为真，$P(1)$和 $Q(0)$为假，则(2)式真，而(1)式假，所以反之不成立。

例 3 求下面公式的前束范式。

$$(\neg \exists x F(x) \vee \forall y G(y)) \wedge (F(x) \rightarrow \forall z H(z))$$

【相关知识】 前束范式、等值演算。

【分析】 在公式中 x 既是约束变元又是自由变元，需要对其进行改名。

解 $(\neg \exists x F(x) \vee \forall y G(y)) \wedge (F(x) \rightarrow \forall z H(z)) \Leftrightarrow (\neg \exists x F(x) \vee \forall y G(y)) \wedge (F(w) \rightarrow \forall z H(z))$

$$\Leftrightarrow (\forall x)(\forall y)(\neg F(x) \vee G(y)) \wedge (\forall z)(F(w) \rightarrow H(z))$$

$$\Leftrightarrow (\forall x)(\forall y)(\forall z)((\neg F(x) \vee G(y)) \wedge (F(w) \rightarrow H(z)))$$

例 4 将下列推理符号化并给出形式证明：

鸟会飞，猴子不会飞，所以猴子不是鸟。

【相关知识】 符号化、推理规则。

【分析】 先写出命题的逻辑表达式，然后根据推理规则进行推证。

解 设 $B(x)$：x 是鸟，$F(x)$：x 会飞，$M(x)$：x 是猴子。命题符号化为：

$$\forall x(B(x)\to F(x)),\ \forall x(M(x)\to\neg F(x))\vdash\forall x(M(x)\to\neg B(x))$$

证明如下：

（1）$\forall x(B(x)\to F(x))$	P
（2）$B(y)\to F(y)$	T(1)，US
（3）$\neg F(y)\to\neg B(y)$	T(2)，E
（4）$\forall x(M(x)\to\neg F(x))$	P
（5）$M(y)\to\neg F(y)$	T(4)，US
（6）$M(y)\to\neg B(y)$	T(3)(5)，I
（7）$\forall x(M(x)\to\neg B(x))$	T(6)，UG

例 5 指出下列推理中，在哪些步骤上有错误？为什么？给出正确的推理形式。

（1）$\forall x(P(x)\to Q(x))$	P
（2）$P(y)\to Q(y)$	T(1)，US
（3）$\exists xP(x)$	P
（4）$P(y)$	T(3)，ES
（5）$Q(y)$	T(2)(4)，I
（6）$\exists xQ(x)$	T(5)，EG

【相关知识】 量词、推理规则。

【分析】 在使用推理规则时，一定要注意量词的消去问题，否则将会出现错误。

解 （4）中 ES 错，因为对存在量词限制的变元 x 引用 ES 规则，只能将 x 换成某个个体常元 c，而不能将其改为自由变元。所以应将（4）中 $P(y)$改为 $P(c)$，c 为个体常元。

正确的推理过程为：

（1）$\exists xP(x)$	P
（2）$P(c)$	T(1)，ES
（3）$\forall x(P(x)\to Q(x))$	P
（4）$P(c)\to Q(c)$	T(3)，US
（5）$Q(c)$	T(2)(4)，I
（6）$\exists xQ(x)$	T(5)，EG

例 6 判断下列逻辑推理关系是否成立，说明理由。

$$\forall x\exists y(P(x)\to Q(y)),\ \forall y\exists z(R(y)\to Q(z))\vdash\exists x\forall z(P(x)\to R(z))$$

【相关知识】 量词、推理规则。

【分析】 在使用推理规则时，一定要注意量词的消去问题，否则将会出现错误。

解 $\forall x\exists y(P(x)\to Q(y))$，$\forall y\exists z(R(y)\to Q(z))\vdash\exists x\forall z(P(x)\to R(z))$不成立。它可化为：$\exists xP(x)\to\exists yQ(y)$，$\exists yR(y)\to\exists zQ(z)\vdash\forall xP(x)\to\forall zR(z)$。

由于

(1) $\exists xP(x)\to\exists yQ(y)$	P
(2) $P(c)\to\exists yQ(y)$	T(1)，ES
(3) $P(c)\to Q(d)$	T(2)，ES
(4) $\exists yR(y)\to\exists zQ(z)$	P
(5) $R(b)\to\exists zQ(z)$	T(4)，ES
(6) $R(b)\to Q(e)$	T(5)，ES
(7) $\forall xP(x)$	附加前提
(8) $P(c)$	T(7)，US
(9) $Q(d)$	T(3)(8)

由 $R(b)\to Q(e)$ 和 $Q(d)$ 推不出 $R(b)$，所以 $\forall x\exists y(P(x)\to Q(y)), \forall y\exists z(R(y)\to Q(z))\vdash\exists x\forall z(P(x)\to R(z))$ 不成立。

习　题

1．用谓词和量词将下列语句符号化：

(1) 没有不犯错误的人。

(2) 并非一切推理都能用计算机完成。

(3) 每个计算机系的学生都学离散数学。

(4) 任何自然数都有惟一的一个后继数。

(5) 对每一个 x 和 y，有一个 z，使 $x+y=z$。

(6) 对任何整数 x 和 y，若 $xy=0$，则 $x=0$ 或 $y=0$。

(7) 至多存在一个偶素数。

(8) 不存在既是奇数又是偶数的自然数。

(9) 有些有理数是实数但不是整数。

(10) 对于每一个实数 x，存在一个更大的实数 y。

2．设个体域是全体整数集 $\mathbb{Z}$，令 $P(x, y, z)$：$xy=z$；$E(x, y)$：$x=y$；$G(x, y)$：$x>y$。将下列命题符号化：

(1) 若 $y=1$，则对任何 x 都有 $xy=x$。

(2) 若 $xy\neq0$，则 $x\neq0$ 和 $y\neq0$。

(3) 若 $xy=0$，则 $x=0$ 或 $y=0$。

(4) 若 $x\leqslant y$ 和 $x\geqslant y$，则 $x=y$。

3．设个体域为自然数集 $\mathbb{N}$，令 $P(x)$：x 是素数；$E(x)$：x 是偶数；$O(x)$：x 是奇数；$D(x, y)$：x 整除 y。将下列各式译成自然语言：

(1) $\exists x(E(x)\land D(x, 6))$。

(2) $\forall x(O(x)\to\forall y(P(x)\to\neg D(x, y)))$。

(3) $\forall x(\neg E(x)\to\neg D(2, x))$。

(4) $\forall x(E(x)\to\forall y(D(x, y)\to E(y)))$。

4．指出下列公式中量词的辖域，并指出个体变元是约束变元还是自由变元：

（1）$\forall x(P(x)\wedge\exists xQ(x))\vee\forall x(P(x)\rightarrow Q(x))$。

（2）$\forall x(P(x,y)\wedge\exists yQ(y))\wedge(\forall xR(x)\rightarrow Q(x))$。

（3）$\forall x(P(x,y)\vee Q(z))\wedge\exists y(R(x,y)\rightarrow\forall zQ(z))$。

5．对公式$\forall x(P(x,y)\wedge\exists yQ(y)\wedge M(x,y))\wedge(\forall xR(x)\rightarrow Q(x))$应用换名规则，使每个个体变元在公式中只以一种形式出现（即约束出现或自由出现）。

6．对公式$\exists y(P(x,y)\rightarrow(\forall zQ(x,y)\wedge R(x,y,z)))\wedge\forall x\exists zS(x,y,z)$应用换名或代入规则，使每个个体变元在公式中只以一种形式出现。

7．给定解释 I 如下：

（1）个体域为实数集 $\mathbb{R}$。

（2）元素 $a=0$。

（3）函数 $f(x,y)=x-y$。

（4）$F(x,y)$：$x<y$。

在解释 I 下，求下列各式的真值。

（1）$\forall xF(f(a,x),a)$。

（2）$\forall x\forall y(\neg F(f(x,y),x))$。

（3）$\forall x\forall y\forall z(F(x,y)\rightarrow F(f(x,z),f(y,z)))$。

（4）$\forall x\exists yF(x,f(f(x,y),y))$。

8．判断下列公式的类型：

（1）$\neg\exists xP(x)\rightarrow\forall xP(x)$。

（2）$\neg\forall xA(x)\leftrightarrow\exists x(\neg A(x))$。

（3）$\exists x(P(x)\wedge Q(x))\rightarrow(\exists xP(x)\rightarrow\neg Q(x))$。

（4）$\exists x\forall y(F(x,y)\rightarrow F(y,x))$。

9．设个体域为 $A=\{a,b,c\}$，消去公式$\forall xP(x)\wedge\exists xQ(x)$中的量词。

10．给定解释 I 如下：

（1）个体域为 $D=\{-2,3,6\}$。

（2）$F(x)$：$x\leqslant 3$，$G(x)$：$x>5$，$R(x)$：$x\leqslant 7$。

在解释 I 下，求下列各式的真值：

（1）$\forall x(F(x)\wedge G(x))$。

（2）$\forall x(R(x)\rightarrow F(x))\vee G(5)$。

（3）$\exists x(F(x)\vee G(x))$。

11．完成定理 2.3 中未给出的证明。

12．证明下列各等价式：

（1）$\forall x(A(x)\wedge\neg B(x))\Leftrightarrow\neg\exists x(A(x)\rightarrow B(x))$。

（2）$\forall x\forall y(P(x)\rightarrow Q(y))\Leftrightarrow(\exists xP(x)\rightarrow\forall yQ(y))$。

（3）$\exists xP(x)\downarrow\exists xQ(x)\Leftrightarrow\forall x(P(x)\downarrow Q(x))$。

13. 若个体域为自然数集，令 $A(x, y)$: $x+y=y$，求 $\exists x\forall yA(x, y)$ 的真值。

14. 分别找出使下列公式为真的解释和为假的解释。

(1) $\forall x(P(x)\rightarrow\exists y(Q(y)\wedge R(x, y)))$。

(2) $\forall x\forall y(P(x, y)\rightarrow\neg P(y, x))$。

(3) $\exists xP(x)\rightarrow P(a)$。

(4) $\forall x\forall y(P(x, y)\rightarrow P(y, x))$。

15. 完成定理2.6中未给出的证明。

16. 完成定理2.7中未给出的证明。

17. 分别求下列谓词公式的前束范式。

(1) $\forall x(P(x)\rightarrow(\exists yQ(y)\rightarrow\exists yR(x, y)))$。

(2) $\forall x(F(x)\rightarrow G(x))\rightarrow(\exists xF(x)\rightarrow\exists xG(x))$。

(3) $\forall x\forall y(\exists zP(x, z)\wedge P(y, z))\rightarrow\exists uQ(x, y, u)$。

18. 判断下列公式是否是永真式？

(1) $(\exists xA(x)\rightarrow\exists xB(x))\rightarrow\exists x(A(x)\rightarrow B(x))$。

(2) $(\forall xA(x)\rightarrow\forall xB(x))\rightarrow\forall x(A(x)\rightarrow B(x))$。

(3) $(\exists xA(x)\rightarrow\forall xB(x))\rightarrow\forall x(A(x)\rightarrow B(x))$。

(4) $(\forall xA(x)\rightarrow\exists xB(x))\rightarrow\forall x(A(x)\rightarrow B(x))$。

19. 证明下列推理：

(1) $\exists xF(x)$，$\exists x(R(x)\wedge\neg T(x))$，$\forall z((F(x)\wedge\forall x\exists yQ(x, y))\rightarrow\forall y(R(x)\rightarrow T(y)))\vdash\forall y\exists x\neg Q(x, y)$。

(2) $\forall x(P(x)\rightarrow(Q(y)\wedge R(x)))$，$\forall xP(x)\vdash Q(y)\wedge\exists x(P(x)\wedge R(x))$。

(3) $\exists x(A(x)\rightarrow\forall yB(y))$，$\forall x(B(x)\rightarrow\exists yC(y))\vdash\forall xA(x)\rightarrow\exists yC(y)$。

(4) $\forall x(\forall y(B(x, y)\rightarrow\neg A(y))\rightarrow\neg C(x))\vdash\forall x(C(x)\rightarrow\exists y(A(y)\wedge B(x, y)))$。

(5) $\forall x(A(x)\rightarrow B(x)\vee C(x))$，$\forall x(C(x)\rightarrow\neg D(x))\vdash\forall x(D(x)\rightarrow(A(x)\rightarrow B(x)))$。

20. 举例说明下面推理不正确：

(1) $\forall x(A(x)\rightarrow\forall xB(x))\vdash\exists xA(x)\wedge\exists xB(x)$。

(2) $\forall x\exists y(P(x)\rightarrow Q(y))$，$\forall y\exists z(R(y)\rightarrow Q(z))\vdash\exists x\forall z(P(x)\rightarrow R(z))$。

21. 在谓词逻辑中构造下面推理的证明：

(1) 每个喜欢步行的人都不喜欢坐汽车，每个人或者喜欢坐汽车或者喜欢骑自行车。有的人不喜欢骑自行车，因而有的人不喜欢步行。

(2) 所有牛都有角，有些动物是牛，所以，有些动物有角。

(3) 每个科学家都是勤奋的，每个勤奋又身体健康的人在事业中都会获得成功。存在着身体健康的科学家。所以，存在着事业获得成功的人或事业半途而废的人。

(4) 某学术会议的每个成员都是专家并且是工人，有些成员是青年人，所以，有些成员是青年专家。

(5) 桌上的每本书都是杰作。写出杰作的人都是天才。某个不出名的人写了桌上的某本书。因此，某个不出名的人是天才。

22. 指出下列推理中的错误：

Ⅰ.	(1) $\forall xF(x)\to G(x)$	P
	(2) $F(y)\to G(y)$	T(1)，US
Ⅱ.	(1) $\forall x(F(x)\vee G(x))$	P
	(2) $F(a)\vee G(b)$	T(1)，US
Ⅲ.	(1) $F(x)\to G(x)$	P
	(2) $\exists y(F(y)\to G(y))$	T(1)，EG
Ⅳ.	(1) $F(x)\to G(c)$	P
	(2) $\exists y(F(x)\to G(x))$	T(1)，EG
Ⅴ.	(1) $F(a)\to G(b)$	P
	(2) $\exists x(F(x)\to G(x))$	T(1)，EG
Ⅵ.	(1) $\exists x(F(x)\wedge G(x))$	P
	(2) $\exists y(H(y)\wedge R(y))$	P
	(3) $F(c)\wedge G(c)$	T(1)，ES
	(4) $F(c)$	T(3)，I
	(5) $H(c)\wedge R(c)$	T(2)，ES
	(6) $H(c)$	T(5)，I
	(7) $F(c)\wedge H(c)$	T(4)(6)，I
	(8) $\exists x(F(x)\wedge H(x))$	T(7)，EG

第3章 集　　合

集合论是以集合概念为基础，研究集合的一般性质的数学分支学科，是现代数学的基础，与计算机科学、人工智能、逻辑学等有着密切的关系。对于从事计算机科学的人来说，集合论是不可缺少的理论知识。本书将介绍集合论的相关知识，主要包括集合、关系和函数等内容。在本章，我们将介绍集合的基本知识、排列与组合、递推关系、计数原理等。

3.1 集合的概念与表示法

3.1.1 集合的概念

集合作为数学的一个基本而又简单的原始概念，是不能精确定义的。一般我们把一些确定的互不相同的对象的全体称为集合，集合中的对象称为集合的元素。通常用大写字母（如 A，B 等）表示集合，用小写字母（如 a，b）表示集合中的元素。

给定一个集合 A 和一个元素 a，可以判定 a 是否在集合 A 中。如果 a 在 A 中，我们称 a 属于 A，记为 $a \in A$。否则，称 a 不属于 A，记为 $a \notin A$。

例如，某大学计算机系的全体学生、所有自然数等都是集合。

由集合的概念可知，集合中的元素具有确定性、互异性、无序性和抽象性的特征。其中：

（1）确定性是指一旦给定了集合 A，对于任意元素 a，我们就可以准确地判定 a 是否在 A 中，这是明确的。

（2）互异性是指集合中的元素之间是彼此不同的，即集合$\{a, b, b, c\}$与集合$\{a, b, c\}$是一样的。

（3）无序性是指集合中的元素之间没有次序关系，即集合$\{a, b, c\}$与集合$\{c, b, a\}$是一样的。

（4）抽象性是指集合中的元素是抽象的，甚至可以是集合。如 $A=\{1, 2, \{1, 2\}\}$，其中$\{1, 2\}$是集合 A 的元素。

集合是多种多样的，我们可以根据集合中元素的个数对其进行分类。集合中元素的个数称为集合的基数，记为$|A|$。当$|A|$有限时，称 A 为有限集合；否则，称 A 为无限集合。

将本书中常用的集合符号列举如下：

$\mathbb{N}$：表示全体自然数组成的集合。

$\mathbb{Z}$：表示全体整数组成的集合。

$\mathbb{Q}$：表示全体有理数组成的集合。

$\mathbb{R}$：表示全体实数组成的集合。

$\mathbb{Z}_m$：表示模 m 同余关系所有剩余类组成的集合。

3.1.2 集合的表示法

表示一个集合通常有两种方法：列举法和谓词表示法。

1．列举法（或枚举法）

列举法就是将集合的元素全部写在花括号内，元素之间用逗号分开。例如：$A=\{a，b，c\}$，$B=\{0，1，2，3，\cdots\}$。

列举法一般用于有限集合和有规律的无限集合。

2．谓词表示法（或描述法）

谓词表示法是用谓词来概括集合中元素的属性。通常用$\{x|p(x)\}$来表示具有性质 p 的一些对象组成的集合。例如：$\{x|1\leqslant x\leqslant 6\wedge x$ 为整数$\}$为由 1，2，3，4，5，6 组成的集合。

下面讨论集合之间的关系。

3.1.3 集合的包含与相等

包含与相等是集合间的两种基本关系，也是集合论中的两个基本概念。两个集合相等是按照下述原理定义的。

外延性原理 两个集合 A 和 B 是相等的，当且仅当它们有相同的元素。记为 $A=B$。

例如，若 $A=\{2，3\}$，$B=\{$小于 4 的素数$\}$，则 $A=B$。

定义 3.1 设 A 和 B 为两个集合，若对于任意的 $a\in A$ 必有 $a\in B$，则称 A 是 B 的子集，也称 A 包含于 B 或 B 包含 A，记作 $A\subseteq B$。如果 B 不包含 A，记作 $A\nsubseteq B$。B 包含 A 的符号化表示为：

$$A\subseteq B\Leftrightarrow\forall x(x\in A\rightarrow x\in B)$$

例如，若 $A=\{1，2，3，4\}$，$B=\{1，2\}$，$C=\{2，3\}$，则 $B\subseteq A$ 且 $C\subseteq A$，但 $C\nsubseteq B$。

定理 3.1 集合 A 和 B 相等当且仅当这两个集合互为子集。即：$A=B\Leftrightarrow A\subseteq B\wedge B\subseteq A$。

证明 若 $A=B$，则 A 和 B 具有相同的元素，于是$\forall x(x\in A\rightarrow x\in B)$和$\forall x(x\in B\rightarrow x\in A)$都为真，即 $A\subseteq B$ 且 $B\subseteq A$。

反之，若 $A\subseteq B$ 且 $B\subseteq A$，假设 $A\neq B$，则 A 与 B 元素不完全相同。不妨设有某个元素 $x\in A$ 但 $x\notin B$，这与 $A\subseteq B$ 矛盾，所以 $A=B$。 ■

这个定理非常重要，是证明两个集合相等的基本思路和依据。

定理 3.2 设 A，B 和 C 是三个集合，则：

（1）$A\subseteq A$。

（2）$A\subseteq B\wedge B\subseteq C\Rightarrow A\subseteq C$。

证明 （1）由定义显然成立。

（2）
$$\begin{aligned}A\subseteq B\wedge B\subseteq C&\Leftrightarrow\forall x(x\in A\rightarrow x\in B)\wedge\forall x(x\in B\rightarrow x\in C)\\&\Leftrightarrow\forall x((x\in A\rightarrow x\in B)\wedge(x\in B\rightarrow x\in C))\\&\Rightarrow\forall x(x\in A\rightarrow x\in C)\\&\Leftrightarrow A\subseteq C\end{aligned}$$
■

定义 3.2 设 A 和 B 是两个集合，若 $A\subseteq B$ 且 B 中至少有一个元素 b 使得 $b\notin A$，则称 A 是 B 的真子集，也称 A 真包含于 B 或 B 真包含 A，记作 $A\subset B$。否则，记作 $A\not\subset B$。B 真包含 A 的符号化表示为：

$$A\subset B\Leftrightarrow\forall x(x\in A\rightarrow x\in B)\wedge\exists x(x\in B\wedge x\notin A)$$

若两个集合 A 和 B 没有公共元素，我们说 A 和 B 是不相交的。

例如，若 $A=\{a，b，c，d\}$，$B=\{b，c\}$，则 B 是 A 的真子集，但 A 不是 A 的真子集。

需要指出的是，$\in$与$\notin$表示元素和集合的关系，而$\subseteq$、$\subset$与$=$表示集合和集合的关系。

例如，若 $A=\{0，1\}$，$B=\{0，1，\{0，1\}\}$，则 $A\subseteq B$ 且 $A\in B$。

定理 3.3 设 A，B 和 C 是三个集合，则：

（1）$\neg(A\subset A)$。

（2）$A\subset B\Rightarrow\neg(B\subset A)$。

（3）$A\subset B\wedge B\subset C\Rightarrow A\subset C$。

证明 仅证（2）和（3）。

（2）
$$\begin{aligned}A\subset B&\Leftrightarrow\forall x(x\in A\rightarrow x\in B)\wedge\exists x(x\in B\wedge x\notin A)\\&\Leftrightarrow\forall x(x\notin A\vee x\in B)\wedge\exists x(x\in B\wedge x\notin A)\\&\Leftrightarrow\neg\exists x(x\in A\wedge x\notin B)\wedge\neg\forall x(x\notin B\vee x\in A)\\&\Rightarrow\neg\exists x(x\in A\wedge x\notin B)\vee\neg\forall x(x\in A\vee x\notin B)\\&\Leftrightarrow\neg(\exists x(x\in A\wedge x\notin B)\wedge\forall x(x\in A\vee x\notin B))\\&\Leftrightarrow\neg(\exists x(x\in A\wedge x\notin B)\wedge\forall x(x\in B\rightarrow x\in A))\\&\Leftrightarrow\neg(B\subset A)\end{aligned}$$

（3）
$$\begin{aligned}A\subset B\wedge B\subset C&\Leftrightarrow(\forall x(x\in A\rightarrow x\in B)\wedge\exists x(x\in B\wedge x\notin A))\wedge(\forall x(x\in B\rightarrow x\in C)\wedge\exists x(x\in C\wedge x\notin B))\\&\Leftrightarrow\forall x(x\in A\rightarrow x\in B\wedge x\in B\rightarrow x\in C)\wedge(\exists x(x\in B\wedge x\notin A)\wedge\exists x(x\in C\wedge x\notin B))\\&\Rightarrow\forall x(x\in A\rightarrow x\in C)\wedge\exists x(x\in C\wedge x\notin A)\Rightarrow A\subset C\end{aligned}$$
■

3.1.4 空集、集族、幂集和全集

定义 3.3 没有任何元素的集合称为空集，记作$\varnothing$。以集合为元素的集合称为集族。

例如，$\{x|x\neq x\}$是空集，$\{x\mid x$ 是某大学的学生社团$\}$是集族。

定理 3.4 空集是任何集合的子集。

证明 任给集合 A，则$\varnothing\subseteq A\Leftrightarrow\forall x(x\in\varnothing\rightarrow x\in \mathrm{A})$。由于 $x\in\varnothing$是假的，所以$\forall x(x\in\varnothing\rightarrow x\in A)$为真，于是有$\varnothing\subseteq A$ 为真。 ■

推论 空集是惟一的。

对于任一集合 A，我们称空集$\varnothing$和其自身 A 为 A 的平凡子集。

特别要注意$\varnothing$与$\{\varnothing\}$的区别，$\varnothing$是不含任何元素的集合，是任意集合的子集，而$\{\varnothing\}$是含有一个元素$\varnothing$的集合。

定义 3.4 一个集合 A 的所有子集组成的集合称为 A 的幂集，记作 $P(A)$或 2^A。

例 1 求幂集 $P(\varnothing)$，$P(\{\varnothing\})$，$P(\{\varnothing，\{\varnothing\}\})$，$P(\{1，\{2，3\}\})$。

解 $P(\varnothing)=\{\varnothing\}$

$P(\{\varnothing\})=\{\varnothing，\{\varnothing\}\}$

$P(\{\varnothing，\{\varnothing\}\})=\{\varnothing，\{\varnothing\}，\{\{\varnothing\}\}，\{\varnothing，\{\varnothing\}\}\}$

$$P(\{1, \{2, 3\}\})=\{\varnothing, \{1\}, \{\{2, 3\}\}, \{1, \{2, 3\}\}\}$$ ■

定理 3.5 若$|A|=n$，则$|P(A)|=2^n$。

证明 因为 A 的 m 个元素的子集的个数为 C_n^m，所以$|P(A)|=C_n^0+C_n^1+\cdots+C_n^n=2^n$。 ■

定理 3.6 设 A 和 B 是两个集合，则：

（1）$B\in P(A)\Leftrightarrow B\subseteq A$。

（2）$A\subseteq B\Leftrightarrow P(A)\subseteq P(B)$。

（3）$P(A)=P(B)\Leftrightarrow A=B$。

（4）$P(A)\in P(B)\Rightarrow A\in B$。

（5）$P(A)\cap P(B)=P(A\cap B)$。

（6）$P(A)\cup P(B)\subseteq P(A\cup B)$。

证明留给读者。

定义 3.5 所要讨论的集合都是某个集合的子集，称这个集合为全集，记作 U 或 E。

全集是一个相对的概念。由于所研究的问题不同，所取的全集也不同。例如，在研究整数间的问题时，可把整数集$\mathbb{Z}$取作全集。在研究平面几何的问题时，可把整个坐标平面取作全集。

3.1.5 有限幂集元素的编码表示

为便于在计算机中表示有限集，可对集合中的元素规定一种次序，在集合和二进制之间建立对应关系。设 $U=\{a_1, a_2, \cdots, a_n\}$，对 U 的任意子集 A，A 与一个 n 位二进制数 $b_1b_2\cdots b_n$ 对应，其中 $b_i=1$ 当且仅当 $a_i\in A$。对于一个 n 位二进制数 $b_1b_2\cdots b_n$，使之对应一个集合 $A=\{a_i|b_i=1\}$。

例如，若 $A=\{a, b, c\}$，则 A 的幂集为 $P(A)=\{A_i|i\in J\}$，其中 $J=\{i|i$ 是二进制数且 $000\leqslant i\leqslant 111\}$，其中 $A_{000}=\varnothing$，$A_{011}=\{b, c\}$等。

一般地 $P(A)=\{A_i|i\in J\}$，其中 $J=\{i|i$ 是二进制数且$\overbrace{000\cdots0}^{n个}\leqslant i\leqslant\overbrace{111\cdots1}^{n个}\}$。

3.2 集合的运算与性质

在这一节将用代数方法讨论集合，即建立一些集合的运算以及运算之间的基本关系。

3.2.1 集合的交、并和补

定义 3.6 设 A 和 B 为两个集合，A 和 B 的交集 $A\cap B$、并集 $A\cup B$ 分别定义如下：

$$A\cap B=\{x|x\in A\land x\in B\}$$

$$A\cup B=\{x|x\in A\lor x\in B\}$$

显然，$A\cap B$ 是由 A 和 B 的公共元素组成的集合，$A\cup B$ 由 A 和 B 的所有元素组成的集合。

例如，若 $A=\{1, 2, 3\}$，$B=\{1, 4\}$，则 $A\cap B=\{1\}$，$A\cup B=\{1, 2, 3, 4\}$。

集合的交与并可以推广到 n 个集合的情况，即

$$A_1\cap A_2\cap\cdots\cap A_n=\{x|x\in A_1\land x\in A_2\land\cdots\land x\in A_n\}$$

$$A_1\cup A_2\cup\cdots\cup A_n=\{x|x\in A_1\lor x\in A_2\lor\cdots\lor x\in A_n\}$$

例 1 设 A 和 B 为两个集合，且 $A\subseteq B$，则 $A\cap C\subseteq B\cap C$。

证明 对任意的 $x\in A\cap C$，则有 $x\in A$ 且 $x\in C$。而 $A\subseteq B$，由 $x\in A$ 得 $x\in B$，则 $x\in B$ 且 $x\in C$，从而 $x\in B\cap C$。所以，$A\cap C\subseteq B\cap C$。 ■

例 2 设 A 和 B 为两个集合，则 $A\subseteq B\Leftrightarrow A\cup B=B\Leftrightarrow A\cap B=A$。

证明 对任意的 $x\in A\cup B$，则 $x\in A$ 或 $x\in B$。而 $A\subseteq B$，所以 $x\in B$，于是 $A\cup B\subseteq B$。又显然有 $B\subseteq A\cup B$，故 $A\cup B=B$。

反之，若 $A\cup B=B$，因 $A\subseteq A\cup B$，所以 $A\subseteq B$。

同理可证 $A\subseteq B\Leftrightarrow A\cap B=A$。 ■

定义 3.7 设 A 和 B 为两个集合，所有属于 A 而不属于 B 的元素组成的集合称为 B 对于 A 的补集，或相对补。记作 $A-B=\{x|x\in A\wedge x\notin B\}$。$A-B$ 也称为 A 和 B 的差集。

例如，若 $A=\{1，2，3\}$，$B=\{1，4\}$，则 $A-B=\{2，3\}$，$B-A=\{4\}$。

定义 3.8 设 U 为全集，集合 A 关于 U 的补集 $U-A$ 称为集合 A 的绝对补或余集，记为 $\overline{A}$（或 $\sim A$ 或 A^c），即 $\overline{A}=\{x|x\in U$ 且 $x\notin A\}$。

例 3 设 A 和 B 为两个集合，则 $A-B=A\cap\overline{B}$。

证明 因为 $x\in A-B\Leftrightarrow x\in A\wedge x\notin B\Leftrightarrow x\in A\wedge x\in\overline{B}\Leftrightarrow x\in A\cap\overline{B}$，所以 $A-B=A\cap\overline{B}$。 ■

定理 3.7 对于任意 3 个集合 A，B 和 C，其交、并、补满足下面 10 个定律：

（1）幂等律：$A\cap A=A$，$A\cup A=A$。

（2）结合律：$(A\cup B)\cup C=A\cup(B\cup C)$，$(A\cap B)\cap C=A\cap(B\cap C)$。

（3）交换律：$A\cup B=B\cup A$，$A\cap B=B\cap A$。

（4）分配律：$A\cup(B\cap C)=(A\cup B)\cap(A\cup C)$，$A\cap(B\cup C)=(A\cap B)\cup(A\cap C)$。

（5）同一律：$A\cup\varnothing=A$，$A\cap U=A$。

（6）零律：$A\cup U=U$，$A\cap\varnothing=\varnothing$。

（7）互补律：$A\cup\overline{A}=U$，$A\cap\overline{A}=\varnothing$。

（8）吸收律：$A\cup(A\cap B)=A$，$A\cap(A\cup B)=A$。

（9）德·摩根律：$\overline{(A\cup B)}=\overline{A}\cap\overline{B}$，$\overline{(A\cap B)}=\overline{A}\cup\overline{B}$，$A-(B\cup C)=(A-B)\cap(A-C)$，$A-(B\cap C)=(A-B)\cup(A-C)$。

（10）双重否定律：$\overline{\overline{A}}=A$。

以上等式的证明主要用到命题演算的等价式，即欲证集合 $A=B$，只需证明 $x\in A\Leftrightarrow x\in B$。也可利用已有的公式证明。

定理 3.8 任意集合 A 和 B，$B=\overline{A}\Leftrightarrow A\cup B=U$ 且 $A\cap B=\varnothing$。

证明 如 $B=\overline{A}$，则 $A\cup B=A\cup\overline{A}=U$，$A\cap B=A\cap\overline{A}=\varnothing$。

反之，若 $A\cup B=U$ 且 $A\cap B=\varnothing$，则 $B=B\cap U=B\cap(A\cup\overline{A})=(B\cap A)\cup(B\cap\overline{A})=\varnothing\cup(B\cap\overline{A})=(A\cap\overline{A})\cup(B\cap\overline{A})=(A\cup B)\cap\overline{A}=U\cap\overline{A}=\overline{A}$。 ■

例 4 证明 $A\cap(B\cup C)=(A\cap B)\cup(A\cap C)$。

证明 因为 $x\in A\cap(B\cup C)\Leftrightarrow x\in A\wedge x\in(B\cup C)\Leftrightarrow x\in A\wedge(x\in B\vee x\in C)\Leftrightarrow(x\in A\wedge x\in B)\vee(x\in A\wedge$

$x\in C)\Leftrightarrow x\in(A\cap B)\vee x\in(A\cap C)\Leftrightarrow x\in(A\cap B)\cup(A\cap C)$，所以 $A\cap(B\cup C)=(A\cap B)\cup(A\cap C)$。■

例 5 证明 $\overline{(A\cup B)}=\overline{A}\cap\overline{B}$。

证明 因为 $x\in\overline{(A\cup B)}\Leftrightarrow x\notin A\cup B\Leftrightarrow x\notin A\wedge x\notin B\Leftrightarrow x\in\overline{A}\wedge x\in\overline{B}\Leftrightarrow x\in\overline{A}\cap\overline{B}$，所以 $\overline{(A\cup B)}=\overline{A}\cap\overline{B}$。■

例 6 证明 $A-(B\cup C)=(A-B)\cap(A-C)$。

证明 因为 $x\in A-(B\cup C)\Leftrightarrow x\in A\wedge x\notin(B\cup C)\Leftrightarrow x\in A\wedge(x\notin B\wedge x\notin C)\Leftrightarrow(x\in A\wedge x\notin B)\wedge(x\in A\wedge x\notin C)\Leftrightarrow x\in(A-B)\wedge x\in(A-C)\Leftrightarrow x\in(A-B)\cap(A-C)$，所以 $A-(B\cup C)=(A-B)\cap(A-C)$。■

例 7 证明 $A\cap(B-C)=(A\cap B)-(A\cap C)$。

证明 $A\cap(B-C)=A\cap(B\cap\overline{C})=(A\cap B\cap\overline{A})\cup(A\cap B\cap\overline{C})=(A\cap B)\cap(\overline{A}\cup\overline{C})=(A\cap B)\cap\overline{(A\cap C)}=(A\cap B)-(A\cap C)$。■

例 8 已知 $A\cup B=A\cup C$，$A\cap B=A\cap C$，试证 $B=C$。

证明 $B=B\cap(A\cup B)=B\cap(A\cup C)=(B\cap A)\cup(B\cap C)=(A\cap C)\cup(B\cap C)=(A\cup B)\cap C=(A\cup C)\cap C=C$。■

3.2.2 集合的对称差

定义 3.9 集合 A 和 B 的对称差定义为 $A\oplus B=(A-B)\cup(B-A)$。

例如，若 $A=\{0,\{0\}\}$，则 $P(A)\oplus A=(P(A)-A)\cup(A-P(A))=\{\varnothing,0,\{\{0\}\},\{0,\{0\}\}\}$。

定理 3.9 设 A，B 和 C 为 3 个集合，则：

（1）$A\oplus B=B\oplus A$。

（2）$(A\oplus B)\oplus C=A\oplus(B\oplus C)$。

（3）$A\cap(B\oplus C)=(A\cap B)\oplus(A\cap C)$。

（4）$A\oplus\varnothing=A$；$A\oplus U=\overline{A}$；$A\oplus A=\varnothing$；$A\oplus\overline{A}=U$。

（5）$A\oplus B=(A\cup B)-(A\cap B)$。

证明 仅证（5），其余证明留给读者。

$$\begin{aligned}A\oplus B&=(A-B)\cup(B-A)=(A\cap\overline{B})\cup(B\cap\overline{A})=((A\cap\overline{B})\cup B)\cap((A\cap\overline{B})\cup\overline{A})\\&=(A\cup B)\cap(\overline{B}\cup B)\cap(A\cup\overline{A})\cap(\overline{B}\cup\overline{A})\\&=(A\cup B)\cap(\overline{B}\cup\overline{A})=(A\cup B)-(A\cap B)\end{aligned}$$ ■

3.2.3 集合的广义并和广义交

定义 3.10 集合 A 的所有元素的元素组成的集合称为 A 的广义并。符号化表示为：

$$\cup A=\{x|\exists B(B\in A\wedge x\in B)\}$$

定义 3.11 集合 A 的所有元素的公共元素组成的集合称为 A 的广义交。符号化表示为：

$$\cap A=\{x|\forall B(B\in A\rightarrow x\in B)\}$$

例如，若 $A=\{\{a,b,c\},\{a,d,e\},\{a,f\}\}$，则 $\cup A=\{a,b,c,d,e,f\}$，$\cap A=\{a\}$。

由定义可知，广义交和广义并是针对集族而言的，对于非集族来说，其广义交和广义并均为空集。

定理 3.10 设 A 和 B 为两个集合，则：

（1）$\cup\{A\}=A$。

（2）$\cup(A\cup B)=(\cup A)\cup(\cup B)$。

证明　（1）因为 $x\in\cup\{A\}\Leftrightarrow\exists B(B\in\{A\}\wedge x\in B)\Leftrightarrow A\in\{A\}\wedge x\in A\Leftrightarrow x\in A$，所以 $\cup\{A\}=A$。

（2）因为 $x\in\cup(A\cup B)\Leftrightarrow\exists C(C\in A\cup B\wedge x\in C)\Leftrightarrow\exists C((C\in A\vee C\in B)\wedge x\in C)\Leftrightarrow\exists C((C\in A\wedge x\in C)\vee(C\in B\wedge x\in C))\Leftrightarrow\exists C(C\in A\wedge x\in C)\vee\exists C(C\in B\wedge x\in C)\Leftrightarrow x\in\cup A\vee x\in\cup B\Leftrightarrow x\in(\cup A)\cup(\cup B)$，所以 $\cup(A\cup B)=(\cup A)\cup(\cup B)$。■

定理 3.11　设 A 和 B 为两个集合，则：

（1）$\cap\{A\}=A$。

（2）$\cap\{A, B\}=A\cap B$。

证明　（1）因为 $x\in\cap\{A\}\Leftrightarrow\forall B(B\in\{A\}\rightarrow x\in B)\Leftrightarrow A\in\{A\}\rightarrow x\in A\Leftrightarrow x\in A$，所以 $\cap\{A\}=A$。

（2）因为 $x\in\cap\{A, B\}\Leftrightarrow\forall C(C\in\{A, B\}\rightarrow x\in C)\Leftrightarrow(A\in\{A, B\}\rightarrow x\in A)\wedge(B\in\{A, B\}\rightarrow x\in B)\Leftrightarrow x\in A\wedge x\in B\Leftrightarrow x\in A\cap B$，所以 $\cap\{A, B\}=A\cap B$。■

3.2.4　集合的文氏图

集合之间的相互关系和运算还可以用文氏图来描述，它有助于我们理解问题，有时对解题也很有帮助。在不要求有求解步骤的题目中，可以使用文氏图求解，但它不能用于题目的证明。

在文氏图中，用矩形表示全集 U，矩形内部的点均为全集中的元素，用圆或椭圆表示 U 的子集，其内部的点表示不同集合的元素，并将运算结果得到的集合用阴影部分表示。图 3-1 表示了集合的 5 种基本运算。

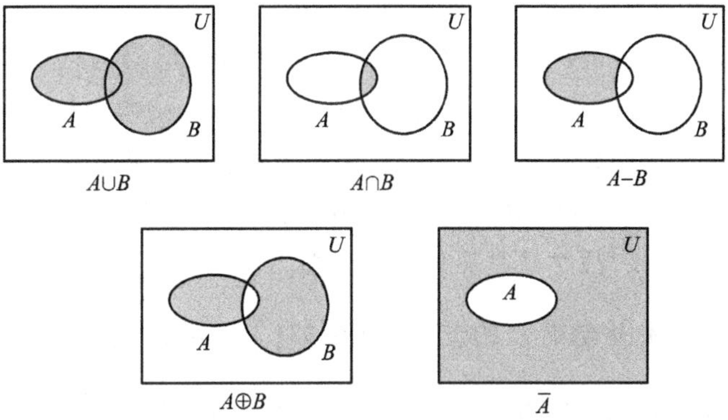

图　3-1

3.3　集合的划分与覆盖

在集合的研究中，除了进行集合之间的比较外，还要对集合的元素进行分类。这一节将讨论集合的划分问题。

定义 3.12　设 $S=\{A_1, A_2, \cdots, A_n\}$ 是集合 A 的某些非空子集组成的集合，若 $\bigcup_{i=1}^{n}A_i=A$，

则称 S 为集合 A 的一个覆盖。

定义 3.13 设 $\pi=\{A_1, A_2, \cdots, A_n\}$ 是集合 A 的某些非空子集组成的集合，若 $\bigcup_{i=1}^{n} A_i = A$，且 $A_i \cap A_j = \varnothing (i \neq j)$，则称 π 为 A 的一个划分，称 π 中的元素为 A 的划分块。

由定义知，划分一定是覆盖，但反之则不然。例如，$S=\{\{a\}, \{b, c\}, \{c\}\}$ 是 $A=\{a, b, c\}$ 的覆盖，但不是 A 的划分。

例 1 设有整数集 $\mathbb{Z}$，$\mathrm{res}_5(x)$ 表示整数 x 被 5 除后所得的余数。令 $A_i=\{x | x \in \mathbb{Z} \wedge \mathrm{res}_5(x)=i\}$，则 $\{A_0, A_1, A_2, A_3, A_4\}$ 是 $\mathbb{Z}$ 的一个划分。

解 由题设得：$A_0=\{\cdots, -10, -5, 0, 5, 10, \cdots\}$，$A_1=\{\cdots, -9, -4, 1, 6, 11, \cdots\}$，$A_2=\{\cdots, -8, -3, 2, 7, 12, \cdots\}$，$A_3=\{\cdots, -7, -2, 3, 8, 13, \cdots\}$，$A_4=\{\cdots, -6, -1, 4, 9, 14, \cdots\}$。于是，$\bigcup_{i=0}^{4} A_i = \mathbb{Z}$，且 $A_i \cap A_j = \varnothing (i \neq j)$。所以，$\{A_0, A_1, A_2, A_3, A_4\}$ 是 Z 的一个划分。■

例 2 求集合 $A=\{a, b, c\}$ 的所有不同的划分。

解 其不同的划分共有 5 个：$\pi_1=\{\{a\}, \{b\}, \{c\}\}$，$\pi_2=\{\{a\}, \{b, c\}\}$，$\pi_3=\{\{a, c\}, \{b\}\}$，$\pi_4=\{\{a, b\}, \{c\}\}$，$\pi_5=\{\{a, b, c\}\}$。■

定理 3.12 设 $\{A_1, A_2, \cdots, A_r\}$ 和 $\{B_1, B_2, \cdots, B_s\}$ 是同一集合 A 的两个划分，则其所有 $A_i \cap B_j \neq \varnothing$ 组成的集合也是原集合的一个划分。

证明留给读者。

定义 3.14 设 $\{A_1, A_2, \cdots, A_r\}$ 和 $\{B_1, B_2, \cdots, B_s\}$ 是同一集合 A 的两个划分，则称其所有 $A_i \cap B_j \neq \varnothing$ 组成的集合为原来两个划分的交叉划分。

定义 3.15 给定 A 的两个划分 $\{A_1, A_2, \cdots, A_r\}$ 和 $\{B_1, B_2, \cdots, B_s\}$，若对于每个 A_j 都有 B_k 使得 $A_j \subseteq B_k$，则称 $\{A_1, A_2, \cdots, A_r\}$ 为 $\{B_1, B_2, \cdots, B_s\}$ 的加细。

定理 3.13 任何两个划分的交叉划分，都是原来各划分的一种加细。

证明 设 $\{A_1, A_2, \cdots, A_r\}$ 和 $\{B_1, B_2, \cdots, B_s\}$ 的交叉划分为 T，对于 T 中任意元素 $A_i \cap B_j$ 必有 $A_i \cap B_j \subseteq A_i$ 和 $A_i \cap B_j \subseteq B_j$，故 T 必是原划分的加细。■

例 3 设 A_1，A_2 和 A_3 是全集 U 的子集，则形如 $\bigcap_{i=1}^{3} A_i'$ (A_i' 为 A_i 或 $\overline{A_i}$)的集合称为由 A_1，A_2 和 A_3 产生的小项。试证由 A_1，A_2 和 A_3 所产生的所有非空小项的集合构成全集 U 的一个划分。

证明 小项共 8 个，设有 r 个非空小项 $s_1, s_2, \cdots, s_r (r \leqslant 8)$。

对任意的 $a \in U$，则 $a \in A_i$ 或 $a \in \overline{A_i}$，两者必有一个成立，取 A_i' 为包含元素 a 的 A_i 或 $\overline{A_i}$，则 $a \in \bigcap_{i=1}^{3} A_i'$，即有 $a \in \bigcup_{i=1}^{r} s_i$，于是 $U \subseteq \bigcup_{i=1}^{r} s_i$。又显然有 $\bigcup_{i=1}^{r} s_i \subseteq U$，所以 $U=\bigcup_{i=1}^{r} s_i$。

任取两个非空小项 s_p 和 s_q，若 $s_p \neq s_q$，则必存在某个 A_i 和 $\overline{A_i}$ 分别出现在 s_p 和 s_q 中，于是 $s_p \cap s_q = \varnothing$。

综上可知，$\{s_1, s_2, \cdots, s_r\}$ 是 U 的一个划分。■

3.4 排列与组合

3.4.1 加法原理与乘法原理

在组合计数的计算和研究中，加法原理和乘法原理是两个最常用也是最基本的原理。

加法原理 若事件的有限集合 $S=S_1 \cup S_2 \cup \cdots \cup S_n$，且 S_1，S_2，…，S_n 两两不相交，则

$$|S|=|S_1|+|S_2|+\cdots+|S_n|$$

乘法原理 若事件的有限集合 S 是依次取自有限集合 S_1，S_2，…，S_n 中事件的序列的集合，则

$$|S|=|S_1|\times|S_2|\times\cdots\times|S_n|$$

例 1 求由数字 1，2，3，4，5 组成的小于 1000 的数（每个数字都允许重复出现）的个数。

解 在三位数中，每一个数位上的数字都有 5 种不同的选取法，由乘法原理知，满足条件的三位数的个数是 5^3 个。同理可知，满足条件的两位数和一位数的个数分别为 5^2 个和 5 个。再由加法原理知，满足条件的自然数总共有 $5^3+5^2+5=155$ 个。 ■

3.4.2 排列

定义 3.16 集合 S 有 n 个元素，从中选取 r 个元素进行有序排列，且在排列中不允许任何元素重复出现，则称这种排列为 S 的 r–无重复排列。当 $r=n$ 时，称其为全排列。S 的所有 r–无重复排列的个数记为 $P(n,\ r)$或 P_n^r。

定理 3.14 n 个元素的 r–无重复排列的个数为：$P(n,\ r)=n(n-1)(n-2)\cdots(n-r+1)$。当 $r=n$ 时，$P(n,\ n)=n!$。

证明 在从 n 个不同的元素中按顺序取出 r 个元素时，第 1 个元素有 n 种不同的选法，第 2 个元素有 $n-1$ 种不同的选法，…，第 r 个元素有 $n-r+1$ 种不同的选法。根据乘法原理，顺序选取 r 个元素的不同选取方法数为：$P(n,\ r)=n(n-1)(n-2)\cdots(n-r+1)$。 ■

例 2 从 1，2，…，9 中选取数字构成三位数，如要求每个数字都不相同，问共有多少种方法？

解 从 1，2，…，9 中选取百位数，共 9 种选法，再从剩下的数字中选取十位数，共 8 种选法，最后从剩下的数字中选取个位数，共 7 种选法。因此，从 1，2，…，9 中选取数字构成三位数共有 $9\times8\times7=504$ 种方法。 ■

定义 3.17 r–无重复排列可以看作将选出的 r 个元素排列在一条直线上，这时也称为 r–线状排列。如果把这 r 个元素排列在一个圆周上，则这种排列称为 S 的 r–圆排列。

对两个圆排列，若其中一个圆排列可以由另一个圆排列通过旋转而得到，则认为这两个圆排列在本质上是同一个圆排列。于是有下面的结论成立。

定理 3.15 n 个元素的 r–圆排列的个数 $N(n,\ r)$为 $N(n,\ r)=\dfrac{P(n,\ r)}{r}$。

证明 为了得到 n 个元素的 r–无重复排列，可以先从 n 个元素中选取 r 个元素作 r–圆排列，这种圆排列的个数是 $N(n,\ r)$。然后，将这个 r–圆排列断开后即可得到线状的 r–无重复排列。因为从 r 个不同的位置处断开，由乘法原理可得 $P(n,\ r)=rN(n,\ r)$，即 $N(n,\ r)=\dfrac{P(n,\ r)}{r}$。 ■

例 3 有 8 个人围着圆桌进餐，如果要求每餐坐的顺序不同，那么他们在一起最多能共进几天餐？

解 首先 8–圆排列数为 8!/8，又一日三餐，故他们一起能共餐 8!/(8×3)=1680 天。 ■

3.4.3 组合

定义 3.18 集合 S 有 n 个元素，从中选取 r 个元素，若不考虑它们的排列顺序，且在选取中不允许元素重复出现，称这种选取方式为 S 的 r–无重复组合。S 的所有 r–无重复组合的个数记为 $C(n,\ r)$或 C_n^r。

定理 3.16 n 个元素的 r–无重复组合的个数为 $C(n,\ r)=\dfrac{P(n,\ r)}{r!}=\dfrac{n!}{r!(n-r)!}$。

证明 为了得到 n 个元素的 r–无重复排列，可以先从 n 个元素中选取 r 个元素作 r–无重复组合，这种无重复组合的个数是 $C(n,\ r)$，然后将这 r 个取出的元素作 r–无重复排列，这种 r–无重复排列的个数是 $P(r,\ r)=r!$。由乘法原理可得 $P(n,\ r)=r!C(n,\ r)$，即 $C(n,\ r)=\dfrac{P(n,\ r)}{r!}=\dfrac{n!}{r!(n-r)!}$。 ■

例 4 从 1，2，…，300 之中任取 3 个数，使得它们的和能被 3 整除，问有多少种方法？

解 把 1，2，…，300 分成 A，B 和 C 三组，$A=\{3k+1|k\in\mathbb{Z}\}$，$B=\{3k+2|k\in\mathbb{Z}\}$，$C=\{3k|k\in\mathbb{Z}\}$。任取三个数 i，j，k，那么选取是无序的且满足 $i+j+k$ 能被 3 整除。将选法分为两类：

- 都取自同一组，方法数 $3C(100,\ 3)$。
- 分别取自 A，B 和 C，方法数$(C(100,\ 1))^3$。

由加法原理，总选取方法数为 $3C(100,\ 3)+(C(100,\ 1))^3$=1 485 100。 ■

3.4.4 排列与组合的生成

1．排列的生成

排列的生成算法有字典顺序法、逆序法和递归排序法等。在这里仅介绍词典顺序法。

设 $S=\{1,\ 2,\ \cdots,\ n\}$，$(a_1,\ a_2,\ \cdots,\ a_n)$和$(b_1,\ b_2,\ \cdots,\ b_n)$是 S 的两个排列，若存在 $i\in\{1,\ 2,\ \cdots,\ n\}$，使得对一切 $j=1,\ 2,\ \cdots,\ i$ 有 $a_j=b_j$ 而 $a_{i+1}<b_{i+1}$，则称排列$(a_1,\ a_2,\ \cdots,\ a_n)$字典序小于$(b_1,\ b_2,\ \cdots,\ b_n)$，并记为$(a_1,\ a_2,\ \cdots,\ a_n)\prec(b_1,\ b_2,\ \cdots,\ b_n)$。若$(a_1,\ a_2,\ \cdots,\ a_n)\prec(b_1,\ b_2,\ \cdots,\ b_n)$，且不存在异于$(a_1,\ a_2,\ \cdots,\ a_n)$和$(b_1,\ b_2,\ \cdots,\ b_n)$的排列$(c_1,\ c_2,\ \cdots,\ c_n)$，使得$(a_1,\ a_2,\ \cdots,\ a_n)\prec(c_1,\ c_2,\ \cdots,\ c_n)\prec(b_1,\ b_2,\ \cdots,\ b_n)$，则称$(b_1,\ b_2,\ \cdots,\ b_n)$为$(a_1,\ a_2,\ \cdots,\ a_n)$的下一个排列。

定理 3.17 对 S 的两个排列，$(b_1,\ b_2,\ \cdots,\ b_n)$是$(a_1,\ a_2,\ \cdots,\ a_n)$的下一个排列的充要条件是：

（1）存在 $m\in\{1,\ 2,\ \cdots,\ n\}$，使得对一切 $i=1,\ 2,\ \cdots,\ m-1$ 有 $a_i=b_i$，$a_m<b_m$，$a_m<a_{m+1}$ 且 $a_{m+1}>a_{m+2}>\cdots>a_n$。

（2）$b_m=\min\{a_j|\ a_j>a_m,\ j=m+1,\ m+2,\ \cdots,\ n\}$。

（3）$b_{m+1}<b_{m+2}<\cdots<b_n$。

限于篇幅，该定理的证明略。

由此定理可建立生成所有排列的算法：

步 1：置$(a_1, a_2, \cdots, a_n)=(1, 2, \cdots, n)$。

步 2：设已有排列$(a_1, a_2, \cdots, a_n)$，置$i=n$。

步 2.1：若$a_i>a_{i-1}$，则记$m=i-1$，令$b_m=\min\{a_j \mid a_j>a_m, j=i, i+1, \cdots, n\}$，并将$(a_m, a_{m+1}, \cdots, a_n)\setminus\{b_m\}$中的元素由小到大排起来，记这个排列为$(b_{m+1}, a_{m+2}, \cdots, a_n)$。置

$$(a_1, a_2, \cdots, a_{m-1}, a_m, a_{m+1}, \cdots, a_n)=(a_1, a_2, \cdots, a_{m-1}, b_m, b_{m+1}, \cdots, b_n)$$

然后返回步 2。

步 2.2：若$a_i<a_{i-1}$，则当$i-1>1$时，置$i=i-1$，返回步 2.1。当$i-1=1$时，算法终止。

例 5 $S=\{1, 2, 3, 4\}$，求其全排列。

解 1234→1243→1324→1342→1423→1432→2134→2143→2314→2341→2413→2431→3124→3142→3214→3241→3412→3421→4123→4132→4213→4231→4312→4321。 ■

2. 组合的生成

定理 3.18 $(a_1, a_2, \cdots, a_r)$和$(b_1, b_2, \cdots, b_r)$是S的两个不同的r–子集，则$(b_1, b_2, \cdots, b_r)$是$(a_1, a_2, \cdots, a_r)$的下一个子集的充要条件是：

（1）存在$1\leqslant m\leqslant r$，使得对一切$i=1, 2, \cdots, m-1$有$a_i=b_i$，对一切$i>m$有$a_m=n-r+i$。

（2）$b_m=a_m+1$。

（3）对于$m\leqslant j\leqslant r-1$，有$b_{j+1}=b_j+1$。

限于篇幅，该定理的证明略。

由此定理可建立生成所有子集的算法：

步 1：设$S=\{1, 2, \cdots, n\}$，取$(a_1, a_2, \cdots, a_r)=(1, 2, \cdots, r)$。

步 2：设已有S的r-子集$(a_1, a_2, \cdots, a_r)$，置$i=r$。

步 2.1：若$a_i<n-r+i$，则令$b_i=a_i+1$，并且对$j=i, i+1, \cdots, r-1$，置$b_{j+1}=b_j+1$。然后置$(a_1, a_2, \cdots, a_r)=(a_1, a_2, \cdots, a_{i-1}, b_i, b_{i+1}, \cdots, b_r)$，然后返回步 2。

步 2.2：若$a_i=n-r+i$，则当$i>1$时，置$i=i-1$，返回步 2.1。当$i=1$时，算法终止。

例 6 $S=\{1, 2, 3, 4, 5, 6\}$，求其所有 4-子集。

解 1234→1235→1236→1245→1246→1256→1345→1346→1356→1456→2345→2346→2356→2456→3456。 ■

3.5 归纳原理

归纳原理是一种重要的数学思想和证明技术，它广泛应用在各种离散结构的数学证明中。本节将对其进行介绍。

3.5.1 结构归纳原理

设集合A是归纳定义的集合，现欲证A中的所有元素具有性质P，即证对于任意$x\in A$有$P(x)$为真。可进行如下证明：

（1）归纳基础：证明归纳定义基础条款中规定的A的基本元素x均使$P(x)$为真。

（2）归纳推理：证明归纳定义的归纳条款是“保性质 P 的”。即在假设归纳条款中已确定元素 x_1，x_2，…，x_n 使 $P(x_i)(i=1, 2, \cdots, n)$真的前提下，证明用归纳条款中的操作 g 所生成的元素 $g(x_1, x_2, \cdots, x_n)$依然具有性质 P，即 $P(g(x_1, x_2, \cdots, x_n))$为真。

由于 A 仅由（1）和（2）条款所确定的元素组成，因此当上述证明过程完成时，“A 中所有元素具有性质 P”得证。这种推理原理称为归纳原理，应用这一原理进行证明的方法称为归纳法。为区别通常所说的数学归纳法，它又称为“结构归纳法”。数学归纳法是其特例。

3.5.2 数学归纳原理

将上述原理应用到自然数集上进行归纳推理，就是我们所说的数学归纳法。

1. 第一数学归纳法

用第一数学归纳法证明所有自然数具有性质 P 时，只要如下推理：

（1）归纳基础：证 $P(0)$真，即证明数 0 具有性质 P。

（2）归纳过程：对任意 $k(\geqslant 0)$，假设 $P(k)$真（归纳假设“k 满足性质 P”），推出 $P(k+1)$真。

（3）结论：所有自然数具有性质 P。

例 1 用归纳法证明：对任意的自然数 n，有$(0+1+2+\cdots+n)^2=0^3+1^3+2^3+\cdots+n^3$。

证明 当 $n=0$ 时，$n^2=0^3$。假设 $n=k$ 时，$(0+1+2+\cdots+k)^2=0^3+1^3+2^3+\cdots+k^3$，那么 $n=k+1$ 时，

$$
\begin{aligned}
(0+1+2+\cdots+k+k+1)^2&=(0+1+2+\cdots+k)^2+2(0+1+2+\cdots+k)(k+1)+(k+1)^2\\
&=0^3+1^3+2^3+\cdots+k^3+k(k+1)^2+(k+1)^2=0^3+1^3+2^3+\cdots+k^3+(k+1)^3
\end{aligned}
$$

所以，对任意自然数结论成立。 ■

2. 第二数学归纳法

用第二数学归纳法证明所有自然数具有性质 P 时，只要如下推理：

（1）归纳基础：证 $P(0)$真，即证明数 0 具有性质 P。

（2）归纳过程：对任意 $k(\geqslant 0)$，假设 $P(i)$真，$k>i\geqslant 0$(归纳假设“0，1，…，$k-1$ 满足性质 P”)，推出 $P(k)$真。

（3）结论：所有自然数具有性质 P。

例 2 有数目相同的两堆棋子（每堆棋子数为 n），甲、乙两人玩取棋子游戏。规定两人轮流取棋子，每次两人取子数相同，不能不取，也不能同时在两堆中取子，取得最后一枚棋子者为胜者。证明：后取者必胜。

证明 不妨设甲为先取者，乙为后取者。

当 $n=1$ 时，两堆各有一枚棋子，甲必先从一堆中取走一枚棋子，余下最后一枚棋子必被乙取走，乙胜。

假设 $n<k$ 时乙必胜。下证 $n=k$ 时也是乙必胜。

设第一轮取子时，甲从一堆中取走 r 枚棋子，余下 $k-r<k$ 枚棋子，那么，乙从另一堆中也取走 r 枚棋子，亦留下 $k-r<k$ 枚棋子。若：

（1）$r=k$，那么乙取走最后一枚棋子，乙胜。

（2）$1<r<k$，那么 $1<k-r<k$。对留下的两堆棋子，每一堆为 $k-r$ 枚，由归纳假设，在以

后甲乙的博弈中乙必胜。

因此全局也是乙必胜。 ■

3.6 容斥原理和抽屉原理

3.6.1 容斥原理

集合的运算，可用于有限个元素的计数问题。在有限集的元素计数问题中，容斥原理有着广泛的应用。

定理 3.19（容斥原理） 对有限集合 A 和 B，有 $|A\cup B|=|A|+|B|-|A\cap B|$。

证明 因为 $A\cup B=B\cup(A-B)$ 且 $B\cap(A-B)=\varnothing$，所以 $|A\cup B|=|B|+|A-B|$。又因为 $A=(A-B)\cup(A\cap B)$ 且 $(A-B)\cap(A\cap B)=\varnothing$，所以 $|A|=|A-B|+|A\cap B|$。故 $|A\cup B|=|A|+|B|-|A\cap B|$。 ■

定理 3.20 推广到 n 个集合 A_1，A_2，…，A_n 的情形，有

$$|A_1\cup A_2\cup\cdots\cup A_n|=\sum_i|A_i|-\sum_{i<j}|A_i\cap A_j|+\sum_{i<j<k}|A_i\cap A_j\cap A_k|-\cdots+(-1)^{n-1}|A_1\cap A_2\cap\cdots\cap A_n|$$

证明留给读者。

例 1 一个班有 50 个学生，在第一次考试中得 95 分的有 26 人，在第二次考试中得 95 分的有 21 人，如果两次考试中没有得 95 分的有 17 人，那么两次考试都得 95 分的有多少人？

解 设 A 和 B 分别表示在第一次和第二次考试中得 95 分的学生的集合，则 $|A|=26$，$|B|=21$，$|\overline{A\cup B}|=17$。于是 $|\overline{A\cup B}|=50-|A\cup B|=50-(|A|+|B|-|A\cap B|)$，从而 $|A\cap B|=|\overline{A\cup B}|-50+|A|+|B|=17-50+26+21=14$。

所以，两次考试都得 95 分的有 14 人。 ■

例 2 从{1，2，3，4，5，6，7，8，9}中取 7 个不同的数字构成七位数，如不允许 5 和 6 相邻，总共有多少种方法？

解 任取 7 个不同的数字构成七位数的个数为 $P_9^7=9!/2$，5 和 6 相邻的个数为 $6!\ (2!\ C_7^5)=6\times7!$，根据容斥原理，总共有 $9!/2-6\times7!=151\ 200$ 种方法。 ■

例 3 某班有 25 名学生，其中 14 人会打篮球，12 人会打排球，6 人会打篮球和排球，5 人会打篮球和网球，还有 2 人会打这三种球。而 6 个会打网球的人都会打另外一种球，求不会打这三种球的人数。

解 设 A，B，C 分别表示会打排球、网球和篮球的学生集合，则

$$|A|=12,\ |B|=6,\ |C|=14,\ |A\cap C|=6,\ |B\cap C|=5,\ |A\cap B\cap C|=2,\ |(A\cup C)\cap B|=6$$

因为 $|(A\cup C)\cap B|=(A\cap B)\cup(B\cap C)|=|(A\cap B)|+|(B\cap C)|-|A\cap B\cap C|=|(A\cap B)|+5-2=6$，所以 $|(A\cap B)|=3$。于是 $|A\cup B\cup C|=12+6+14-6-5-3+2=20$，$|\overline{A\cup B\cup C}|=25-20=5$。故不会打这三种球的共 5 人。

■

在不要求严格步骤的情况下，以上各题也可通过文氏图的方法来求解。下面以例 3 加以说明。

设 A，B，C 分别表示会打排球、网球和篮球的学生集合。该问题的文氏图如图 3-2 所示。

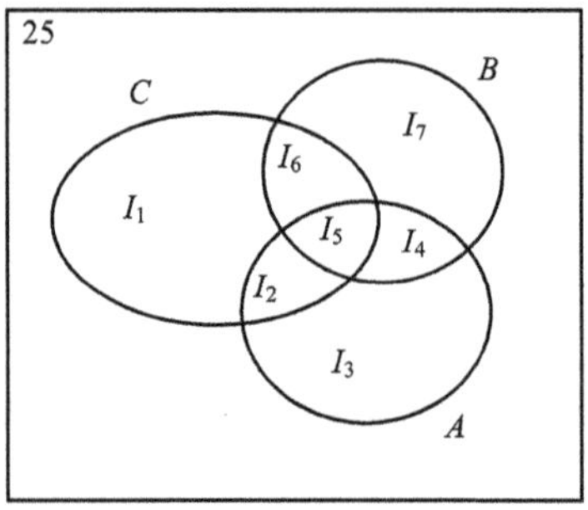

图 3-2

由题意可得：

$$|I_2|+|I_3|+|I_4|+|I_5|=12$$
$$|I_4|+|I_5|+|I_6|+|I_7|=6$$
$$|I_1|+|I_2|+|I_5|+|I_6|=14$$
$$|I_2|+|I_5|=6$$
$$|I_5|+|I_6|=5$$
$$|I_5|=2$$
$$|I_4|+|I_5|+|I_6|=6$$

根据上面各等式，依次求得：

$$|I_1|=5，|I_2|=4，|I_3|=5，|I_4|=1，|I_5|=2，|I_6|=3，|I_7|=0$$

所以，$|\overline{A\cup B\cup C}|=25-|A\cup B\cup C|=25-(|I_1|+|I_2|+|I_3|+|I_4|+|I_5|+|I_6|+|I_7|)=25-(5+4+5+1+2+3+0)=5$。故不会打这三种球的共 5 人。

3.6.2 抽屉原理（鸽巢原理）

抽屉原理是一个十分基本且非常重要的数学原理，它的应用极其广泛，是解决数学中的一类存在性问题的基本工具。

定理 3.21（抽屉原理） （1）把多于 n 个元素的集合 S 分成 n 个子集 S_1，S_2，…，S_n 的并集，那么至少存在一个集合 S_i，它包含 S 中的两个或两个以上的元素。

（2）把多于 mn 个元素的集合 S 分成 n 个子集 S_1，S_2，…，S_n 的并集，那么至少存在一个集合 S_i，它包含 S 中的 $m+1$ 或 $m+1$ 个以上的元素。

证明 仅证（2），用反证法。

（2）若结论不成立，则对于任意子集 S_i，有$|S_i|\leqslant m$，于是$|S|\leqslant|S_1|+|S_2|+\cdots+|S_n|\leqslant mn$，矛盾。■

例 4 在从 1 到 $2n$ 的整数中，任意选取 $n+1$ 个数，证明在这 $n+1$ 个数中总存在两个数，使得其中一个数是另一个的倍数。

证明 设 $S=\{1，2，\cdots，2n\}$，$S_i=\{a|a\in S$，且存在 $k\in\mathbb{N}$ 使得 $a=2^k(2i-1)\}$，$i=1，2，\cdots，n$。于是 $S=S_1\cup S_2\cup\cdots\cup S_n$，则 $n+1$ 个数中必有两个数在 S 的同一个子集 S_i 中，这两个数中的一个数是另一个的偶数倍。 ■

例 5 在边长为 1 的正方形内任意放置九个点，证明其中必存在三个点，使得由它们组成的三角形（可能是退化的）面积不超过 1/8。

证明 把边长为 1 的正方形分成四个全等的小正方形，则至少有一个小正方形内有三个点，它们组成的三角形（可能是退化的）面积不超过小正方形的一半，即 1/8。 ■

3.7 递推关系

3.7.1 递推关系的概念

有些计数问题往往与求一个数列的通项有关。但在一些复杂的特定条件下要直接求出这个数列的通项公式，有时十分困难。而在同样的条件下，写出该数列相邻项之间的关系，再利用一定的方法和技巧，却往往能很容易地得到所要的结论。

例 1（斐波那契数列（Fibonacci）问题） 假定一对兔子两个月成熟后，每月生一对兔子。按照假定，一对刚出生的兔子在 n 个月后，共有多少对兔子？

解 设第 n 个月的兔子数为 F_n，由题意得

$$F_0=1$$
$$F_1=1$$
$$F_n=F_{n-1}+F_{n-2}，\ n\geqslant 2$$ ■

例 2（汉诺塔（Hanoi）问题） 有三根立柱 A，B，C 以及 n 个大小不同的圆盘套在立柱 A 上，大的圆盘在下面，小的圆盘在上面，构成一个塔形。现在要把这 n 个圆盘移到立柱 B 上。可以利用这三根立柱，每次只能移动一个圆盘，但不允许将它放在较小的圆盘上，问最少需移动多少次？

解 令 H_n 为完成这样的一次移动至少所需移动圆盘的次数。

为了把 n 个圆盘从立柱 A 移到立柱 B，可先将 $n-1$ 个圆盘从立柱 A 移到立柱 C，留下最大的圆盘，移动的次数为 H_{n-1}；然后再将最大的圆盘移动到立柱 B，移动 1 次；最后将 $n-1$ 个圆盘从立柱 C 移到立柱 B，移动次数为 H_{n-1}。于是有 $H_n=2H_{n-1}+1$，$n\geqslant 2$，其中 $H_1=1$。 ■

以上例子有一个共同的特点，即从我们在计数问题所得出的数列中，它的一般项可用其自身数列中的前面若干项来表达。这样，从给定的初始值出发，利用所建立的关系式可以依次算出数列中的每一项。我们称这些关系式为递推关系。下面介绍递推关系的几种解法。

3.7.2 递推关系的求解

1. 递推关系的生成函数解法

设$\{a_0，a_1，\cdots，a_n，\cdots\}$为一个无穷数列，我们称 $f(t)=a_0+a_1t+\cdots+a_nt^n+\cdots$ 为该数列的生成函数。

例 3 数列$\{1，1，\cdots，1，\cdots\}$的生成函数为 $\dfrac{1}{1-t}=1+t+\cdots+t^n+\cdots$。

将递推关系代入数列的生成函数的系数中去，通过计算可以得到生成函数的显式，然后再将它展开成幂级数就可求得数列的通项。 ■

例 4 斐波那契数列问题。

解 设 $F(x)=\sum_{n=0}^{\infty}F_nx^n$ 为斐波那契数列的生成函数，则有

$$F(x)=F_0+F_1x+\sum_{n=2}^{\infty}F_nx^n=1+x+\sum_{n=2}^{\infty}(F_{n-1}+F_{n-2})x^n=1+x+x\sum_{n=1}^{\infty}F_nx^n+x^2\sum_{n=0}^{\infty}F_nx^n$$

$$=1+x+x(F(x)-1)+x^2F(x)$$

从上面关系式可以解出

$$F(x)=\frac{1}{1-x-x^2}=\frac{1}{\left(\frac{\sqrt{5}-1}{2}-x\right)\left(\frac{\sqrt{5}+1}{2}+x\right)}=\frac{2}{5-\sqrt{5}}\cdot\frac{1}{1-\frac{\sqrt{5}+1}{2}x}+\frac{2}{5+\sqrt{5}}\cdot\frac{1}{1+\frac{\sqrt{5}-1}{2}x}$$

$$=\sum_{n=0}^{\infty}\frac{1}{\sqrt{5}}\left[\left(\frac{1+\sqrt{5}}{2}\right)^{n+1}-\left(\frac{1-\sqrt{5}}{2}\right)^{n+1}\right]x^n$$

比较等式两边 x^n 的系数，得到 $F_n=\frac{1}{\sqrt{5}}\left[\left(\frac{1+\sqrt{5}}{2}\right)^{n+1}-\left(\frac{1-\sqrt{5}}{2}\right)^{n+1}\right]$。 ■

例 5 汉诺塔问题。

解 设 $f(x)=\sum_{n=0}^{\infty}H_nx^n$ 为汉诺塔问题的生成函数，则有

$$f(x)=H_0+H_1x+\sum_{n=2}^{\infty}H_nx^n=x+\sum_{n=2}^{\infty}(2H_{n-1}+1)x^n=x+2x\sum_{n=1}^{\infty}H_nx^n+\sum_{n=0}^{\infty}x^n=2xf(x)+\frac{x}{1-x}$$

从上面关系式可以解出

$$f(x)=\frac{x}{(1-x)(1-2x)}=\frac{1}{1-2x}-\frac{1}{1-x}=\sum_{n=0}^{\infty}2^nx^n-\sum_{n=0}^{\infty}x^n=\sum_{n=0}^{\infty}(2^n-1)x^n$$

比较等式两边 x^n 的系数，得到 $H_n=2^n-1$。 ■

2. 常系数线性齐次递推关系的解法

我们把形如 $H(n)+b_1H(n-1)+b_2H(n-2)+\cdots+b_kH(n-k)=0$（其中 $H(n)$，$H(n-1)$，…，$H(n-k)$ 是 n 的函数）的递推关系式称为常系数线性齐次递推关系，并称 $x^k+b_1x^{k-1}+b_2x^{k-2}+\cdots+b_k=0$ 为其特征方程，它的根称为其特征根。

在使用特征根方法求解递推关系时要用到下面三个定理，其证明参见相关文献。

定理 3.22 设 q 为非零的实数或复数，则 $H(n)=q^n$ 是递推关系式 $H(n)+b_1H(n-1)+b_2H(n-2)+\cdots+b_kH(n-k)=0$（$k\leqslant n$，$b_k\neq0$）的解当且仅当 q 是它的一个特征根。

定理 3.23 设 q_1，q_2，…，q_k 为非零的实数或复数，则 $H(n)=C_1q_1^n+C_2q_2^n+\cdots+C_kq_k^n$（$C_1$，$C_2$，…，$C_k$ 是确定的常数）是递推关系式 $H(n)+b_1H(n-1)+b_2H(n-2)+\cdots+b_kH(n-k)=0$（$k\leqslant n$，$b_k\neq0$）的解当且仅当 q_1，q_2，…，q_k 是它的 k 个不同的特征根。

定理 3.24 设 q_1，q_2，…，q_k 为非零的实数或复数，它们是递推关系式 $H(n)+b_1H(n-1)+b_2H(n-2)+\cdots+b_kH(n-k)=0$（$k\leqslant n$，$b_k\neq0$）的特征方程的 t（$t\leqslant k$）个不同的特征根，各有 e_1，e_2，…，

e_t 重，则递推关系式的一般解是 $H(n)=H_1(n)+H_2(n)+\cdots+H_t(n)$，其中 $H_i(n)=C_1q_i^n+C_2nq_i^n+\cdots+C_{e_i}n^{e_i}q_i^n$（$i=1, 2, \cdots, t$；$C_1, C_2, \cdots, C_{e_i}$ 为确定的常数）。

例 6 斐波那契数列问题。

解 递推关系 $F_n=F_{n-1}+F_{n-2}$ 的特征方程为 $x^2-x-1=0$，其解为：$x_1=\dfrac{1+\sqrt{5}}{2}$，$x_2=\dfrac{1-\sqrt{5}}{2}$。于是递推关系的通解为 $F_n=C_1\left(\dfrac{1+\sqrt{5}}{2}\right)^n+C_2\left(\dfrac{1-\sqrt{5}}{2}\right)^n$。

将 $F_0=1$，$F_1=1$ 代入得

$$C_1+C_2=1$$
$$C_1\frac{1+\sqrt{5}}{2}+C_2\frac{1-\sqrt{5}}{2}=1$$

解上述式子得：$C_1=\dfrac{1}{\sqrt{5}}\cdot\dfrac{1+\sqrt{5}}{2}$，$C_2=-\dfrac{1}{\sqrt{5}}\cdot\dfrac{1-\sqrt{5}}{2}$。

于是 $F_n=\dfrac{1}{\sqrt{5}}\left[\left(\dfrac{1+\sqrt{5}}{2}\right)^{n+1}-\left(\dfrac{1-\sqrt{5}}{2}\right)^{n+1}\right]$。 ■

3. 常系数线性非齐次递推关系的解法

我们把形如 $H(n)+b_1H(n-1)+b_2H(n-2)+\cdots+b_kH(n-k)=f(n)$（其中 $H(n)$，$H(n-1)$，…，$H(n-k)$ 是 n 的函数，$f(n)$是 n 的多项式或 a^n）的递推关系式称为常系数线性非齐次递推关系。

这类递推关系可通过将非齐次递推关系归约为齐次递推关系的方法来求解。下面我们通过一个例子来说明。

例 7 汉诺塔问题。

解 递推关系 $H_n=2H_{n-1}+1$ 对应的齐次方程的通解为 $H_n=C2^n$。利用常系数变易法作代换 $H_n=a_n2^n$ 可得 $a_n=a_{n-1}+\dfrac{1}{2^n}$，从而 $a_n=a_0+\dfrac{1}{2}+\dfrac{1}{2^2}+\cdots+\dfrac{1}{2^n}=a_0+1-\dfrac{1}{2^n}$，$H_n=a_n2^n=(1+a_0)2^n-1$。由 $H_1=1$ 得 $a_0=1$。因此，$H_n=2^n-1$。 ■

3.8 集合论在命题逻辑中的应用

本节讨论集合论在命题逻辑中的应用。

3.8.1 命题逻辑中的集合表示

首先引入以下几个符号：

(A)：命题公式 A 的主析取范式中所有小项 m_i 的下标组成的集合。

$[A]$：命题公式 A 的主合取范式中所有大项 M_i 的下标组成的集合。

令 $U=\{0, 1, 2, \cdots, 2^n-1\}$，则 U 为 n 个命题变元组成的所有小项（或大项）对应的下标组成的集合。

下面，我们先通过一个例子来说明命题公式的主范式可以用集合来表示，然后证明命题公式的主范式和推理都可通过集合运算而得到。

例 1 求命题公式 $P\wedge Q$ 与 $P\vee Q$ 的主析取范式。

解 命题公式 $P\wedge Q$ 与 $P\vee Q$ 的真值表如表 3-1 所示。

于是$(P\wedge Q)=\{3\}$，$(P\vee Q)=\{1, 2, 3\}$。 ■

将上述例子推广到含有 n 个命题变元的命题公式中，则有以下重要结论。

表 3-1

P	Q	m_0	m_1	m_2	m_3	$P\wedge Q$	$P\vee Q$
0	0	1	0	0	0	0	0
0	1	0	1	0	0	0	1
1	0	0	0	1	0	0	1
1	1	0	0	0	1	1	1

定理 3.25 设 $V=\{P_1, P_2, \cdots, P_n\}$，$A$ 是命题公式，其包含的命题变元均在集合 V 中，则$[A]=U-(A)$。

定理 3.26 设 $V=\{P_1, P_2, \cdots, P_n\}$，$U=\{0, 1, 2, \cdots, 2^n-1\}$，对于任意 $P_i\in V$，则$(P_i)=\{x|x\in U\wedge x$ 的 n 位二进制表示中第 i 位元素为 $1\}$，$[P_i]=\{x|x\in U\wedge x$ 的 n 位二进制表示中第 i 位元素为 $0\}$。约定，x 的 n 位二进制表示中从左到右依次为第 1 位，第 2 位，…，第 n 位。

证明 由真值表即得。 ■

定理 3.27 设 $V=\{P_1, P_2, \cdots, P_n\}$，对于任意 P，$Q\in V$，则：

（1）$(P\wedge Q)=(P)\cap(Q)$。

（2）$(P\vee Q)=(P)\cup(Q)$。

（3）$(\neg P)=U-(P)$。

（4）$(P\to Q)=(U-(P))\cup(Q)$。

（5）$(P\leftrightarrow Q)=((U-(P))\cap(U-(Q))\cup((P)\cap(Q))$。

证明 （1）、（2）、（3）由定理 3.26 即得。

（4）因为 $P\to Q\Leftrightarrow\neg P\vee Q$，所以$(P\to Q)=(\neg P\vee Q)=(\neg P)\cup(Q)=(U-(P))\cup(Q)$。

（5）因为 $P\leftrightarrow Q\Leftrightarrow(\neg P\wedge\neg Q)\vee(P\wedge Q)$，所以$(P\leftrightarrow Q)=(\neg P\wedge\neg Q)\cup(P\wedge Q)=((\neg P)\cap(\neg Q))\cup((P)\cap(Q))=((U-(P))\cap(U-(Q))\cup((P)\cap(Q))$。 ■

定理 3.28 设 $V=\{P_1, P_2, \cdots, P_n\}$，$A$ 和 B 是命题公式，其包含的命题变元均在集合 V 中，则：

（1）$(A\wedge B)=(A)\cap(B)$。

（2）$(A\vee B)=(A)\cup(B)$。

（3）$(\neg A)=U-(A)$。

（4）$(A\to B)=(U-(A))\cup(B)$。

（5）$(A\leftrightarrow B)=((U-(A))\cap(U-(B))\cup((A)\cap(B))$。

证明 根据定理 3.27 即得。 ■

定理 3.29 设 $V=\{P_1, P_2, \cdots, P_n\}$，$A$，$A_1$，$A_2$，…，$A_n$和 B 是命题公式，其包含的命题变元均在集合 V 中，则：

（1）$A\Leftrightarrow B$ 当且仅当$(A)=(B)$。

（2）$A\Rightarrow B$ 当且仅当$(A)\subseteq(B)$。

（3）$A_1, A_2, \cdots, A_n\Rightarrow B$ 当且仅当$(A_1)\cap(A_2)\cap\cdots\cap(A_n)\subseteq(B)$。

证明 （1）若 $A \Leftrightarrow B$，则 A 和 B 的主析取范式相同，因此 A 和 B 的主析取范式中小项的下标组成的集合相同，即$(A)=(B)$。反之，若$(A)=(B)$，不妨设其为$\{j_1, j_2, \cdots, j_k\}$，则 A 和 B 的主析取范式均为 $m_{j_1} \vee m_{j_2} \vee \cdots \vee m_{j_k}$，于是 $A \Leftrightarrow B$。

（2）若 $A \Rightarrow B$，则当 A 为真时必有 B 为真，因此$(A) \subseteq (B)$。

反之，若$(A) \subseteq (B)$，不妨设$(A)=\{j_1, j_2, \cdots, j_k\}$，$(B)=\{j_1, j_2, \cdots, j_k, j_{k+1}, \cdots, j_m\}$，则 A 和 B 的主析取范式分别为 $m_{j_1} \vee m_{j_2} \vee \cdots \vee m_{j_k}$ 和 $m_{j_1} \vee m_{j_2} \vee \cdots \vee m_{j_k} \vee m_{j_{k+1}} \vee \cdots \vee m_{j_m}$，因此 $A \Rightarrow B$。

（3）因为 $A_1, A_2, \cdots, A_n \Rightarrow B \Leftrightarrow A_1 \wedge A_2 \wedge \cdots \wedge A_n \Rightarrow B$，由定理 3.26 知有$(A_1 \wedge A_2 \wedge \cdots \wedge A_n)=(A_1) \cap (A_2) \cap \cdots \cap (A_n)$，再由（2）知结论成立。 ■

关于主合取范式的结论可相应地给出。

3.8.2 应用举例

1. 求命题公式的主范式

例 2 求 $A=(P \to Q) \wedge Q$ 的主析取范式和主合取范式。

解 取 $n=2$，则 $U=\{0, 1, 2, 3\}$。根据定理 3.26 可求得$(P)=\{2, 3\}$，$(Q)=\{1, 3\}$。于是，$(A)=((U-(P)) \cup (Q)) \cap (Q)=((\{0, 1, 2, 3\}-\{2, 3\}) \cup \{1, 3\}) \cap \{1, 3\}=\{0, 1, 3\} \cap \{1, 3\}=\{1, 3\}$，$[A]=U-(A)=\{0, 2\}$。

■

2. 两个公式等价的证明

例 3 证明$(P \to Q) \wedge (P \to R) \Leftrightarrow P \to (Q \wedge R)$。

证明 令 $A=(P \to Q) \wedge (P \to R)$，$B=P \to (Q \wedge R)$。取 $n=3$，则 $U=\{0, 1, 2, 3, 4, 5, 6, 7\}$。根据定理 3.26 可求得$(P)=\{4, 5, 6, 7\}$，$(Q)=\{2, 3, 6, 7\}$，$(R)=\{1, 3, 5, 7\}$。于是，$(P \to Q)=(U-(P)) \cup (Q)=\{0, 1, 2, 3\} \cup \{2, 3, 6, 7\}=\{0, 1, 2, 3, 6, 7\}$，$(P \to R)=(U-(P)) \cup (R)=\{0, 1, 2, 3\} \cup \{1, 3, 5, 7\}=\{0, 1, 2, 3, 5, 7\}$，$(A)=(P \to Q) \cap (P \to R)=\{0, 1, 2, 3, 6, 7\} \cap \{0, 1, 2, 3, 5, 7\}=\{0, 1, 2, 3, 7\}$，$(B)=(U-(P)) \cup ((Q) \cap (R))=(\{0, 1, 2, 3, 4, 5, 6, 7\}-\{4, 5, 6, 7\}) \cup (\{2, 3, 6, 7\} \cap \{1, 3, 5, 7\})=\{0, 1, 2, 3\} \cup \{3, 7\}=\{0, 1, 2, 3, 7\}$。因为$(A)=(B)$，所以$(P \to Q) \wedge (P \to R) \Leftrightarrow P \to (Q \wedge R)$。 ■

3. 逻辑推理

例 4 证明 $P \to Q$，$\neg(Q \vee R) \Rightarrow \neg P$。

证明 取 $n=3$，则 $U=\{0, 1, 2, 3, 4, 5, 6, 7\}$。根据定理 3.26 可求得$(P)=\{4, 5, 6, 7\}$，$(Q)=\{2, 3, 6, 7\}$，$(R)=\{1, 3, 5, 7\}$。于是，$(P \to Q)=(U-(P)) \cup (Q)=(\{0, 1, 2, 3, 4, 5, 6, 7\}-\{4, 5, 6, 7\}) \cup \{2, 3, 6, 7\}=\{0, 1, 2, 3, 6, 7\}$，$(\neg(Q \vee R))=U-(Q \vee R)=U-(Q) \cup (R)=\{0, 1, 2, 3, 4, 5, 6, 7\}-(\{2, 3, 6, 7\} \cup \{1, 3, 5, 7\})=\{0, 4\}$，$(\neg P)=U-(P)=\{0, 1, 2, 3, 4, 5, 6, 7\}-\{4, 5, 6, 7\}=\{0, 1, 2, 3\}$。所以，$(P \to Q) \cap (\neg(Q \vee R))=\{0, 1, 2, 3, 6, 7\} \cap \{0, 4\}=\{0\} \subseteq (\neg P)$。因此，$P \to Q$，$\neg(Q \vee R) \Rightarrow \neg P$。 ■

3.9 典型例题分析

例 1 设 A，B 和 C 为任意 3 个集合，判断下面句子的真假。

（1）若 $A \subseteq B$，$B \subseteq C$，则 $A \in C$。

（2）若 $A\in B$，$B\in C$，则 $A\in C$。

（3）若 $A\in B$，$B\subseteq C$，则 $A\in C$。

（4）若 $A\in B$，$B\subseteq C$，则 $A\subseteq C$。

【相关知识】 属于、包含。

【分析】 属于是元素与集合的关系，包含是集合与集合的关系。

解 （1）假。例如：$A=\{a\}$，$B=\{a, b\}$，$C=\{a, b, c\}$，则 $A\subseteq B$，$B\subseteq C$，但 $A\notin C$。

（2）假。例如：$A=\{a\}$，$B=\{\{a\}, b\}$，$C=\{\{\{a\}, b\}\}$，则 $A\in B$，$B\in C$，但 $A\notin C$。

（3）真。因为 $B\subseteq C\Leftrightarrow\forall x(x\in B\rightarrow x\in C)$，对 $\forall x\in B$ 有 $x\in C$，所以结论成立。

（4）假。例如：$A=\{a\}$，$B=\{\{a\}, b\}$，$C=\{\{a\}, b, c\}$，则 $A\in B$，$B\subseteq C$，但 $A\not\subseteq C$。

例 2 设 S 为集合，若 $P(S)-\{\varnothing\}$是划分，则 S 必然是单元素集合。

【相关知识】 划分、幂集。

【分析】 反证法。

证明 若 S 不是单元素集合，不妨设 A 是 S 的子集且只含有一个元素，则 A 与 S 都是 $P(S)-\{\varnothing\}$的元素，但 $A\cap S\neq\varnothing$，与 $P(S)-\{\varnothing\}$是划分矛盾。

例 3 设 A 和 B 为集合，且 $A\cap B=\varnothing$，$\varnothing$为空集，求：

（1）$P(\varnothing\cup\{\varnothing\})$。

（2）$P(A)\cap P(B)$。

【相关知识】 空集、幂集。

解 （1）$P(\varnothing\cup\{\varnothing\})=P(\{\varnothing\})=\{\varnothing, \{\varnothing\}\}$

（2）$P(A)\cap P(B)=\{\varnothing\}$

例 4 设 A，B 和 C 为 3 个集合，判断下列命题是否成立，为什么？

（1）$A-B=\varnothing\Leftrightarrow A=B$。

（2）$(A-B)\cup(A-C)=A\Leftrightarrow B=C=\varnothing$。

【相关知识】 集合差、集合相等。

【分析】 $x\in A-B$ 当且仅当 $x\in A\wedge x\notin B$，$A=B$ 当且仅当 $x\in A\Leftrightarrow x\in B$。

解 （1）不成立。例如：$A=\{a\}$，$B=\{a, b\}$，则 $A-B=\varnothing$但 $A\neq B$。

（2）不成立。例如：$A=\{a, b, c, d\}$，$B=\{c, d\}$，$C=\varnothing$，则$(A-B)\cup(A-C)=A$，但 $B\neq C=\varnothing$。

例 5 设 A，B，C 为任意 3 个集合，证明 $A\subseteq\overline{(B\cap C)}\Leftrightarrow(A-B)\cup(A-C)=A$。

【相关知识】 集合补、集合运算。

【分析】 $\overline{(B\cap C)}=\overline{B}\cup\overline{C}$，$A-B=A\cap\overline{B}$。

证明

$$A\subseteq\overline{(B\cap C)}\Leftrightarrow A\cap\overline{(B\cap C)}=A\Leftrightarrow A\cap(\overline{B}\cup\overline{C})=A$$
$$\Leftrightarrow(A\cap\overline{B})\cup(A\cap\overline{C})=A\Leftrightarrow(A-B)\cup(A-C)=A$$

例 6 设 A 和 B 为任意集合，证明：

（1）$P(A)\cap P(B)=P(A\cap B)$。

（2）$P(A)\cup P(B)\subseteq P(A\cup B)$，并说明等号成立的条件。

【相关知识】 幂集、集合运算。

【分析】 $A=B$ 当且仅当 $x\in A\Leftrightarrow x\in B$，$A\subseteq B$ 当且仅当 $x\in A\Rightarrow x\in B$。

证明 （1）因为 $X\in P(A)\cap P(B)\Leftrightarrow X\in P(A)\wedge X\in P(B)\Leftrightarrow X\subseteq A\wedge X\subseteq B\Leftrightarrow X\subseteq A\cap B\Leftrightarrow X\in P(A\cap B)$，所以 $P(A)\cap P(B)=P(A\cap B)$。

（2）因为 $X\in P(A)\cup P(B)\Rightarrow X\in P(A)\vee X\in P(B)\Rightarrow X\subseteq A\vee X\subseteq B\Rightarrow X\subseteq A\cup B\Rightarrow X\in P(A\cup B)$，所以 $P(A)\cup P(B)\subseteq P(A\cup B)$。

等号成立的条件：$A\subseteq B$ 或 $B\subseteq A$。事实上，若有 $x\in A, x\notin B$，且有 $y\in B, y\notin A$，则 $\{x,y\}\in P(A\cup B)$，但 $\{x, y\}\notin(P(A)\cup P(B))$。

例如，$A=\{1\}$，$B=\{2\}$，$A\cup B=\{1, 2\}$，$P(A)\cup P(B)=\{\varnothing, \{1\}, \{2\}\}$，但 $P(A\cup B)=\{\varnothing, \{1\}, \{2\}, \{1, 2\}\}$。

3.10　上机实验

1．实验内容

（1）求任意两个集合的交集、并集、差集。

（2）求任意一个集合的幂集。

（3）求任意一个集合的所有 m 元子集。

（4）求任意个元素的全排列。

2．实验目的

集合论是一切数学的基础，也是计算机科学不可或缺的基础，在数据结构、数据库理论、开关理论、自动机理论和可计算理论等领域都有广泛的应用。集合的运算规则是集合论中的重要内容。通过该组实验，目的是让学生更加深刻地理解集合的概念和性质，并掌握集合的运算规则等。

3．算法的主要思想

集合的表示采用列举法，如 $A=\{a,b,c,d\}$。

（1）求任意两个集合的交集、并集、差集。

$$A\cap B=\{x|x\in A\wedge x\in B\}$$
$$A\cup B=\{x|x\in A\vee x\in B\}$$
$$A-B=\{x|x\in A\wedge x\notin B\}$$

（2）求任意一个集合的幂集。

$$P(A)=\{A_i|i\in J\}\text{，其中 } J=\{i|i\text{ 是二进制数且 }\overbrace{000\cdots0}^{|A|}\leqslant i\leqslant\overbrace{111\cdots1}^{|A|}\}$$

（3）求任意一个集合的所有 m 元子集。

按照（2）求出子集并判断是否符合要求。

（4）求任意个元素的全排列。

设 $S=\{1,2,3,\cdots,n\}$，$(a_1,a_2,\cdots,a_n)$和$(b_1,b_2,\cdots,b_n)$是 S 的两个全排列，若存在 $i\in\{1,2,\cdots,n\}$，使得对一切 $j=1,2,\cdots,i$ 有 $a_j=b_j$ 且 $a_{i+1}<b_{i+1}$，则称排列$(a_1,a_2,\cdots,a_n)$的字典序小于$(b_1,b_2,\cdots,b_n)$的字典序，记为$(a_1,a_2,\cdots,a_n)<(b_1,b_2,\cdots,b_n)$。若$(a_1,a_2,\cdots,a_n)<(b_1,b_2,\cdots,b_n)$，且不存在$(c_1,c_2,\cdots,c_n)$使得$(a_1,a_2,\cdots,a_n)<(c_1,c_2,\cdots,c_n)<(b_1,b_2,\cdots,b_n)$，则称$(b_1,b_2,\cdots,b_n)$为$(a_1,a_2,\cdots,a_n)$的下一个排列。

求一个排列$(a_1,a_2,\cdots,a_n)$的下一个排列的算法如下：

① 求满足关系式 $a_{j-1}<a_j$ 的 j 的最大值，设为 i，即 $i=\max\{j|a_{j-1}<a_j\}$。

② 求满足关系式 $a_{i-1}<a_k$ 的 k 的最大值，设为 j，即 $j=\max\{k|a_{i-1}<a_k\}$。

③ a_{i-1} 与 a_j 互换得序列$(b_1,b_2,\cdots,b_n)$。

④ 将$(b_1,b_2,\cdots,b_n)$中的部分——$b_i,b_{i+1},\cdots,b_n$ 的顺序逆转，得到$(b_1,b_2,\cdots,b_{i-1},b_n,\cdots,b_i)$，这便是所求得下一个排列。

习　题

1．给定自然数集 $\mathbb{N}$ 的子集：$A=\{1, 2, 7, 8\}$，$B=\{i|i^2<50\}$，$C=\{i|i$ 可以被 3 整除且 $0\leqslant i\leqslant 30\}$，$D=\{i|i=2^k$ 且 $k\in\mathbb{Z}$，$0\leqslant k\leqslant 6\}$。求下列集合：

（1）$A\cup(B\cup(C\cap D))$。

（2）$A\cap(B\cap(C\cup D))$。

（3）$B-(A\cup C)$。

（4）$(\overline{A}\cap B)\cup D$。

2．下列论断是否正确？为什么？

（1）$\varnothing\in\varnothing$。

（2）$\varnothing\subseteq\varnothing$。

（3）$\{a\}\in\{a, b, \{c\}, \{a\}, \{a, b\}\}$。

（4）$\{a\}\subseteq\{a, b, \{c\}, \{a\}, \{a, b\}\}$。

（5）$\{a, b\}\in\{a, b, \{c\}, \{a\}, \{a, b\}\}$。

（6）$\{a, b\}\subseteq\{a, b, \{c\}, \{a\}, \{a, b\}\}$。

（7）$a\in\{a\}-\{\{a\}\}$。

（8）$\{a\}\subseteq\{a\}-\{\{a\}\}$。

3．对于任意集合 A，B 和 C，下述论断是否正确？为什么？

（1）若 $A\subseteq B$ 且 $B\in C$，则 $A\in C$。

（2）若 $A\subseteq B$ 且 $B\in C$，则 $A\subseteq C$。

（3）若 $A\in B$ 且 $B\nsubseteq C$，则 $A\notin C$。

（4）若 $A\subseteq B$ 且 $B\in C$，则 $A\notin C$。

4．设 $A=\{\varnothing, 1, \{1\}\}$，$B=\{0, \{0\}\}$，求 $P(A)$，$P(B)-\{0\}$，$P(B)\oplus B$。

5．完成定理 3.6 的证明。

6．证明下列各式：

（1）$A\cap(B-C)=(A\cap B)-C$。

（2）$(A\cup B)-C=(A-C)\cup(B-C)$。

（3）$A-(A-B)=A\cap B$。

（4）$A\cup B=A\cup(B-A)$。

7．完成定理3.9中未给出的证明。

8．下列论断是否正确？为什么？

（1）若 $A\cup B=A\cup C$，则 $B=C$。

（2）若 $A\cap B=A\cap C$，则 $B=C$。

（3）若 $A\oplus B=A\oplus C$，则 $B=C$。

9．下列论断是否正确？为什么？

（1）$\varnothing\cup\{\varnothing\}=\varnothing$。

（2）$\{\varnothing, \{\varnothing\}\}-\{\varnothing\}=\{\varnothing\}$。

（3）$\{\varnothing, \{\varnothing\}\}-\{\varnothing\}=\{\varnothing, \{\varnothing\}\}$。

（4）$\{\varnothing, \{\varnothing\}\}-\varnothing=\{\{\varnothing\}\}$。

（5）$A=\{a\}\cup B$，则 $a\in A$ 且 $B\subseteq A$。

10．设 A，B 和 C 为三个集合，在什么条件下，下列论断正确？

（1）$(A-B)\cup(A-C)=A$。

（2）$(A-B)\cup(A-C)=\varnothing$。

（3）$(A-B)\cap(A-C)=\varnothing$。

（4）$(A-B)\oplus(A-C)=\varnothing$。

11．设 $A=\{\{\varnothing\}, \{\{\varnothing\}\}\}$，试求 $\cup A$，$\cap A$，$P(\cup A)$和 $P(\cap A)$。

12．设 A_1，A_2，…，A_r 为全集 U 的子集，试问 A_1，A_2，…，A_r 至多能产生多少个不同的集合？

13．完成定理3.12的证明。

14．设 $X=\{1, 2, 3, 4, 5, 6, 7, 8, 9\}$，判定下面是否是 X 的划分？

（1）$\{\{1, 3, 6\}, \{2, 8\}, \{5, 7, 9\}\}$。

（2）$\{\{1, 5, 7\}, \{2, 4, 8, 9\}, \{3, 5, 6\}\}$。

（3）$\{\{2, 4, 5, 8\}, \{1, 9\}, \{3, 6, 7\}\}$。

（4）$\{\{1, 2, 7\}, \{3, 5\}, \{4, 6, 8, 9\}, \{3, 5\}\}$。

15．求由数字1，2，3，4，5，6组成的四位数（每个数字都不允许重复出现）中，数字3在5前面的共有多少个？

16．10个男生和5个女生围坐在圆桌旁，问任意两个女生不相邻的坐法有多少种？

17．从1~9中选取4个奇数和2个偶数组成六位数，问有多少个不同的六位数？

18．求 A，B，C，D，E 和 F 共6个字母的全排列中不允许出现 ACE 和 DF 图像的排列数。

19．（1）求在1，2，…，1000中至少能被5、6和8之一整除的数的个数。

（2）求在1，2，…，1000中不能被5、6和8中任何一个整除的数的个数。

20．完成定理3.20的证明。

21．某班有学生60人，其中有38人学习PASCAL语言，有16人学习C语言，有21人学习COBOL语言，有3个人这三种语言都学习，有2个人这三种语言都不学习，问仅学习两种语言的学生数是多少？

22．75 个儿童到公园游乐场，他们在那里可以骑旋转木马，坐滑行铁道，乘宇宙飞船，已知其中 20 人这三种都乘坐过，其中 55 人至少乘坐过其中的两种。若每种乘坐一次的费用是 0.5 元，公园游乐场总共收入 70 元，求有多少儿童没有乘坐过其中任何一种？

23．设 m 是一个取定的正整数，证明：在任取 $m+1$ 个整数中，至少有两个整数，它们的差是 m 的整数倍。

24．设 a_1，a_2，…，a_m 是整数序列，则必存在下标 s 和 t，使得 $s<t$，且 $\sum_{i=s+1}^{t} a_i$ 是 m 的倍数。

25．一个人步行了 11 小时，共走了 45 公里，已知他第一个小时走了 6 公里，而最后一个小时只走了 3 公里，证明：一定存在连续 3 个小时，使得在这 3 个小时内至少走了 12 公里。

26．求解下列递推关系式：

$$H(0)=0, H(1)=1, H(2)=2$$

$$H(n)=H(n-1)+9H(n-2)-9H(n-3)(n\geqslant 3)$$

27．平面上 n 条直线最多能把平面分成多少个区域？

第4章 关　　系

关系是一种特殊的集合，是集合论中继集合概念之后的又一个重要概念。关系概念在计算机科学中也是最基本的，它经常出现在有限自动机和形式语言理论以及应用领域（如编译程序设计、信息检索和数据结构的描述）中。在算法分析和程序结构中，关系的概念也起着重要的作用。

本章将介绍关系的定义、关系的表示方法、关系的运算及性质等。

4.1　序偶与笛卡儿积

4.1.1　序偶及有序 n 元组

定义 4.1　由两个元素 x 和 y 按一定的次序排列组成的有序序列称为序偶或有序对，记作 $<x, y>$。

由定义可知：

（1）当 $x \neq y$ 时，$<x, y> \neq <y, x>$。

（2）$<x, y>=<u, v>$ 当且仅当 $x=u \wedge y=v$。

（3）序偶 $<x, y>$ 与集合 $\{x, y\}$ 不同。

定义 4.2　n 个元素 $x_1, x_2, \cdots, x_n$ 按一定的次序排列组成的有序序列称为有序 n 元组，记作 $<x_1, x_2, \cdots, x_n>$。

例如，表示时间的 a 年 b 月 c 日 d 时 e 分 f 秒可用有序六元组 $<a, b, c, d, e, f>$ 表示。

4.1.2　笛卡儿积

定义 4.3　设 A 和 B 为集合，称集合 $\{<a, b> | a \in A \wedge b \in B\}$ 为 A 和 B 的笛卡儿积，记作 $A \times B$。当 $A=B$ 时，记为 A^2。

约定　若 $A=\varnothing$ 或 $B=\varnothing$，则 $A \times B=\varnothing$。

例如，若 $A=\{a, b\}$，$B=\{1, 2, 3\}$，则：

$A \times B=\{<a, 1>, <a, 2>, <a, 3>, <b, 1>, <b, 2>, <b, 3>\}$

$B \times A=\{<1, a>, <1, b>, <2, a>, <2, b>, <3, a>, <3, b>\}$

$A^2=\{<a, a>, <a, b>, <b, a>, <b, b>\}$

$B^2=\{<1, 1>, <1, 2>, <1, 3>, <2, 1>, <2, 2>, <2, 3>, <3, 1>, <3, 2>, <3, 3>\}$

由上述例子可知，一般情况下 $A \times B \neq B \times A$。

类似地，可以定义 n 个集合的笛卡儿积。

定义 4.4　n 个集合 $A_1, A_2, \cdots, A_n$ 的笛卡儿积可表示为 $A_1 \times A_2 \times \cdots \times A_n=\{<a_1, a_2, \cdots, a_n> | a_1 \in A_1 \wedge a_2 \in A_2 \wedge \cdots \wedge a_n \in A_n\}$。

一般用 A^n 表示 $\underbrace{A \times A \cdots \times A}_{n}$。

定理 4.1　若 A 和 B 为有限集，则 $|A \times B|=|A| \cdot |B|$。

证明 设 $A=\{a_1, a_2, \cdots, a_n\}$，$B=\{b_1, b_2, \cdots, b_m\}$，则 $A\times B=\{<a_1, b_1>, <a_1, b_2>, \cdots, <a_1, b_m>, <a_2, b_1>, <a_2, b_2>, \cdots, <a_2, b_m>, \cdots, <a_n, b_1>, <a_n, b_2>, \cdots, <a_n, b_m>\}$，所以 $|A\times B|=n\cdot m=|A|\cdot|B|$。 ■

定理 4.2 设 A，B 和 C 为任意 3 个集合，则：

（1）$A\times(B\cup C)=(A\times B)\cup(A\times C)$。

（2）$A\times(B\cap C)=(A\times B)\cap(A\times C)$。

（3）$(A\cup B)\times C=(A\times C)\cup(B\times C)$。

（4）$(A\cap B)\times C=(A\times C)\cap(B\times C)$。

证明 （1）因为 $<x, y>\in A\times(B\cup C)\Leftrightarrow x\in A\wedge y\in(B\cup C)\Leftrightarrow x\in A\wedge(y\in B\vee y\in C)\Leftrightarrow(x\in A\wedge y\in B)\vee(x\in A\wedge y\in C)\Leftrightarrow(<x, y>\in A\times B)\vee(<x, y>\in A\times C)\Leftrightarrow<x, y>\in(A\times B)\cup(A\times C)$，所以 $A\times(B\cup C)=(A\times B)\cup(A\times C)$。

其余的证明留给读者。 ■

定理 4.3 若 $C\neq\varnothing$，则 $A\subseteq B\Leftrightarrow A\times C\subseteq B\times C\Leftrightarrow C\times A\subseteq C\times B$。

证明 若 $y\in C$，假定 $A\subseteq B$，则 $<x, y>\in A\times C\Rightarrow x\in A\wedge y\in C\Rightarrow x\in B\wedge y\in C\Rightarrow<x, y>\in B\times C$，所以 $A\times C\subseteq B\times C$。反之，若 $C\neq\varnothing$，$A\times C\subseteq B\times C$，取 $y\in C$，则 $x\in A\Rightarrow x\in A\wedge y\in C\Rightarrow<x, y>\in A\times C\Rightarrow<x, y>\in B\times C\Rightarrow x\in B\wedge y\in C\Rightarrow x\in B$，所以 $A\subseteq B$。

同理可证 $A\subseteq B\Leftrightarrow C\times A\subseteq C\times B$。 ■

定理 4.4 若 A，B，C 和 D 为 4 个非空集合，则 $A\times B\subseteq C\times D\Leftrightarrow A\subseteq C$ 且 $B\subseteq D$。

证明 若 $A\times B\subseteq C\times D$，则 $x\in A\wedge y\in B\Rightarrow<x, y>\in A\times B\Rightarrow<x, y>\in C\times D\Rightarrow x\in C\wedge y\in D$，所以 $A\subseteq C$ 且 $B\subseteq D$。反之，若 $A\subseteq C$ 且 $B\subseteq D$，则 $<x,y>\in A\times B\Rightarrow x\in A\wedge y\in B\Rightarrow x\in C\wedge y\in D\Rightarrow<x,y>\in C\times D$，所以 $A\times B\subseteq C\times D$。 ■

定理 4.4 中非空是必须的，否则定理不一定成立。例如，当 $A=B=\varnothing$ 时，或 $A\neq\varnothing$ 且 $B\neq\varnothing$ 时，结论为真。但当 A 和 B 之一为 $\varnothing$ 时结论不成立。例如，当 $A=C=D=\varnothing$，$B=\{1\}$ 时结论不成立。

例 1 证明 $A\times(B-C)=(A\times B)-(A\times C)$。

证明 因为 $<x, y>\in A\times(B-C)\Leftrightarrow x\in A\wedge y\in(B-C)\Leftrightarrow x\in A\wedge(y\in B\wedge y\notin C)\Leftrightarrow(x\in A\wedge y\in B)\wedge(x\in A\wedge y\notin C)\Leftrightarrow(<x,y>\in A\times B)\wedge(<x,y>\notin A\times C)\Leftrightarrow<x,y>\in(A\times B)-(A\times C)$，所以 $A\times(B-C)=(A\times B)-(A\times C)$。

■

例 2 下列等式是否成立？

（1）$(A\cap B)\times(C\cap D)=(A\times C)\cap(B\times D)$。

（2）$(A\cup B)\times(C\cup D)=(A\times C)\cup(B\times D)$。

（3）$(A-B)\times(C-D)=(A\times C)-(B\times D)$。

解 （1）式成立。因为 $<x, y>\in(A\cap B)\times(C\cap D)\Leftrightarrow x\in(A\cap B)\wedge y\in(C\cap D)\Leftrightarrow x\in A\wedge x\in B\wedge y\in C\wedge y\in D\Leftrightarrow(x\in A\wedge y\in C)\wedge(x\in B\wedge y\in D)\Leftrightarrow<x, y>\in A\times C\wedge<x, y>\in B\times D\Leftrightarrow<x, y>\in(A\times C)\cap(B\times D)$，所以 $(A\cap B)\times(C\cap D)=(A\times C)\cap(B\times D)$。

（2）式不成立。例如，令 $A=D=\varnothing$，$B=C=\{1\}$，则 $(A\cup B)\times(C\cup D)=\{1\}\times\{1\}=\{<1, 1>\}$，而 $(A\times C)\cup(B\times D)=\varnothing$。

（3）式不成立。例如，令 $B=\varnothing$，$C=D=A=\{1\}$，则 $(A-B)\times(C-D)=\{1\}\times\varnothing=\varnothing$，而 $(A\times C)-(B\times D)=\{<1,1>\}-\varnothing=\{<1,1>\}$。 ■

4.2 关系及其表示

本节主要讨论二元关系，关系的定义域、值域等概念及相关定理。

4.2.1 关系

世界上存在着各种各样的关系。人和人之间有“同志”关系、“师生”关系、“上下级”关系；两个数之间有“大于”关系、“等于”关系、“小于”关系；两个变量之间有“函数”关系；程序之间有“调用”关系等。所以，对关系进行深刻的研究，对数学和计算机都有很大的用处。

下面，首先介绍关系的相关概念。

定义 4.5 任一序偶的集合确定了一个二元关系 R，R 中的任一序偶 $<a,b>$ 可记作 $<a,b>\in R$ 或 aRb。不在 R 中的任一序偶 $<a,b>$ 可记作 $<a,b>\notin R$ 或 $a\bar{R}b$。若 aRb，我们说 a 和 b 具有关系 R。

由定义可知，关系是由序偶组成的，因而关系是特殊的集合。

定义 4.6 令 R 为二元关系，$D_R=\{x|\exists y(xRy)\}$ 和 $R_R=\{y|\exists x(xRy)\}$ 分别称为 R 的定义域（或前域）和值域。关系 R 的域记为 $F_R=D_R\cup R_R$。

例如，设 $H=\{<1,2>,<1,4>,<2,4>,<3,4>\}$ 是一个二元关系，则 $D_H=\{1,2,3\}$，$R_H=\{2,4\}$，$F_h=\{1,2,3,4\}$。

定义 4.7 $A\times B$ 的任意子集 R 称为 A 到 B 的二元关系。特别当 $A=B$ 时，称 R 为 A 上的二元关系。其中 $\varnothing$ 称为空关系，$A\times B$ 称为全关系。

可以推广到 n 元关系，我们主要讨论二元关系。

在计算机领域中，关系的概念也是到处存在的。如数据结构中的线性关系和非线性关系，数据库中的表关系等。

例如，若 $A=\{1,2,3,4,5\}$，$B=\{a,b,c\}$，则 $R=\{<1,a>,<1,b>,<2,b>,<3,a>\}$ 是 A 到 B 的关系，$S=\{<a,2>,<c,4>,<c,5>\}$ 是 B 到 A 的关系。

定义 4.8 若 I_A 是 A 上的二元关系，且满足 $I_A=\{<x,x>|x\in A\}$，则称 I_A 为 A 上的恒等关系。

定理 4.5 若 R 和 S 是集合 A 到 B 的两个二元关系，则：

（1）$D_{R\cup S}=D_R\cup D_S$。

（2）$D_{R\cap S}\subseteq D_R\cap D_S$。

（3）$D_R-D_S\subseteq D_{R-S}$。

（4）$R_{R\cup S}=R_R\cup R_S$。

（5）$R_{R\cap S}\subseteq R_R\cap R_S$。

（6）$R_R-R_S\subseteq R_{R-S}$。

证明 （1）因为 $x\in D_{R\cup S}\Leftrightarrow\exists y(x(R\cup S)y)\Leftrightarrow\exists y(xRy\vee xSy)\Leftrightarrow\exists y(xRy)\vee\exists y(xSy)\Leftrightarrow x\in D_R\vee x\in D_S\Leftrightarrow$

$x\in(D_R\cup D_S)$，所以 $D_{R\cup S}=D_R\cup D_S$。

（6）因为 $y\in(R_R-R_S)\Leftrightarrow y\in R_R\wedge y\notin R_S\Leftrightarrow\exists x(xRy)\wedge\neg(\exists x(xSy))\Leftrightarrow\exists x(xRy)\wedge\forall x\neg(xSy)\Rightarrow aRy\wedge\neg(aSy)\Leftrightarrow\exists x(xRy\wedge\neg(xSy))\Leftrightarrow\exists x(x(R-S)y)\Leftrightarrow y\in R_{R-S}$，所以 $R_R-R_S\subseteq R_{R-S}$。

其余的证明留给读者。■

若 R 和 S 是集合 A 到 B 的两个二元关系，由于 R 和 S 是 $A\times B$ 的子集，所以如将 $A\times B$ 看作全集 U，就可以求出它们的并、交、补、差。显然，这些运算结果仍是 $A\times B$ 的子集，因而仍是 A 到 B 的二元关系。于是有下面的定理。

定理 4.6 若 R 和 S 是集合 A 到 B 的两个二元关系，则 R 和 S 的并、交、补、差仍是 A 到 B 的二元关系。

例 1 设 $A=\{1，2，3\}$，$B=\{a，b\}$，$R=\{<1，a>，<2，b>，<3，b>\}$和 $S=\{<1，a>，<2，a>\}$是 A 到 B 的两个二元关系，求它们的并、交、差、补。

解

$R\cup S=\{<1，a>，<2，a>，<2，b>，<3，b>\}$

$R\cap S=\{<1，a>\}$

$R-S=\{<2，b>，<3，b>\}$

$A\times B=\{<1，a>，<1，b>，<2，a>，<2，b>，<3，a>，<3，b>\}$

$\overline{R}=A\times B-R=\{<1，b>，<2，a>，<3，a>\}$

$\overline{S}=A\times B-S=\{<1，b>，<2，b>，<3，a>，<3，b>\}$

前面有关集合的公式在关系中同样适用。■

定义 4.9 设 R 是二元关系，A 是集合，则 R 在 A 上的限制定义为 $R\restriction A=\{<x,y>|x\in A\wedge xRy\}$。

定理 4.7 设 R 是二元关系，A 和 B 是集合，则：

（1）$R\restriction A=R\cap(A\times R_R)$。

（2）$A\subseteq B\Rightarrow R\restriction A\subseteq R\restriction B$。

（3）$R\restriction(A\cap B)=R\restriction A\cap R\restriction B$。

（4）$R\restriction(A\cup B)=R\restriction A\cup R\restriction B$。

（5）$R\restriction(A-B)=R\restriction A-R\restriction B$。

（6）$(R*S)\restriction A=(R\restriction A)*S$。

证明 （3）因为$<x，y>\in R\restriction(A\cap B)\Leftrightarrow x\in(A\cap B)\wedge xRy\Leftrightarrow(x\in A\wedge x\in B)\wedge xRy\Leftrightarrow(x\in A\wedge xRy)\wedge(x\in B\wedge xRy)\Leftrightarrow<x，y>\in R\restriction A\wedge<x，y>\in R\restriction B\Leftrightarrow<x，y>\in R\restriction A\cap R\restriction B$，所以 $R\restriction(A\cap B)=R\restriction A\cap R\restriction B$。

其余的证明留给读者。■

定义 4.10 设 R 是二元关系，A 是集合，则 A 在 R 下的像定义为 $R[A]=\{y|\exists x(x\in A\wedge xRy)\}$。

定理 4.8 设 R 是二元关系，A 和 B 是集合，则：

（1）$R[A\cup B]=R[A]\cup R[B]$。

（2）$R[A\cap B]\subseteq R[A]\cap R[B]$。

（3）$R[A]-R[B]\subseteq R[A-B]$。

（4）$A\subseteq B\Rightarrow R[A]\subseteq R[B]$。

（5）$R[A]=\varnothing\Leftrightarrow D_R\cap A=\varnothing$。

（6）$D_R \cap A \subseteq R^{-1}[R[A]]$。

（7）$R[A] \cap B \subseteq R[A \cap R^{-1}[B]]$。

证明　（6）因为 $x \in D_R \cap A \Leftrightarrow x \in D_R \wedge x \in A \Leftrightarrow \exists y(xRy) \wedge x \in A \Rightarrow xRc \wedge x \in A \Rightarrow xRc \wedge (xRc \wedge x \in A) \Rightarrow cR^{-1}x \wedge \exists w(wRc \wedge w \in A) \Rightarrow cR^{-1}x \wedge c \in R[A] \Rightarrow \exists u(uR^{-1}x \wedge u \in R[A]) \Rightarrow x \in R^{-1}[R[A]]$，所以 $D_R \cap A \subseteq R^{-1}[R[A]]$。

其余的证明留给读者。■

例 2　设 $R=\{<x, y>|x, y \in \mathbb{N} \wedge y=x^2\}$是$\mathbb{N}$上的二元关系，求 $R\upharpoonright\{1, 2\}$，$R[\{1, 2\}]$。

解　$R\upharpoonright\{1, 2\}=\{<1, 1>, <2, 4>\}$，$R[\{1, 2\}]=\{1, 4\}$。■

4.2.2　关系矩阵与关系图

利用矩阵这个数学工具，可以表示有限集合间的二元关系。用矩阵表示关系，便于用计算机来处理关系。

定义 4.11　设 $A=\{x_1, x_2, \cdots, x_n\}$，$B=\{y_1, y_2, \cdots, y_n\}$，$R \subseteq A \times B$，则称 $\boldsymbol{M}_R=(r_{ij})$为 R 的关系矩阵，其中

$$r_{ij}=\begin{cases}1 & 若\ x_i R y_j \\ 0 & 否则\end{cases}$$

例如，$A=\{x_1, x_2, x_3\}$，$B=\{y_1, y_2\}$，R 是 A 到 B 的关系，且 $R=\{<x_1, y_1>, <x_2, y_2>, <x_3, y_2>\}$，则 R 的关系矩阵为

$$\boldsymbol{M}_R=\begin{bmatrix}1 & 0 \\ 0 & 1 \\ 0 & 1\end{bmatrix}$$

一个有限集合 A 上的二元关系 R，还可以用称为有向图的图形直观地表示，这种有向图称为 R 的关系图。在该图中，集合 A 中的元素 a 用带有元素标号的小圆圈（称为结点）来表示。若 $x, y \in A$ 且 xRy，则将结点 x 和 y 用一条带有箭头的直线或弧线连接起来，其方向由结点 x 指向结点 y。

例如，$A=\{1, 2, 3\}$上的二元关系 $R=\{<1, 2>, <2, 3>, <3, 3>\}$的关系图如图 4-1 所示。

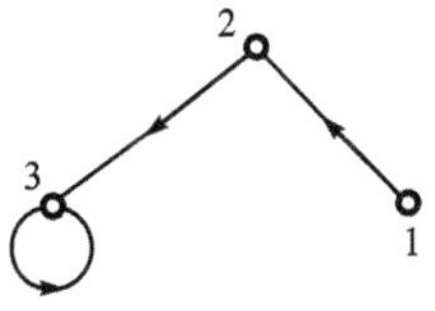

图　4-1

4.3　复合关系及逆关系

除了上一节介绍的几种运算外，在关系中还有两种新的运算——复合运算和逆运算，其结果所组成的关系为复合关系和逆关系。

定义 4.12　设 R 和 S 是任意两个二元关系，则：

（1）R 的逆关系 R^{-1}(或 R^C)$=\{<x, y>|(yRx)\}$。

（2）R 与 S 的复合关系 $R*S=\{<x, y>|\exists z(xRz \wedge zSy)\}$。

由定义可知，R^{-1} 和 $R*S$ 仍然是关系。

例 1　设 $R=\{<x, y>|x, y \in \mathbb{N} \wedge y=x^2\}$和 $S=\{<x, y>|x, y \in \mathbb{N} \wedge y=x+1\}$是 N 上的关系，求 R^{-1}，$R*S$，$S*R$。

解 $R^{-1}=\{<y, x>|x, y\in\mathbb{N}\wedge y=x^2\}$

$R*S=\{<x, y>|x, y\in\mathbb{N}\wedge y=x^2+1\}$

$S*R=\{<x, y>|x, y\in\mathbb{N}\wedge y=(x+1)^2\}$ ■

定理 4.9 设 R 和 S 为任意两个二元关系，则：

（1）$(R^{-1})^{-1}=R$。

（2）$(R\cup S)^{-1}=R^{-1}\cup S^{-1}$。

（3）$(R\cap S)^{-1}=R^{-1}\cap S^{-1}$。

（4）$(R-S)^{-1}=R^{-1}-S^{-1}$。

（5）$(A\times B)^{-1}=B\times A$。

证明 （2）因为$<x, y>\in(R\cup S)^{-1}\Leftrightarrow<y, x>\in(R\cup S)\Leftrightarrow<y, x>\in R\vee<y, x>\in S\Leftrightarrow<x, y>\in R^{-1}\vee<x, y>\in S^{-1}\Leftrightarrow<x, y>\in R^{-1}\cup S^{-1}$，所以$(R\cup S)^{-1}=R^{-1}\cup S^{-1}$。

（4）因为$<x, y>\in(R-S)^{-1}\Leftrightarrow<y, x>\in(R-S)\Leftrightarrow<y, x>\in R\wedge<y, x>\notin S\Leftrightarrow<x, y>\in R^{-1}\wedge<x, y>\notin S^{-1}\Leftrightarrow<x, y>\in R^{-1}-S^{-1}$，所以$(R-S)^{-1}=R^{-1}-S^{-1}$。

其余的证明留给读者。 ■

定理 4.10 设 R，S 和 T 为任意 3 个二元关系，则：

（1）$D_{R*S}\subseteq D_R$，$R_{R*S}\subseteq R_S$。

（2）$R\subseteq S\wedge T\subseteq W\Rightarrow R*T\subseteq S*W$。

（3）$R*(S\cup T)=(R*S)\cup(R*T)$。

（4）$R*(S\cap T)\subseteq(R*S)\cap(R*T)$。

（5）$R*S-R*T\subseteq R*(S-T)$。

（6）$(R*S)^{-1}=S^{-1}*R^{-1}$。

（7）$(R*S)*T=R*(S*T)$。

证明 （1）因为 $x\in D_{R*S}\Rightarrow(\exists y)(xR*Sy)\Rightarrow(\exists y)(\exists z)(xRz\wedge zSy)\Rightarrow(\exists z)(\exists y)(xRz\wedge zSy)\Rightarrow(\exists z)(xRz\wedge(\exists y)zSy)\Rightarrow(\exists z)xRz$，所以 $D_{R*S}\subseteq D_R$。

（4）因为$<x, y>\in R*(S\cap T)\Rightarrow(\exists z)(xRz\wedge z(S\cap T)y)\Rightarrow(\exists z)(xRz\wedge zSy\wedge zTy)\Rightarrow(\exists z)((xRz\wedge zSy)\wedge(xRz\wedge zTy))\Rightarrow(\exists z)(xRz\wedge zSy)\wedge(\exists z)(xRz\wedge zTy)\Rightarrow<x, y>\in(R*S)\wedge<x, y>\in(R*T)\Rightarrow<x, y>\in(R*S)\cap(R*T)$，所以 $R*(S\cap T)\subseteq(R*S)\cap(R*T)$。

其余的证明留给读者。 ■

定义 4.13 设 R 是有限集合 A 上的二元关系，R 的 n 次幂定义如下：

（1）$R^0=\{<x, x>|x\in A\}$。

（2）$R^n=R^{n-1}*R$。

定理 4.11 设 R 是有限集合 A 上的二元关系，m 和 n 是自然数，则：

（1）$R^m*R^n=R^{m+n}$。

（2）$(R^m)^n=R^{mn}$。

证明 （1）对于任意给定的 m，对 n 施行数学归纳法。

若 $n=0$，则 $R^m*R^0=R^m*I_A=R^m=R^{m+0}$。假设 $R^m*R^n=R^{m+n}$，则有 $R^m*R^{n+1}=R^m*(R^n*R)=(R^m*R^n)*$

$R=R^{m+n}*R=R^{m+n+1}$。所以对任意自然数 n，$R^m*R^n=R^{m+n}$。

（2）证明与（1）类似。■

由于关系可以用关系矩阵来表示，因而关系的逆、关系的复合以及关系的幂也可以通过矩阵运算来求得。

定义 4.14 若一个矩阵的元素要么为 0 要么为 1，则称该矩阵为布尔矩阵。

定义 4.15 布尔矩阵 $A=(a_{ij})$和 $B=(b_{ij})$的布尔和 $A\vee B$、布尔积 $A\circ B$ 定义如下：

$$A\vee B=(c_{ij})，其中\ c_{ij}=a_{ij}\vee b_{ij}$$

$$A\circ B=(c_{ij})，其中\ c_{ij}=\bigvee_{k=1}^{n}(a_{ik}\wedge b_{kj})$$

下面以关系的复合为例来说明 $R*S$ 的关系矩阵与 R 和 S 的关系矩阵之间的关系。

设 R 是 $A=\{x_1, x_2, \cdots, x_m\}$到 $B=\{y_1, y_2, \cdots, y_n\}$的二元关系，$S$ 是 $B=\{y_1, y_2, \cdots, y_n\}$到 $C=\{z_1, z_2, \cdots, z_s\}$的二元关系，则 $R*S$ 是 A 到 C 的二元关系。若将 R、S 和 $R*S$ 的关系矩阵分别记为 $\boldsymbol{M}_R=(r_{ij})$、$\boldsymbol{M}_S=(s_{ij})$和 $\boldsymbol{M}_{R*S}=(m_{ij})$，则

$$\boldsymbol{M}_{R*S}=\boldsymbol{M}_R\circ\boldsymbol{M}_S$$

这是因为 $m_{ij}=1\Leftrightarrow x_i\ R*S\ z_j\Leftrightarrow\exists k(x_i\ R\ y_k\wedge y_k\ S\ z_j)\Leftrightarrow\exists k(r_{ik}=1\wedge s_{kj}=1)\Leftrightarrow\bigvee_{k=1}^{n}(r_{ik}\wedge s_{kj})=1$。

例 2 设 $R=\{<1, 2>, <2, 3>, <3, 4>\}$和 $S=\{<2, 4>, <3, 1>, <4, 3>\}$分别是集合 $A=\{1, 2, 3, 4\}$上的关系，求 $R*S$ 的关系矩阵。

解 R 与 S 的关系矩阵 $\boldsymbol{M}_R$ 和 $\boldsymbol{M}_S$ 分别为

$$\boldsymbol{M}_R=\begin{bmatrix}0&1&0&0\\0&0&1&0\\0&0&0&1\\0&0&0&0\end{bmatrix}\qquad \boldsymbol{M}_S=\begin{bmatrix}0&0&0&0\\0&0&0&1\\1&0&0&0\\0&0&1&0\end{bmatrix}$$

于是 $R*S$ 的关系矩阵 $\boldsymbol{M}_{R*S}$ 为

$$\boldsymbol{M}_{R*S}=\begin{bmatrix}0&1&0&0\\0&0&1&0\\0&0&0&1\\0&0&0&0\end{bmatrix}\circ\begin{bmatrix}0&0&0&0\\0&0&0&1\\1&0&0&0\\0&0&1&0\end{bmatrix}=\begin{bmatrix}0&0&0&1\\1&0&0&0\\0&0&1&0\\0&0&0&0\end{bmatrix}$$

■

4.4 关系的性质

关系的某些特殊性质在研究关系中起很大的作用。在这一节中给予介绍。

定义 4.16 设 $R\subseteq A\times A$，则：

（1）若 $\forall x(x\in A\rightarrow xRx)$，称 R 是自反的。

（2）若 $\forall x(x\in A\rightarrow\neg(xRx))$，称 R 是反自反的。

（3）若 $\forall x\forall y(x, y\in A\wedge xRy\rightarrow yRx)$，称 R 是对称的。

（4）若 $\forall x\forall y(x, y\in A\wedge xRy\rightarrow\neg yRx)$，称 R 是非对称的。

（5）若 $\forall x\forall y(x, y\in A\wedge xRy\wedge x\neq y\rightarrow\neg yRx)$，称 R 是反对称的。

（6）若$\forall x\forall y\forall z(x, y, z\in A\land xRy\land yRz\to xRz)$，称 R 是传递的。

（7）若$\forall x\forall y(x, y\in A\land x\neq y\to xRy\lor yRx)$，称 R 是连通的。

（8）若$\forall x\forall y(x, y\in A\to xRy\lor yRx)$，称 R 是强连通的。

例 1 设 $A=\{1, 2, 3\}$，$R_1=\{<1, 1>, <2, 2>\}$、$R_2=\{<1, 1>, <2, 2>, <3, 3>, <1, 2>\}$ 和 $R_3=\{<1, 2>\}$都是 A 上的关系，说明 R_1、R_2 和 R_3 是否为 A 上的自反关系和反自反关系。

解 R_1既不是自反的也不是反自反的，R_2是自反的，R_3是反自反的。 ■

例 2 设 $A=\{1, 2, 3\}$，$R_1=\{<1, 1>, <2, 2>\}$、$R_2=\{<1, 1>, <1, 2>, <2, 1>\}$、$R_3=\{<1, 2>, <1, 3>\}$和 $R_4=\{<1, 2>, <2, 1>, <1, 3>\}$都是 A 上的关系，说明 R_1、R_2、R_3 和 R_4 是否为 A 上的对称关系和反对称关系。

解 R_1既是对称的也是反对称的，R_2是对称的但不是反对称的，R_3是反对称的但不是对称的，R_4既不是对称的也不是反对称的。 ■

例 3 设 $A=\{1, 2, 3\}$，$R_1=\{<1, 2>, <2, 2>\}$、$R_2=\{<1, 2>, <2, 3>\}$和 $R_3=\{<1, 2>\}$都是 A 上的关系，说明 R_1、R_2 和 R_3 是否为 A 上的传递关系。

解 R_1和 R_3是传递的，R_2不是传递的。 ■

定理 4.12 设 R 是 A 上的二元关系，则：

（1）R 是自反的$\Leftrightarrow I_A\subseteq R$。

（2）R 是反自反的$\Leftrightarrow R\cap I_A=\varnothing$。

（3）R 是对称的$\Leftrightarrow R=R^{-1}$。

（4）R 是反对称的$\Leftrightarrow R\cap R^{-1}\subseteq I_A$。

（5）R 是传递的$\Leftrightarrow R*R\subseteq R$。

证明 （5）若 R 是传递的，则$<x, y>\in R*R\Rightarrow\exists z(xRz\land zSy)\Rightarrow xRc\land cSy$，由 R 是传递的可得 xRy，即有$<x, y>\in R$，所以 $R*R\subseteq R$。

反之，若 $R*R\subseteq R$，则对任意的 $x, y, z\in A$，如果 xRz 且 zRy，则$<x, y>\in R*R$，于是有$<x, y>\in R$，即有 xRy，所以 R 是传递的。

其余的证明留给读者。 ■

上面的证明方法是一种常规也很重要的方法，我们常用此方法证明一些题目。

定理 4.13 设 R 和 S 是 A 上的二元关系，则：

（1）若 R 和 S 是自反的，则经过并、交、逆、合成运算后仍保持自反性。

（2）若 R 和 S 是反自反的，则经过并、交、逆、差运算后仍保持反自反性。

（3）若 R 和 S 是对称的，则经过并、交、逆、差运算后仍保持对称性。

（4）若 R 和 S 是反对称的，则经过交、逆、差运算后仍保持反对称性。

（5）若 R 和 S 是传递的，则经过交和逆运算后仍保持传递性。

证明留给读者。

关系的性质不仅反映在它的集合表达式上，而且也明显地反映在它的关系矩阵和关系图上，如表 4-1 所示。

表 4-1

特 点	关系矩阵	关 系 图
自反性	主对角线元素全为 1	图中每个结点都有环
反自反性	主对角线元素全为 0	图中每个结点都没有环
对称性	对称矩阵	如两个结点之间有边，一定有一对相反的边
反对称性	如 $r_{ij}=1$ 且 $i\neq j$，则 $r_{ji}=0$	如两个结点之间有边，一定是一条有向边
传递性	对 $\boldsymbol{M}^2$ 中 1 所在的位置，$\boldsymbol{M}$ 中相应位置都是 1	如 x 到 y 有边，y 到 z 有边，则 x 到 z 有边

4.5 关系的闭包

本节讨论关系的一种新运算——闭包运算，这种运算也是一种非常有用的运算，它采用对已知关系扩充序偶的办法，从而得到具有某种性质的新关系。

定义 4.17 对给定的关系 R 和一种性质 P，包含 R 且满足性质 P 的最小关系称为 R 对于 P 的闭包，记作 $P(R)$。

定义 4.18 设 R 是 A 上的二元关系，R 的自反闭包（对称闭包或传递闭包）是 A 上的关系 S，且 S 满足：

（1）S 是自反的（对称的或传递的）。

（2）$R\subseteq S$。

（3）对 A 上任何包含 R 的自反（对称、传递）关系 R' 都有 $S\subseteq R'$。

一般将 R 的自反闭包、对称闭包和传递闭包分别记作 $r(R)$、$s(R)$和 $t(R)$，它们分别是具有自反性、对称性和传递性的 R 的“最小”的关系。

例如，在整数集 $\mathbb{Z}$ 上的“<”关系的自反闭包是“≤”关系，它的对称闭包是“≠”关系，它的传递闭包是它自身。

定理 4.14 设 R 是非空集合 A 上的二元关系，则：

（1）R 的自反闭包 $r(R)=R\cup I_A$。

（2）R 的对称闭包 $s(R)=R\cup R^{-1}$。

（3）R 的传递闭包 $t(R)=\bigcup_{i=1}^{\infty}R^i$。

证明 （1）令 $S=R\cup I_A$，则 $R\subseteq S$。

对任意的 $x\in A$，因$<x, x>\in I_A$，于是$<x, x>\in R\cup I_A$，即有$<x, x>\in S$，所以 S 是自反的。

设 R'是包含 R 的自反关系，则对任意的 $x\in A$，有$<x, x>\in R'$，于是 $I_A\subseteq R'$。又 $R\subseteq R'$，所以 $S=R\cup I_A\subseteq R'$。故 $r(R)=S=R\cup I_A$。

（3）令 $S=\bigcup_{i=1}^{\infty}R^i$，显然有 $R\subseteq S$。

对任意 x，y，$z\in A$，有 $\left(x\bigcup_{i=1}^{\infty}R^i y\right)\land\left(y\bigcup_{i=1}^{\infty}R^j z\right)\Rightarrow\exists m(xR^m y)\land\exists n(yR^n z)\Rightarrow(xR^m y)\land(yR^n z)\Rightarrow xR^m*R^n z\Rightarrow xR^{m+n}z\Rightarrow x\bigcup_{i=1}^{\infty}R^i z$，所以 S 是传递的。

设 R' 是包含 R 的传递关系，下证 $S=\bigcup_{i=1}^{\infty}R^i\subseteq R'$。只需证对任意正整数 n 有 $R^n\subseteq R'$。

当 $n=1$ 时，$R\subseteq R'$，结论成立。

假设 $n=k$ 时，$R^k\subseteq R'$。对于 $n=k+1$，有 $xR^{k+1}y\Rightarrow xR^k*Ry\Rightarrow\exists z(xR^kz\wedge zRy)\Rightarrow xR^kc\wedge cRy\Rightarrow xR'c\wedge cR'y\Rightarrow xR'y$，所以 $R^{k+1}\subseteq R'$。

因此，对任意正整数 n 有 $R^n\subseteq R'$。于是 $S=\bigcup_{i=1}^{\infty}R^i\subseteq R'$。

综上可得，$t(R)=\bigcup_{i=1}^{\infty}R^i$。 ■

其余的证明留给读者。

例 1 设 $A=\{a, b, c\}$，R 是 A 上的二元关系，且 $R=\{<a, b>, <b, c>, <c, a>\}$，求 $r(R)$、$s(R)$ 和 $t(R)$。

解 $r(R)=R\cup I_A=\{<a, b>, <b, c>, <c, a>, <a, a>, <b, b>, <c, c>\}$

$s(R)=R\cup R^{-1}=\{<a, b>, <b, c>, <c, a>, <b, a>, <c, b>, <a, c>\}$

$R^2=\{<a, c>, <b, a>, <c, b>\}$

$R^3=\{<a, a>, <b, b>, <c, c>\}$

$R^4=\{<a, b>, <b, c>, <c, a>\}=R$

$t(R)=\bigcup_{i=1}^{\infty}R^i$

$=\{<a, b>, <b, c>, <c, a>, <a, c>, <b, a>, <a, a>, <b, b>, <c, b>, <c, c>\}$ ■

例 2 设 $A=\{1, 2, 3, 4, 5\}$，R 是 A 上的二元关系，且 $R=\{<2, 1>, <2, 5>, <2, 4>, <3, 4>, <4, 4>, <5, 2>\}$，求 $r(R)$、$s(R)$ 和 $t(R)$。

解 $r(R)=R\cup I_A$

$=\{<2, 1>, <2, 5>, <2, 4>, <3, 4>, <4, 4>, <5, 2>, <1, 1>, <2, 2>, <3, 3>, <5, 5>\}$

$s(R)=R\cup R^{-1}$

$=\{<2, 1>, <2, 5>, <2, 4>, <3, 4>, <4, 4>, <5, 2>, <1, 2>, <4, 2>, <4, 3>\}$

$R^2=\{<2, 2>, <2, 4>, <3, 4>, <4, 4>, <5, 1>, <5, 5>, <5, 4>\}$

$R^3=\{<2, 1>, <2, 5>, <2, 4>, <3, 4>, <4, 4>, <5, 2>, <5, 4>\}$

$R^4=\{<2, 2>, <2, 4>, <3, 4>, <4, 4>, <5, 1>, <5, 5>, <5, 4>\}=R^2$

$t(R)=\bigcup_{i=1}^{\infty}R^i$

$=\{<2, 1>, <2, 5>, <2, 4>, <3, 4>, <4, 4>, <5, 2>, <2, 2>, <5, 1>, <5, 4>, <5, 5>\}$ ■

定理 4.15 设 R 是非空集合 A 上的二元关系，则：

（1）R 是自反的 $\Leftrightarrow r(R)=R$。

（2）R 是对称的$\Leftrightarrow s(R)=R$。

（3）R 是传递的$\Leftrightarrow t(R)=R$。

证明 （1）若 R 是自反的，则对任意的 $x\in A$ 有 xRx，于是 $I_A\subseteq R$，从而有 $r(R)\subseteq R$。又显然有 $R\subseteq r(R)$，所以 $r(R)=R$。

反之，若 $r(R)=R$，则 R 是自反的显然成立。

其余的证明留给读者。 ■

定理 4.16 设 R_1 和 R_2 是非空集合 A 上的二元关系，若 $R_1\subseteq R_2$，则：

（1）$r(R_1)\subseteq r(R_2)$。

（2）$s(R_1)\subseteq s(R_2)$。

（3）$t(R_1)\subseteq t(R_2)$。

证明 （3）先用数学归纳法证明，对任意正整数 n，有 $R_1^n\subseteq R_2^n$。

当 $n=1$ 时，结论显然成立。

假设对于 $n=k$，$R_1^k\subseteq R_2^k$。当 $n=k+1$ 时，则有$<x, y>\in R_1^{k+1}\Rightarrow\exists z(xR_1^kz\wedge zR_1y)\Rightarrow\exists z(xR_2^kz\wedge zR_2y)\Rightarrow<x, y>\in R_2^{k+1}$，所以 $R_1^{k+1}\subseteq R_2^{k+1}$。

因此，对任意正整数有 $R_1^n\subseteq R_2^n$。

于是，有 $t(R_1)=\cup R_1^i\subseteq\cup R_2^i=t(R_2)$。

其余的证明留给读者。 ■

定理 4.17 设 R_1 和 R_2 是非空集合 A 上的二元关系，则：

（1）$r(R_1)\cup r(R_2)=r(R_1\cup R_2)$。

（2）$s(R_1)\cup s(R_2)=s(R_1\cup R_2)$。

（3）$t(R_1)\cup t(R_2)\subseteq t(R_1\cup R_2)$。

证明留给读者。

定理 4.18（传递闭包的有限构造方法） 设 A 为非空有限集合，$|A|=n$，R 为 A 上的二元关系，则存在正整数 $k\leqslant n$，使得 $t(R)=R\cup R^2\cup R^3\cup\cdots\cup R^k$。

证明 设 $a, b\in A$，若 $at(R)b$ 成立，则存在正整数 p 使得 aR^pb 成立，此时存在序列 x_0，x_1，…，x_p，$x_0=a$，$x_p=b$，且对 $0\leqslant i\leqslant p$ 有 x_iRx_{i+1}。设满足上述条件的最小 p 大于 n，则在上述序列中必有 $0\leqslant s<t\leqslant p$，使得 $x_s=x_t$，因此序列就成为

$$\underbrace{x_0Rx_1, x_1Rx_2, \cdots, x_{s-1}Rx_s}_{s},\quad \underbrace{x_sRx_{t+1}, \cdots, x_{p-1}Rx_p}_{p-t}$$

这表明 aR^kb 存在，其中 $k=s+p-t=p-(t-s)<p$，这与 p 是最小的假设矛盾，故 $p>n$ 不成立。 ■

例 3 设 $A=\{a, b, c\}$，$R=\{<a, b>, <b, a>, <b, c>, <c, b>\}$是 A 上的二元关系，利用矩阵法求 $t(R)$。

解

$$\boldsymbol{M}_R=\begin{bmatrix}0&1&0\\1&0&1\\0&1&0\end{bmatrix}$$

$$M_{R^2}=\begin{bmatrix}0&1&0\\1&0&1\\0&1&0\end{bmatrix}\circ\begin{bmatrix}0&1&0\\1&0&1\\0&1&0\end{bmatrix}=\begin{bmatrix}1&0&1\\0&1&0\\1&0&1\end{bmatrix}$$

$$M_{R^3}=\begin{bmatrix}1&0&1\\0&1&0\\1&0&1\end{bmatrix}\circ\begin{bmatrix}0&1&0\\1&0&1\\0&1&0\end{bmatrix}=\begin{bmatrix}0&1&0\\1&0&1\\0&1&0\end{bmatrix}$$

所以，

$$M_{t(R)}=\begin{bmatrix}1&1&1\\1&1&1\\1&1&1\end{bmatrix}$$

从而有

$t(R)=\{<a, a>, <a, b>, <a, c>, <b, a>, <b, b>, <b, c>, <c, a>, <c, b>, <c, c>\}$ ■

当元素较多时，上述求传递闭包的方法比较麻烦。下面介绍求传递闭包的一种有效算法——Warshall 算法，这种算法也便于计算机实现。

（1）置新矩阵 $A=M$；

（2）$i=1$；

（3）对所有 j，如果 $A[j, i]=1$，则对 $k=1, 2, \cdots, n$，$A[j, k]=A[j, k]\vee A[i, k]$；

（4）i 加 1；

（5）如果 $i\leqslant n$，则转到步骤（3），否则停止。

例 4 已知关系 R 的关系矩阵为

$$M=\begin{bmatrix}0&1&0&0\\0&0&1&1\\1&1&0&1\\1&0&0&0\end{bmatrix}$$

利用 Warshall 算法求 $t(R)$的关系矩阵。

解

$$A=\begin{bmatrix}0&1&0&0\\0&0&1&1\\1&1&0&1\\1&0&0&0\end{bmatrix}$$

$i=1$ 时，第一列有 $A[3, 1]=1$，$A[4, 1]=1$，将第三行、第四行分别和第一行各对应元素进行逻辑加，仍然分别记为第三行、第四行得

$$A=\begin{bmatrix}0&1&0&0\\0&0&1&1\\1&1&0&1\\1&1&0&0\end{bmatrix}$$

$i=2$ 时，第二列有 $A[1, 2]=1$，$A[3, 2]=1$，$A[4, 2]=1$，将第一行、第三行、第四行分别和第二行各对应元素进行逻辑加，仍然分别记为第一行、第三行、第四行得

$$A=\begin{bmatrix}0&1&1&1\\0&0&1&1\\1&1&1&1\\1&1&1&1\end{bmatrix}$$

i=3 时，第三列有 $A[1, 3]=1$，$A[2, 3]=1$，$A[3, 3]=1$，$A[4, 3]=1$，将第一行、第二行、第三行、第四行分别和第三行各对应元素进行逻辑加，仍然分别记为第一行、第二行、第三行、第四行得

$$A=\begin{bmatrix}1&1&1&1\\1&1&1&1\\1&1&1&1\\1&1&1&1\end{bmatrix}$$

i=4 时，第四列有 $A[1, 4]=1$，$A[2, 4]=1$，$A[3, 4]=1$，$A[4, 4]=1$，将第一行、第二行、第三行、第四行分别和第四行各对应元素进行逻辑加，仍然分别记为第一行、第二行、第三行、第四行得

$$A=\begin{bmatrix}1&1&1&1\\1&1&1&1\\1&1&1&1\\1&1&1&1\end{bmatrix}$$

A 即为 $t(R)$的关系矩阵。 ■

定理 4.19 R 是非空集合 A 上的二元关系，有

（1）若 R 是自反的，则 $s(R)$和 $t(R)$是自反的。

（2）若 R 是对称的，则 $r(R)$和 $t(R)$是对称的。

（3）若 R 是传递的，则 $r(R)$是传递的。

证明 （2）对任意的 x，$y\in A$，若 $xr(R)y$，则由 $r(R)=R\cup I_A$ 得，xRy 或 xI_Ay。因 R 与 I_A 对称，所以有 yRx 或 yI_Ax，于是 $yr(R)x$。因此 $r(R)$是对称的。

下证对任意正整数 n，R^n 对称。

因 R 对称，则有 $xR^2y\Leftrightarrow\exists z(xRz\wedge zRy)\Leftrightarrow\exists z(zRx\wedge yRz)\Leftrightarrow yR^2x$，所以 R^2 对称。若 R^n 对称，则 $xR^{n+1}y\Leftrightarrow\exists z(xR^nz\wedge zRy)\Leftrightarrow\exists z(zR^nx\wedge yRz)\Leftrightarrow yR^{n+1}x$，所以 R^{n+1} 对称。因此，对任意正整数 n，R^n 对称。

对任意的 x，$y\in A$，若 $xt(R)y$，则存在 m 使得 xR^my，于是有 yR^mx，即有 $yt(R)x$。因此，$t(R)$是对称的。

其余的证明留给读者。 ■

定理 4.20 设 R 是非空集合 A 上的二元关系，则：

（1）$rs(R)=sr(R)$。

（2）$rt(R)=tr(R)$。

（3）$st(R)\subseteq ts(R)$，其中 $rs(R)=r(s(R))$。

证明 仅证（3）。因为 $R \subseteq s(R)$，所以 $st(R) \subseteq sts(R)$。又由 $s(R)$对称知 $ts(R)$对称，有 $sts(R)=ts(R)$，因此 $st(R) \subseteq ts(R)$。 ■

定理 4.21 设 R 是非空集合 A 上的二元关系，则 $tsr(R)$是包含 R 并同时具有自反性、对称性和传递性的最小关系。

证明留给读者。

4.6 等价关系和等价类

等价关系是一种十分重要的二元关系。

定义 4.19 设 R 为定义在集合 A 上的二元关系，如果 R 是自反的、对称的和传递的，则称 R 为 A 上的等价关系。

例 1 直线间的平行关系、三角形的相似关系都是等价关系。 ■

例 2 整数集 $\mathbb{Z}$ 上的模 m 同余关系 $R=\{<x, y>|x \equiv y \pmod m\}$是等价关系。其中，$x \equiv y \pmod m$的含义是 $x-y$ 可以被 m 整除。

证明 （1）对任意的 $x \in \mathbb{Z}$，因为 $x-x=m \cdot 0$，于是有 xRx，所以 R 是自反的。

（2）对任意的 $x, y \in \mathbb{Z}$，若 xRy，则存在 $k \in \mathbb{Z}$ 使得 $x-y=mk$，于是有 $y-x=m(-k)$，即有 yRx，所以 R 是对称的。

（3）对任意的 x，y，$z \in \mathbb{Z}$，若 xRy，yRz，则存在 s，$t \in \mathbb{Z}$ 使得 $x-y=ms$，$y-z=mt$，于是 $x-z=(x-y)+(y-z)=m(s+t)$，则有 xRz，所以 R 是传递的。

因此，R 是等价关系。 ■

例 3 设 $A=\{1, 2, 3, 4\}$，R 是 A 上的二元关系，且 $R=\{<1, 1>, <1, 4>, <4, 1>, <4, 4>, <2, 2>, <2, 3>, <3, 2>, <3, 3>\}$，验证 R 是 A 上的等价关系。

根据定义不难证明 R 是 A 上的等价关系。 ■

定义 4.20 设 R 是集合 A 上的等价关系，对任意的 $a \in A$，令$[a]_R=\{x|x \in A \wedge aRx\}$，称集合$[a]_R$为 a 关于 R 的等价类。

例 4 Z 上的模 4 同余关系 R 是一个等价关系，其所有等价类为

$$[0]_R=\{\cdots, -12, -8, -4, 0, 4, 8, 12, \cdots\}$$
$$[1]_R=\{\cdots, -11, -7, -3, 1, 5, 9, 13, \cdots\}$$
$$[2]_R=\{\cdots, -10, -6, -2, 2, 6, 10, 14, \cdots\}$$
$$[3]_R=\{\cdots, -9, -5, -1, 3, 7, 11, 15, \cdots\}$$ ■

定理 4.22 设 R 是集合 A 上的等价关系，对于任意的 $a, b \in A$，aRb 当且仅当$[a]_R=[b]_R$。

证明 若$[a]_R=[b]_R$，由 $a \in [a]_R$ 得 $a \in [b]_R$，于是 aRb。

若 aRb，则 $x \in [a]_R \Rightarrow aRx \Rightarrow xRa \Rightarrow xRb \Rightarrow x \in [b]_R$，于是$[a]_R \subseteq [b]_R$。同理$[b]_R \subseteq [a]_R$。因此，$[a]_R=[b]_R$。

■

定义 4.21 设 R 为集合 A 上的等价关系，以 R 的所有等价类为元素的集合称为 A 关于 R 的商集，记作 A/R。即 $A/R=\{[a]_R|a \in A\}$。

定理 4.23 设 R 是集合 A 上的等价关系，则$\{[a]_R|a \in A\}$构成集合 A 的一个划分。即对

任意的 a，$b\in A$，有

（1）任意等价类非空（$[a]_R\neq\varnothing$ 且 $[a]_R\subseteq A$）。

（2）任意两个等价类 $[a]_R$ 和 $[b]_R$，或 $[a]_R=[b]_R$ 或 $[a]_R\cap[b]_R=\varnothing$。

（3）$\cup\{[a]_R|a\in A\}=A$。

证明　（1）对任意的 $a\in A$，由 R 是等价关系有 aRa，于是 $a\in[a]_R$，即得任意等价类非空。显然有 $[a]_R\subseteq A$。

（2）对任意的 a，$b\in A$，有等价类 $[a]_R$ 和 $[b]_R$。

若 aRb，由定理4.22得 $[a]_R=[b]_R$。

若 a 与 b 不具有关系 R，而 $[a]_R\cap[b]_R\neq\varnothing$，必存在 $x\in[a]_R\cap[b]_R$，于是 aRx 且 bRx，从而有 aRb，矛盾，所以 $[a]_R\cap[b]_R=\varnothing$。

（3）对任意的 $a\in A$ 有 $a\in[a]_R$，而 $[a]_R\subseteq\cup\{[a]_R|a\in A\}$，所以 $a\in\cup\{[a]_R|a\in A\}$，即 $A\subseteq\cup\{[a]_R|a\in A\}$，又显然有 $\cup\{[a]_R|a\in A\}\subseteq A$，所以 $\cup\{[a]_R|a\in A\}=A$。

总之，$\{[a]_R|a\in A\}$ 构成 A 的一个划分。■

定理 4.24　设 $\pi=\{A_1, A_2, \cdots, A_n\}$ 是集合 A 的一个划分，定义 $R=\{<a, b>|a, b\in A_i, i=1, 2, \cdots, n\}$，则 R 是 A 上的等价关系，且 $\pi=A/R$。

证明　对任意的 $a\in A$，由 π 是 A 的划分知，必存在 i 使得 $a\in A_i$，于是 aRa，所以 R 是自反的。

对任意的 a，$b\in A$，若 aRb，则存在 i 使得 a，$b\in A_i$，于是 b，$a\in A_i$，所以 bRa，因而 R 是对称的。

对任意的 a，b，$c\in A$，若 aRb 且 bRc，则存在 i，j 使得 a，$b\in A_i$ 及 b，$c\in A_j$。因为 $i\neq j$ 时 $A_i\cap A_j=\varnothing$，故必有 $i=j$，即有 a，$c\in A_i$，于是 aRc，所以 R 是传递的。

总之，R 是 A 上的等价关系。

下面证明对任意 $a\in A_i$ 有 $[a]_R=A_i$。

对任意的 $x\in A_i$，由 R 的定义得 aRx，从而有 $x\in[a]_R$，于是 $A_i\subseteq[a]_R$。反之，对任意的 $y\in[a]_R$，则 aRy，由 R 的定义得 $y\in A_i$，于是 $[a]_R\subseteq A_i$。所以 $[a]_R=A_i$。

因为任一划分块都是一个等价类，所以 $\pi=A/R$。■

例5　设 $A=\{a, b, c, d, e\}$，有一个划分 $S=\{\{a, b\}, \{c\}, \{d, e\}\}$，试由划分 S 确定 A 上的一个等价关系 R。

解　$R=\{<a, a>, <b, b>, <c, c>, <d, d>, <e, e>, <a, b>, <b, a>, <d, e>, <e, d>\}$

■

定理 4.25　设 R 和 S 是非空集合 A 上的等价关系，则 $R=S$ 当且仅当 $A/R=A/S$。

证明　设 $A/R=\{[a]_R|a\in A\}$，$A/S=\{[a]_S|a\in A\}$。

若 $R=S$，则对任意的 $a\in A$ 有 $[a]_R=[a]_S$，$\{[a]_R|a\in A\}=\{[a]_S|a\in A\}$，即 $A/R=A/S$。

反之，若 $A/R=A/S$，对任意的 $[a]_R\in A/R$，一定存在 $[c]_S\in A/S$ 使得 $[a]_R=[c]_S$，故 $<a, b>\in R\Leftrightarrow a\in[a]_R\wedge b\in[a]_R\Leftrightarrow a\in[c]_S\wedge b\in[c]_S\Rightarrow<a, b>\in S$，所以 $R\subseteq S$。

类似地有 $S\subseteq R$，因此 $R=S$。■

4.7 相容关系

相容关系是一种比等价关系条件弱的关系，因而在应用中适用范围更广泛。

定义 4.22 设 R 为集合 A 上的二元关系，如果 R 是自反的且对称的，则称 R 为 A 上的相容关系。

显然，等价关系一定是相容关系，但相容关系不一定是等价关系。例如，$A=\{1, 2, 3\}$ 上的关系 $R=\{<1, 1>, <2, 2>, <3, 3>, <1, 3>, <3, 1>, <2, 3>, <3, 2>\}$是相容关系，但不是等价关系，因为 $1R3$，$3R2$，但没有 $1R2$，所以传递性不成立。

例 1 若 $A=\{a, b, c, d, e\}$，R 是 A 上的关系，且 $R=\{<a, a>, <a, b>, <a, c>, <a, d>, <b, b>, <b, a>, <b, c>, <c, c>, <c, b>, <c, a>, <d, a>, <d, d>, <e, e>\}$，则 R 是相容关系。

证明 R 的关系矩阵为

$$\boldsymbol{M}_R=\begin{bmatrix}1&1&1&1&0\\1&1&1&0&0\\1&1&1&0&0\\1&0&0&1&0\\0&0&0&0&1\end{bmatrix}$$

由于关系矩阵 $\boldsymbol{M}_R$ 的对角线元素全是 1，所以 R 是自反的。由于 $\boldsymbol{M}_R$ 是对称的，所以 R 是对称的。因而 R 是相容关系。 ■

由于相容关系的关系图中每个结点都有一个自回路，且每两个结点之间若有边，则一定有两条方向相反的边。因此，为了简化图形，约定相容关系的关系图中，不画自回路，用单线替代来回线，并称其为相容关系的关系简图。

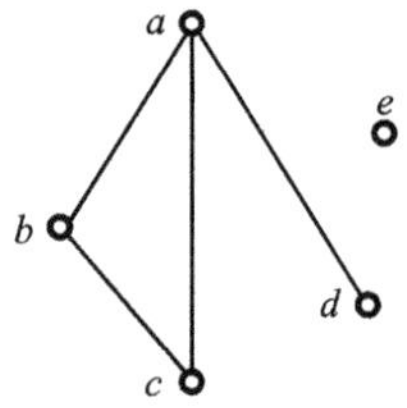

图 4-2

例如，例 1 中相容关系 R 的关系简图如图 4-2 所示。

定义 4.23 设 R 为集合 A 上的相容关系，若 $C\subseteq A$，且对于 C 中任意两个元素 a 和 b 都有 aRb，则称 C 是由相容关系 R 产生的相容类。

例如，在例 1 中，$\{a, b\}$，$\{a, b, c\}$，$\{a, d\}$，$\{a, c\}$，$\{e\}$等都是相容类，而$\{a, c, d\}$，$\{c, d\}$，$\{b, a, e\}$等都不是相容类。

定义 4.24 设 R 为集合 A 上的相容关系，不能真包含在任何其他相容类中的相容类，称为最大相容类，记为 C_R。

若 C_R 是最大相容类，则 $C_R\subseteq A$，且对任意的 $x\in C_R$，x 与 C_R 中其他元素都有相容关系。而 $A-C_R$ 中没有元素与 C_R 中所有元素具有相容关系。

例如，在例 1 中，$\{a, b, c\}$，$\{a, d\}$，$\{e\}$等都是最大相容类，而$\{a, c, d\}$，$\{c, d\}$，$\{b, a, e\}$等都不是最大相容类。

在相容关系的关系简图中，我们定义每个结点都与其他结点相连接的多边形为完全多边形。显然，该图中最大多边形的结点集合就是最大相容类。另外，对于关系简图中只有一个孤立结点，以及不是完全多边形的两个结点的连线的情况，也容易知道它们各自对应一个最大相容类。

例 2 设给定相容关系简图如图 4-3 所示，写出其所有最大相容类。

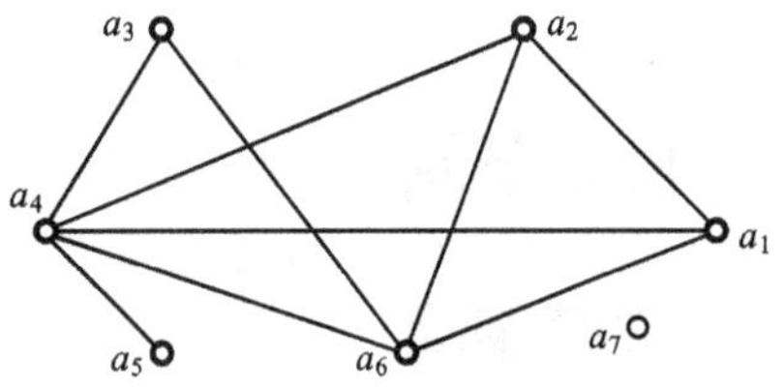

图 4-3

解 最大相容类为$\{a_1, a_2, a_4, a_6\}$，$\{a_3, a_4, a_6\}$，$\{a_4, a_5\}$，$\{a_7\}$。 ■

定理 4.26 设 R 为有限集 A 上的相容关系，C 是一个相容类，那么必存在一个最大相容类 C_R 使得 $C \subseteq C_R$。

证明 设 $A=\{a_1, a_2, \cdots, a_n\}$，构造相容类序列 $C_0 \subset C_1 \subset C_2 \subset \cdots$，其中 $C_0=C$ 且 $C_{i+1}=C_i \cup \{a_j\}$，其中 j 是满足 $a_j \notin C_i$ 而 a_j 与 C_i 中各元素都有相容关系的最小下标。

由于 A 的元素个数$|A|=n$，所以至多经过 $n-|C|$步就使这个过程终止，而此序列的最后一个相容类就是所要找的最大相容类。

由定理 4.26 可知，对 A 中任一元素 a，它可以组成相容类$\{a\}$，因此必包含在一个最大相容类 C_R 中，如将所有最大相容类组成一个集合，则 A 中每一元素至少属于该集合的一个成员之中，所以最大相容类集合必覆盖集合 A。 ■

定义 4.25 设 R 为集合 A 上的相容关系，其最大相容类的集合称为集合 A 的完全覆盖，记为 $C_R(A)$。

定理 4.27 给定集合 A 的覆盖$\{A_1, A_2, \cdots, A_n\}$，则由它确定的关系 $R=A_1 \times A_1 \cup A_2 \times A_2 \cup \cdots \cup A_n \times A_n$ 是 A 上的相容关系。

证明 因为 $A=\bigcup_{i=1}^{n} A_i$，则对任意的 $x \in A$，存在某个 k 使得 $x \in A_k$，于是$<x, x> \in A_k \times A_k$，即有$<x, x> \in R$，所以 R 是自反的。

对任意 $x, y \in A$，若$<x, y> \in R$，则存在某个 k 使得$<x, y> \in A_k \times A_k$，于是$<y, x> \in A_k \times A_k$，即有$<y, x> \in R$，所以 R 是对称的。

因此证得 R 是 A 上的相容关系。 ■

由定理 4.27 可知，给定集合 A 上的任意一个覆盖，必可在 A 上构造对应于此覆盖的一个相容关系，但不同的覆盖可能构造出相同的相容关系。因而，覆盖与相容关系之间不具有一一对应关系。

例如，若 $A=\{1, 2, 3, 4\}$，则集合$\{\{1, 2, 3\}, \{3, 4\}\}$和$\{\{1, 2\}, \{2, 3\}, \{1, 3\}, \{3, 4\}\}$都是 A 的覆盖，但它们产生相同的相容关系：

$$R=\{<1, 1>, <1, 2>, <2, 1>, <2, 2>, <2, 3>, <3, 2>, <1, 3>, <3, 1>, <3, 3>, <4, 4>, <3, 4>, <4, 3>\}$$

定理 4.28 集合 A 上的相容关系 R 与完全覆盖 $C_R(A)$存在一一对应。

证明 由定理 4.27 知只需证明必要性。

由定理 4.26 可知 A 中任一元素必属于 R 的某个最大相容类，因而 $C_R(A)$是 A 的一个完全覆盖。 ■

4.8 偏序关系

本节将讨论对集合中元素进行排序的一种关系——偏序关系。

定义 4.26 对集合 A 上的二元关系 R，如果 R 是自反的、反对称的和传递的，则称 R 为 A 上的偏序关系。偏序关系 R 通常记作 $\preceq$。当 xRy 时，可记作 $x \preceq y$，读作 x “小于等于” y。

定义 4.27 集合 A 与 A 上的偏序关系 R 一起称为一个偏序结构，或称偏序集，记作 $\langle A, R\rangle$。

例如，幂集上的包含关系、实数集上的小于等于关系等都是偏序关系。

定义 4.28 设 R 为 A 上的偏序关系，定义：

（1）$\forall x, y \in A$，$x \prec y \Leftrightarrow x \preceq y \wedge x \neq y$，其中 $x \prec y$ 读作 x “小于” y。

（2）$\forall x, y \in A$，x 与 y 可比 $\Leftrightarrow x \preceq y \vee y \preceq x$。

由上述定义可知，在具有偏序关系 $\preceq$ 的集合 A 中，任取 x 和 y，可能有下列情况发生：$x \prec y$（或 $y \prec x$）；$x=y$；x 与 y 不可比。

例如，若 $\preceq$ 是 $\{1, 2, 3\}$ 上的整除关系，则有 $1 \prec 2$，$1 \prec 3$，$1=1$，$2=2$，$3=3$，2 和 3 不可比。

定义 4.29 设 R 为 A 上的偏序关系，如对任意的 $x, y \in A$，x 与 y 都是可比的，则称 R 为 A 上的全序关系（或线序关系）。

例如，实数集上的小于等于关系是全序关系；而整除关系不是全序关系。

定义 4.30 对偏序集 $\langle A, \preceq\rangle$，如果 $x, y \in A$，$x \prec y$，且不存在元素 $z \in A$ 使得 $x \prec z \prec y$，则称 y 盖住 x。并且记 $\mathrm{COV}\, A=\{\langle x, y\rangle \mid x, y \in A \wedge y \text{ 盖住 } x\}$。

例如，对 $\{1, 2, 4, 6\}$ 上的整除关系，有 2 盖住 1，4 和 6 盖住 2，但 4 不盖住 1，因为 $1 \prec 2 \prec 4$，6 不盖住 4，因 $4 \prec 6$ 不成立。于是 $\mathrm{COV}\, A=\{\langle 1, 2\rangle, \langle 2, 4\rangle, \langle 2, 6\rangle\}$。

对于偏序集 $\langle A, \preceq\rangle$，它的盖住关系是惟一的，所以可以用盖住的性质画出偏序关系图，称之为哈斯图。其作图规则是：

（1）用小圆圈代表元素。

（2）若 $x \prec y$，则将 x 画在 y 的下方。

（3）对于 A 中的不同元素 x 和 y，如 y 盖住 x，就用一条线段连接 x 和 y。

设 R 是有限集合 A 上的偏序关系，其哈斯图对应的关系矩阵称为 R 的哈斯图矩阵。下面给出了 R 的哈斯矩阵 $\boldsymbol{H}_R$ 与 R 的关系矩阵 $\boldsymbol{M}_R$ 之间的关系。

定理 4.29 设 R 为有限集合 $A=\{x_1, x_2, \cdots, x_n\}$ 上的偏序关系，则 R 的哈斯矩阵 $\boldsymbol{H}_R$ 与 R 的关系矩阵 $\boldsymbol{M}_R$ 具有关系：

$$\boldsymbol{H}_R=(\boldsymbol{M}_R-\boldsymbol{I})-(\boldsymbol{M}_R-\boldsymbol{I})\circ(\boldsymbol{M}_R-\boldsymbol{I})$$

其中，$\boldsymbol{I}$ 为单位矩阵。

证明 令 $\boldsymbol{H}_R=(h_{ij})$，$\boldsymbol{M}_R=(m_{ij})$，$D=(\boldsymbol{M}_R-\boldsymbol{I})-(\boldsymbol{M}_R-\boldsymbol{I})\circ(\boldsymbol{M}_R-\boldsymbol{I})=(d_{ij})$，则：

当 $i=j$ 时，显然有 $h_{ij}=d_{ij}=0$。

当 $i\neq j$ 时，$h_{ij}=1 \Leftrightarrow x_j$ 盖住 $x_i \Leftrightarrow m_{ij}=1$ 且 $\bigvee_{k=1}^{n}(m_{ik} \wedge m_{kj})=0 \Leftrightarrow m_{ij}-\bigvee_{k=1}^{n}(m_{ik} \wedge m_{kj})=1 \Leftrightarrow d_{ij}=1$。

因此，$\boldsymbol{H}_R=D=(\boldsymbol{M}_R-\boldsymbol{I})-(\boldsymbol{M}_R-\boldsymbol{I})\circ(\boldsymbol{M}_R-\boldsymbol{I})$。 ■

例 1　设集合 $A=\{a, b, c, d, e\}$，R 是 A 上的二元关系，且 $R=\{\langle a, a\rangle, \langle a, b\rangle, \langle a, c\rangle, \langle a, d\rangle, \langle a, e\rangle, \langle b, b\rangle, \langle b, c\rangle, \langle b, e\rangle, \langle c, c\rangle, \langle c, e\rangle, \langle d, d\rangle, \langle d, e\rangle, \langle e, e\rangle\}$，验证 $\langle A, R\rangle$ 为偏序集，求 R 的哈斯矩阵，并画出其哈斯图。

解　易证 R 是自反的、反对称的和传递的，因此 R 是偏序关系。

$$\boldsymbol{M}_R=\begin{bmatrix}1&1&1&1&1\\0&1&1&0&1\\0&0&1&0&1\\0&0&0&1&1\\0&0&0&0&1\end{bmatrix}\qquad \boldsymbol{M}_R-\boldsymbol{I}=\begin{bmatrix}0&1&1&1&1\\0&0&1&0&1\\0&0&0&0&1\\0&0&0&0&1\\0&0&0&0&0\end{bmatrix}$$

$$(\boldsymbol{M}_R-\boldsymbol{I})\circ(\boldsymbol{M}_R-\boldsymbol{I})=\begin{bmatrix}0&1&1&1&1\\0&0&1&0&1\\0&0&0&0&1\\0&0&0&0&1\\0&0&0&0&0\end{bmatrix}\circ\begin{bmatrix}0&1&1&1&1\\0&0&1&0&1\\0&0&0&0&1\\0&0&0&0&1\\0&0&0&0&0\end{bmatrix}=\begin{bmatrix}0&0&1&0&1\\0&0&0&0&1\\0&0&0&0&0\\0&0&0&0&0\\0&0&0&0&0\end{bmatrix}$$

$$\boldsymbol{H}_R=(\boldsymbol{M}_R-\boldsymbol{I})-(\boldsymbol{M}_R-\boldsymbol{I})\circ(\boldsymbol{M}_R-\boldsymbol{I})=\begin{bmatrix}0&1&0&1&0\\0&0&1&0&0\\0&0&0&0&1\\0&0&0&0&1\\0&0&0&0&0\end{bmatrix}$$

根据 $\boldsymbol{H}_R$ 可画得 R 的哈斯图如图 4-4 所示。■

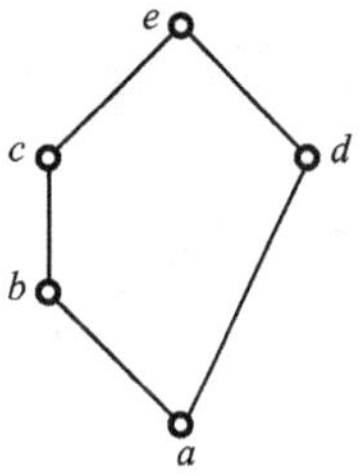

图　4-4

例 2　已知偏序集 $\langle A, \preceq\rangle$ 的哈斯图如图 4-5 所示，求出集合 A 和关系 $\preceq$ 的表达式。

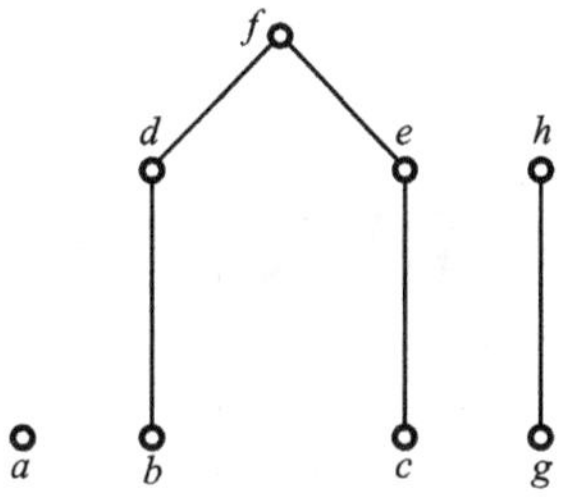

图　4-5

解　$A=\{a, b, c, d, e, f, g, h\}$

$\preceq=\{\langle b, d\rangle, \langle b, f\rangle, \langle c, e\rangle, \langle c, f\rangle,$

$\langle d, f\rangle, \langle e, f\rangle, \langle g, h\rangle\}\cup I_A$　■

定义 4.31　设 $\langle A, \preceq\rangle$ 为偏序集，在 A 的一个子集中，如果每两个元素都是有关系的，称这个集合为链。在 A 的一个子集中，如果每两个元素都是无关的，称这个集合为反链。

约定　若 A 的子集只有单个元素，则这个子集既是链又是反链。

例 3　举例说明例 1 中的链和反链。

解　集合 $\{a, b, c, e\}$，$\{a, b, c\}$，$\{b, c\}$，$\{a\}$，$\{a, d, e\}$ 等都是 A 的链。而 $\{b, d\}$，$\{c, d\}$，$\{a\}$ 等都是反链。■

下面讨论偏序集中的一些特殊元素。

定义 4.32　设 $\langle A, \preceq\rangle$ 为偏序集，且 $B\subseteq A$，$y\in B$。

（1）若 $\forall x(x\in B\rightarrow y\preceq x)$，则称 y 为 B 的最小元。

（2）若 $\forall x(x\in B\rightarrow x\preceq y)$，则称 y 为 B 的最大元。

（3）若$\forall x(x\in B\wedge x\preceq y\rightarrow x=y)$，则称 y 为 B 的极小元。

（4）若$\forall x(x\in B\wedge y\preceq x\rightarrow x=y)$，则称 y 为 B 的极大元。

从定义可知：

（1）最小（大）元是 B 中最小（大）的元素，它与 B 中的其他元素都可比。

（2）极小（大）元不一定与 B 中元素都可比，只要没有比它小（大）的元素，它就是极小（大）元。

（3）对于有穷集合 B，极小（大）元一定存在，但最小（大）元不一定存在。如果最小（大）元存在，一定是惟一的。

例 4 $<A,\preceq>$同例 2，求 A 的极小元、最小元、极大元、最大元。

解 极小元为 a，b，c，g；极大元为 a，f，h；没有最小元与最大元。■

例 5 设 X 为集合，$A=P(X)-\{\varnothing\}-\{X\}$且 $A\neq\varnothing$，若$|X|=n$，问：

（1）偏序集$<A,\subseteq>$是否有最大元？

（2）偏序集$<A,\subseteq>$是否有最小元？

（3）偏序集$<A,\subseteq>$中极大元和极小元的一般形式是什么？并说明理由。

解 偏序集$<A,\subseteq>$不存在最大元和最小元，因为 $n>2$。

考察 $P(X)$的哈斯图，最底层的顶点是空集，记作第 0 层，由底向上，第一层是单元集，第二层是二元集，…，由$|X|=n$，则第 $n-1$ 层是 X 的 $n-1$ 元子集，第 n 层是 X。偏序集$<A,\subseteq>$与偏序集$<P(X),\subseteq>$相比，恰好缺少第 0 层和第 n 层。因此$<A,\subseteq>$的极小元就是 X 的所有单元集，即$\{x\}$，$x\in X$；而极大元恰好是比 X 少一个元素，即 $X-\{x\}$，$x\in X$。■

定理 4.30 设$<A,\preceq>$为偏序集，且 $B\subseteq A$，若 B 有最大元，则必是惟一的。

证明 假设 a 和 b 都是 B 的最大元，则 $a\preceq b$ 和 $b\preceq a$，从$\preceq$的反对称性得到 $a=b$。■

定义 4.33 设$<A,\preceq>$为偏序集，且 $B\subseteq A$，$y\in A$。

（1）若$\forall x(x\in B\rightarrow x\preceq y)$，则称 y 为 B 的上界。

（2）若$\forall x(x\in B\rightarrow y\preceq x)$，则称 y 为 B 的下界。

（3）若集合 $C=\{y|y$ 为 B 的上界$\}$，则 C 的最小元称为 B 的上确界或最小上界。

（4）若集合 $D=\{y|y$ 为 B 的下界$\}$，则 D 的最大元称为 B 的下确界或最大下界。

例如，在例 2 中，设 $B=\{b,c,d\}$，则 B 的下界和最大下界都不存在。上界有 f，最小上界为 f。

定义 4.34 任一偏序集，假设它的每一个非空子集都存在最小元素，这种偏序集称为良序的。

例 6 $I_n=\{1,2,\cdots,n\}$及$\mathbb{N}=\{1,2,3,\cdots\}$，对于小于等于关系来说是良序集。■

定理 4.31 每个良序集，一定是全序集。

证明 设$<A,\preceq>$为良序集，则对任意两个元素 x，$y\in A$ 可构成子集$\{x,y\}$，必存在最小元素，这个最小元素不是 x 就是 y，因此一定有 $x\preceq y$ 或 $y\preceq x$。所以$<A,\preceq>$为全序集。■

定理 4.32 每个有限的全序集，一定是良序集。

证明 设 $A=\{a_1,a_2,\cdots,a_n\}$，令$<A,\preceq>$为全序集，现在假定$<A,\preceq>$不是良序集，那

么必存在一个非空子集 $B\subseteq A$，在 B 中不存在最小元素，由于 B 是一个有限集合，故一定可以找到两个元素 x 与 y 是无关的。由于<A，$\preceq$>是全序集，x，$y\in A$，所以 x，y 必有关系，矛盾。故<A，$\preceq$>必是良序集。■

4.9　典型例题分析

例 1　设 A 为含有三个元素的集合，求出 A 上具有反自反性和反对称性的二元关系的数目，并写出计算过程。

【相关知识】 关系的基本类型、集合的计数。

【分析】 各种情况下的计算要用到组合的计算。

解　不妨设 A={a，b，c}，令 S_1={<a，b>，<b，a>}，S_2={<b，c>，<c，b>}，S_3={<a，c>，<c，a>}，则具有反自反性和反对称性的关系，其中的元素只能在这三个集合中取且每个集合至多取一个元素，分为下面几种情况：

（1）一个也不取，有 1 个关系。

（2）只取一个元素，有 $C_3^1\cdot 2=6$ 种取法。

（3）取两个元素，有 $C_3^2\cdot 2\cdot 2=12$ 种取法。

（4）取三个元素，有 $C_3^3\cdot 2\cdot 2\cdot 2=8$ 种取法。

因此，A 上具有反自反性和反对称性的二元关系的数目为 1+6+12+8=27 个。

例 2　请回答下列问题，并阐述理由。设 A={1，2，3，4，5}。

Ⅰ．A 上共有多少二元关系？

Ⅱ．上述二元关系中，有多少等价关系？

【相关知识】 二元关系、等价关系和划分的定义及等价关系与划分的关系。

解　Ⅰ．共有 2^{25} 个二元关系。

Ⅱ．由于等价关系与划分是一一对应的，所以只需求出集合 A 的不同的划分。对 5 个元素的集合的划分，分为下面几种情况：

（1）只有一块，有 1 种分法。

（2）分为两块，即一块有 1 个元素，另一块有 4 个元素，共 $C_5^1=5$ 种分法；或一块有 2 个元素，另一块有 3 个元素，共 $C_5^2=10$ 种分法。

（3）分为三块，即两块各有 1 个元素，第三块有 3 个元素，共 $C_5^2=10$ 种分法；或两块各有 2 个元素，第三块有 1 个元素，共 $C_5^1\cdot C_4^2/2=15$ 种分法。

（4）分为四块，即三块各有 1 个元素，第四块有 2 个元素，共 $C_5^3=10$ 种分法。

（5）分为五块，即每块各有 1 个元素，共 1 种分法。

因此，共有 1+5+10+10+15+10+1=52 种不同的分法，即共有 52 个等价关系。

例 3　设 A={a，b，c}，试给出 A 上的一个二元关系 R，使其同时不满足自反性、反自反性、对称性、反对称性和传递性。

【相关知识】 关系的类型。

【分析】 关系同时不满足自反性、反自反性，则 3 个元素中必至少出现一个到自身的序对但不能全出现；不满足对称性、反对称性，则必出现两个不同元素的序对且出现交换顺序后的序对，且存在两个不同的元素，其序对与交换后的序对不同时出现。

解 设 $R=\{<a, a>, <a, b>, <b, a>, <b, c>\}$，则：

因为 $<b, b>\notin R$，R 不自反。

因为 $<a, a>\in R$，R 不反自反。

因为 $<b, c>\in R$，$<c, b>\notin R$，R 不对称。

因为 $<a, b>\in R$，$<b, a>\in R$，R 不反对称。

因为 $<b, a>\in R$，$<a, b>\in R$，但 $<b, b>\notin R$，R 不传递。

例 4 设 R 是集合 A 上的一个具有传递和自反性质的关系，T 是 A 上的关系，使得 $<a, b>\in T\Leftrightarrow<a, b>\in R$ 且 $<b, a>\in R$，证明 T 是一个等价关系。

【相关知识】 关系的类型、等价关系。

【分析】 满足自反性、对称性和传递性的关系为等价关系。

证明 因 R 自反，对任意 $a\in A$，有 $<a, a>\in R$，由 T 的定义，有 $<a, a>\in T$，故 T 自反。

若 $<a, b>\in T$，即 $<a, b>\in R$ 且 $<b, a>\in R$，也就是 $<b, a>\in R$ 且 $<a, b>\in R$，从而 $<b, a>\in T$，故 T 对称。

若 $<a, b>\in T$，$<b, c>\in T$，即 $<a, b>\in R$ 且 $<b, a>\in R$，$<b, c>\in R$ 且 $<c, b>\in R$，因 R 传递，由 $<a, b>\in R$ 和 $<b, c>\in R$ 可得 $<a, c>\in R$，由 $<b, a>\in R$ 和 $<c, b>\in R$ 可得 $<c, a>\in R$，由 $<a, c>\in R$ 和 $<c, a>\in R$ 可得 $<a, c>\in T$，故 T 传递。

所以，T 是 A 上的等价关系。

例 5 设 R 是集合 A 上的一个二元关系。

（1）求 A 上包含 R 的最小等价关系 E 的表达式。

（2）证明 E 的最小性。

（3）以 $A=\{1, 2, 3, 4, 5, 6\}$，$R=\{<1, 2>, <1, 3>, <4, 4>, <4, 5>\}$ 为例验证你的结果。

【相关知识】 等价关系、关系的闭包。

【分析】 $r(R)=R\cup I_A$，$s(R)=R\cup R^{-1}$，$t(R)=\cup R^i$。

解 （1）$E=tsr(R)=rts(R)=I_A\cup(R\cup R^{-1})\cup(R\cup R^{-1})^2\cup\cdots\cup(R\cup R^{-1})^n\cup\cdots$。

（2）假设 S 是包含 E 的任意一个等价关系，则显然有 $R\subseteq S$。因 S 自反，有 $I_A\subseteq S$。又 $R\subseteq S$，S 对称，有 $R^{-1}\subseteq S$，从而 $R\cup R^{-1}\subseteq S$。因 S 传递，由 $R\cup R^{-1}\subseteq S$，有 $(R\cup R^{-1})^n\subseteq S$。从而 $E\subseteq S$，E 是包含 R 的最小等价关系。

（3）$(R\cup R^{-1})=\{<1, 2>, <1, 3>, <4, 4>, <4, 5>, <2, 1>, <3, 1>, <5, 4>\}$

$(R\cup R^{-1})^2=\{<1, 1>, <2, 2>, <3, 3>, <4, 4>, <5, 5>, <4, 5>, <2, 3>, <3, 2>, <5, 4>\}$

$(R\cup R^{-1})^3=\{<1, 2>, <2, 1>, <3, 1>, <4, 4>, <4, 5>, <5, 4>, <1, 3>, <5, 5>\}$

$(R\cup R^{-1})^4=\{<1, 1>, <2, 2>, <3, 3>, <4, 4>, <5, 5>, <4, 5>, <2, 3>, <3, 2>, <5, 4>\}=(R\cup R^{-1})^2$

$E=I_A\cup(R\cup R^{-1})\cup(R\cup R^{-1})^2\cup(R\cup R^{-1})^3\cup(R\cup R^{-1})^4$

$=\{<1, 1>, <2, 2>, <3, 3>, <4, 4>, <5, 5>, <6, 6>, <1, 2>, <2, 1>, <1, 3>, <3, 1>, <2, 3>, <3, 2>, <4, 5>, <5, 4>\}$

例 6 设 $R\subseteq X\times X$，如果 R 是反自反的，并且 $R*R\subseteq R$，那么 R 一定是反对称的。

【相关知识】 关系的类型。

【分析】 反证法。

解 若 R 不是反对称的，则存在 x，$y \in X$，$x \neq y$，使得 xRy，yRx，由 $R*R \subseteq R$ 有 xRx，与 R 反自反矛盾。故 R 是反对称的。

4.10 上机实验

1．实验内容

判断任意一个关系是否为自反关系、对称关系、传递关系和等价关系。若是等价关系，求出其所有等价类。

2．实验目的

关系是集合论中的一个十分重要的概念，关系性质的判定是集合论中的重要内容。通过该实验，目的是让学生更加深刻地理解关系的概念和性质，并掌握关系性质的判定等。

3．算法的主要思想

设 $R \subseteq A \times A$，① 若 $\forall x(x \in A \rightarrow xRx)$，则称 R 是自反的；② 若 $\forall x \forall y(x, y \in A \wedge xRy \rightarrow yRx)$，则称 R 是对称的；③ 若 $\forall x \forall y \forall z(x, y, z \in A \wedge xRy \wedge yRz \rightarrow xRz)$，则称 R 是传递的；④ 若 R 是自反的、对称的和传递的，则称 R 是等价关系。

在程序实现中，集合和关系都用集合方式输入。

习 题

1．设 $A=\{a, b\}$，构造集合 $P(A) \times A$。

2．设 A，B，C 和 D 为任意集合，判断下列命题是否正确？

（1）$A \times B = A \times C \Rightarrow B = C$。

（2）$(A-B) \times C = A \times C - B \times C$。

（3）存在集合 A 使得 $A \subseteq A \times A$。

3．集合 X 上有 m 个元素，集合 Y 上有 n 个元素，问 X 到 Y 的二元关系总共有多少个？

4．完成定理 4.2 中未给出的证明。

5．设 $R=\{<0, 1>, <1, 0>, <1, 2>, <2, 0>\}$，求 D_R，R_R，$R\upharpoonright\{1\}$，$R[\{1\}]$，$R\upharpoonright\varnothing$，$R\upharpoonright\{\varnothing\}$，$R[\varnothing]$和 $R[\{\varnothing\}]$。

6．完成定理 4.5 中未给出的证明。

7．完成定理 4.7 中未给出的证明。

8．完成定理 4.8 中未给出的证明。

9．$A=\{a, b, c, d\}$，R_1 和 R_2 是 A 上的关系，$R_1=\{<a, a>, <a, b>, <b, d>\}$，$R_2=\{<a, d>, <b, c>, <b, d>, <c, b>\}$，求 R_1*R_2，R_2*R_1，R_1^2 和 $R_1^{-1}*R_2^{-1}$。

10．完成定理 4.9 中未给出的证明。

11．完成定理 4.10 中未给出的证明。

12．设 R 和 S 是集合 A 上的任意关系，判断下列命题是否成立。

（1）若 R 和 S 是自反的，则 $R*S$ 也是自反的。

（2）若 R 和 S 是反自反的，则 $R*S$ 也是反自反的。

（3）若 R 和 S 是对称的，则 $R*S$ 也是对称的。

（4）若 R 和 S 是传递的，则 $R*S$ 也是传递的。

（5）若 R 和 S 是自反的，则 $R\cap S$ 是自反的。

（6）若 R 和 S 是传递的，则 $R\cup S$ 是传递的。

13．设 $X=\{1, 2, 3, 4\}$，R 是 X 上的二元关系，$R=\{<1, 1>, <3, 1>, <1, 3>, <3, 3>, <3, 2>, <4, 3>, <4, 1>, <4, 2>, <1, 2>\}$。

（1）画出 R 的关系图。

（2）写出 R 的关系矩阵。

（3）说明 R 是否是自反、反自反、对称、传递的。

14．在整数集 $\mathbb{Z}$ 上的空关系 $\varnothing$，全关系 $\mathbb{Z}\times\mathbb{Z}$，$=$，$<$，$\leqslant$，$D$（整除），是否具有自反、反自反、对称、反对称、传递性？

15．完成定理 4.12 中未给出的证明。

16．完成定理 4.13 的证明。

17．若集合 A 上的二元关系 R 和 S 具有对称性，证明 $R*S$ 对称当且仅当 $R*S=S*R$。

18．用归纳法证明：若 R 是集合 A 上的自反和传递关系，则对任意的正整数 n，$R^n=R$。

19．设有集合 A，集合 A 的基数是 n，R 是 A 上的二元关系，且 R 既不是自反关系也不是反自反关系，则不同的 R 有多少种？

20．设 $A=\{a, b, c, d\}$，R 是 A 上的二元关系，且 $R=\{<a, b>, <b, a>, <b, c>, <c, d>\}$，求 $r(R)$，$s(R)$和 $t(R)$。

21．完成定理 4.15 中未给出的证明。

22．完成定理 4.16 中未给出的证明。

23．完成定理 4.17 的证明。

24．完成定理 4.19 中未给出的证明。

25．完成定理 4.20 中未给出的证明。

26．完成定理 4.21 的证明。

27．设 R_1 是 A 上的等价关系，R_2 是 B 上的等价关系，$A\neq\varnothing$ 且 $B\neq\varnothing$。关系 R 满足：$<<x_1, y_1>, <x_2, y_2>>\in R \Leftrightarrow <x_1, x_2>\in R_1$ 且 $<y_1, y_2>\in R_2$，证明 R 是 $A\times B$ 上的等价关系。

28．设 R 为集合 X 上的二元关系，$X=\{1, 2, 3, 4, 5, 6, 7\}$，$R=\{<1, 1>, <1, 2>, <2, 4>, <6, 3>, <6, 6>, <7, 1>\}$，求：

（1）R 的等价闭包 $P(R)$（包含 R 的最小等价关系）。

（2）求 $X/P(R)$。

29．设 R 和 S 是 A 上的两个相容关系，$R\cap S$，$R\cup S$ 和 $R*S$ 是否是 A 上的相容关系？

30．给定 A 上的相容关系 R，证明 $\bigcup_{i=1}^{\infty} R^i$ 是 A 上的等价关系。

31．集合 $A=\{a, b, c, d, e\}$上的二元关系 $R=\{<a, a>, <a, b>, <a, c>, <a, d>, <a, e>, <b, b>, <b, c>, <b, e>, <c, c>, <c, d>, <c, e>, <d, d>, <d, e>, <e, e>\}$。

（1）写出 R 的关系矩阵。

（2）判断 R 是不是偏序关系，为什么？

32．设集合 A={a，b，c}，$P(A)$是集合 A 的幂集，试画出<$P(A)$，⊆>的哈斯图，并指出子集{{a}，{b}}的极大元、极小元、最大元、最小元、上界、下界、上确界、下确界（如果存在的话）。

33．画出下列集合上整除关系的哈斯图，并指出它们的最大元、极大元、最小元、极小元。

（1）{1，2，3，4，5，8，12，24}。

（2）{2，3，4，8，9，10，11}。

34．设 R 是集合 A={a，b，c，d，e}上的二元关系，R={<a，a>，<a，b>，<a，c>，<a，d>，<a，e>，<b，b>，<b，c>，<b，e>，<c，c>，<c，e>，<d，d>，<d，e>，<e，e>}，验证<A，R>是偏序集，并画出哈斯图。

35．给出含有三个元素的所有不同的偏序集的哈斯图。

36．找出在集合{0，1，2，3}上包含序偶<0，3>和<2，1>的线序关系。

第5章 函 数

函数是一种特殊的二元关系，可以说是多对一的关系。函数是集合论中继集合和关系之后的又一重要概念。在开关理论、自动机理论和可计算性理论等领域，函数都有极其广泛的应用。

5.1 函数的概念

5.1.1 函数定义

定义 5.1 设 A 和 B 为集合，$f\subseteq A\times B$，若对任意的 $x\in A$，都存在惟一的 $y\in B$ 使得 xfy（或$<x, y>\in f$）成立，则称 f 为从 A 到 B 的函数或映射，记作 $f: A\to B$。若 xfy，可记作 $f: x\to y$ 或 $f(x)=y$。y 称为 x 在 f 下的像，x 称为 y 在 f 下的原像。

由定义可知，函数与关系的区别在于：函数的定义域为 A，而关系不一定是；函数要求 A 中每个元素只对应一个像，而关系则可以一个元素对应多个像。因而，一个关系 f 是函数，则 f 应满足：

（1）$D_f=A$。

（2）若 $f(a)=b_1$ 且 $f(a)=b_2$，则 $b_1=b_2$。即函数具有单值性。

由于函数的单值性是不能倒过来的，因而，函数的逆关系不一定是函数。

定义 5.2 设 f 和 g 是 A 到 B 的函数，若对任意的 $x\in A$ 都有 $f(x)=g(x)$，则称函数 f 和 g 相等，记为 $f=g$。

例 1 设 $A=\{1, 2, 3\}$，$f=\{<1, 1>, <2, 1>, <3, 2>\}$，$g=\{<1, 2>, <2, 3>, <3, 1>, <3, 2>\}$，$h=\{<1, 2>, <2, 3>\}$，试判断 f，g 和 h 是否为 A 到 A 的函数。

解 因为 $D_f=A$ 且 f 具有单值性，所以 f 是函数。

对于 g，因为$<3, 1>\in g$ 且$<3, 2>\in g$，所以 g 不具有单值性，因而 g 不是函数。

对于关系 h，$D_h=\{1, 2\}\neq A$，所以 h 不是函数。 ■

定义 5.3 对集合 A 和 B，从 A 到 B 的所有函数的集合记为 B^A，即 $B^A=\{f\,|\,f: A\to B\}$。

定理 5.1 若 A 和 B 是有限集合，$|A|=m$，$|B|=n$，则 $|B^A|=n^m$。

证明 设 $A=\{a_1, a_2, \cdots, a_m\}$，$f$ 是 A 到 B 的任意函数，则 $D_f=A$，于是 $f=\{<a_1, f(a_1)>, <a_2, f(a_2)>, \cdots, <a_m, f(a_m)>\}$。因为每个 $f(a_i)$有 n 种可能，所以 A 到 B 的不同函数共有 n^m 个。

■

例 2 设 $A=\{1, 2, 3\}$，$B=\{a, b\}$，求从 A 到 B 的所有函数。

解 因为$|A|=3$，$|B|=2$，所以从 A 到 B 共有 8 个函数：

$$f_1=\{<1, a>, <2, a>, <3, a>\},\quad f_2=\{<1, a>, <2, a>, <3, b>\}$$

$$f_3=\{<1, a>, <2, b>, <3, a>\},\quad f_4=\{<1, a>, <2, b>, <3, b>\}$$

$$f_5=\{<1, b>, <2, a>, <3, a>\},\quad f_6=\{<1, b>, <2, a>, <3, b>\}$$

$$f_7=\{<1, b>, <2, b>, <3, a>\},\quad f_8=\{<1, b>, <2, b>, <3, b>\}$$ ■

定义 5.4 设 f 是 A 到 B 的函数，$A_1\subseteq A$，$B_1\subseteq B$，称 $f(A_1)=\{f(x)|x\in A_1\}$为 A_1 在 f 下的像，

称 $f^{-1}(B_1)=\{x|x\in A\wedge f(x)\in B_1\}$ 为 B_1 在 f 下的完全原像。

例如，设 $A=\{1, 2, 3\}$，$B=\{a, b, c, d\}$，f 是 A 到 B 的函数，且 $f=\{<1, a>, <2, c>, <3, c>\}$。令 $S=\{1, 3\}$，$T=\{a, c\}$，则 $f(S)=\{a, c\}$，$f^{-1}(T)=\{1, 2, 3\}$。

定理 5.2 设 f 是 A 到 B 的函数，A_1，$A_2\subseteq A$，B_1，$B_2\subseteq B$，则：

（1）$f(A_1\cup A_2)=f(A_1)\cup f(A_2)$。

（2）$f(A_1\cap A_2)\subseteq f(A_1)\cap f(A_2)$。

（3）$f(A_1-A_2)\subseteq f(A_1)-f(A_2)$。

（4）$f^{-1}(B_1\cup B_2)=f^{-1}(B_1)\cup f^{-1}(B_2)$。

（5）$f^{-1}(B_1\cap B_2)=f^{-1}(B_1)\cap f^{-1}(B_2)$。

（6）$f^{-1}(B_1-B_2)=f^{-1}(B_1)-f^{-1}(B_2)$。

（7）$A_1\subseteq f^{-1}(f(A_1))$。

（8）$f(f^{-1}(B_1))\subseteq B_1$。

证明 仅证（2），其他证明留给读者。

对任意的 $y\in f(A_1\cap A_2)$，存在 $x\in A_1\cap A_2$ 使得 $f(x)=y$，则有 $x\in A_1$ 且 $f(x)=y$，$x\in A_2$ 且 $f(x)=y$，于是 $y\in f(A_1)$ 且 $y\in f(A_2)$，即有 $y\in f(A_1)\cap f(A_2)$，所以 $f(A_1\cap A_2)\subseteq f(A_1)\cap f(A_2)$。 ■

下面通过一个例子说明（2）中等号不一定成立。

例如，$A=\{1, 2\}$，$B=\{a\}$，f: $A\to B$，$f(1)=f(2)=a$，取 $A_1=\{1\}$，$A_2=\{2\}$，则 $A_1\cap A_2=\varnothing$，从而 $f(A_1\cap A_2)=\varnothing$，但 $f(A_1)\cap f(A_2)=\{a\}$。

5.1.2 函数性质

定义 5.5 设 f 是 A 到 B 的函数。

（1）若 $R_f=B$（或 $f(A)=B$），则称 f 是 A 到 B 的满射（或到上的映射）。

（2）若对任意的 x_1，$x_2\in A$，$x_1\neq x_2$，都有 $f(x_1)\neq f(x_2)$，则称 f 是 A 到 B 的单射（或入射）。

（3）若 f 既是满射又是单射，则称 f 是 A 到 B 的双射。

特别地，$\varnothing$：$\varnothing\to B$ 是单射，$\varnothing$：$\varnothing\to\varnothing$ 是双射。

由定义可得：

（1）f:$A\to B$ 是满射 $\Leftrightarrow$ 对任意的 $y\in B$，存在 $x\in A$，使得 $f(x)=y$。

（2）f:$A\to B$ 是单射 $\Leftrightarrow$ 对任意的 x_1，$x_2\in A$，若 $x_1\neq x_2$，则有 $f(x_1)\neq f(x_2)\Leftrightarrow$ 对任意的 x_1，$x_2\in A$，若 $f(x_1)=f(x_2)$，则有 $x_1=x_2$。

例 3 判断下列函数是否为单射、满射或双射。

（1）f:$\{1, 2\}\to\{0\}$，$f(1)=f(2)=0$。

（2）f:$\mathbb{N}\to\mathbb{N}$，$f(x)=2x$。

（3）f:$\mathbb{Z}\to\mathbb{Z}$，$f(x)=x+1$。

解 （1）因为 $R_f=\{0\}$，所以 f 是满射。由于 $f(1)=f(2)$，但 $1\neq 2$，所以 f 不是单射。

（2）对任意的 x_1，$x_2\in\mathbb{N}$，若 $x_1\neq x_2$，则 $2x_1\neq 2x_2$，于是有 $f(x_1)\neq f(x_2)$，所以 f 是单射。因为 $1\in\mathbb{N}$ 没有原像，所以 f 不是满射。

（3）对任意的 x_1，$x_2\in\mathbb{Z}$，若 $x_1\neq x_2$，则 $x_1+1\neq x_2+1$，于是有 $f(x_1)\neq f(x_2)$，所以 f 是单射。

对任意的 $y\in\mathbb{Z}$，令 $x=y-1$，则 $x\in\mathbb{Z}$，且有 $f(x)=x+1=y$，所以 f 是满射。

故 f 是双射。 ■

一般情况下，一个函数是满射和单射之间没有必然的联系，但当 A 和 B 都是有限集时，则有如下的定理。

定理 5.3 *设 f 是 A 到 B 的函数，A 和 B 是有限集合，且 $|A|=|B|$，则 f 是单射当且仅当 f 是满射。*

证明 若 f 是单射，则 $|A|=|f(A)|$。再由 $|A|=|B|$ 得 $|f(A)|=|B|$。从 f 的定义知 $f(A)\subseteq B$，而 $|f(A)|=|B|$，又因为 $|B|$ 是有限的，从而 $f(A)=B$，所以 f 是满射。

若 f 是满射，则 $f(A)=B$，于是 $|A|=|B|=|f(A)|$。因为 $|A|=|f(A)|$ 和 $|A|$ 是有限的，所以 f 是单射。

需要说明的是，定理 5.3 在无限集合上不成立。例如，令 f：$\mathbb{Z}\to\mathbb{Z}$，$f(x)=2x$，则 f 是单射但不是满射。 ■

5.2 逆函数和复合函数

5.2.1 逆函数

任何关系都存在逆关系，一个关系的逆关系不一定是函数，一个函数的逆关系也不一定是函数。例如，设 $A=\{a，b，c\}$，$f=\{<a，c>，<b，c>，<c，a>\}$，$g=\{<a，b>，<a，c>，<a，a>\}$，则 f 是函数但 f 的逆关系 f^{-1} 不是函数，g 不是函数但 g 的逆关系 g^{-1} 是函数。而当 f 是双射时，则可以证明 f^{-1} 是函数。

定理 5.4 *若 f：$A\to B$ 是双射，则 f^{-1} 是 B 到 A 的函数。*

证明 对任意的 $y\in B$，因为 f：$A\to B$ 是双射，即 f：$A\to B$ 是满射，则存在 $x\in A$ 使得 $<x，y>\in f$，由逆关系的定义有 $<y，x>\in f^{-1}$，所以 $D_{f^{-1}}=B$。

对任意的 $y\in B$，若存在 x_1，$x_2\in A$，使得 $<y，x_1>\in f^{-1}$ 且 $<y，x_2>\in f^{-1}$，则由逆关系的定义有 $<x_1，y>\in f$ 且 $<x_2，y>\in f$。而 f：$A\to B$ 是双射，即 f：$A\to B$ 是单射，所以 $x_1=x_2$。因此，f^{-1} 具有单值性。

综上可得，f^{-1} 是 B 到 A 的函数。 ■

定义 5.6 *设 f：$A\to B$ 是双射，则称 f^{-1}：$B\to A$ 为 f 的逆函数（或反函数）。*

例如，设 $A=\{1，2，3\}$，$B=\{a，b，c\}$，f：$A\to B$ 为 $f=\{<1，a>，<2，c>，<3，b>\}$，则 f 的逆函数 f^{-1}：$B\to A$ 为 $f^{-1}=\{<a，1>，<c，2>，<b，3>\}$。

定理 5.5 *若 f：$A\to B$ 是双射，则 f^{-1}：$B\to A$ 是双射。*

证明 因为 f：$A\to B$ 是双射，则由定理 5.4 可知 f^{-1} 是 B 到 A 的函数。下证 f^{-1} 是双射。

对任意 $x\in A$，必存在 $y\in B$ 使得 $f(x)=y$，从而 $f^{-1}(y)=x$，所以 f^{-1} 是满射。

对任意的 y_1，$y_2\in B$，若 $f^{-1}(y_1)=f^{-1}(y_2)=x$，则 $f(x)=y_1$，$f(x)=y_2$。因为 f：$A\to B$ 是函数，所以 $y_1=y_2$。因此，f^{-1} 是单射。

综上可得，f^{-1}：$B\to A$ 是双射。 ■

5.2.2 函数的复合

由于函数是一种特殊的关系，下面讨论两个函数的复合关系。

定义 5.7　设 f: $A \to B$，g: $B \to C$，则 f 和 g 的复合关系是 A 到 C 的函数，记为 $g \circ f$: $A \to C$，称 $g \circ f$ 为函数 f 和 g 的复合函数，简记为 gf。即有 $g \circ f = f * g$。

复合函数之所以采用这样的记法，是为了便于函数进行“复合运算”，这样的记法使得 $g \circ f(x) = g(f(x))$。

例 1　设 $A=\{1, 2, 3\}$，$f=\{<1, 1>, <2, 3>, <3, 1>\}$ 和 $g=\{<1, 1>, <2, 2>, <3, 2>\}$ 是 A 上的函数，求 $f \circ g$ 和 $g \circ f$。

解

$$f \circ g=\{<1, 1>, <2, 3>, <3, 3>\}$$

$$g \circ f=\{<1, 1>, <2, 2>, <3, 1>\}$$

易知，$f \circ g$ 和 $g \circ f$ 都是 A 到 A 的函数。■

定理 5.6　设函数 g: $A \to B$，f: $B \to C$，则：

（1）$f \circ g$ 是 A 到 C 的函数。

（2）对任意的 $x \in A$，有 $f \circ g(x)=f(g(x))$。

证明　（1）对任意的 $x \in A$，因为 g: $A \to B$ 是函数，则存在 $y \in B$ 使 $<x, y> \in g$。对于 $y \in B$，因 f: $B \to C$ 是函数，则存在 $z \in C$ 使 $<y, z> \in f$。根据复合关系的定义，由 $<x, y> \in g$ 和 $<y, z> \in f$ 得 $<x, z> \in g*f$，即 $<x, z> \in f \circ g$。所以 $D_{f \circ g}=A$。

对任意的 $x \in A$，若存在 $y_1, y_2 \in C$，使得 $<x, y_1>$，$<x, y_2> \in f \circ g = g*f$，则存在 t_1 使得 $<x, t_1> \in g$ 且 $<t_1, y_1> \in f$，存在 t_2 使得 $<x, t_2> \in g$ 且 $<t_2, y_2> \in f$。因为 g: $A \to B$ 是函数，则 $t_1=t_2$。又因 f: $B \to C$ 是函数，则 $y_1=y_2$。所以 A 中的每个元素对应 C 中惟一的元素。

综上可知，$f \circ g$ 是 A 到 C 的函数。

（2）对任意的 $x \in A$，由 g: $A \to B$ 是函数，有 $<x, g(x)> \in g$ 且 $g(x) \in B$，又由 f: $B \to C$ 是函数，得 $<g(x), f(g(x))> \in f$，于是 $<x, f(g(x))> \in g*f = f \circ g$。又因 $f \circ g$ 是 A 到 C 的函数，则可写为 $f \circ g(x)=f(g(x))$。■

这个定理保证了定义 5.7 的合理性和正确性。

定义 5.8　设函数 I_X: $X \to X$ 满足 $I_X(x)=x$，则称 I_X 为 X 上的恒等函数。

定理 5.7　若函数 f: $A \to B$ 是双射，则对任意 $x \in A$，有 $f^{-1}(f(x))=x$，对任意的 $y \in B$，有 $f(f^{-1}(y))=y$（即 $f^{-1} \circ f = I_A$，$f \circ f^{-1}=I_B$）。

证明　对任意的 $x \in A$，因为 f: $A \to B$ 是函数，则 $<x, f(x)> \in f$，于是 $<f(x), x> \in f^{-1}$。由定理 5.4 知，f^{-1} 是 B 到 A 的函数，于是可写为 $f^{-1}(f(x))=x$。

对任意的 $y \in B$，类似可证 $f(f^{-1}(y))=y$。■

定理 5.8　若函数 g: $A \to B$ 和 f: $B \to C$ 是双射，则 $f \circ g$: $A \to C$ 是双射。

证明　对任意的 $z \in C$，由 f: $B \to C$ 是双射，即 f: $B \to C$ 是满射，则存在 $y \in B$ 使得 $f(y)=z$。对于 $y \in B$，由 g: $A \to B$ 是双射，即 g: $A \to B$ 是满射，则存在 $x \in A$ 使得 $g(x)=y$，于是有 $f \circ g(x)=f(g(x))=z$。所以 $f \circ g$ 是满射。

对任意的 $x_1, x_2 \in A$，若 $x_1 \neq x_2$，由 g: $A \to B$ 是双射，即 g: $A \to B$ 是单射，则 $g(x_1) \neq g(x_2)$。又由 f: $B \to C$ 是双射，即 f: $B \to C$ 是单射，则 $f(g(x_1)) \neq f(g(x_2))$，于是 $f \circ g(x_1) \neq f \circ g(x_2)$。所以 $f \circ g$ 是单射。

综上可知，$f\circ g$ 是双射。 ■

定理 5.9 若函数 g：$A\to B$ 和 f：$B\to C$ 是双射，则 $(f\circ g)^{-1}=g^{-1}\circ f^{-1}$。

证明 因为 g：$A\to B$ 和 f：$B\to C$ 是双射，由定理 5.6、定理 5.8 和定理 5.5 知，$(f\circ g)^{-1}$ 和 $g^{-1}\circ f^{-1}$ 都是 C 到 A 的双射。

因为 $<x, y>\in g^{-1}\circ f^{-1}\Leftrightarrow\exists z(<x, z>\in f^{-1}\wedge<z, y>\in g^{-1})\Leftrightarrow\exists z(<y, z>\in g\wedge<z, x>\in f)\Leftrightarrow<y, x>\in f\circ g\Leftrightarrow<x, y>\in(f\circ g)^{-1}$，所以 $(f\circ g)^{-1}=g^{-1}\circ f^{-1}$。 ■

定理 5.10 设函数 f：$A\to B$，g：$B\to C$，h：$C\to D$，则 $h\circ(g\circ f)=(h\circ g)\circ f$。

证明 因为 f：$A\to B$，g：$B\to C$，h：$C\to D$，由定理 5.5 知，$h\circ(g\circ f)$ 和 $(h\circ g)\circ f$ 都是 A 到 D 的函数。

对任意的 $a\in A$，有 $h\circ(g\circ f)(a)=h\circ(g\circ f(a))=h(g(f(a)))=(h\circ g)\circ f(a)$，所以 $h\circ(g\circ f)=(h\circ g)\circ f$。 ■

定理 5.11 设函数 g：$A\to B$，f：$B\to C$。

（1）若 f，g 是满射，则 $f\circ g$ 是满射。

（2）若 f，g 是单射，则 $f\circ g$ 是单射。

（3）若 f，g 是双射，则 $f\circ g$ 是双射。

证明 因为 g：$A\to B$，f：$B\to C$，由定理 5.5 知，$f\circ g$ 为 A 到 C 的函数。

（1）对任意的 $z\in C$，因 f：$B\to C$ 是满射，则存在 $y\in B$ 使得 $f(y)=z$。对 $y\in B$，因 g：$A\to B$ 是满射，则存在 $x\in A$ 使得 $g(x)=y$。于是有 $(f\circ g)(x)=f(g(x))=f(y)=z$。所以 $f\circ g$：$A\to C$ 是满射。

（2）对任意的 x_1，$x_2\in A$，$x_1\neq x_2$，由 g：$A\to B$ 是单射，得 $g(x_1)\neq g(x_2)$。再由 f：$B\to C$ 是单射，得 $f(g(x_1))\neq f(g(x_2))$，于是有 $f\circ g(x_1)\neq f\circ g(x_2)$。所以 $f\circ g$ 是单射。

（3）由（1）、（2）得证。 ■

定理 5.12 设函数 g：$A\to B$，f：$B\to C$。

（1）若 $f\circ g$ 是满射，则 f 是满射。

（2）若 $f\circ g$ 是单射，则 g 是单射。

（3）若 $f\circ g$ 是双射，则 f 是满射，g 是单射。

证明 因为 g：$A\to B$，f：$B\to C$，由定理 5.5 知，$f\circ g$ 为 A 到 C 的函数。

（1）对任意的 $z\in C$，因 $f\circ g$ 是满射，则存在 $x\in A$ 使得 $f\circ g(x)=z$，即 $f(g(x))=z$。由 g：$A\to B$ 可知 $g(x)\in B$，于是有 $y=g(x)\in B$，使得 $f(y)=z$。因此，f 是满射。

（2）对任意的 $x_1, x_2\in A$，若 $x_1\neq x_2$，则由 $f\circ g$ 是单射得 $f\circ g(x_1)\neq f\circ g(x_2)$，于是 $f(g(x_1))\neq f(g(x_2))$，必有 $g(x_1)\neq g(x_2)$。所以，g 是单射。

（3）由（1）、（2）得证。 ■

在定理 5.12 中，$f\circ g$ 是满射时 g 不一定是满射，$f\circ g$ 是单射时 f 不一定是单射。

例如，设 $A=\{a\}$，$B=\{b, d\}$，$c=\{c\}$，g：$A\to B$，f：$B\to C$，$g=\{<a, b>\}$，$f=\{<b, c>, <d, c>\}$。则 $f\circ g=\{<a, c>\}$，$f\circ g$ 是双射，但 g 不是满射，f 不是单射。

定理 5.13 设函数 f：$A\to B$，则 $f=f\circ I_A=I_B\circ f$。

证明留给读者。

5.2.3 几种特殊的函数

定义 5.9 设函数 f: $A \to B$，如果存在一个 $y \in B$，使得对所有的 $x \in A$ 有 $f(x)=y$，则称 f 为常函数。

定义 5.10 设 $\mathbb{R}$ 为实数集，函数 f: $\mathbb{R} \to \mathbb{R}$，若对任意的 x，$y \in \mathbb{R}$，当 $x \leqslant y$（或 $x \geqslant y$）时，$f(x) \leqslant f(y)$（或 $f(x) \geqslant f(y)$），则称 f 为单调递增（或递减）的；当 $x<y$（或 $x>y$）时，$f(x)<f(y)$（或 $f(x)>f(y)$），则称 f 为严格单调递增（或递减）的。

定义 5.11 设 U 是全集，对任意的 $A \subseteq U$，A 的特征函数 χ_A 定义为

$$\chi_A: \ U \to \{0,1\}, \quad \chi_A(a)=\begin{cases}1 & a \in A \\ 0 & a \notin A\end{cases}$$

例如，$U=\{a, b, c\}$，$A=\{a, c\}$，则 $\chi_A(a)=1$，$\chi_A(b)=0$，$\chi_A(c)=1$。

设 A 为集合，不难证明，A 的每一个子集 A' 都对应于一个特征函数，不同的子集对应于不同的特征函数。由于 A 的子集与特征函数存在这样的对应关系，因此可以用特征函数来标识 A 的不同的子集。特征函数建立了函数与集合之间的一一对应关系，以后就可以通过函数的计算去研究集合上的命题，这有利于计算机处理集合中的问题。

下面给出特征函数的几个重要性质，通过它告诉我们如何利用集合的特征函数来确定集合之间的关系。

（1）$\chi_A=\chi_B$ 当且仅当 $A=B$。

（2）$\chi_{A\cap B}(x)=\chi_A(x)\cdot\chi_B(x)$。

（3）$\chi_{A\cup B}(x)=\chi_A(x)+\chi_B(x)-\chi_{A\cap B}(x)$。

（4）$\chi_{\overline{A}}(x)=1-\chi_A(x)$。

（5）$\chi_{A-B}(x)=\chi_A(x)-\chi_{A\cap B}(x)$。

例 2 利用集合的特征函数证明 $\overline{\overline{A}}=A$。

证明 因为 $\chi_{\overline{\overline{A}}}(x)=1-\chi_{\overline{A}}(x)=1-(1-\chi_A(x))=\chi_A(x)$，所以 $\overline{\overline{A}}=A$。 ■

定义 5.12 设函数 f: $A \to B$，若 $C \subseteq A$，则从 C 到集合 B 的函数称为 f 的受限函数，记作 f/C。

例如，f: $\mathbb{R} \to \mathbb{R}$，$f(x)=x^2$，$A=\mathbb{N}$，则 $f/A=f/\mathbb{N}=\{<0, 0>, <1, 1>, <2, 4>, <3, 9>, \ldots\}$。

定义 5.13 设 x 为任意实数，用 $[x]$ 表示不超过 x 的最大整数，令 $f(x)=[x]$，则称 f 为高斯（Gauss）函数。

5.3 集合的基数

在第 3 章我们介绍了集合的基数的概念，将一个集合中元素的个数称为该集合的基数。由基数的概念，对于有限集合可以确切地数出元素的个数，但对于无限集合，元素的个数是没有意义的或者说不能区分不同无限集的这一特性。另一方面，对于有限集来说，如果存在一个双射 f: $A \to B$，则 $|A|=|B|$；若不存在 A 到 B 的双射，则 $|A| \neq |B|$。也就是说，根据两个有限集之间是否存在双射，就可判断两个集合的基数是否相同。这个特性可以推广到无限集合。

5.3.1 基数的概念

定义 5.14 设 A 和 B 为两个集合，如果 A 和 B 之间存在双射，则称 A 和 B 等势，记作 $A \approx B$。如果 A 和 B 不等势，记作 $A \not\approx B$。

例 1 验证整数集 $\mathbb{Z}$ 和集合 $E=\{2n|n\in\mathbb{Z}\}$是等势的。

解 令 f: $\mathbb{Z}\to E$, $f(n)=2n$，易证 f 是双射，所以 $\mathbb{Z}$ 和 E 等势。 ■

通俗地讲，集合的势是度量集合所含元素多少的量，集合的势越大，所含元素越多。可以证明，等势具有下列性质：

（1）对于任意集合 A，有 $A\approx A$。

（2）若 $A\approx B$，则 $B\approx A$。

（3）若 $A\approx B$，$B\approx C$，则 $A\approx C$。

因此，等势关系是等价关系。

定义 5.15 若 A 与$\{0, 1, \cdots, n-1\}$之间存在双射，则称 A 是有限的；若 A 不是有限的，则称它是无限的。

定理 5.14 自然数集 $\mathbb{N}$ 是无限的。

证明 设 n 是 $\mathbb{N}$ 中的任意元素，f 是从$\{0, 1, \cdots, n-1\}$到 $\mathbb{N}$ 的任意一个函数。令 $k=1+\max\{f(0), f(1), \cdots, f(n-1)\}$，那么 $k\in\mathbb{N}$，但对每个 $x\in\{0, 1, \cdots, n-1\}$，有 $f(x)\neq k$。所以，f 不是满射，从而 f 不是双射。因为 n 和 f 是任意的，所以 $\mathbb{N}$ 是无限的。 ■

定义 5.16 （1）对于有限集合 A，与其等势的那个惟一的自然数称为 A 的基数，记为 $K[A]$（或 $|A|$）。

（2）自然数集 $\mathbb{N}$ 的基数记为 $\aleph_0$（读作阿列夫零）。

（3）实数集 $\mathbb{R}$ 的基数记为 $\aleph$（读作阿列夫）。

由定义可知，有限集合的基数就是其所含元素的个数。两个有限集合 A 和 B 等势当且仅当 A 和 B 的元素个数相同。

例 2 证明 $[0, 1]\approx(0, 1)$，且它们的基数为 $\aleph$。

证明 设集合 $A=\{0, 1, 1/2, \cdots, 1/n, \cdots\}$，$A\subseteq[0, 1]$。

定义 f: $[0, 1]\to(0, 1)$，使得

$$f(0)=\frac{1}{2}$$

$$f\left(\frac{1}{n}\right)=\frac{1}{n+2} \quad \text{对} n\geqslant 1$$

$$f(x)=x \quad \text{对} x\in[0,1]-A$$

则 f 是双射，所以 $[0, 1]\approx(0, 1)$。

令 f: $(0, 1)\to\mathbb{R}$，$f(x)=\tan(\pi x-\pi/2)$，则 f 是双射，所以 $[0, 1]$ 和 $(0, 1)$ 的基数都是 $\aleph$。 ■

5.3.2 可数集与不可数集

定义 5.17 与自然数集等势的任意集合称为可数的。与实数集等势的任意集合称为不可数的。

例如，$A=\{1, 4, 9, \cdots, n^2, \cdots\}$，$B=\{1, 8, 27, \cdots, n^3, \cdots\}$和 $C=\left\{1, \frac{1}{2}, \frac{1}{3}, \cdots, \frac{1}{n}, \cdots\right\}$等都是可数集，而[0，1]和(0，1)等都是不可数集。

定理 5.15　A 为可数集的充要条件是可以排列成 $A=\{a_0, a_1, \cdots, a_n, \cdots\}$的形式。

证明　若 A 可以排列成上述形式，则将其元素 a_n 与下标 n 对应，得到 A 到 $\mathbb{N}$ 之间的双射，故 A 是可数集。

反之，若 A 是可数集，那么在 $\mathbb{N}$ 到 A 之间存在双射 f，由 f 得到 n 的对应元素 a_n，即有 $A=\{a_0, a_1, a_2, \cdots, a_n, \cdots\}$。■

定理 5.16　任一无限集，必含有可数子集。

证明　设 A 为无限集，则 $A\neq\varnothing$，在 A 中任取一个元素记为 a_0，$A-\{a_0\}$仍为无限集，再在其中取一个元素记为 a_1，继续下去将得到一个可数子集$\{a_0, a_1, a_2, \cdots, a_n, \cdots\}$。■

定理 5.17　任一无限集必与其一真子集等势。

证明　设 M 为一无限集，则由定理 5.16 可知 M 含有可数集 $A=\{a_0, a_1, a_2, \cdots, a_n, \cdots\}$，令 $B=M-A$。定义 $f: M\to M-\{a_0\}$，使得 $f(a_n)=a_{n+1}$（$n=0, 1, 2, \cdots$），且对于任意 $b\in B$，有 $f(b)=b$。易证 f 是双射，所以结论成立。■

定理 5.18　可数集的任何无限子集是可数的。

证明　设 A 是可数集，B 是 A 的无限子集。由定理 5.15 可得 A 可以排列成 $A=\{a_0, a_1, a_2, \cdots, a_n, \cdots\}$的形式。在这个序列中，从 a_1 开始逐一检查，将遇到的 B 中的第一个元素记为 b_0，第二个元素记为 b_1，因为 B 无限，则从 A 中可以得到 B 中元素的序列 $b_0, b_1, b_2, \cdots, b_n, \cdots$。所以 B 是可数的。■

下面再给出一些重要结论，限于篇幅证明略。

定理 5.19　从可数集 A 中减去一个有限集 M，则 $A-M$ 是可数的。

定理 5.20　两两不相交的有限个可数集的并是可数的。

定理 5.21　两两不相交的可数个有限集的并是可数的。

定理 5.22　可数个可数集的并是可数的。

定理 5.23　有理数的全体是可数集。

定理 5.24　开区间(0，1)是不可数的。

5.3.3　基数的比较

前面讨论了可数集和一些不可数集的基数的概念。为了证明两个集合的基数相等，我们必须构造两个集合之间的双射，这通常是非常困难的工作。下面将介绍证明基数相等的一些较为简单的方法，为此先说明基数是如何比较大小的。

定义 5.18　若从集合 A 到 B 存在一个单射，则称 A 的基数不大于 B 的基数，记为 $K[A]\leqslant K[B]$。若从集合 A 到 B 存在一个单射，但不存在双射，则称 A 的基数小于 B 的基数，记为 $K[A]<K[B]$。

定理 5.25（Zermelo 定理）设 A 和 B 是任意集合，则下列之一成立：

（1）$K[A]<K[B]$。

（2）$K[B] < K[A]$。

（3）$K[A]=K[B]$。

定理 5.26 设 A 和 B 是任意集合，若 $K[A] \leqslant K[B]$ 且 $K[B] \leqslant K[A]$，则 $K[A]=K[B]$。

限于篇幅，以上两个定理的证明略。

这个定理为证明两个集合基数相等提供了一种有效的方法。如果我们能构造一个单射 $f: A \to B$，即说明有 $K[A] \leqslant K[B]$，另一方面，如能够构造一个单射 $g: B \to A$，即说明有 $K[B] \leqslant K[A]$，因此根据定理 5.26 就得到 $K[A]=K[B]$。

例 3 证明[0，1]和(0，1)有相同的基数。

证明 令 f：$(0, 1) \to [0, 1]$，$f(x)=x$，g：$[0, 1] \to (0, 1)$，$g(x)=x/2+1/4$。

由 f 是单射得 $K[(0, 1)] \leqslant K[[0, 1]]$，由 g 是单射得 $K[[0, 1]] \leqslant K[(0, 1)]$。

所以，$K[[0, 1]]=K[(0, 1)]$。 ■

定理 5.27 设 A 是有限集，则 $K[A] < \aleph_0 < \aleph$。

证明 设 $K[A]=n$，则 $A \approx \{0, 1, 2, \cdots, n-1\}$。

令 f：$\{0, 1, 2, \cdots, n-1\} \to \mathbb{N}$，$f(x)=x$，$f$ 是单射，所以 $K[A] \leqslant K[\mathbb{N}]$。又因为 $\mathbb{N}$ 和 A 之间不存在双射，所以 $K[A] < K[\mathbb{N}]$，即 $K[A] < \aleph_0$。

令 g：$\mathbb{N} \to [0, 1]$，$g(n)=1/(n+1)$，g 是单射，故 $\aleph_0 \leqslant \aleph$。又因为 $\mathbb{N}$ 和[0，1]之间不存在双射，所以 $\aleph_0 < \aleph$。 ■

定理 5.28 设 A 是无限集，则 $\aleph_0 \leqslant K[A]$。

证明 因为 A 是无限集，所以 A 必含有一个可数无限子集 B，作函数 $f: B \to A$，使得 $f(x)=x$，则 f 是单射，所以 $\aleph_0 \leqslant K[A]$。 ■

下面再给出一些结论，限于篇幅证明略。

定理 5.29 可数个基数为 $\aleph$ 的集合的并的基数仍然为 $\aleph$。

定理 5.30 可数集的幂集的基数为 $\aleph$。

定理 5.31（康托尔定理） 设 M 是一个集合，$T=P(M)$，则 $K[M] < K[T]$。

该定理说明没有最大的基数和最大的集合。

5.4 经典集合的扩展

5.4.1 Fuzzy 集

美国控制论专家 Zadeh 于 1965 年将经典集合里特征函数的取值范围由{0，1}推广到闭区间[0，1]，提出了 Fuzzy（模糊）集理论。Fuzzy 集理论在模糊控制、模糊专家系统、模糊支持系统等智能系统中处理由模糊性引起的不确定性问题起到了较好的作用。

定义 5.19 论域 U 上的一个 Fuzzy 集 A 是指：对任意的 $u \in U$，都指定一个数 $\mu_A(u) \in [0, 1]$ 与之对应，$\mu_A(u)$ 称为 u 对 A 的隶属度。μ_A 称为 A 的隶属函数。U 上的所有模糊集组成的集合记为 $F(U)$。

若 $U=\{u_1, u_2, \cdots, u_n\}$，则 U 上的模糊集 A 可表示为：$A=\mu_A(u_1)/u_1+\mu_A(u_2)/u_2+\cdots+\mu_A(u_n)/u_n$。

若 U 连续，则 U 上的模糊集 A 可表示为：$A=\int_U \mu_A(u)/u$。

例如，若 $U=\{a, b, c, d, e\}$上的模糊集 $A=0.2/a+0.5/b+1/c+0.3/d+0.7/e$，则$\mu_A(a)=0.2$，$\mu_A(b)=0.5$，$\mu_A(c)=1$，$\mu_A(d)=0.3$，$\mu_A(e)=0.7$。$\mu_A(a)=0.2$ 说明 a 隶属于 A 的隶属度是 0.2，即 a 以 0.2 的程度属于 A。

定义 5.20 设 A，$B\in F(U)$，A 和 B 的并集 $A\cup B$、交集 $A\cap B$、A 的余集 $\overline{A}$ 的隶属度函数分别定义为：

$$\mu_{A\cup B}(x)=\mu_A(x)\vee\mu_B(x)$$
$$\mu_{A\cap B}(x)=\mu_A(x)\wedge\mu_B(x)$$
$$\mu_{\overline{A}}(x)=1-\mu_A(x)$$

定理 5.32 设 A，B，$C\in F(U)$，则：

（1）幂等律：$A\cap A=A$；$A\cup A=A$。

（2）结合律：$(A\cup B)\cup C=A\cup(B\cup C)$；$(A\cap B)\cap C=A\cap(B\cap C)$。

（3）交换律：$A\cup B=B\cup A$；$A\cap B=B\cap A$。

（4）分配律：$A\cup(B\cap C)=(A\cup B)\cap(A\cup C)$；$A\cap(B\cup C)=(A\cap B)\cup(A\cap C)$。

（5）同一律：$A\cup\varnothing=A$；$A\cap U=A$。

（6）零律：$A\cup U=U$；$A\cap\varnothing=\varnothing$。

（7）吸收律：$A\cup(A\cap B)=A$；$A\cap(A\cup B)=A$。

（8）德·摩根律：$\overline{(A\cup B)}=\overline{A}\cap\overline{B}$；$\overline{(A\cap B)}=\overline{A}\cup\overline{B}$；$A-(B\cup C)=(A-B)\cap(A-C)$；$A-(B\cap C)=(A-B)\cup(A-C)$。

（9）双重否定律：$\overline{\overline{A}}=A$。

但互补律对于模糊集不成立。

该定理的证明留给读者。

5.4.2 Vague 集

传统的模糊集仅涉及元素对模糊概念的肯定隶属情况，但现实中往往出现元素对模糊概念的肯定与否定两个方面，且其中体现出介于肯定与否定之间的踌躇性。比如投票模型中有支持和反对两个方面，且有弃权情况发生。为解决 Fuzzy 集理论的不足，1993 年 Gan 和 Buehrer 提出了一种新的处理模糊信息的模糊理论——Vague 集。与 Fuzzy 集相比，Vague 集能更好、更准确地表达模糊信息。

定义 5.21 令 U 是一个论域，U 上的一个 Vague 集 A 由真隶属函数 $t_A(x)$和假隶属函数 $f_A(x)$来描述：t_A：$U\to[0, 1]$，f_A：$U\to[0, 1]$，其中 $t_A(x)$是从支持 x 的证据所导出的 x 的真隶属函数下界，$f_A(x)$是从反对 x 的证据所导出的 x 的假隶属函数下界，且 $t_A(x)+f_A(x)\leqslant 1$。U 中的任一元素 x 在 Vague 集 A 中的隶属度被区间$[0, 1]$的一个子区间$[t_A(x), 1-f_A(x)]$所界定，称该区间为 x 在 A 中的 Vague 值，记为 $V_A(x)$。

设 A 为 U 上的一个 Vague 集，当 $U=\{u_1, u_2, \cdots, u_n\}$时，记为 $A=\sum_{i=1}^{n}[t_A(x_i), 1-f_A(x_i)]/x_i$（$x_i\in U$）；

当 U 连续时，记为 $A=\int_U [t_A(x),\ 1-f_A(x)]/x$ （ $x\in U$ ）。

由 Vague 集的定义可知，$t_A(x)$表示支持 $x\in U$ 的证据的必要程度；$f_A(x)$表示反对 $x\in U$ 的证据的必要程度；$1-f_A(x)$则表示支持 $x\in U$ 的证据的可能程度。

特别地，当 $1-f_A(x)=t_A(x)$时，Vague 集退化为 Fuzzy 集；当 $1-f_A(x)$和 $t_A(x)$同时为 1 或 0 时，Vague 集退化为经典集合。

Vague 集可用来解释“投票模型”。例如，假定$[t_A(x),\ 1-f_A(x)]=[0.5,\ 0.8]$，则可理解为赞成票数为 5，反对票数为 2，弃权票数为 3。

定义 5.22 设 A 和 B 是 Vague 集，A 和 B 的并集 $A\cup B$、交集 $A\cap B$，以及 A 的余集 $\overline{A}$ 的真、假隶属度函数定义如下：

$$t_{A\cup B}(x)=t_A(x)\vee t_B(x)$$

$$1-f_{A\cup B}(x)=(1-f_A(x))\vee(1-f_B(x))$$

$$t_{A\cap B}(x)=t_A(x)\wedge t_B(x)$$

$$1-f_{A\cap B}(x)=(1-f_A(x))\wedge(1-f_B(x))$$

$$t_{\overline{A}}(x)=f_A(x)$$

$$1-f_{\overline{A}}(x)=1-t_A(x)$$

关于 Vague 集的交、并、余的性质留给读者讨论。

5.4.3 Rough 集

Rough（粗糙）集理论是由波兰数学家 Z. Pawlak 在 1982 年提出的，该理论是一种刻画不完整和不确定性的数学工具，能有效地分析和处理不精确、不一致、不完整等各种不完备信息，并从中发现隐含的知识，揭示潜在的规律。目前，粗糙集这一新的数学理论已成为信息科学领域的研究热点之一，它在机器学习、知识获取、决策分析、过程控制等许多领域得到了广泛的应用。下面介绍粗糙集的基本概念和基本理论。

定义 5.23 设 R 为论域 U 上的等价关系，若 X 能用 R 的某些等价类的并来表示，则称 X 是 R 可定义的，否则称 X 是 R 不可定义的或 R 粗糙集。

定义 5.24 设 R 为论域 U 上的等价关系，X 的下近似集与 X 的上近似集分别定义为：

$$R_*(X)=\cup\{Y\,|\,Y\in U/R \text{ 且 } Y\subseteq X\}$$

$$R^*(X)=\cup\{Y\,|\,Y\in U/R \text{ 且 } Y\cap X\neq\varnothing\}$$

$R_*(X)$是根据 R，U 中所有一定归入 X 的元素的集合，即所有包含于 X 的 R 的等价类的并。$R^*(X)$是根据 R，U 中所有可能归入 X 的元素的集合，即所有与 X 的交非空的 R 的等价类的并。

我们也把 $\mathrm{POS}_R(X)=R_*(X)$称为 X 的 R 正域，把 $\mathrm{NEG}_R(X)=U-R_*(X)$称为 X 的 R 负域，$\mathrm{BN}_R(X)=R^*(X)-R_*(X)$称为 X 的 R 边界域。$\mathrm{BN}_R(X)$是根据知识 R，U 中既不能肯定归入 X，也不能肯定不归入 X 的元素的集合。

例如，若 $U=\{x_1,\ x_2,\ \cdots,\ x_8\}$，$U$ 上的等价关系 $R=\{\{x_1,\ x_4,\ x_8\},\ \{x_2,\ x_5,\ x_7\},\ \{x_3\},\ \{x_6\}\}$，$X=\{x_1,\ x_4,\ x_5\}$，则：$R_*(X)=\varnothing$，$R^*(X)=\{x_1,\ x_2,\ x_4,\ x_5,\ x_7,\ x_8\}$，$\mathrm{NEG}_R(X)=\{x_3,\ x_6\}$，$\mathrm{BN}_R(X)=\{x_1,\ x_2,\ x_4,\ x_5,\ x_7,\ x_8\}$。

定理 5.33

（1）$R_*(X) \subseteq X \subseteq R^*(X)$。

（2）$R_*(\varnothing)=R^*(\varnothing)=\varnothing$，$R_*(U)=R^*(U)=U$。

（3）$R^*(X \cup Y)=R^*(X) \cup R^*(Y)$。

（4）$R_*(X \cap Y)=R_*(X) \cap R_*(Y)$。

（5）$X \subseteq Y \Rightarrow R_*(X) \subseteq R_*(Y)$。

（6）$X \subseteq Y \Rightarrow R^*(X) \subseteq R^*(Y)$。

（7）$R_*(X \cup Y) \supseteq R_*(X) \cup R_*(Y)$。

（8）$R^*(X \cap Y) \subseteq R^*(X) \cap R^*(Y)$。

（9）$R_*(\overline{X})=\overline{R^*(X)}$。

（10）$R^*(\overline{X})=\overline{R_*(X)}$。

（11）$R_*(R_*(X))=R^*(R_*(X))=R_*(X)$。

（12）$R^*(R^*(X))=R_*(R^*(X))=R^*(X)$。

证明留给读者。

5.5 典型例题分析

例 1 设 $A=\{\varnothing, a, \{a\}\}$，$f: A \times A \to P(A)$，$f(x, y)=\{\{x\}, \{x, y\}\}$，判断下列各式是否成立。

（1）$f(\varnothing, \varnothing)=\{\{\varnothing\}\}$。

（2）$f(\varnothing, \varnothing)=\{\varnothing, \{\varnothing\}\}$。

（3）$f(a, \{a\})=\{\{a\}\}$。

（4）$f(a, \{a\})=\{\{a\}, \{a, \{a\}\}\}$。

【相关知识】 函数、像。

解 因为 $f(\varnothing, \varnothing)=\{\{\varnothing\}, \{\varnothing, \varnothing\}\}=\{\{\varnothing\}\}$，所以（1）成立，（2）不成立。

因为 $f(a, \{a\})=\{\{a\}, \{a, \{a\}\}\}$，所以（3）不成立，（4）成立。

例 2 设 $f: A \to B$ 是双射，试构造从 $P(A)$ 到 $P(B)$ 的一个双射，并证明之。

【相关知识】 单射、满射、双射。

【分析】 $f: A \to B$ 是单射 $\Leftrightarrow$ 对任意 $x_1, x_2 \in A$，若 $x_1 \neq x_2$，则有 $f(x_1) \neq f(x_2)$。$f: A \to B$ 是满射 $\Leftrightarrow$ 对任意 $y \in B$，存在 $x \in A$，使得 $f(x)=y$。

解 设 $g: P(A) \to P(B)$，$\forall S \in P(A)$，令 $g(S)=\{f(x) | x \in S\}$，则 g 是双射。

先证 g 是满射。任意 $T \in P(B)$，若 $T=\varnothing$，则 $T=g(\varnothing)$。若 $T \neq \varnothing$，因 f 是满射，对 $y \in T$，则存在 $x \in A$ 使得 $f(x)=y$，取 $S=\{x | f(x) \in T\}$，则 $g(S)=T$。故 g 是满射。

再证 g 是单射。任意 $S_1, S_2 \in P(A)$，若 $g(S_1)=g(S_2)$，当 $S_1=\varnothing$ 时，易证 $S_2=\varnothing$。当 $S_1 \neq \varnothing$ 时，则对任意 $x \in S_1$，$f(x) \in g(S_1)$，从而有 $f(x) \in g(S_2)$。由 g 的定义知 $x \in S_2$，从而 $S_1 \subseteq S_2$，同理 $S_2 \subseteq S_1$。所以 $S_1=S_2$，故 g 是单射。

总之，g 是双射。

例 3 指出下列函数是否为单射、满射、双射。说明理由，然后进行计算。$\mathbb{N}$为自然数集，$\mathbb{R}$为实数集。

（1）f: $\mathbb{N}\times\mathbb{N}\to\mathbb{N}$，$f(<x, y>)=x+y+1$。计算$f(\mathbb{N}\times\{1\})$。

（2）f: $\mathbb{N}\to\mathbb{N}\times\mathbb{N}$，$f(x)=<x, x+1>$。计算$f(\{0, 1, 2\})$。

【相关知识】 单射、满射、双射、像。

解 （1）因$f(<1, 2>)=4=f(<2, 1>)$，但$<1, 2>\neq<2, 1>$，所以f不是单射。因$0\in\mathbb{N}$没有原像，所以f不是满射。$f(\mathbb{N}\times\{1\})=\{n+2|n\in\mathbb{N}\}$。

（2）若$f(x)=f(y)$，即$<x, x+1>=<y, y+1>$，$x=y$，所以f是单射。因$<2, 4>\in\mathbb{N}\times\mathbb{N}$没有原像，所以$f$不是满射。$f(\{0, 1, 2\})=\{<0, 1>, <1, 2>, <2, 3>\}$。

例 4 设$<A, \preceq>$为偏序集，$a\in A$，$f(a)=\{x|x\in A$ 且 $x\leqslant a\}$，证明 f: $A\to P(A)$是单射，且当$a\leqslant b$ 时有$f(a)\subseteq f(b)$。

【相关知识】 偏序、单射、包含。

【分析】 利用偏序的性质证明单射。

解 由f的定义，因$x\leqslant x$，有$x\in f(x)$。若$f(x)=f(y)$，有$x\in f(x)=f(y)$，即$x\leqslant y$。同理$y\leqslant x$。由于偏序是反对称的，有$x=y$。所以f是单射。

当$a\leqslant b$时，对任意$x\in f(a)$，有$x\leqslant a$。由偏序是传递的，所以$x\leqslant b$，即$x\in f(b)$，故$f(a)\subseteq f(b)$。

例 5 $\mathbb{R}$为实数集，X为$\mathbb{R}$到$[0, 1]$函数的全体。若$f, g\in X$，定义$<f, g>\in S\Leftrightarrow\forall x\in[0, 1]$，$f(x)-g(x)\geqslant 0$，证明$S$是一个偏序，并且判断$S$是否是全序。

【相关知识】 函数、偏序、全序。

【分析】 满足自反性、反对称性和传递性的关系为偏序关系。

证明 （1）因为对任意$x\in[0, 1]$及任意$f\in X$，有$f(x)-f(x)=0$，故$<f, f>\in S$，即S在X上是自反的。

（2）若对任意$x\in[0, 1]$及任意$f, g\in X$，有$<f, g>\in S$且$<g, f>\in S$，则对任意$x\in[0, 1]$有$f(x)-g(x)\geqslant 0$且$g(x)-f(x)\geqslant 0$，从而$f(x)=g(x)$，即S在X上是反对称的。

（3）若对任意$x\in[0, 1]$及任意$f, g, h\in X$，有$<f, g>\in S$且$<g, h>\in S$，即对任意$x\in[0, 1]$有$f(x)-g(x)\geqslant 0$且$g(x)-h(x)\geqslant 0$，从而$f(x)-h(x)\geqslant 0$，故$<f, h>\in S$，S在X上是传递的。

综上可得S是X上的偏序关系。

当$f(x)=x$，$g(x)=-x+1$时，因$f(0)-g(0)=-1$，$g(1)-f(1)=-1$，故f与g不可比，所以S不是全序关系。

例 6 $S=\{a_1, a_2, \cdots, a_n\}$，$\mathbb{N}$为自然数集，$\mathbb{R}$为实数集，求集合$S$，$P(S)$，$\mathbb{N}$，$\mathbb{N}^n$，$P(\mathbb{N})$，$\mathbb{R}$和$\mathbb{R}\times\mathbb{R}$的基数。

【相关知识】 可数集、不可数集、集合的基数。

【分析】 集合基数的相关结论。

解 $K[S]=n$；$K[P(S)]=2^n$；$K[\mathbb{N}]=\aleph_0$；$K[\mathbb{N}^n]=\aleph_0$；$K[P(\mathbb{N})]=\aleph$；$K[\mathbb{R}]=\aleph$；$K[\mathbb{R}\times\mathbb{R}]=\aleph$。

5.6 上机实验

1．实验内容

判断任意一个关系是否为函数，若是函数，判定其是否为单射、满射或双射。

2．实验目的

函数是集合论中的一个十分重要的概念。通过该实验，目的是让学生更加深刻地理解函数的概念和性质，并掌握函数性质的判定等。

3．算法的主要思想

设 A 和 B 是集合，$f\subseteq A\times B$，若对任意的 $x\in A$，都存在惟一的 $y\in B$ 使得 xfy 成立，则称 f 为从 A 到 B 的函数。

设 f 是 A 到 B 的函数，若 $R_f=B$(或 $f(A)=B$)，则称 f 是 A 到 B 的满射；若对任意的 x_1，$x_2\in A$，$x_1\neq x_2$，都有 $f(x_1)\neq f(x_2)$，则称 f 是 A 到 B 的单射；若 f 既是满射又是单射，则称 f 是 A 到 B 的双射。

在程序中，集合用列举法表示，关系用集合表示。例如，$A=\{1，2，3\}$，$B=\{a，b，c\}$，A 到 B 上的关系 $f=\{<1，a>，<2，b>，<3，c>\}$。

习　题

1．设 $A=\{1，2，3\}$，$B=\{a，b，c\}$，确定下列关系是否为从 A 到 B 的函数，为什么？如果是函数，判断是单射、满射还是双射，并指出其定义域和值域。

（1）$\{<1，a>，<2，a>，<3，c>\}$。

（2）$\{<1，c>，<2，a>，<3，b>\}$。

（3）$\{<1，a>，<1，b>，<3，c>\}$。

（4）$\{<1，b>，<2，b>，<3，b>\}$。

2．完成定理 5.2 中未给出的证明。

3．令 $X=\{x_1，x_2，\cdots，x_m\}$，$Y=\{y_1，y_2，\cdots，y_n\}$。问：

（1）有多少个不同的由 X 到 Y 的函数？

（2）当 n，m 满足什么条件时，存在单射，且有多少个不同的单射？

（3）当 n，m 满足什么条件时，存在满射，且有多少个不同的满射？

（4）当 n，m 满足什么条件时，存在双射，且有多少个不同的双射？

4．设 f: $\mathbb{N}\times\mathbb{N}\rightarrow\mathbb{N}$，$f(<x，y>)=xy$。求 $f(\mathbb{N}\times\{1\})$，$f^{-1}(\{0\})$，并说明 f 是否是单射、满射和双射。

5．设 f, g 和 h 是 $\mathbb{Z}$ 到 $\mathbb{Z}$ 的函数，$\mathbb{Z}$ 是整数集，$f(z)=3z$，$g(z)=3z+1$，$h(z)=3z+2$，求 $f\circ g$，$g\circ h$。

6．设函数 f: $\mathbb{R}\times\mathbb{R}\rightarrow\mathbb{R}\times\mathbb{R}$，$f$ 定义为：$f(<x，y>)=<x+y，x-y>$。

（1）证明 f 是单射。

（2）证明 f 是满射。

（3）求逆函数 f^{-1}。

（4）求复合函数 $f^{-1}\circ f$ 和 $f\circ f$。

7．两个自然数集ℕ到ℕ的移位函数为：$f(n)=n+1$，$g(n)=\max\{0, n-1\}$。证明：

（1）f是单射而不是满射。

（2）g是满射而不是单射。

（3）$g\circ f=I_{\mathbb{N}}$，但$f\circ g\neq I_{\mathbb{N}}$。

8．设$f: A\to B$，$g: B\to C$，$h: C\to A$，证明：如果$h\circ g\circ f=I_A$，$f\circ h\circ g=I_B$，$g\circ f\circ h=I_C$，则f，g，h均为双射，并求出f^{-1}，g^{-1}和h^{-1}。

9．完成定理5.13的证明。

10．若A和B都是无限集合，C是有限集合，回答下述问题。对肯定的答复要讲出理由，对否定的答复要举出反例。

（1）$A\cap B$是无限集合吗？

（2）$A-B$是无限集合吗？

（3）$A\cup C$是无限集合吗？

11．证明$[2, 3]\approx[0, 1]$，且它们的基数为$\aleph$。

12．设A，B，C，D是集合，且$A\approx C$，$B\approx D$，证明$A\times B\approx C\times D$。

13．设$|A|=\aleph$，$|B|=\aleph$，$|D|=\aleph_0$，$|E|=n>0$，这里A，B，D和E是彼此不相交的，证明下列各式：

（1）$|A\cup B|=\aleph$。

（2）$|A\cup D|=\aleph$。

（3）$|D\times E|=\aleph_0$。

14．若从A到B存在一个满射，证明$K[B]\leqslant K[A]$。

15．设ℕ是自然数集，证明$K[P(\mathbb{N})]=\aleph$。

16．设ℕ是自然数集，证明$\mathbb{N}\times\mathbb{N}$是可数集。

17．完成定理5.32的证明。

18．完成定理5.33的证明。

第6章 整　　除

数论是一门主要研究整数性质的学科，是数学中最古老的分支之一。近几十年来，数论在计算机科学、组合数学、代数编码、密码学、数字信号处理等领域得到了广泛的应用。数论的内容十分丰富，我们只介绍整除和同余。本章介绍整除的基本理论。

6.1 因数和倍数

两个整数的和、差、积仍然是整数，但两个整数的商不一定是整数，下面我们引进整除的概念。

定义 6.1 任给两个整数 a 和 b，其中 $b\neq 0$，若存在整数 q 使得 $a=bq$，则称 b 整除 a，记作 $b|a$，此时把 b 叫做 a 的因数或约数，把 a 称为 b 的倍数。否则，就说 b 不整除 a，记作 $b\nmid a$。

若 $a=bq$，而 $b\neq\pm a$，$b\neq\pm 1$，则称 b 是 a 的真因数或真约数。

由整除的定义及乘法运算的性质，可推出整除关系有下面的性质。

定理 6.1 （1）$b|a\Leftrightarrow -b|a\Leftrightarrow b|-a\Leftrightarrow |b|\,|\,|a|$。

（2）若 $b|a$ 且 $c|b$，则 $c|a$。

（3）$c|a$ 且 $c|b\Leftrightarrow c|(ma+nb)$，其中 m，$n\in\mathbb{Z}$。

（4）若 $b|a$ 且 $a\neq 0$，则 $|b|\leqslant|a|$，即非零整数仅有有限个因数。

（5）若 $m\neq 0$，则 $b|a\Leftrightarrow mb|ma$。

（6）若 $b|a$ 且 $a|b$，则 $a=\pm b$。

该定理的证明留给读者。

这些看来十分简单的性质是非常有用的。

例 1 若 $3|n$ 且 $7|n$，则 $21|n$。

证明 由 $3|n$ 知存在整数 m 使得 $n=3m$，所以 $7|3m$。由此及 $7|7m$ 得 $7|(7m-2\cdot 3m)$，即 $7|m$。因而有 $21|n$。 ■

例 2 若 $a=2b-1$，$a|2n$，则 $a|n$。

证明 由 $a|2n$ 得 $a|2bn$，由 $a=2b-1$ 得 $n=2bn-an$，所以 $a|n$。 ■

6.2 素数和合数

定义 6.2 大于 1 且只有 1 和自身这两个正因数的正整数，称为素数或质数；大于 1 且不是素数的正整数称为合数。若正整数 a 有一个因数 b，而 b 是素数，称 b 是 a 的素因数。

依据该定义，可以将所有的正整数分为三类：素数、合数和 1。

定理 6.2 a 是大于 1 的合数，当且仅当存在整数 b 和 c，使得 $a=bc$，其中，$1<b<a$，$1<c<a$。

证明 由合数的定义即得。 ■

定理 6.3 若 a 是大于 1 的整数，则其大于 1 的最小正因数 p 一定是素数。

证明 若 a 是素数，取 $p=a$，则结论成立。若 a 是合数，取 p 是 a 的大于 1 的最小正因数。若 p 是合数，则存在 c 且 $1<c<p$，使得 $c|p$。由 $c|p$ 和 $p|a$ 得 $c|a$，因此，c 是 p 的一个正因数，与 p 的选取矛盾。所以 p 是素数。■

定理 6.4 若 a 是大于 1 的整数，则 a 一定可以表示为素数的乘积，即 $a=p_1p_2\cdots p_s$，其中 p_1，p_2，…，p_s 都是素数。

证明 若 a 是素数，则结论成立。若 a 是合数，由定理 6.3 知，a 的大于 1 的最小正因数一定是素数，记为 p_1，则有 $a=p_1b$。由于 $b>1$，继续应用定理 6.3 得素数 p_2。续行此法，必在有限次后结束，即得到素数序列 p_1，p_2，…，p_s，使得 $a=p_1p_2\cdots p_s$。■

例如，1260 的不同的素因数有 2，3，5，7，共 4 个。$1260=2\cdot2\cdot3\cdot3\cdot5\cdot7$，所以，1260 共有 6 个素因数。

推论 （1）若 a 是合数，则 a 必有一个素因数小于或等于 $a^{1/2}$。

（2）若 a 可以表示成 s 个素数的乘积，则 a 必有一个素因数小于或等于 $a^{1/s}$。

上述推论实际上给出了寻找素数的一个有效算法。例如，为了求出不超过 100 的所有素数，只要把 1 及不超过 100 的所有正合数都删去即可。不超过 10 的全部素数为 2，3，5，7，依次从不超过 100 的正整数中删去除了 2，3，5，7 之外的所有 2，3，5，7 的倍数及 1，剩下的数即是不超过 100 的所有素数。这种寻找素数的方法称为筛选法。

推论也给出了判断一个数是否为素数的方法，即：若 a 是大于 1 的整数，而所有小于或等于 $a^{1/2}$ 的整数都不能整除 a，则 a 是素数。

定理 6.5 素数有无穷多个。

证明 假设只有 p_1，p_2，…，p_n 这 n 个素数。令 $a=p_1p_2\cdots p_n+1$。若 a 为素数，则与只有 n 个素数矛盾。若 a 为合数，由定理 6.3 知必有素数 $p|a$。由假设知 p 必等于某个 p_j。因此 p 一定整除 $a-p_1p_2\cdots p_n=1$，与 p 是素数（大于 1）矛盾。所以素数有无穷多个。■

研究素数是数论的核心问题之一，至今对这一问题还了解不多。

6.3 带余除法与辗转相除法

初等数论的证明中最重要、最基本、最常用的工具就是下面的带余除法。

定理 6.6（带余除法）设 a 和 b 是两个给定的整数，且 $a\neq0$，则存在惟一的一对整数 q 和 r，使得 $b=qa+r$，且 $0\leqslant r<|a|$。

证明 惟一性。设还有 q' 和 r' 使得 $b=q'a+r'$，$0\leqslant r'<|a|$。不妨设 $r'\geqslant r$，则有 $r'-r=(q-q')a$，$0\leqslant r'-r<|a|$。若 $r'-r>0$，则由 $r'-r=(q-q')a$ 及定理 6.1 可得，$|a|\leqslant r'-r$，这与 $r'-r<|a|$ 矛盾。所以 $r'=r$，进而得 $q'=q$。

存在性。当 $a|b$ 时，可取 $q=b/a$，$r=0$。当 $a\nmid b$ 时，令 $T=\{b-ka|k=0, \pm1, \pm2, \cdots\}$，则 T 中必有一个最小正整数，设为 $t_0=b-k_0a>0$。下证必有 $t_0<|a|$。

因 $a\nmid b$，所以 $t_0\neq|a|$。若 $t_0>|a|$，则 $t_1=t_0-|a|=b-k_0a-|a|>0$。易见 $t_1\in T$，$t_1<t_0$，这与 t_0 的最小性矛盾。所以 $t_0<|a|$ 成立。取 $q=k_0$，$r=t_0$ 即可满足要求。■

例 1 一个自然数 a 除 63、91、291 所得的余数之和为 10，求 a。

解 设 $63=q_1a+r_1$，$91=q_2a+r_2$，$291=q_3a+r_3$。由题设可得 $r_1+r_2+r_3=10$，则 r_1，r_2，r_3 必有某一个大于 3。因为 $445=(q_1+q_2+q_3)a+10$，则$(q_1+q_2+q_3)a=3\cdot5\cdot29$，故 $3<a<63$。由上式知 $a\in\{5, 15, 29\}$，经验证可知 $a=15$ 或 $a=29$。 ■

应用带余除法的最重要的形式就是下面的辗转相除法，也叫欧几里得（Euclid）算法。

定理 6.7（辗转相除法） 设 $u_0\geqslant u_1>0$，则重复应用定理 6.6 一定可以得到以下 $k+1$ 个式子：

$$u_0=q_0u_1+u_2,\quad 0<u_2<u_1$$
$$u_1=q_1u_2+u_3,\quad 0<u_3<u_2$$
$$u_2=q_2u_3+u_4,\quad 0<u_4<u_3$$
$$\cdots$$
$$u_{j-1}=q_{j-1}u_j+u_{j+1},\quad 0<u_{j+1}<u_j$$
$$\cdots$$
$$u_{k-2}=q_{k-2}u_{k-1}+u_k,\quad 0<u_k<u_{k-1}$$
$$u_{k-1}=q_{k-1}u_k+u_{k+1},\quad 0<u_{k+1}<u_k$$
$$u_k=q_ku_{k+1}$$

证明 对于 u_0 和 u_1，若 $u_1|u_0$，则定理对 $k=1$ 成立；若 $u_1\nmid u_0$，应用定理 6.6 必有第一式成立。同样，若 $u_2|u_1$，则定理对 $k=2$ 成立；若 $u_1\nmid u_0$，应用定理 6.6 必有第二式成立。续行此法，得到

$$u_1>u_2>u_3>\cdots>u_{j+1}>0$$

及前面 j 个等式成立。若 $u_{j+1}|u_j$，则定理对 $k=j$ 成立；若 $u_{j+1}\nmid u_j$，则继续对 u_{j+1}，u_j 应用定理 6.6。由于小于 u_1 的正整数只有有限个以及 1 整除任一整数，所以这个过程不能无限制地做下去，一定会出现某个 k，使得 $u_k=q_ku_{k+1}$ 成立。 ■

定理 6.8 在定理 6.7 的条件和符号下，有：

（1）对任意给定的 j（$1\leqslant j\leqslant k+1$），$d|u_{j-1}$，$d|u_j$ 当且仅当 $d|u_{k+1}$。

（2）对任意给定的 j（$1\leqslant j\leqslant k+1$），必存在整数 x_j，y_j，使得 $u_{k+1}=x_ju_{j-1}+y_ju_j$。

证明 （1）若 $d|u_{j-1}$，$d|u_j$，由定理 6.7 第 j 式可得，$d|u_{j+1}$。依此由各式推出：$d|u_{j+2}$，$d|u_{j+3}$，…，$d|u_{k+1}$。

反之，若 $d|u_{k+1}$，则由第 $k+1$ 式可得 $d|u_k$，依此往上即可推出：$d|u_k$，$d|u_{k-1}$，…，$d|u_j$，$d|u_{j-1}$。

（2）当 $j=k+1$ 时，取 $x_{k+1}=0$，$y_{k+1}=1$，则结论成立。

设 $j=s+1$（$1\leqslant s\leqslant k$）时结论成立，即有 x_{s+1} 和 y_{s+1}，使得 $u_{k+1}=x_{s+1}u_s+y_{s+1}u_{s+1}$。又定理 6.6 第 s 式为 $u_{s-1}=q_{s-1}u_s+u_{s+1}$。由以上两式即得：$u_{k+1}=y_{s+1}u_{s-1}+(x_{s+1}-q_{s-1}y_{s+1})u_s$。

因此，取 $x_s=y_{s+1}$，$y_s=x_{s+1}-q_{s-1}y_{s+1}$，则结论对 $j=s$ 也成立。所以结论成立。 ■

6.4 最大公因数和最小公倍数

定义 6.3 设 a_1，a_2，…，a_n 和 d 都是正整数，$n\geqslant2$。若 $d|a_i$（$1\leqslant i\leqslant n$），则称 d 是 a_1，a_2，…，a_n 的公因数。

在公因数中，最大的那一个数称为 a_1，a_2，…，a_n 的最大公因数，记为$(a_1, a_2, \cdots, a_n)$。若$(a_1, a_2, \cdots, a_n)=1$，则称 a_1，a_2，…，a_n 是互素的。

在互素的正整数中，不一定有素数。例如，25 与 36 互素，但 25 与 36 都不是素数。

定理 6.9 在定理 6.7 的条件和符号下，有

$$(u_0, u_1)=(u_1, u_2)=\cdots=(u_{k-1}, u_k)=(u_k, u_{k+1})=q_k$$

证明 由定理 6.8（1）得，$d|u_{k-1}$，$d|u_k$ 当且仅当 $d|u_{k+1}$，所以有$(u_{k-1}, u_k)=(u_k, u_{k+1})=q_k$。依此往前推即得结论。■

定理 6.10 对任意给定的正整数 a 和 b，存在整数 x 和 y，使得$(a, b)=ax+by$。

证明 由定理 6.8（2）即得。■

推论 公因数一定是最大公因数的因数。

定理 6.11 对任意给定的正整数 a 和 b，若$(a, b)=d$，则$(a/d, b/d)=1$。

证明 设$(a/d, b/d)=c$，则 $c|(a/d)$，$c|(b/d)$，于是 $cd|a$，$cd|b$，即 cd 是 a 和 b 的公约数。故 $cd\leqslant d$，从而得 $c=1$。■

例 1 （1）利用辗转相除法求（24 871，3468）。

（2）用 24 871 和 3468 的线性组合表示（24 871，3468）。

解 （1）用方框标识余数。

$$\begin{aligned}
24\,871&=3468\cdot 7+\boxed{595}\\
3468&=595\cdot 5+\boxed{493}\\
595&=493\cdot 1+\boxed{102}\\
493&=102\cdot 4+\boxed{85}\\
102&=85\cdot 1+\boxed{17}\\
85&=17\cdot 5
\end{aligned}$$

所以，(24 871，3 468)=17。

（2）

$$\begin{aligned}
\boxed{17}&=102-\boxed{85}\\
&=102-(493-102\cdot 4)=\boxed{102}\cdot 5-493\\
&=(595-493)\cdot 5-493=595\cdot 5-\boxed{493}\cdot 6\\
&=595\cdot 5-(3468-595\cdot 5)\cdot 6=\boxed{595}\cdot 35-3468\cdot 6\\
&=(24\,871-3468\cdot 7)\cdot 35-3468\cdot 6\\
&=24\,871\cdot 35+3468\cdot(-251)
\end{aligned}$$

■

定义 6.4 设 a_1，a_2，…，a_n 和 m 都是正整数，$n\geqslant 2$。若 $a_i|m$，则称 m 是 a_1，a_2，…，a_n 的公倍数。

在公倍数中，最小的那一个数称为 a_1，a_2，…，a_n 的最小公倍数，记为$[a_1, a_2, \cdots, a_n]$。

定理 6.12 给定正整数 a 和 b，且$[a, b]=m$，若 m' 是 a 和 b 的公倍数，则 $m|m'$。

证明 由定理 6.6 知，存在整数 q 和 r，使得 $m'=mq+r$，$0\leqslant r<m$，$q\geqslant 1$，则 $r=m'-mq$。由 $a|m$ 和 $a|m'$，有 $a|r$。由 $b|m$ 和 $b|m'$，有 $b|r$。所以 r 是 a 和 b 的公倍数。又 $0\leqslant r<m$，所以 $r=0$，即 $m'=mq$，从而 $m|m'$。■

定理 6.12 说明，公倍数一定是最小公倍数的倍数。

下面的定理刻画了两个数的最大公因数和最小公倍数之间的关系。

定理 6.13　设 a 和 b 是正整数，且$(a, b)=d$，$[a, b]=m$，则 $ab=dm$。

证明　（1）由定理 6.10 知，存在整数 x 和 y，使得 $ax+by=(a, b)=d$，于是 $amx+bmy=dm$。又由 $a|m$ 和 $b|m$ 得，$ab|bm$，$ab|am$。于是 $ab|(amx+bmy)$，即 $ab|dm$，故 $ab\leqslant dm$。

（2）由$(a, b)=d$ 有 $d|a$ 和 $d|b$，又 $ab/d=(a/d)b=a(b/d)$，所以 ab/d 是 a 与 b 的公倍数，于是 $ab/d\geqslant m$，故 $ab\geqslant dm$。

综上可知，$ab=dm$。■

定理 6.14　设 a，b，c 都是正整数，若 $a|bc$，且$(a, b)=1$，则 $a|c$。

证明　由定理 6.10 知，存在整数 x 和 y，使得 $ax+by=(a, b)=1$，于是 $acx+bcy=c$。因为 $a|ac$ 且 $a|bc$，所以 $a|(acx+bcy)$，故 $a|c$。■

定理 6.15　设 a，b，c 都是正整数，且$(a, b)=1$，$c|a$，则$(b, c)=1$。

证明　设$(b, c)=d$，则 $d|b$，$d|c$。又因为 $c|a$，所以 $d|a$。由 $d|a$ 和 $d|b$ 知，d 是 a 与 b 的公因数，而$(a, b)=1$，所以 $d=1$，即$(b, c)=1$。■

定理 6.16　设 a，b，c 都是正整数，若 $a|c$，$b|c$，且$(a, b)=1$，则 $ab|c$。

证明　由定理 6.10 知，存在整数 x 和 y，使得 $ax+by=(a, b)=1$，于是 $acx+bcy=c$。由 $a|c$ 得 $ab|bc$，由 $b|c$ 得 $ab|ac$，所以 $ab|(acx+bcy)$，故 $ab|c$。■

例 2　设 $f(x)=a_0x^n+a_1x^{n-1}+\cdots+a_{n-1}x+a_n$ 是整系数多项式，如果 $10|f(2)$且 $10|f(5)$，则 $10|f(10)$。

证明　由于 $f(10)=a_0\times10^n+a_1\times10^{n-1}+\cdots+a_{n-1}\times10+a_n$，所以欲证 $10|f(10)$，只需证 $10|a_n$。

由已知 $10|f(2)$，有 $2|f(2)$。又因为 2 整除 $f(2)$的前 n 项，所以 $2|a_n$。同理，由 $10|f(5)$ 可得 $5|a_n$。因为$(2, 5)=1$，由定理 6.16 可得$(2\times5)|f(10)$，于是 $10|f(10)$。■

例 3　设 m，n 为自然数，$mn|(m^2+n^2)$，则 $m=n$。

证明　设$(m, n)=d$，则存在整数 p 和 q，使得 $m=pd$，$n=qd$，且$(p, q)=1$。由 $mn|(m^2+n^2)$ 得$(pdqd)|((pd)^2+(qd)^2)$，即 $pq|(p^2+q^2)$，于是 $p|(p^2+q^2)$，从而 $p|q^2$。但$(p, q)=1$，所以$(p, q^2)=1$，从而 $p=1$。同样有 $q=1$。故 $m=n$。■

6.5　算术基本定理

定理 6.17　若 p 是素数，则 $p\nmid a$ 当且仅当$(p, a)=1$。

证明　因 p 是素数，所以 p 只有 1 和 p 两个正因数。若 $p\nmid a$，则 p 与 a 只有公因数 1，即$(p, a)=1$。反之，若$(p, a)=1$，则 p 与 a 只有公因数 1，而 p 是素数，故 $p\nmid a$。■

定理 6.18　若 a，b_1，b_2 都是正整数，且$(a, b_1)=1$，则有$(a, b_1b_2)=(a, b_2)$。一般地，若 a 和 b_1，b_2，$\cdots$，b_n 都是正整数，$n\geqslant2$，且$(a, b_1)=(a, b_2)=\cdots=(a, b_n)=1$，则$(a, b_1b_2\cdots b_n)=1$。

证明　设$(a, b_2)=u$，$(a, b_1b_2)=v$。则由$(a, b_2)=u$ 得 $u|a$ 且 $u|b_2$，有 $u|a$ 且 $u|b_1b_2$，即 u 是 a 与 b_1b_2 的公因数，故 $u\leqslant v$。

由$(a, b_1b_2)=v$ 得 $v|a$ 且 $v|b_1b_2$，有 $v|ab_2$ 且 $v|b_1b_2$。因为$(a, b_1)=1$，所以存在整数 x 和 y，使得 $ax+b_1y=1$，则 $ab_2x+b_1b_2y=b_2$。由 $v|ab_2$ 且 $v|b_1b_2$ 得 $v|(ab_2x+b_1b_2y)$，即 $v|b_2$。于是有 $v|a$，$v|b_2$，即 v 是 a 与 b_1 的公因数，故 $v\leqslant u$。

综上可知，$u=v$，即$(a, b_1b_2)=(a, b_2)$。

对一般情形的证明留给读者。 ■

定理 6.19 设 $a_1, a_2, \cdots, a_n$ 都是正整数，且 p 是素数，若 $p|a_1a_2\cdots a_n$，则至少有一个 a_r 使得 $p|a_r$，其中 $1\leqslant r\leqslant n$。

证明 若 $p\nmid a_i$（$1\leqslant i\leqslant n$），由 p 是素数及定理 6.17 得$(p, a_1)=(p, a_2)=\cdots=(p, a_n)=1$，由定理 6.18 得$(p, a_1a_2\cdots a_n)=1$，于是 $p\nmid a_1a_2\cdots a_n$，矛盾。所以，至少有一个 a_r 使得 $p|a_r$，其中 $1\leqslant r\leqslant n$。 ■

推论 设 $p_1, p_2, \cdots, p_n$ 和 p 都是素数，$n\geqslant 2$，若有 $p|p_1p_2\cdots p_n$，则至少有一个 p_r 使得 $p=p_r$。

定理 6.20（算术基本定理） 设正整数 $a>1$，则 $a=p_1p_2\cdots p_s$，其中 $p_1, p_2, \cdots, p_s$ 都是素数，且若不计素因数的次序，其分解是惟一的。

证明 （1）存在性。由定理 6.4 可得。

（2）惟一性。不妨设 $p_1\leqslant p_2\leqslant\cdots\leqslant p_s$。若还有表示式 $a=q_1q_2\cdots q_r$，$q_1\leqslant q_2\leqslant\cdots\leqslant q_r$ 且都是素数。不妨设 $r\geqslant s$。利用定理 6.19 的推论，由 $q_1|p_1p_2\cdots p_s$ 知，必有某个 p_j 满足 $q_1=p_j$。同样，由 $p_1|q_1q_2\cdots q_s$ 知，必有某个 q_k 满足 $p_1=q_k$。由于 $q_1\leqslant q_k=p_1\leqslant p_j$，所以 $p_1=q_1$。这样，就有 $q_2\cdots q_r=p_2\cdots p_s$。由同样的论证，依次有 $p_2=q_2, \cdots, p_s=q_s$，$q_{s+1}\cdots q_r=1$。$q_{s+1}, \cdots, q_r$ 不可能存在，所以 $r=s$。故结论成立。 ■

若将 a 的分解式中相同的素因数合并为它的幂数，则 a 只能分解成一种形式：$a=p_1^{\alpha_1}p_2^{\alpha_2}\cdots p_s^{\alpha_s}$，$s\geqslant 1$，其中 $p_1, p_2, \cdots, p_s$ 是互不相同的素数，$\alpha_1, \alpha_2, \cdots, \alpha_s$ 是正整数。我们称 $a=p_1^{\alpha_1}p_2^{\alpha_2}\cdots p_s^{\alpha_s}$ 为 a 的标准分解式。

推论 1 设正整数 a 和 b 的标准分解式分别为：$a=p_1^{\alpha_1}p_2^{\alpha_2}\cdots p_s^{\alpha_s}$，$b=p_1^{\beta_1}p_2^{\beta_2}\cdots p_s^{\beta_s}$，则

$$(a, b)=p_1^{\delta_1}p_2^{\delta_2}\cdots p_s^{\delta_s}, \quad \delta_j=\min\{\alpha_j, \beta_j\}, \quad 1\leqslant j\leqslant s$$

$$[a, b]=p_1^{\gamma_1}p_2^{\gamma_2}\cdots p_s^{\gamma_s}, \quad \gamma_j=\max\{\alpha_j, \beta_j\}, \quad 1\leqslant j\leqslant s$$

推论 2 设 $\tau(n)$ 表示正整数 n 的所有正因数的个数。若 $a=p_1^{\alpha_1}p_2^{\alpha_2}\cdots p_s^{\alpha_s}$，则

$$\tau(a)=(\alpha_1+1)(\alpha_2+1)\cdots(\alpha_s+1)=\tau(p_1^{\alpha_1})\tau(p_2^{\alpha_2})\cdots\tau(p_s^{\alpha_s})$$

例 1 求$(1008, 1260)$和$[1008, 1260]$。

解 因为 $1008=2^4\cdot3^2\cdot7$，$1260=2^2\cdot3^2\cdot5\cdot7$，所以，$(1008, 1260)=2^2\cdot3^2\cdot7=252$，$[1008, 1260]=2^4\cdot3^2\cdot5\cdot7=5040$。 ■

例 2 证明：$\tau(n)$是奇数，当且仅当 $n=m^2$。其中，$\tau(n)$为 n 的正因数的个数。

证明 设 $n=p_1^{\alpha_1}p_2^{\alpha_2}\cdots p_s^{\alpha_s}$，则 $\tau(n)=(\alpha_1+1)(\alpha_2+1)\cdots(\alpha_s+1)$是奇数$\Leftrightarrow\alpha_1, \alpha_2, \cdots, \alpha_s$ 都是偶数$\Leftrightarrow n=m^2$，其中 $m=p_1^{\alpha_1/2}p_2^{\alpha_2/2}\cdots p_s^{\alpha_s/2}$。 ■

6.6 典型例题分析

例 1 若 n 为任一整数，证明 $6|n(n-1)(2n-1)$。

【相关知识】 整除、带余除法、互素。

【分析】 要证 $6|n(n-1)(2n-1)$，只需证 $2|n(n-1)(2n-1)$，$3|n(n-1)(2n-1)$。

证明 因为两个相继整数必有一个是偶数，所以 $2|n(n-1)(2n-1)$。由带余除法可知，n 只能是 $n=3k$，$n=3k+1$，$n=3k+2$ 三种形式之一。若 $n=3k$，则 $3|n$，于是 $3|n(n-1)(2n-1)$；若 $n=3k+1$，则 $3|(n-1)$，于是 $3|n(n-1)(2n-1)$；若 $n=3k+2$，则 $2n-1=6k+3$，$3|(2n-1)$，于是也有 $3|n(n-1)(2n-1)$。总之，有 $3|n(n-1)(2n-1)$。又因为 $(2，3)=1$，所以 $6|n(n-1)(2n-1)$。

例 2 若 p 是正整数 n 的最小素因数，证明：若 $p>n^{1/3}$，则 n/p 是素数。

【相关知识】 因数、素数。

【分析】 这类题目一般用反证法。

证明 若 n/p 不是素数，则必有素因数 p' 满足 $p'\leqslant(n/p)^{1/2}$，$p'\geqslant p$。于是有 $p\leqslant n^{1/3}$，矛盾。所以，n/p 是素数。

例 3 利用辗转相除法求 2947 和 3997 的最大公因数(2947，3997)，并将(2947，3997)表示为 2947 和 3997 的线性组合。

【相关知识】 辗转相除法、最大公因数。

【分析】 直接利用辗转相除法定理。

解 （1）用方框标识余数。

$$
\begin{aligned}
3997&=2947\cdot 1+\boxed{1050}\\
2947&=1050\cdot 2+\boxed{847}\\
1050&=847\cdot 1+\boxed{203}\\
847&=203\cdot 4+\boxed{35}\\
203&=35\cdot 5+\boxed{28}\\
35&=28\cdot 1+\boxed{7}\\
28&=7\cdot 4
\end{aligned}
$$

所以，$(3997，2947)=7$。

（2）

$$
\begin{aligned}
\boxed{7}&=35-\boxed{28}\\
&=35-(203-35\cdot 5)=\boxed{35}\cdot 6-203\\
&=(847-203\cdot 4)\cdot 6-203=847\cdot 6-\boxed{203}\cdot 25\\
&=847\cdot 6-(1050-847)\cdot 25=\boxed{847}\cdot 31-1050\cdot 25\\
&=(2947-1050\cdot 2)\cdot 31-1050\cdot 25=2947\cdot 31-\boxed{1050}\cdot 87\\
&=2947\cdot 31-(3997-2947)\cdot 87\\
&=2947\cdot 118-3997\cdot 87
\end{aligned}
$$

例 4 设 k 为给定的正整数，证明：对任一正整数 n 必可表示为 $n=ab^k$，其中 a，b 为整数，以及不存在 $d>1$ 使得 $d^k|a$。

【相关知识】 正整数的标准分解式。

【分析】 根据 n 的标准分解式确定 a 和 b。

证明 设 n 的标准分解式为 $n=p_1^{\alpha_1}p_2^{\alpha_2}\cdots p_s^{\alpha_s}$。由带余除法得，$\alpha_j=km_j+\gamma_j$，其中 $0\leqslant\gamma_j<k$，$j=1，2，\cdots，s$。令 $a=p_1^{\gamma_1}p_2^{\gamma_2}\cdots p_s^{\gamma_s}$，$b=p_1^{m_1}p_2^{m_2}\cdots p_s^{m_s}$，则 $n=ab^k$，且不存在 $d>1$ 使得 $d^k|a$，于是 a 和 b 即为所求。

6.7 上机实验

1. 实验内容

（1）求任意两个整数的最大公因数及其线性组合式。

（2）求任意一个大于 2 的正整数的惟一素数分解式。

2. 实验目的

数论是一门主要研究整数性质的学科。近几十年来，数论在计算机科学、组合数学、代数编码、密码学、数字信号处理等领域得到了广泛的应用。通过该组实验，目的是让学生更加深刻地理解素数等概念，并掌握最大公因数的求解方法、素数分解的方法。

3. 算法的主要思想

（1）利用辗转相除法求两个整数的最大公因数，利用穷举法求其线性组合式。

（2）利用判断素数的方法求一个大于 2 的正整数的所有素数，即得该整数的素数分解式。

习　　题

1．给出定理 6.1 的证明。

2．已知整数 a，b，c，d，t 满足 $t|(10a-b)$及 $t|(10c-d)$，证明 $t|(ad-bc)$。

3．设正整数 a 可表成十进制整数 $a_na_{n-1}\cdots a_1$，证明：当 $3|(a_1+a_2+\cdots+a_n)$时，必有 $3|a$。

4．已知整数 a，b，c，d 满足$(a-c)|(ab+cd)$，证明$(a-c)|(ad+bc)$。

5．证明 101 是素数。

6．证明：对正整数 n，2^n-1 是素数的必要条件是 n 必为素数。

7．证明存在无限多个连续合数。

8．设 p_1，p_2，…，p_k 是不超过 n 的所有素数，证明 $p_1p_2\cdots p_k+1$ 的最小素因数大于 n。

9．设 n 是正整数，证明 2^n+1 是素数的必要条件是 $n=2^m$，其中 m 是非负整数。

10．设 p_1，p_2，…，p_k 是不同的素数，证明 $\sqrt{p_1p_2\cdots p_k}$ 不是有理数。

11．证明：任何素数除以 30 所得的余数必为 1 或素数。

12．设 n 是正整数，证明任何 n 个连续整数中有且仅有一个数是 n 的倍数。

13．证明：3 个连续整数的乘积必为 6 的倍数。

14．对于互素的整数 a，b，证明$(a+b，a-b)\leqslant 2$。

15．证明：当$(a，b)=1$ 时，$(ab，a+b)=1$。

16．证明：当$(a，b)=1$ 时，$(ab，c)=(a，c)(b，c)$。

17．设 n 是正整数，证明$[a^n，b^n]=[a，b]^n$。

18．设 a 是正整数，计算$(21a+4，14a+3)$。

19．若 a，b 为正整数，证明$(a^n，b^n)=(a，b)^n$。

20．求下列各组数的最大公因数，并用它们的线性组合表示之。

（1）45 和 75；　（2）323 和 221。

21．完成定理 6.18 未给出的证明。

22．求下列各数的素数幂分解式。

（1）1234；　　（2）2345。

第7章 同　　余

同余理论是数论的核心内容之一，它是数论所特有的思想、概念和方法。本章将介绍同余、完全剩余系、简化剩余系、一次同余式、一次同余式组等基本概念及相应的重要定理，最后介绍数论在密码中的应用。

7.1 同余及其性质

同余是初等数论中的一个基本概念，引入同余简化了数论中的许多问题。

定义 7.1 给定正整数 m，若用 m 去除两个整数 a 和 b 所得余数相同，称 a 和 b 对模 m 同余，记作 $a\equiv b(\bmod m)$，并称该式为同余式；否则，称 a 和 b 对模 m 不同余，记作 $a\not\equiv b(\bmod m)$。

对于给定的 b 和 m，与 b 模 m 同余的所有数为

$$b+km，其中 k=0，\pm1，\pm2，\pm3，\cdots$$

在日常生活中，也经常会遇到同余的问题。如 1998 年元旦是星期四，问 1999 年元旦是星期几？

由于 $365\equiv1(\bmod 7)$，而 1998 年元旦是星期四，所以 1999 年元旦是星期五。

由同余的概念，我们可以得到同余的以下性质。

定理 7.1 $a\equiv b(\bmod m)$当且仅当 $m|(a-b)$。

证明 若 $a\equiv b(\bmod m)$，则有 $a=q_1m+r$，$b=q_2m+r$，$0\leqslant r<m$。于是有 $a-b=(q_1-q_2)m$，所以 $m|(a-b)$。反之，令 $a=q_1m+r_1$，$b=q_2m+r_2$，其中 $0\leqslant r_1<m$，$0\leqslant r_2<m$，则 $r_1-r_2=(a-b)-(q_1-q_2)m$。由题设 $m|(a-b)$，从而 $m|(r_1-r_2)$。又因为$|r_1-r_2|<m$，故 $r_1=r_2$，于是 $a\equiv b(\bmod m)$。 ■

可以利用定理 7.1 来判断两个数是否对模 m 同余。

定理 7.2 同余关系是等价关系，即有：

（1）自反性　$a\equiv a(\bmod m)$。

（2）对称性　若 $a\equiv b(\bmod m)$，则 $b\equiv a(\bmod m)$。

（3）传递性　若 $a\equiv b(\bmod m)$，$b\equiv c(\bmod m)$，则 $a\equiv c(\bmod m)$。

定理 7.3 设 a，b，c，d 为整数，m 为正整数，若 $a\equiv b(\bmod m)$，$c\equiv d(\bmod m)$，则：

（1）$ax+cy\equiv bx+dy(\bmod m)$，$x$，$y$ 为任意整数，即同余式可以相加。

（2）$ac\equiv bd(\bmod m)$，即同余式可以相乘。

（3）$a^n\equiv b^n(\bmod m)$，$n>0$。

（4）$f(a)\equiv f(b)(\bmod m)$，$f(x)$为任一整系数多项式。

证明 （1）因为 $a\equiv b(\bmod m)$，$c\equiv d(\bmod m)$，所以 $m|(a-b)$，$m|(c-d)$，于是 $m|((a-b)x+(c-d)y)$，即 $m|((ax+cy)-(bx+dy))$，故 $ax+cy\equiv bx+dy(\bmod m)$。

（2）因为 $a\equiv b(\bmod m)$，$c\equiv d(\bmod m)$，所以 $m|(a-b)$，$m|(c-d)$，于是 $m|((a-b)c+(c-d)b)$，即 $m|(ac-bd)$，故 $ac\equiv bd(\bmod m)$。

（3）因为 $a\equiv b(\bmod m)$，则存在整数 q 使得 $a-b=mq$。于是

$$a^n-b^n=(b+mq)^n-b^n=(b^n+C_n^1 b^{n-1}(mq)^1+\cdots+C_n^{n-1} b^1(mq)^{n-1}+(mq)^n)-b^n=mp$$

其中 p 是一整数。所以 $a^n\equiv b^n(\text{mod } m)$。

（4）由（1）和（3）可证。 ■

定理 7.4 设 a，b，c，d 为整数，m 为正整数，则：

（1）若 $a\equiv b(\text{mod } m)$，且 $d|m$，则 $a\equiv b(\text{mod } d)$。

（2）若 $a\equiv b(\text{mod } m)$，则 $(a, m)=(b, m)$。

（3）$a\equiv b(\text{mod } m_i)$（$1\leqslant i\leqslant n$）同时成立，当且仅当 $a\equiv b(\text{mod } [m_1, m_2, \cdots, m_n])$。

证明 （1）由 $a\equiv b(\text{mod } m)$ 得 $m|(a-b)$，再由 $d|m$ 可得 $d|(a-b)$，所以 $a\equiv b(\text{mod } d)$。

（2）令 $(a, m)=d_1$，$(b, m)=d_2$。由 $(a, m)=d_1$，则 $d_1|a$，$d_1|m$。又因为 $a\equiv b(\text{mod } m)$，所以 $m|(a-b)$。由 $d_1|m$ 和 $m|(a-b)$，得 $d_1|(a-b)$。再由 $d_1|a$ 和 $d_1|(a-b)$，得 $d_1|b$。从而，d_1 是 m 与 b 的公因数，所以有 $d_1\leqslant d_2$。同理可得 $d_2\leqslant d_1$。于是，$d_1=d_2$，即 $(a, m)=(b, m)$。

（3）若 $a\equiv b(\text{mod } [m_1, m_2, \cdots, m_n])$，因为 $m_i \mid [m_1, m_2, \cdots, m_n]$，则由（1）可得 $a\equiv b(\text{mod } m_i)$（$1\leqslant i\leqslant n$）。

反之，若 $a\equiv b(\text{mod } m_i)$（$1\leqslant i\leqslant n$），则有 $m_i|(a-b)$（$1\leqslant i\leqslant n$），所以 $a-b$ 是 m_1，m_2，$\cdots$，m_n 的公倍数，故 $[m_1, m_2, \cdots, m_n]|(a-b)$，即 $a\equiv b(\text{mod } [m_1, m_2, \cdots, m_n])$。 ■

一般来说，在模不变的条件下，同余式两边不能相约。例如，$6\cdot 3\equiv 6\cdot 8(\text{mod } 10)$，但 $3\not\equiv 8(\text{mod } 10)$。

定理 7.5 若 $ac\equiv bc(\text{mod } m)$，且 $(c, m)=d$，则 $a\equiv b(\text{mod } m/d)$。

证明 由 $(c, m)=d$ 得 $(c/d, m/d)=1$。由 $ac\equiv bc(\text{mod } m)$ 得 $m|(ac-bc)$，于是 $(m/d)|(a-b)(c/d)$。又 $(c/d, m/d)=1$，从而 $(m/d)|(a-b)$。故 $a\equiv b(\text{mod } m/d)$。 ■

例 1 求 3^{406} 写成十进制数时的个位数。

解 因为 $3^2\equiv -1(\text{mod } 10)$，$3^4\equiv 1(\text{mod } 10)$，所以 $3^{404}\equiv 1(\text{mod } 10)$。因此，$3^{406}\equiv 3^{404}\cdot 3^2\equiv 9(\text{mod } 10)$。所以个位数为 9。 ■

定理 7.6 任意一个 n 位数与其各位上的各数字之和对模 9 同余。

证明 若 $a=\sum_{i=0}^{n} a_i\cdot 10^i$，$b=\sum_{i=0}^{n} a_i$。令 $f(x)=\sum_{i=0}^{n} a_i\cdot x^i$，则 $a=f(10)$，$b=f(1)$。因为 $10\equiv 1(\text{mod } 9)$，由定理 7.3 得 $f(10)\equiv f(1)(\text{mod } 9)$，即 $a\equiv b(\text{mod } 9)$。 ■

这就是数学上通常所说的“弃 9 法”的理论依据。

定理 7.7（弃 9 法） 若 $ab=c$，$a>0$，$b>0$，且 $a=\sum_{i=0}^{n} a_i\cdot 10^i$，$b=\sum_{i=0}^{n} b_i\cdot 10^i$，$c=\sum_{i=0}^{n} c_i\cdot 10^i$，则

$$\sum_{i=0}^{n} a_i\cdot\sum_{i=0}^{n} b_i\equiv\sum_{i=0}^{n} c_i(\text{mod } 9)$$

证明 由定理 7.6 可得 $a\equiv\sum_{i=0}^{n} a_i\ (\text{mod } 9)$，$b\equiv\sum_{i=0}^{n} b_i\ (\text{mod } 9)$，$c\equiv\sum_{i=0}^{n} c_i\ (\text{mod } 9)$。又因为 $ab=c$，所以 $\sum_{i=0}^{n} a_i\cdot\sum_{i=0}^{n} b_i\equiv\sum_{i=0}^{n} c_i(\text{mod } 9)$。 ■

定理 7.7 的逆否命题可用来验证多位数乘法的正确性。

例 2　证明 $1997\cdot57\neq113\ 828$。

证明　因为 $1997\equiv1+9+9+7\equiv8(\mathrm{mod}\ 9)$，$57\equiv5+7\equiv3(\mathrm{mod}\ 9)$，$113\ 828\equiv1+1+3+8+2+8\equiv5(\mathrm{mod}\ 9)$，但 $(8\cdot3)=24\not\equiv5(\mathrm{mod}\ 9)$，所以 $1997\cdot57\neq113\ 828$。■

7.2　剩余类和剩余系

定义 7.2　由于模 m 同余关系是一个等价关系，若将 $\mathbb{Z}$ 中同余的数归为一类，不同余的数归为不同的类，则将 $\mathbb{Z}$ 分为 m 个类，称为模 m 的剩余类或同余类。

若用 $[r]$（或 $r\ \mathrm{mod}\ m$）表示 r 所属的模 m 的剩余类，则 $[r]=\{i|i\equiv r(\mathrm{mod}\ m)\wedge i\in\mathbb{Z}\}$。

定理 7.8　设 $m>0$，$[0]$，$[1]$，…，$[m-1]$ 是模 m 的剩余类，则：

（1）每个整数包含在某一剩余类 $[r]$ 中，$0\leqslant r\leqslant m-1$。

（2）两个整数 a，b 属于同一剩余类，当且仅当 $a\equiv b(\mathrm{mod}\ m)$。

证明　（1）因为对任一整数 a，有 $a=mq+r$，$0\leqslant r\leqslant m-1$，于是 $a\equiv r(\mathrm{mod}\ m)$，所以 $a\in[r]$。

（2）若 a，b 属于同一剩余类 $[r]$，则 $a=q_1m+r$，$b=q_2m+r$，$m|(a-b)$，所以 $a\equiv b(\mathrm{mod}\ m)$。反之，若 $a\equiv b(\mathrm{mod}\ m)$，由剩余类的定义知 a，b 属于同一剩余类。■

定义 7.3　在模 m 剩余类 $[0]$，$[1]$，…，$[m-1]$ 中各取一数 a_0，a_1，…，a_{m-1}，该 m 个数 a_0，a_1，…，a_{m-1} 称为模 m 的一个完全剩余系，0，1，…，$m-1$ 称为模 m 的非负最小完全剩余系。

定义 7.4　若模 m 剩余类中的数与 m 互素，称它为与模 m 互素的剩余类，在与模 m 互素的所有剩余类中各取一数所组成的集合，称为模 m 的一个简化剩余系。

例 1　求证 6，9，12，15，18，21，24，27 是模 8 的一个完全剩余系，而其中 9，15，21，27 是模 8 的一个简化剩余系。

证明　因为 $6\equiv6(\mathrm{mod}\ 8)$，$9\equiv1(\mathrm{mod}\ 8)$，$12\equiv4(\mathrm{mod}\ 8)$，$15\equiv7(\mathrm{mod}\ 8)$，$18\equiv2(\mathrm{mod}\ 8)$，$21\equiv5(\mathrm{mod}\ 8)$，$24\equiv0(\mathrm{mod}\ 8)$，$27\equiv3(\mathrm{mod}\ 8)$，所以 6，9，12，15，18，21，24，27 是模 8 的一个完全剩余系。

因为 9，15，21，27 分别取自与 8 互素的所有剩余类中，所以 9，15，21，27 是模 8 的一个简化剩余系。■

定理 7.9　（1）m 个整数构成模 m 的一个完全剩余系，当且仅当两两对模 m 不同余。

（2）a_0，a_1，…，a_{m-1} 是模 m 的一个完全剩余系，b 是一个整数，则 a_0+b，a_1+b，…，$a_{m-1}+b$ 也是模 m 的一个完全剩余系。

（3）a_0，a_1，…，a_{m-1} 是模 m 的一个完全剩余系，$(b，m)=1$，则 ba_0，ba_1，…，ba_{m-1} 也是模 m 的一个完全剩余系。

（4）a_0，a_1，…，a_{m-1} 是模 m 的一个完全剩余系，b 和 c 是任两个整数，且 $(b，m)=1$，则 ba_0+c，ba_1+c，…，$ba_{m-1}+c$ 也是模 m 的一个完全剩余系。

证明留给读者。

定义 7.5　设 $\varphi(m)$ 为小于或等于 m 且与 m 互素的正整数个数，则称其为欧拉（Euler）函数。

由定义易知，$\varphi(1)=1$，$\varphi(2)=1$，$\varphi(3)=2$，$\varphi(5)=4$，$\varphi(8)=4$。当 p 为素数时，$\varphi(p)=p-1$。

定理 7.10　若 p 为素数，k 为正整数，则 $\varphi(p^k)=p^{k-1}(p-1)$。

证明 因为小于或等于 p^k 且与 p^k 不互素的正整数有 $1\cdot p$，$2\cdot p$，…，$p^{k-1}\cdot p$，共 p^{k-1} 个，所以 $\varphi(p^k)=p^k-p^{k-1}=p^{k-1}(p-1)$。 ■

定理 7.11 （1）模 m 简化剩余系含 $\varphi(m)$ 个数。

（2）若 a_1，a_2，…，$a_{\varphi(m)}$ 是 $\varphi(m)$ 个与 m 互素的整数，则 a_1，a_2，…，$a_{\varphi(m)}$ 是模 m 的一个简化剩余系 ⇔ 它们两两对模 m 不同余。

（3）若 $(a, m)=1$，r_1，r_2，…，$r_{\varphi(m)}$ 是模 m 的一个简化剩余系，则 ar_1，ar_2，…，$a\,r_{\varphi(m)}$ 也是模 m 的一个简化剩余系。

证明 （1）、（2）由定义易得。

（3）因为 r_1，r_2，…，$r_{\varphi(m)}$ 是模 m 的一个简化剩余系，所以 $(r_i, m)=1$。又因为 $(a, m)=1$，所以 $(a\cdot r_i, m)=1$。故 ar_1，ar_2，…，$a\,r_{\varphi(m)}$ 对模 m 两两不同余，即 ar_1，ar_2，…，$a\,r_{\varphi(m)}$ 也是模 m 的一个简化剩余系。 ■

定理 7.12 设 m_1，m_2 是正整数，$(m_1, m_2)=1$，则：

（1）若 a_0，a_1，…，a_{m_1-1} 和 b_0，b_1，…，b_{m_2-1} 分别是模 m_1 和 m_2 的完全剩余系，则 $S=\{m_2a_i+m_1b_j|0\leqslant i\leqslant m_1-1 \wedge 0\leqslant j\leqslant m_2-1\}$ 是模 m_1m_2 的一个完全剩余系。

（2）若 r_1，r_2，…，$r_{\varphi(m_1)}$ 和 r'_1，r'_2，…，$r'_{\varphi(m_2)}$ 分别是模 m_1 和 m_2 的简化剩余系，则 $S=\{m_2r_i+m_1r'_j|0\leqslant i\leqslant \varphi(m_1) \wedge 0\leqslant j\leqslant \varphi(m_2)\}$ 是模 m_1m_2 的一个简化剩余系。

证明 （1）显然 S 有 m_1m_2 个整数。若 $m_2a_i+m_1b_s\equiv m_2a_j+m_1b_t(\text{mod } m_1m_2)$，则 $m_1m_2|m_2(a_i-a_j)+m_1(b_s-b_t)$，$m_1|m_2(a_i-a_j)+m_1(b_s-b_t)$，$m_1|m_2(a_i-a_j)$。同理可证，$m_2|m_1(b_s-b_t)$。又因为 $(m_1, m_2)=1$，所以 $m_1|(a_i-a_j)$，$m_2|(b_s-b_t)$，即 $a_i\equiv a_j(\text{mod } m_1)$，$b_s\equiv b_t(\text{mod } m_2)$，于是 $a_i=a_j$，$b_s=b_t$。从而 S 中两两对模 m_1m_2 不同余。故 S 是模 m_1m_2 的一个完全剩余系。

（2）令 $(m_2r_i+m_1r'_j, m_1m_2)=d$。若 $d\neq 1$，取 d 的素因子 p，则有 $p|m_2r_i+m_1r'_j$，$p|m_1m_2$。若 $p|m_1$，则 $p|m_2r_i$，又因为 $(m_1, r_i)=1$，所以 $(p, r_i)=1$，则 $p|m_2$，与 $(m_1, m_2)=1$ 矛盾。若 $p|m_2$，则 $p|m_1r'_j$，又因为 $(m_2, r'_j)=1$，所以 $(p, r'_j)=1$，则 $p|m_1$，与 $(m_1, m_2)=1$ 矛盾。所以 $d=1$。

又因为由（1）可知 S 中任两个数对 m_1m_2 不同余，故 S 是模 m_1m_2 的一个简化剩余系。 ■

推论 若 $(m_1, m_2)=1$，则 $\varphi(m_2m_2)=\varphi(m_1)\varphi(m_2)$。

定理 7.13 若 $a=p_1^{\alpha_1}p_2^{\alpha_2}\cdots p_n^{\alpha_n}$，$p_1$，$p_2$，…，$p_n$ 是素数，α_1，α_2，…，α_n 是整数，则

$$\varphi(a)=p_1^{\alpha_1-1}(p_1-1)\,p_2^{\alpha_2-1}(p_2-1)\cdots p_n^{\alpha_n-1}(p_n-1)$$

证明 由上述推论得 $\varphi(a)=\varphi(p_1^{\alpha_1})\varphi(p_2^{\alpha_2})\cdots\varphi(p_n^{\alpha_n})$。又因为 $\varphi(p_i^{\alpha_i})=p_i^{\alpha_i-1}(p_i-1)$，所以

$$\varphi(a)=p_1^{\alpha_1-1}(p_1-1)\,p_2^{\alpha_2-1}(p_2-1)\cdots p_n^{\alpha_n-1}(p_n-1)$$ ■

7.3 欧拉定理与威尔逊定理

定理 7.14（欧拉定理） 设 $m\geqslant 2$ 且 $(a, m)=1$，则 $a^{\varphi(m)}\equiv 1(\text{mod } m)$。

证明 设 r_1，r_2，…，$r_{\varphi(m)}$ 是模 m 的一个简化剩余系。因为 $(a, m)=1$，所以 ar_1，ar_2，…，$ar_{\varphi(m)}$ 也是模 m 的一个简化剩余系。于是，$(ar_1)(ar_2)\cdots(ar_{\varphi(m)})\equiv r_1\cdot r_2\cdot\cdots\cdot r_{\varphi(m)}(\text{mod } m)$，即 $a^{\varphi(m)}\cdot r_1\cdot r_2\cdot\cdots\cdot r_{\varphi(m)}\equiv r_1\cdot r_2\cdot\cdots\cdot r_{\varphi(m)}(\text{mod } m)$。因为 $(r_i, m)=1$，所以 $(r_1\cdot r_2\cdot\cdots\cdot r_{\varphi(m)}, m)=1$，于是有 $a^{\varphi(m)}\equiv 1(\text{mod } m)$。 ■

定理 7.14 可用来求一个较大的数被某数除所得的余数。

例 1 求 13^{2001} 被 60 除所得的余数。

解 因为(13，60)=1，所以 $13^{\varphi(60)}\equiv 1(\bmod 60)$。因为 $\varphi(60)=\varphi(2^2\cdot 3\cdot 5)=2\cdot(3-1)\cdot(5-1)=16$，而 $2001=125\times 16+1$，所以 $13^{16}\equiv 1(\bmod 60)$，$13^{2001}=(13^{16})^{125}\cdot 13\equiv 13(\bmod 60)$，即 13^{2001} 被 60 除所得的余数为 13。■

定理 7.15（费马定理） 若 p 是素数，$(a，p)=1$，则 $a^{p-1}\equiv 1(\bmod p)$。

证明 由定理 7.14 得 $a^{\varphi(p)}\equiv 1(\bmod p)$，而 $\varphi(p)=p-1$，所以 $a^{p-1}\equiv 1(\bmod p)$。■

定理 7.15 实际上是定理 7.14 的特例。

例 2 证明 $199\mid\sum_{i=1}^{200} i^{198}$。

证明 因为 199 是素数，所以$(i，199)=1$，$i=1，2，\cdots，198$。于是，$i^{198}\equiv 1(\bmod 199)$，$i=1，2，\cdots，198$。又 $199^{198}\equiv 0(\bmod 199)$，$200^{198}\equiv 1(\bmod 199)$，故

$$\sum_{i=1}^{200} i^{198}\equiv\overbrace{1+1+\cdots+1}^{\text{共198个}}+0+1\equiv 199\equiv 0(\bmod 199)$$ ■

定理 7.16（威尔逊定理） p 为素数当且仅当 $(p-1)!\equiv -1(\bmod p)$。

证明 若 p 为素数，则当 $p=2$ 和 3 时结论显然成立。设 p 是大于 3 的素数，令 $S=\{2,3,\cdots,p-2\}$，$a\in S$，则$(a，p)=1$，于是存在整数 m 和 n，使得 $am+pn=1$ 成立。令 $m=pq+b$，$0\leqslant b<p$，下面说明 $b\neq 1$，$b\neq p-1$，$b\neq a$。若 $b=a$，则有 $apq+a^2+pn=1$，$p\mid(a^2-1)$，这不可能，所以 $b\neq a$。若 $b=1$，则有 $apq+a+pn=1$，$p\mid(a-1)$，这不可能，所以 $b\neq 1$。若 $b=p-1$，则有 $apq+ap-a+pn=1$，$p\mid(a+1)$，这不可能，所以 $b\neq p-1$。于是 $b\in S$ 且 $b\neq a$。因为 $ab=1-apq-pn$，所以 $ab\equiv 1(\bmod p)$。由于 S 中的数可分成$(p-3)/2$ 对，且每对 a 和 b 满足 $ab\equiv 1(\bmod p)$，所以$(p-2)!\equiv 1(\bmod p)$，$(p-1)!\equiv -1(\bmod p)$。

若$(p-1)!\equiv -1(\bmod p)$。令 $p=ab$，$1\leqslant a<p$，则 $a\mid p$。由$(p-1)!\equiv -1(\bmod p)$，则 $p\mid((p-1)!+1)$，于是 $a\mid((p-1)!+1)$。又 $a\mid(p-1)!$，所以 $a\mid((p-1)!+1-(p-1)!)$，即 $a\mid 1$，$a=1$。因而 p 只有因数 1 和 p，故 p 是素数。■

例 3 若 p 是大于 2 的素数，则

$$\left(\frac{p-1}{2}!\right)^2+(-1)^{\frac{p-1}{2}}\equiv 0(\bmod p)$$

证明 小于 p 的正整数可以写成 1，2，…，$\frac{p-1}{2}$，$p-\frac{p-1}{2}$，…，$p-2$，$p-1$。故

$$\begin{aligned}(p-1)!&=1\times 2\times\cdots\times\frac{p-1}{2}\times\left(p-\frac{p-1}{2}\right)\times\cdots\times(p-2)\times(p-1)\\&=1\times 2\times\cdots\times\frac{p-1}{2}\times(p-1)(p-2)\times\cdots\times\left(p-\frac{p-1}{2}\right)\\&\equiv(-1)^{\frac{p-1}{2}}\left(\frac{p-1}{2}!\right)^2(\bmod p)\end{aligned}$$

由威尔逊定理知 $(-1)^{\frac{p-1}{2}}\left(\frac{p-1}{2}!\right)^2\equiv -1(\bmod p)$，即

$$\left(\frac{p-1}{2}!\right)^2+(-1)^{\frac{p-1}{2}}\equiv 0(\mathrm{mod}\ p)$$ ■

7.4 一次同余式

定义 7.6 若 a，b 都是整数，且 $a\not\equiv 0(\mathrm{mod}\ m)$，则称 $ax\equiv b(\mathrm{mod}\ m)$为模 m 的一次同余式。若 x_0 满足 $ax_0\equiv b(\mathrm{mod}\ m)$，则 $x\equiv x_0(\mathrm{mod}\ m)$称为它的解。其全部解可表示为：$x_0+mk$，$k=0$，$\pm1$，$\pm2$，…。

不同的解是指互不同余的解。

定理 7.17 （1）设$(a, m)=1$，$m>0$，则 $ax\equiv b(\mathrm{mod}\ m)$恰有一解，且 $x\equiv b\,a^{\varphi(m)-1}(\mathrm{mod}\ m)$。

（2）设$(a, m)=d$，$m>0$，则 $ax\equiv b(\mathrm{mod}\ m)$有解，当且仅当 $d|b$。

（3）设$(a, m)=d$，$m>0$，$d|b$，则 $ax\equiv b(\mathrm{mod}\ m)$恰有 d 个解：$x\equiv c+k\dfrac{m}{d}(\mathrm{mod}\ m)$，$k=0$，1，…，$d-1$，这里 $x\equiv c(\mathrm{mod}\ m)$是 $\dfrac{a}{d}x\equiv\dfrac{b}{d}\left(\mathrm{mod}\ \dfrac{m}{d}\right)$的惟一解。

证明 （1）解的存在性。因为$(a, m)=1$，所以存在整数 s 和 t 使得 $as+mt=1$，于是 $asb+mtb=b$，则 $asb\equiv b(\mathrm{mod}\ m)$。即方程 $ax\equiv b(\mathrm{mod}\ m)$有解 $x\equiv sb(\mathrm{mod}\ m)$。

解的惟一性。设 x 和 y 是其两个解，则 $m|a(x-y)$。因为$(a, m)=1$，所以 $m|(x-y)$，于是 $x\equiv y(\mathrm{mod}\ m)$。由欧拉定理有 $a^{\varphi(m)}\equiv 1(\mathrm{mod}\ m)$，所以，解为 $x\equiv b\,a^{\varphi(m)-1}(\mathrm{mod}\ m)$。

（2）若 $ax\equiv b(\mathrm{mod}\ m)$有解，则由 $d|a$ 和 $d|m$ 得 $d|b$。反之，若 $d|b$，则因$\left(\dfrac{a}{d},\dfrac{m}{d}\right)=1$，于是$\left(\dfrac{a}{d}x\right)\equiv\dfrac{b}{d}\left(\mathrm{mod}\ \dfrac{m}{d}\right)$有解，即 $ax\equiv b(\mathrm{mod}\ m)$有解。

（3）c 是 $ax\equiv b(\mathrm{mod}\ m)$的解$\Leftrightarrow c$ 是 $\dfrac{a}{d}x\equiv\dfrac{b}{d}\left(\mathrm{mod}\ \dfrac{m}{d}\right)$的解。而由$(a, m)=d$，有$\left(\dfrac{a}{d},\dfrac{m}{d}\right)=1$。于是由（1）得，$\dfrac{a}{d}x\equiv\dfrac{b}{d}\left(\mathrm{mod}\ \dfrac{m}{d}\right)$有惟一解，记为 $x\equiv c\left(\mathrm{mod}\ \dfrac{m}{d}\right)$，即 $x=c+k\dfrac{m}{d}$，$k=0$，±1，±2，…。

对模 m 恰可选出 d 个互不同余的整数 c，$c+\dfrac{m}{d}$，$c+2\dfrac{m}{d}$，…，$c+(d-1)\dfrac{m}{d}$。

因为对 $c+k\dfrac{m}{d}$，令 $k=qd+r$，$0\leqslant r<d$，则 $c+k\dfrac{m}{d}\equiv c+r\dfrac{m}{d}(\mathrm{mod}\ m)$。又若 $0\leqslant e$，$f<d$，$c+e\dfrac{m}{d}\equiv c+f\dfrac{m}{d}(\mathrm{mod}\ m)$，则 $e=f$。所以 c，$c+\dfrac{m}{d}$，$c+2\dfrac{m}{d}$，…，$c+(d-1)\dfrac{m}{d}$两两互不同余。因此结论成立。 ■

例 1 求解下列一次同余式。

（1）$3x\equiv 10(\mathrm{mod}\ 29)$。

（2）$40x\equiv 191(\mathrm{mod}\ 6191)$。

（3）$258x\equiv 131(\mathrm{mod}\ 348)$。

解 （1）因为(3, 29)=1，所以方程有惟一解。利用辗转相除法求得使 $3x+29y=1$ 成立的 x 和 y 为 $x=10$，$y=-1$。于是 $3\cdot 10+29\cdot(-1)=1$，$3\cdot 100+29\cdot(-10)=10$，所以 $x\equiv 100\equiv 13(\mathrm{mod}\ 29)$。

（2）因为(40，6191)=1，所以方程有惟一解。利用辗转相除法求得使 $40x+6191y=1$ 成立的 x 和 y 为 $x=1393$，$y=-9$。于是 $40\cdot1393+6191\cdot(-9)=1$，$40\cdot1393\cdot191+6191\cdot(-9\cdot191)=191$，所以 $x\equiv1393\cdot191\equiv6041 \pmod{6191}$。

（3）因为(258，348)=6，而 $6\nmid131$，所以方程无解。■

将一次同余方程进行推广，可以得到以下的 n 次同余方程。

定义 7.7 给定正整数 m，及 n 次整系数多项式

$$f(x)=\sum_{i=0}^{n}a_i x^i \tag{1}$$

则

$$f(x)\equiv0 \pmod m \tag{2}$$

称为模 m 同余式。

若 $a_n\not\equiv0 \pmod m$，则称（2）为 n 次同余式，n 是其次数。若 x_0 满足 $f(x)\equiv0 \pmod m$，称 $x\equiv x_0 \pmod m$ 是（2）的解。所有对模 m 两两不同余的解的个数称为（1）的解数。

例 2 求同余方程 $4x^2+27x-12\equiv0 \pmod{15}$ 的解。

解 取模 15 的非负最小完全剩余系 0，1，2，…，14，直接计算知 $x=3$ 和 9 是解。所以这个同余方程的解为：$x\equiv3,9 \pmod{15}$。■

下面，给出几个常用的性质。

定理 7.18 （1）若 $f(x)\equiv g(x) \pmod m$，则同余方程（2）的解和解数与同余方程 $g(x)\equiv0 \pmod m$ 相同。

（2）若 $(a, m)=1$，则同余方程（2）的解和解数与同余方程 $af(x)\equiv0 \pmod m$ 相同。

证明留给读者。

定理 7.19 同余式组 $a\equiv b \pmod{m_j}$（$j=1, 2, \cdots, k$）同时成立，当且仅当 $a\equiv b \pmod{[m_1, m_2, \cdots, m_k]}$。

证明留给读者。

定理 7.20 若 p 是素数，$f(x)=\sum_{i=0}^{n}a_i x^i$ 是整系数多项式，$n>0$，$a_n\not\equiv0 \pmod p$，则（2）最多有 n 个解。

证明 对 n 作归纳法。当 $n=1$ 时，$a_1x+a_0\equiv0 \pmod p$，因为 $(a_1, p)=1$，所以方程（2）恰有一解。假设对次数为 $n-1$ 结论成立，下证对 n 结论也成立。

当 $n\geqslant p$ 时，方程（2）的解最多为 p 个（即 0，1，…，$p-1$），结论显然成立，故可设 $n\leqslant p-1$。

假设（2）有 $n+1$ 个解 x_0，x_1，…，x_n，$x_i\not\equiv x_j \pmod p$，其中 $0\leqslant i<j\leqslant n$。因为 $f(x)-f(x_0)=\sum_{i=1}^{n}a_i(x^i-x_0^i)=(x-x_0)g(x)$，其中 $g(x)$ 是首系数为 a_n 的 $n-1$ 次整系数多项式，所以 $f(x_k)-f(x_0)=(x_k-x_0)g(x)\equiv0 \pmod p$。但若 $k>0$，$x_k-x_0\not\equiv0$，故 $g(x)\equiv0 \pmod p$ 有 n 个解，与归纳假设矛盾。故结论成立。■

定理 7.21 设 $f(x)=\sum_{i=0}^{n} a_i x^i \equiv 0 \pmod p$ 的解的个数大于 n，其中 p 是素数，a_i 是整数，则 $p|a_i$，$0 \leqslant i \leqslant n$。

证明 若某些系数不被 p 整除，令其最大下标为 m，$m \leqslant n$，于是有 m 次同余式 $\sum_{i=0}^{m} a_i x^i \equiv 0 \pmod p$ 的解的个数大于 m，与定理 7.20 矛盾。 ■

例 3 对任给素数 p，$f(x)=(x-1)(x-2)\cdots(x-p+1)-x^{p-1}+1$ 的所有系数被 p 整除。

证明 令 $g(x)=(x-1)(x-2)\cdots(x-p+1)$，$h(x)=x^{p-1}-1$，则 $f(x)=g(x)-h(x)$。因为 1，2，…，$p-1$ 是 $g(x)\equiv 0 \pmod p$ 的 $p-1$ 个解，由费马定理知它也是 $h(x)\equiv 0 \pmod p$ 的 $p-1$ 个解，所以 $f(x)\equiv 0 \pmod p$ 有 $p-1$ 个解，而 $f(x)$ 是 $p-2$ 次多项式，由定理 7.20 得，其所有系数被 p 整除。 ■

7.5 一次同余式组

本节讨论最简单的同余方程组，即由下面给出的一次同余方程组：

$$x \equiv b_1 \pmod{m_1},\ x \equiv b_2 \pmod{m_2},\ \cdots,\ x \equiv b_k \pmod{m_k} \qquad (1)$$

定理 7.22（孙子定理） 设 m_1，m_2，…，m_k 是两两互素的 k 个正整数，$k \geqslant 2$，并且 $m=m_1 m_2 \cdots m_k$，$m=m_j M_j$，$1 \leqslant j \leqslant k$，则一次同余方程组（1）有惟一解：

$$x \equiv b_1 M_1' M_1 + b_2 M_2' M_2 + \cdots + b_k M_k' M_k \pmod m \qquad (2)$$

其中，整数 M_j' 满足 $M_j' M_j \equiv 1 \pmod{m_j}$，$1 \leqslant j \leqslant k$。其中 M_j' 也称为 M_j 对模 m_j 的逆，记为 M_j^{-1}。

证明 解的惟一性。若 c_1，c_2 是（1）的解，则 $c_1 \equiv c_2 \pmod{m_j}$，于是 $m_j|(c_1-c_2)$。因为 m_1，m_2，…，m_k 两两互素，所以 $m|(c_1-c_2)$，即有 $c_1 \equiv c_2 \pmod m$。故（1）的解是惟一的。

解的存在性。易知 $(M_j, m_j)=1$，于是存在整数 M_j' 和 m_j'，使得 $M_j' M_j + m_j' m_j = 1$，从而有 $M_j' M_j \equiv 1 \pmod{m_j}$。当 $i \neq j$ 时，由 $(m_i, m_j)=1$ 和 $m_j | m_i M_i$ 得 $m_j | M_i$，所以 $b_i M_i' M_i \equiv 0 \pmod{m_j}$。从而有 $b_1 M_1' M_1 + b_2 M_2' M_2 + \cdots + b_k M_k' M_k \equiv b_j M_j' M_j \equiv b_j \pmod{m_j}$。故（2）是（1）的解。 ■

例 1 今有物不知其数，三三数之剩二，五五数之剩三，七七数之剩二，问物几何？

解 由题意得 $x \equiv 2 \pmod 3$，$x \equiv 3 \pmod 5$，$x \equiv 2 \pmod 7$。

令 $m_1=3$，$m_2=5$，$m_3=7$，$b_1=2$，$b_2=3$，$b_3=2$，则 $m=105$，$M_1=35$，$M_2=21$，$M_3=15$。

利用辗转相除法求得 $M_1'=-1$，$M_2'=1$，$M_3'=1$。

所以，$x \equiv 2\cdot 35\cdot(-1)+3\cdot 21\cdot 1+2\cdot 15\cdot 1 \equiv 23 \pmod{105}$。 ■

例 2 韩信点兵：有兵若干，若列成 5 行纵队，则末行 1 人，若列成 6 行纵队，则末行 5 人，若列成 7 行纵队，则末行 4 人，若列成 11 行纵队，则末行 10 人，求兵数？

解 由题意得 $x \equiv 1 \pmod 5$，$x \equiv 5 \pmod 6$，$x \equiv 4 \pmod 7$，$x \equiv 10 \pmod{11}$。

令 $m_1=5$，$m_2=6$，$m_3=7$，$m_4=11$，$b_1=1$，$b_2=5$，$b_3=4$，$b_4=10$，则 $m=2310$，$M_1=462$，$M_2=385$，$M_3=330$，$M_4=210$。

利用辗转相除法求得 $M_1'=-2$，$M_2'=1$，$M_3'=1$，$M_4'=1$。

所以，$x \equiv 1\cdot(-2)\cdot 462+5\cdot 1\cdot 385+4\cdot 1\cdot 330+10\cdot 1\cdot 210 \equiv 4421 \equiv 2111 \pmod{2310}$。 ■

定理 7.23 一次同余组

$$x \equiv b_1 (\bmod\ m_1),\ x \equiv b_2 (\bmod\ m_2) \tag{3}$$

有解$\Leftrightarrow(m_1,\ m_2)|(b_1-b_2)$，且当（3）有解时对$[m_1,\ m_2]$有惟一解。

证明　设 x_0 是（3）的解，$(m_1, m_2)=d$，则有 $m_1|(x_0-b_1)$，$m_2|(x_0-b_2)$，于是 $d|(x_0-b_1)$，$d|(x_0-b_2)$，从而有 $d|((x_0-b_2)-(x_0-b_1))$，故 $d|(b_1-b_2)$。

反之，若$(m_1,\ m_2)|(b_1-b_2)$，由 $x\equiv b_1(\bmod m_1)$可写成 $x=b_1+m_1y$，代入 $x\equiv b_2(\bmod m_2)$得

$$m_1 y\equiv b_2-b_1(\bmod m_2) \tag{4}$$

因为$(m_1,\ m_2)=d$，$d|(b_1-b_2)$，所以由定理 7.17（3）可知，（4）恰有 d 个解：$y\equiv y_0+k\dfrac{m_2}{d}\ (\bmod m_2)$，$k=0$，1，2，…，$d-1$。其中 $y\equiv y_0(\bmod\ \dfrac{m_2}{d})$是$\dfrac{m_1}{d}y\equiv\dfrac{b_2-b_1}{d}(\bmod\ \dfrac{m_2}{d})$的惟一解。

所以（3）的全部 d 个解为：$x=b_1+m_1y=b_1+m_1y_0+k\dfrac{m_1m_2}{d}(\bmod\ m_1m_2)$，$k=0$，1，2，…，$d-1$。

显然该解关于模$[m_1,\ m_2]$是惟一的。■

7.6　数论在密码学中的应用

在现实生活中，有时由于某种原因，要将一个信息传送给一方而不想让其他人知道，为此，常需将信息以伪装形式（如密码）传送，然后由合法接收者识别出真实信息。鉴于此，密码学的研究有两个方面：第一，密码编制。研究信息安全伪装形式的方法，既要使合法接收者容易识别密码的真实含义，又要防止非法接收到密码的人从密码中获得这些信息。第二，密码分析。在获得某个密码后，对之进行分析，了解所传送的真实内容。

编制密码的方法多种多样，但目前主要是应用数论方法。下面，我们将通过密码编制的方法，介绍数论在密码中的应用。

首先，需要把所传送的信息分为等长的几段（最后一段长度不足时补空格），每一段称为一个信息单元。其次，还需要建立文字语言与数学符号间的联系。若所要传送的信息原文由 26 个英文字母 a，b，c，…，z 及空格“␣”、逗号“,”、句号“。”和感叹号“!”组成，则将这些符号依次与 0，1，…，29（此时 $N=30$）一一对应。而且，若信息单元 P 含有 k 个符号 P_0，P_1，…，P_{k-1}，则记 $P=(P_0,\ P_1,\ \cdots,\ P_{k-1})$，同时 P_i 表示它所对应的整数，即 $0\leqslant P_i\leqslant N-1$，令

$$P\to P_0N^{k-1}+P_1N^{k-2}+\cdots+P_{k-1} \tag{1}$$

则信息单元集合与整数集合$\{0,\ 1,\ \cdots,\ N^k-1\}$之间建立了一一对应的关系。

例 1　若使用上述的符号表编写信息“thank you!”使得：

（1）信息单元含一个字符。

（2）信息单元含两个字符。

在这两种情形下，分别写出信息所对应的整数。

解　（1）信息单元含一个字符时，信息所对应的整数为 19，7，0，13，10，26，24，14，20，29。

（2）信息单元含两个字符时，应先将信息分为长度为 2 的几个单元，即：th an k␣ yo u! 再利用（1）求出每个单元对应的整数：

th→19·30+7=577，an→0·30+13=13，k␣→10·30+26=326，

$$yo\to 24\cdot 30+14=734,\quad u!\to 20\cdot 30+29=629$$

信息所对应的整数为 577，13，326，734，629。■

反之，若已知某信息所对应的整数串及信息单元的长度，可以通过把整数写成（1）式的形式求出信息原文。

在完成了上面的工作之后，就可以实施对信息的加密了，为了表示方便，用 P 表示长度为 k 的原文信息单元，用 E 表示长度为 k 的加密后的密码信息单元，也用它们表示相应的 0 到 N^k-1 间的整数。

7.6.1 仿射加密法

定义 7.8 设 $(a, N)=1$，由 $E=aP+b(\text{mod } N^k)$ 所确定的加密方法叫做仿射加密方法，其中 $a, b\in\mathbb{Z}$，且 $0\leqslant b<N^k$，E 是 $aP+b$ 对于模 N^k 的最小非负剩余。

本密码法的收发程序如下：

（1）发报者秘密选取一组整数 a，b，使得 $(a, N)=1$，$0\leqslant b<N^k$，根据 $aa^{-1}\equiv 1(\text{mod } N^k)$ 和 $E\equiv aP+b(\text{mod } N^k)$，计算出 E 和 a^{-1}。

（2）发报者（公开）发送 E 给收报者，同时想办法通过一秘密途径将 a^{-1} 和 b 告诉收报者。

（3）收报者利用 $P\equiv a^{-1}(E-b)(\text{ mod } N^k)$ 解出 P，$0\leqslant P<N^k$，从而得出信息的真实内容。

下面，我们以“thank you!”的收发报情形为例：

发报方：因为 $N=30$，故可选 $a=1$，$b=290$，则 $a^{-1}=1$。若信息单元有两个符号，则：

$$th\to 577\to 577\cdot 1+290\equiv 867(\text{mod } 30^2)$$
$$an\to 13\to 13\cdot 1+290\equiv 303(\text{mod } 30^2)$$
$$k␣\to 326\to 326\cdot 1+290\equiv 616(\text{mod } 30^2)$$
$$yo\to 734\to 734\cdot 1+290\equiv 124(\text{mod } 30^2)$$
$$u!\to 629\to 629\cdot 1+290\equiv 19(\text{mod } 30^2)$$

因此，发报方发出信号 867，303，616，124，19，并想办法秘密传送 a^{-1} 和 b 给收报方。

收报方利用得到的 a^{-1} 和 b 及接收到的密码信息 E，通过 $P\equiv a^{-1}(E-b)(\text{ mod } N^k)$ 解出 P，从而得出信息的真实内容。

$$867\to 1\cdot(867-290)\equiv 577(\text{mod } 30^2)=19\cdot 30+7\to th$$
$$303\to 1\cdot(303-290)\equiv 13(\text{mod } 30^2)=0\cdot 30+13\to an$$
$$616\to 1\cdot(616-290)\equiv 326(\text{mod } 30^2)=10\cdot 30+26\to k␣$$
$$124\to 1\cdot(124-290)\equiv 734(\text{mod } 30^2)=24\cdot 30+14\to yo$$
$$19\to 1\cdot(19-290)\equiv 629(\text{mod } 30^2)=20\cdot 30+29\to u!$$

因此，真实信息为“thank you!”。

可以看出，由于 a^{-1} 和 b 的传送，使这种密码的安全性大为降低。同时，在现实生活中，无论用什么语言符号传送信息，各个信息单元的出现频率总是有差别的。如英语的 26 个字母中出现频率较高的是 e，t，a，o，n，较低的是 z，q，j，x，k，这样，密码分析人员可以利用统计手段，通过比较密码单元与原文单元的出现频率，猜出几对互相对应的信息单元，从而利用下面的方法得到解密公式。

例 2 已知信息单元含两个符号，符号表由 26 个英文字母及空格（用␣表示）组成（依次对应整数 0，1，…，26），统计分析后发现，密码写成的文字中出现频率最高的信息单元依次是 za、ia 与 iw，又已知在正常英文中出现频率最高的信息单元依次是 e␣、s␣与␣t，试求出所使用的仿射加密方法的解密公式。

解 由题可猜想：密码文 za、ia 与 iw 依次对应的正常英文是 e␣、s␣与␣t。即

$$e␣\to 4\cdot 27+26=134\to za\to 25\cdot 27+0=675$$

$$s␣\to 18\cdot 27+26=512\to ia\to 8\cdot 27+0=216$$

$$␣t\to 26\cdot 27+19=721\to iw\to 8\cdot 27+22=238$$

若设解密公式为 $P\equiv a'E+b'(\bmod 27^2)$，其中 $0\leqslant P<27^2=729$。则

$$134\equiv 675a'+b'(\bmod\ 27^2) \tag{2}$$

$$512\equiv 216a'+b'(\bmod\ 27^2) \tag{3}$$

$$721\equiv 238a'+b'(\bmod\ 27^2) \tag{4}$$

将（2）、（4）两式相减得 $437a'\equiv 142(\bmod\ 27^2)$，因此 $a'\equiv 374(\bmod\ 27^2)$，代入（2）解得 $b'\equiv 647(\bmod 27^2)$。因此，可取 $a'=374$，$b'=647$。所求解密公式为：$P\equiv 374E+647(\bmod 27^2)$。

一般来说，（2）、（3）、（4）三个方程中的任何两个都可确定 a'和 b'的值，只不过可能得到不止一组解，如将（2）、（3）相减得 $459a'\equiv 351(\bmod 27^2)$，因为$(459，27^2)=27|351$，故这个方程对模 27^2 有 27 个不同的解。于是得到 27 组可能的 a'和 b'的值，为了得到正确的一组，只能试译密码，进行验证。 ■

仿射加密方法是单钥密码系统的一种，由于前面谈到的不安全性及易破解性，在 20 世纪 70 年代后期，随着公钥密码系统的出现，单钥密码已经越来越少用了。从实用的观点来看，由于“保密”本身是有时间性的，因此，只要在某个时间期限内，密文不被破译，就认为这个系统是安全的。

7.6.2 RSA 系统

这个系统的基础是“大整数因数分解的困难程度”，本系统的收发程序如下：

（1）收报方随机地选取大素数 p 与 q，计算 $n=pq$，$\varphi(n)=(p-1)(q-1)$，再随机地选取 $e\in N$，且$(e，\varphi(n))=1$，$e<\varphi(n)$，并计算 d，使 $ed\equiv 1(\bmod \varphi(n))$。然后，公开告诉发报者 n 和 e，对 p，q，$\varphi(n)$及 d 采取保密措施。

（2）发报者收到 n 和 e 后，首先将他想要发出的信息分为等长的一些信息单元，使每个信息单元所对应的 P 满足 $0\leqslant P<n$，并计算密文：

$$E\equiv P^e(\bmod\ n)，0\leqslant E<n \tag{5}$$

将 E 公开传给收报者。

（3）收报者得到密文 E 时，可根据下式确定原文 P：

$$P\equiv E^d(\bmod n)，0\leqslant P<n \tag{6}$$

以上系统简记为 RSA$(n，e)$。

因为$(e,\varphi(n))=1$，所以必存在整数r,d，使得$ed-r\varphi(n)=1$，故必可找到d，使得$ed\equiv 1(\bmod\ \varphi(n))$。

若$(P,\ n)=1$，由费马定理可知$P^{p-1}\equiv 1(\bmod\ p)$，$P^{q-1}\equiv 1(\bmod\ q)$，故$P^{(p-1)(q-1)}\equiv 1(\bmod\ pq)$，即

$$P^{ed}=P^{1+r\varphi(n)}\equiv P(\bmod\ n) \tag{7}$$

若$(P,\ n)\neq 1$，则也可得到（7）。

故（5）式的解的确是（6），这就说明了 RSA$(n,\ e)$系统是建立在正确的理论基础上的。

同时，对于密码分析人员来说，若能将n分解为素因数，则可求出$\varphi(n)$，进而求出d，即可破译密码；若能利用其他手段求得$\varphi(n)$，也可求出d来破译密码。但无论哪种方法，都与将n分解因数在计算上的困难不相上下，又由于p，q，$\varphi(n)$，d只由收报方掌握（发报方也不知道），故这个系统的安全性较有保障。即当p，q很大时，这个系统在短时间内是很难破译的。

7.6.3 MH 系统

在本系统中，所有的信息必须写成二进制的形式，例如，若“我”的代码是 3314，则应写成 $3314=2^{11}+2^{10}+2^7+2^6+2^5+2^4+2^1$ 即 110011110010，然后将信息分为长度为n的信息单元，下面是 MH 系统的收发程序。

（1）由收报方秘密地选取一组正整数$(a_1,\ a_2,\ \cdots,\ a_n)$，使其满足：$a_i>\sum_{j=1}^{i-1}a_j$（$2\leqslant i\leqslant n$）；再选一素数$M$，使得$M>\sum_{i=1}^{n}a_i$；再选一数$k$，使得$(M,\ k)=1$。计算$b_i\equiv ka_i(\bmod\ M)$，其中$1\leqslant b_i<M$，$1\leqslant i\leqslant n$，$k^{-1}$使$k k^{-1}\equiv 1(\bmod\ M)$。然后，将$(b_1,\ b_2,\ \cdots,\ b_n)$公开，将$M$，$k$，$k^{-1}$以及$(a_1,\ a_2,\ \cdots,\ a_n)$保密。

（2）发报方根据$(b_1,\ b_2,\ \cdots,\ b_n)$对信息单元$P$（$P=(p_1,\ p_2,\ \cdots,\ p_n)_2$二进制表示）加密，即计算$E=\Sigma b_i p_i$，并将$E$告诉收报方。

（3）收报方解密。先计算$E_0\equiv k^{-1}E(\bmod\ M)$，$0\leqslant E_0<M$。再由$E_0=a_1p_1+a_2p_2+\cdots+a_np_n$求出$p_i$，从而得出$P$。

例 3 （1）收报方令$n=5$，$(a_1,\ a_2,\ a_3,\ a_4,\ a_n)=(1,\ 2,\ 4,\ 8,\ 16)$，取$M=37$，$k=13$，则计算得$k^{-1}=20$，且

$b_1\equiv 13\cdot 1\equiv 13(\bmod\ 37)$，　$b_2\equiv 13\cdot 2\equiv 26(\bmod\ 37)$，　$b_3\equiv 13\cdot 4\equiv 15(\bmod\ 37)$

$b_4\equiv 13\cdot 8\equiv 30(\bmod\ 37)$，　$b_5\equiv 13\cdot 16\equiv 23(\bmod\ 37)$

即发出$(b_1,\ b_2,\ b_3,\ b_4,\ b_n)=(13,\ 26,\ 15,\ 30,\ 23)$。

（2）假定发报方要发的情报是 1010100001，首先将其分为长度为 5 的两个信息单元 10101 和 00001，然后对每个信息单元加密，下面以 10101 为例。

$$E=1\cdot 13+0\cdot 26+1\cdot 15+0\cdot 30+1\cdot 23=51$$

发报方发出密码 51。

（3）收报方收到E后，计算$E_0\equiv 20\cdot 51\equiv 21(\bmod\ 37)$。设$E_0=21=a_1p_1+a_2p_2+a_3p_3+a_4p_4+a_5p_5$，即

$$p_1+2p_2+4p_3+8p_4+16p_5=21，故\ p_1=p_3=p_5=1，p_2=p_4=0。$$

这样收报方就知道了信息的原文。 ■

7.7　典型例题分析

例 1　用弃 9 法验证 16·937·1559=23 373 528 是否正确。

【相关知识】 同余。

【分析】 弃 9 法：若 $a=\sum_{i=0}^{n}a_i\cdot 10^i$，$b=\sum_{i=0}^{n}b_i\cdot 10^i$，$c=\sum_{i=0}^{n}c_i\cdot 10^i$，$\sum_{i=0}^{n}a_i\cdot\sum_{i=0}^{n}b_i\not\equiv\sum_{i=0}^{n}c_i \pmod 9$，则 $ab\neq c$。

解　因为 $16\equiv 7 \pmod 9$，$937\equiv 3+7\equiv 1 \pmod 9$，$1559\equiv 1+5+5\equiv 2 \pmod 9$，$23\,373\,528\equiv 2+3+3+7+3+5+2+8\equiv 6 \pmod 9$，而 $7\cdot 1\cdot 2\not\equiv 6 \pmod 9$，故原式计算错误。

例 2　若 p 是素数，证明 $1^2\cdot 3^2\cdot 5^2\cdot\cdots\cdot(p-2)^2\equiv(-1)^{\frac{p+1}{2}} \pmod p$。

【相关知识】 素数、同余。

【分析】 威尔逊定理：p 为素数当且仅当 $(p-1)!\equiv -1 \pmod p$。

解　由威尔逊定理得 $(p-1)!\equiv -1 \pmod p$。又 $i\equiv -(p-i) \pmod p$，所以当 i 取 2，4，…，$p-1$ 时有

$$1^2\cdot 3^2\cdot 5^2\cdot\cdots\cdot(p-2)^2\equiv(-1)^{\frac{p-1}{2}}(p-1)!\equiv(-1)^{\frac{p+1}{2}} \pmod p$$

例 3　证明：当 $m>2$ 时，0^2，1^2，…，$(m-1)^2$ 一定不是模 m 的完全剩余系。

【相关知识】 剩余类、完全剩余系。

【分析】 a_0，a_1，…，a_{m-1} 是模 m 的一个完全剩余系 $\Leftrightarrow$ a_0，a_1，…，a_{m-1} 两两互不同余。

解　因为 $(m-k)^2-k^2=m^2-2mk$，所以 $k^2\equiv(m-k)^2 \pmod m$。故 0^2，1^2，…，$(m-1)^2$ 一定不是模 m 的完全剩余系。

例 4　求解同余方程 $19x\equiv 556 \pmod{1155}$。

【相关知识】 同余方程、同余方程组。

【分析】 可以直接求解，也可将其化为模较小的同余方程组求解。

解　方法 1：因为 $(19,1155)=1$，所以方程有惟一解。由 $1155=3\cdot 5\cdot 7\cdot 11$，所以 $\varphi(1155)=2\cdot 4\cdot 6\cdot 10=480$。故方程的解为 $x\equiv 556\cdot 19^{\varphi(1155)-1}\equiv 556\cdot 19^{479}\equiv 394 \pmod{1155}$。

方法 2：因为 $1155=3\cdot 5\cdot 7\cdot 11$，所以由定理 7.19 可知，这个同余方程和以下同余方程组的解相同：

$$\begin{cases}19x\equiv 556 \pmod 3\\ 19x\equiv 556 \pmod 5\\ 19x\equiv 556 \pmod 7\\ 19x\equiv 556 \pmod{11}\end{cases}$$

由定理 7.18，可将上述同余方程组转化为以下同余方程组：

$$\begin{cases}x\equiv 1 \pmod 3\\ x\equiv -1 \pmod 5\\ x\equiv 2 \pmod 7\\ x\equiv -2 \pmod{11}\end{cases}$$

利用孙子定理求得方程组的解为 $x\equiv 394 \pmod{1155}$。

7.8 上机实验

1. 实验内容

（1）判断一次同余式 $ax\equiv b\ (\mathrm{mod}\ m)$ 是否有解，若有解，求出其所有解。

（2）已知一次同余方程组：

$$\begin{aligned} x &\equiv b_1\ (\mathrm{mod}\ m_1) \\ x &\equiv b_2\ (\mathrm{mod}\ m_2) \\ &\cdots \\ x &\equiv b_k\ (\mathrm{mod}\ m_k) \end{aligned}$$

其中，m_1，m_2，…，m_k 是两两互素的 k 个正整数，$k\geqslant 2$，求其解。

2. 实验目的

数论是一门主要研究整数性质的学科。近几十年来，数论在计算机科学、组合数学、代数编码、密码学、数字信号处理等领域得到了广泛的应用。通过该组实验，目的是让学生更加深刻地理解同余、一次同余式和一次同余式组等概念，并掌握一次同余式和一次同余式组的求解方法。

3. 算法的主要思想

（1）先求 a 和 m 的最大公因数 (a, m)。

若 $(a,m)=1$，求 a 和 m 的最大公因数 (a,m) 的线性表达式 $as+mt=1$，得其惟一解 $x=(s*b)\%m\ (\mathrm{mod}\ m)$；

否则，判断 d 是否整除 b。若 d 整除 b，令 $u=a/d$，$v=m/d$，求 u 和 v 的最大公因数 (u, v) 的线性表达式 $us+vt=(u, v)$，得其 d 个解：$x\equiv c+k\dfrac{m}{d}\ (\mathrm{mod}\ m)$，$k=0, 1, \cdots, d-1$，这里 $x\equiv c\ (\mathrm{mod}\ m)$ 是 $\dfrac{a}{d}x\equiv\dfrac{b}{d}\left(\mathrm{mod}\ \dfrac{m}{d}\right)$ 的惟一解；否则无解。

（2）求 $m=m_1m_2\cdots m_k$，$M_i=m_i/m$，$i=1, \cdots, k$。

求 m_i 和 M_i 的最大公因数 (m_i, M_i) 的线性表达式 $m_is_i+M_it_i=1$，$i=1, \cdots, k$。计算 $x=b_1s_1M_1+b_2s_2M_2+\cdots+b_ks_kM_k$，求得解：$x\equiv x\%m\ (\mathrm{mod}\ m)$。

习　题

1．证明：当 $a\equiv b\ (\mathrm{mod}\ m)$ 时，对任何正整数，$a^n\equiv b^n\ (\mathrm{mod}\ m)$。

2．设 a，b 是非零整数，m 是满足 $m>|a|+|b|$ 的正整数，证明：当 $a\equiv b\ (\mathrm{mod}\ m)$ 时，必有 $a=b$。

3．用弃 9 法验证下列计算是否正确：

（1）$4568\times 7391=30\ 746\ 529$；（2）$16\times 937\times 1559=23\ 373\ 528$。

4．完成定理 7.9 的证明。

5．写出模 12 的最小非负完全剩余系。

6．证明：0 和 2^k（$k=0, 1, \cdots, 9$）构成模 11 的完全剩余系。

7．写出模 7，12，15，30 的最小非负简化剩余系。

8．证明：对任何正整数 n，2^n+1 不是 7 的倍数。

9．设 p 是素数，a_1，a_2，…，a_n 是整数，证明 $(a_1+a_2+\cdots+a_n)^p\equiv a_1^p+a_2^p+\cdots+a_n^p\pmod p$。

10．设 p, q 是不同的奇素数，证明：如果 $a^{p-1}\equiv 1\pmod q$，$a^{q-1}\equiv 1\pmod p$，则必有 $a^{pq}\equiv a\pmod{pq}$。

11．设 m 是大于 1 的正整数，a 是满足 $(a, m)=1$ 的整数。证明：存在整数 $\bar{a}$ 使得 $a\bar{a}\equiv 1\pmod m$。

12．设 p 是奇素数，a 是满足 $a<p$ 的正整数，证明：同余式 $ax\equiv b\pmod p$ 恰有解

$$x\equiv(-1)^{a-1}\frac{(p-1)(p-2)\cdots(p-a+1)}{a!}b\pmod p$$

13．若 m 是大于 2 的整数，则 $\varphi(m)$ 是偶数。

14．设 m 是大于 1 的整数，证明不大于 m 且与 m 互素的所有正整数之和为 $\frac{1}{2}m\varphi(m)$。

15．设 a_0，a_1，…，a_{m-1} 和 b_0，b_1，…，b_{m-1} 分别是模 m 的完全剩余系，则当 $2|m$ 时，a_0+b_0，a_1+b_1，…，$a_{m-1}+b_{m-1}$ 不是模 m 的完全剩余系。

16．完成定理 7.18 的证明。

17．完成定理 7.19 的证明。

18．求解下列一次同余式：

（1）$3x\equiv 10\pmod{29}$；（2）$258x\equiv 131\pmod{348}$。

19．解同余式组：

（1）$\begin{cases}x\equiv 2\pmod 5\\ x\equiv 1\pmod 6\\ x\equiv 3\pmod 7\end{cases}$；　（2）$\begin{cases}x\equiv 6\pmod{35}\\ x\equiv 11\pmod{55}\\ x\equiv 2\pmod{33}\end{cases}$

20．证明同余式组 $\begin{cases}x\equiv a\pmod{m_1}\\ x\equiv a\pmod{m_2}\end{cases}$ 恰有解 $x\equiv a\pmod{[m_1, m_2]}$。

第8章　代数系统

所谓代数系统，就是带有运算的集合，它是数学的一个分支——近世代数研究的主要对象。代数系统的研究方法和结果在构造可计算数学模型、研究算术计算的复杂性、刻画抽象数据结构（如程序理论、编码理论和数据理论）中均有巨大的理论和实际意义。

本章在介绍代数系统的基本概念后，将讨论几种常见的代数系统，如半群、独异点、群、环和域等。

8.1　代数系统的定义

运算是数学中的一个基本概念和方法，如我们熟知的数的四则运算、集合的交并运算以及矩阵的运算等。代数系统是带有运算的集合，因此运算是代数系统的决定性因素。首先，我们给出运算的基本概念。

定义 8.1　设 S 是一个非空集合，函数 f: $S^n \to S$ 称为 S 上的一个 n 元运算，n 称为运算 f 的阶数。

由定义可知，n 元运算是一种特殊的函数，它要求运算的结果仍然在同一集合中，这种性质称为封闭性。因此，S 上的 n 元运算必须具有确定性和封闭性的特征，即 S 中元素运算的结果是惟一确定的且仍在 S 中。

例 1　（1）加法、乘法运算是自然数集 $\mathbb{N}$、整数集 $\mathbb{Z}$、有理数集 $\mathbb{Q}$ 和实数集 $\mathbb{R}$ 上的二元运算。但除法运算不是，因为 0 不能做除数，因而在上述集合中除法运算的封闭性不成立。

（2）非 0 实数集 $\mathbb{R}-\{0\}$ 上的乘法、除法运算是 $\mathbb{R}-\{0\}$ 上的二元运算。但加法、减法运算不是，因为加法、减法运算得到的结果 0 不在集合 $\mathbb{R}-\{0\}$ 中，因而对于加法和减法运算封闭性不成立。■

例 2　设 $\mathbb{Z}_m=\{[0], [1], \cdots, [m-1]\}$ 是模 m 同余关系所有剩余类组成的集合，在 $\mathbb{Z}_m$ 上定义运算 $+_m$ 和 $\times_m$ 为：对任意的 $[a]$，$[b]\in\mathbb{Z}_m$，$[a]+_m[b]=[a+b]$，$[a]\times_m[b]=[a\times b]$，则 $+_m$ 和 $\times_m$ 是 $\mathbb{Z}_m$ 上的二元运算。

要说明 $+_m$ 和 $\times_m$ 是 $\mathbb{Z}_m$ 上的二元运算，还需要说明运算结果是惟一确定的，即与代表元的选取无关。

对于任意的 $[a']$，$[a]$，$[b']$，$[b]\in\mathbb{Z}_m$，若 $[a']=[a]$，$[b']=[b]$，则 $m|(a'-a)$，$m|(b'-b)$。因而，$m|((a'-a)+(b'-b))$，$m|(a'(b'-b)+(a'-a)b)$，即 $m|((a'+b')-(a+b))$，$m|(a'b'-ab)$，从而有 $[a'+b']=[a+b]$，$[a'\times b']=[a\times b]$。这就证明了 $+_m$ 和 $\times_m$ 是 $\mathbb{Z}_m$ 上的二元运算。■

当 S 为有限集合时，S 上的二元运算可以列表给出，称其为 S 关于该运算的运算表。设 $S=\{a_1, a_2, \cdots, a_n\}$，$*$是 S 上的二元运算，则 S 的运算表如表 8-1 所示。

表　8-1

*	a_1 … a_j … a_n
a_1	
⋮	⋮
a_i	$\ldots a_i * a_j \ldots$
⋮	⋮
a_n	

例如，在例 2 中取 $m=3$，则运算$+_3$和$\times_3$的运算表如表 8-2 所示。

定义 8.2　一个非空集合 S 连同若干个定义在 S 上的运算 f_1，f_2，…，f_m 组成的系统称为代数系统或代数结构，记作$<S, f_1, f_2, \cdots, f_m>$。集合 S 的基数称为代数系统的基数或阶。

表 8-2

$+_3$	[0]	[1]	[2]	$\times_3$	[0]	[1]	[2]
[0]	[0]	[1]	[2]	[0]	[0]	[0]	[0]
[1]	[1]	[2]	[0]	[1]	[0]	[1]	[2]
[2]	[2]	[0]	[1]	[2]	[0]	[2]	[1]

由定义可知，一个代数系统需满足以下 3 个条件：

（1）有一个非空集合 S。

（2）有建立在 S 上的一些运算。

（3）这些运算在 S 上是封闭的。

例 3　设$<S, *>$和$<T, \odot>$是两个代数系统，其中$*$和$\odot$均是二元运算。在集合 $S\times T$ 上定义运算Δ为：

$$<x_1, y_1>\Delta<x_2, y_2>=<x_1*x_2, y_1\odot y_2>$$

则$<S\times T, \Delta>$构成代数系统。

证明　对于任意的$<a, b>$，$<c, d>\in S\times T$，有 a，$c\in S$ 和 b，$d\in T$。由$<S, *>$是代数系统可得，$a*c\in S$ 且惟一确定。由$<T, \odot>$是代数系统可得，$b\odot d\in T$ 且惟一确定。因此，对于运算Δ来说，$<a, b>\Delta<c, d>=<a*c, b\odot d>\in S\times T$ 且惟一确定，故$<S\times T, \Delta>$构成代数系统。　■

我们研究代数系统的目的，就是要研究代数系统的性质和代数系统之间的内在联系，为此下面给出代数系统同类型和子代数系统的概念。

定义 8.3　设$<S, f_1, f_2, \cdots, f_m>$和$<T, g_1, g_2, \cdots, g_m>$是两个代数系统，若 f_i 和 g_i 的阶数相同（$1\leqslant i\leqslant m$），则称$<S, f_1, f_2, \cdots, f_m>$和$<T, g_1, g_2, \cdots, g_m>$是同类型的。

例如，代数系统$<\mathbb{Z}, +>$与$<\mathbb{N}, +>$是同类型的，而$<Z, +, \times>$与$<N, +>$不是同类型的。

定义 8.4　设$<S, f_1, f_2, \cdots, f_m>$是一个代数系统，$T$ 是 S 的一个非空子集，若 T 在运算 f_1，f_2，…，f_m 下是封闭的，则称$<T, f_1, f_2, \cdots, f_m>$是$<S, f_1, f_2, \cdots, f_m>$的子代数系统。

例 4　设$\mathbb{E}$是所有偶数组成的集合，则代数系统$<\mathbb{E}, +>$是$<\mathbb{Z}, +>$的子代数系统。　■

8.2　代数系统的性质

对代数系统的考察最根本的就是对运算性质的讨论，只有当其运算满足一定的条件时，该代数系统才有研究的价值和意义。下面将对代数系统的性质进行讨论。我们约定：如不加说明，运算均指二元运算。

1. 交换律

定义 8.5　设$<S, *>$是一个代数系统，若对任意的 x，$y\in S$ 有 $x*y=y*x$，则称二元运算$*$是可交换的，或说$*$满足交换律。

例 1　给定代数系统$<\mathbb{Q}, *>$，且对任意的 a，$b\in\mathbb{Q}$有 $a*b=a+b-a\times b$，则运算$*$是可交换的。因为 $a*b=a+b-a\times b=b+a-b\times a=b*a$。　■

2．结合律

定义 8.6 设<S，*>是一个代数系统，若对任意的 x，y，$z\in S$ 有$(x*y)*z=x*(y*z)$，则称二元运算*是可结合的，或说*满足结合律。

例 2 给定代数系统<S，*>，且对任意的 a，$b\in A$ 有 $a*b=b$，则*是可结合的。因为对任意的 a，b，$c\in A$，有$(a*b)*c=c=b*c=a*(b*c)$。

可结合性表明，对于 S 中的任意 n 个元素 a_1，a_2，…，a_n，只要不改变元素的顺序，可以用任意加括号的方式进行计算，其结果都相同。当 $a_1=a_2=\cdots=a_n=a$ 时，记 $a*a*\cdots*a=a^n$，称 a^n 为 a 的 n 次幂。

利用数学归纳法不难证明 $a^m*a^n=a^{m+n}$ 和 $(a^m)^n=a^{mn}$ 成立。■

如果一个代数系统上的运算"*"满足交换律与结合律，则在计算 $a_1*a_2*\cdots*a_n$ 时可按照元素的任意次序进行运算。

3．分配律

定义 8.7 设<S，*，⊙>是一个代数系统，对任意的 x，y，$z\in S$，若 $x*(y\odot z)=(x*y)\odot(x*z)$，则称*对⊙是可左分配的，或说*对⊙满足左分配律；若$(y\odot z)*x=(y*x)\odot(z*x)$，则称*对⊙是可右分配的，或说*对⊙满足右分配律；若两者都满足，则称*对⊙是可分配的，或称*对⊙满足分配律。

分配律的意义在于将两个运算联系起来，通过这种联系，能在运算过程中改变两个运算的次序。

例 3 对于代数系统<$\mathbb{Z}_m$，$+_m$，$\times_m$>，则$\times_m$对$+_m$满足分配律。

证明 对任意的$[a]$，$[b]$，$[c]\in\mathbb{Z}_m$，有

$$\begin{aligned}([a]+_m[b])\times_m[c]&=[a+b]\times_m[c]=[(a+b)\times c]=[a\times c+b\times c]\\&=[a\times c]+_m[b\times c]=([a]\times_m[c])+_m([b]\times_m[c])\end{aligned}$$

即$\times_m$对$+_m$满足右分配律。

同理可证，$\times_m$对$+_m$满足左分配律。

因此，$\times_m$对$+_m$满足分配律。■

4．吸收律

定义 8.8 设<S，*，⊙>是一个代数系统，对任意的 x，$y\in S$，若 $x*(x\odot y)=x$，则称*对⊙满足左吸收律；若$(x\odot y)*x=x$，则称*对⊙满足右吸收律；若两者都满足，则称*对⊙满足吸收律。

例 4 给定<$\mathbb{N}$，*，⊙>，对任意的 a，$b\in\mathbb{N}$有 $a*b=\max\{a, b\}$，$a\odot b=\min\{a, b\}$，则*对⊙，⊙对*分别满足吸收律。

证明 对任意的 a，$b\in\mathbb{N}$，有 $a*(a\odot b)=\max\{a, \min\{a, b\}\}=a$ 和 $a\odot(a*b)=\min\{a, \max\{a, b\}\}=a$。又因为*和⊙是可交换的，所以*对⊙、⊙对*分别满足吸收律。■

5．幂等律与幂等元

定义 8.9 设<S，*>是一个代数系统，若对任意的 $x\in S$ 有 $x*x=x$，则称*是幂等的，或说*满足幂等律。若 $a\in S$，使得 $a*a=a$，则称 a 是幂等元。

例5 给定$<P(A), \cap, \cup>$，则$\cap$和$\cup$都满足幂等律。因为对任意的$B \in P(A)$，有$B \cap B=B$，$B \cup B=B$，所以B是运算$\cap$和$\cup$的幂等元。■

6. 幺元

定义8.10 设$<S, *>$是一个代数系统，且存在e_l，e_r，$e \in S$，对任意的$x \in S$，若$e_l * x=x$，则称e_l是S中关于*的一个左幺元或左单位元；若$x * e_r=x$，则称e_r是S中关于*的一个右幺元或右单位元。若e关于*既是左幺元又是右幺元，则称e为S中关于*的幺元或单位元。

例6 （1）在$<\mathbb{R}, +, \times>$中，运算+的幺元是0，运算×的幺元是1，因为$x+0=0+x=x$，$x \times 1=1 \times x=x$。

（2）在$<\mathbb{Z}_m, +_m, \times_m>$中，运算$+_m$的幺元是[0]，运算$\times_m$的幺元是[1]。

（3）在$<P(A), \cup, \cap>$中，运算$\cup$的幺元是$\varnothing$，运算$\cap$的幺元是A。■

例7 设$S=\{a, b, c, d\}$，在S上定义运算*和$\odot$如表8-3所示，试指出关于*和$\odot$的左幺元或右幺元。

表 8-3

*	a	b	c	d	⊙	a	b	c	d
a	d	a	b	c	a	a	b	d	c
b	a	b	c	d	b	b	a	c	d
c	a	b	c	c	c	c	d	a	b
d	a	b	c	d	d	d	d	b	c

解 b, d是S中关于*的左幺元，关于*没有右幺元；a是S中关于$\odot$的右幺元，关于$\odot$没有左幺元。■

定理8.1 设$<S, *>$是一个代数系统，e_l，e_r分别为S中关于*的左幺元和右幺元，则有$e_l=e_r=e$且e是S中关于*的惟一的幺元。

证明 （1）由e_r为右幺元得$e_l=e_l * e_r$，由e_l为左幺元得$e_r=e_l * e_r$，所以$e_l=e_r$。

（2）令$e=e_l=e_r$，即e是幺元。若e'也是S中关于*的幺元，则$e=e*e'=e'$，所以e是惟一的。■

由于幺元有一定的特性，所以它成为代数系统中的一个重要元素。代数系统是否有幺元是它的一个重要性质。

7. 零元

定义8.11 设$<S, *>$是一个代数系统，且存在θ_l，θ_r，$\theta \in S$，对任意的$x \in S$，若$\theta_l * x=\theta_l$，则称θ_l是S中关于*的一个左零元；若$x * \theta_r=\theta_r$，则称θ_r是S中关于*的一个右零元。若θ关于*既是左零元又是右零元，则称θ为S中关于*的零元。

例8 （1）在$<\mathbb{Z}_m, \times_m>$中，[0]是零元，因为对任意的$[a] \in \mathbb{Z}_m$，有$[a] \times_m [0]=[0] \times_m [a]=[0]$。

（2）在$<P(A), \cup, \cap>$中，运算$\cup$的零元是A，运算$\cap$的零元是$\varnothing$。■

定理8.2 设$<S, *>$是一个代数系统，θ_l，θ_r分别为*的左零元和右零元，则有$\theta_l=\theta_r=\theta$且θ是S上关于*的惟一的零元。

证明留给读者。

定理8.3 设$<S, *>$是一个代数系统，$|S|>1$，若存在幺元e和零元θ，则$e \neq \theta$。

证明 反证法。若$e=\theta$，则对任意的$x \in S$，必有$x=e*x=\theta*x=\theta$，可见S中的元素都相同，与$|S|>1$矛盾。所以$e \neq \theta$。■

零元同幺元一样，也是代数系统中的重要元素。

8. 逆元

定义8.12 设$<S, *>$是一个代数系统，e是S中关于*的幺元。对于$x \in S$，若存在$y_l \in S$

使得 $y_l*x=e$，则称 y_l 是 x 的左逆元；对于 $x\in S$，若存在 $y_r\in S$ 使得 $x*y_r=e$，则称 y_r 是 x 的右逆元。对于 $x\in S$，若存在 $y\in S$ 既是 x 的左逆元又是 x 的右逆元，则称 y 为 x 的逆元，通常记为 x^{-1}。

例 9 设 $S=\{\alpha, \beta, \gamma, \delta, \xi\}$，$S$ 上的运算*如表 8-4 所示，试指出代数系统<S, *>中各个元素的左、右逆元情况。

表 8-4

*	α	β	γ	δ	ξ
α	α	β	γ	δ	ξ
β	β	δ	α	γ	δ
γ	γ	α	β	α	β
δ	δ	α	γ	δ	γ
ξ	ξ	δ	α	γ	ξ

解 α是幺元，β 的左逆元和右逆元都是γ，即β 与γ 互为逆元；δ 的左逆元是γ 而右逆元是β；β 有两个左逆元γ 和δ；ξ 的右逆元是γ，但ξ 没有左逆元。 ■

一般来说，一个元素的左逆元不一定等于该元素的右逆元，并且一个元素可以有左逆元而没有右逆元，也可以有右逆元而没有左逆元。甚至一个元素的左逆元或右逆元还可以不是惟一的。对此有以下定理。

定理 8.4 设<S, *>是一个代数系统，e 为其幺元，*是可结合的，则：

（1）若一个元素 x 的左逆元 x_l 和右逆元 x_r 存在，则 $x_l=x_r$。

（2）若一个元素 x 的逆元 x^{-1} 存在，则 x^{-1} 是惟一的。

证明 （1）$x_l=x_l*e=x_l*(x*x_r)=(x_l*x)*x_r=e*x_r=x_r$。

（2）若 $x'\in S$ 也是 x 的逆元，则 $x'=x'*e=x'*(x*x^{-1})=(x'*x)*x^{-1}=e*x^{-1}=x^{-1}$。 ■

9．可约律与可约元

定义 8.13 设<S, *>是一个代数系统，θ为 S 关于*的零元，若对任意的 $x, y, z\in S$，$x\neq\theta$，$x*y=x*z$，有 $y=z$，则称*满足左可约律，x 是关于*的左可约元；若对任意的 $x, y, z\in S$，$x\neq\theta$，$y*x=z*x$，有 $y=z$，则称*满足右可约律，x 是关于*的右可约元；若两者都满足，则称*满足可约律，x 是关于*的可约元。

例 10 在<ℝ, ×>中，ℝ中的任意非零元均为可约元。 ■

定理 8.5 设<S, *>是一个代数系统，且*是可结合的。若 x 是关于*可逆的且 $x\neq\theta$，则 x 也是关于*的可约元。

证明 对任意 $y, z\in S$，若 $x*y=x*z$ 或 $y*x=z*x$，由*是可结合的且 x 关于*可逆，有

$$y=e*y=(x^{-1}*x)*y=x^{-1}*(x*y)=x^{-1}*(x*z)=(x^{-1}*x)*z=e*z=z$$

所以，由 $x*y=x*z$ 可推得 $y=z$。同理可证，由 $y*x=z*x$ 可推得 $y=z$。故 x 是关于*的可约元。

■

前面我们给出了运算表的概念，通过运算表可以反映关于运算的各种性质。为确定起见，给定代数系统<S, *>及 $x, y, e, \theta\in S$。

（1）运算*是封闭的⇔运算表中的每个元素属于 S。

（2）运算*满足交换律⇔运算表关于主对角线对称。

（3）运算*是幂等的⇔运算表主对角线上的每个元素与所在行表头元素或列表头元素相同。

（4）θ是关于*的零元⇔θ所对应的行和列中的每个元素都与θ相同。

（5）e 为关于*的幺元⇔e 所对应的行和列中的元素分别与行表头元素和列表头元素相同。

（6）x 和 y 互为逆元⇔位于 x 所在行和 y 所在列的元素以及位于 y 所在行和 x 所在列的元素都是幺元。

例 11　设 $S=\{a, b, c, d\}$，S 上定义运算*和⊙如表 8-5 所示，试讨论关于运算*、⊙在 S 上的特殊元素。

表　8-5

*	a	b	c	d	⊙	a	b	c	d
a	d	a	b	c	a	a	b	c	d
b	a	b	c	d	b	b	c	d	a
c	a	b	c	c	c	c	d	a	b
d	a	b	c	d	d	d	a	b	c

解　关于运算*，无幺元也无零元。关于运算⊙，a 是幺元，由运算表可知，$a^{-1}=a$，$b^{-1}=d$，$c^{-1}=c$，$d^{-1}=b$，关于运算⊙无零元。■

例 12　设 $S=\{a, b, c\}$，且对任意的 x，$y\in S$ 有 $x*y=x$。列出运算表，并判断*的性质和相应的特殊元素。

解　运算表如表 8-6 所示。

表　8-6

*	a	b	c
a	a	a	a
b	b	b	b
c	c	c	c

由运算表可知：*是封闭的；*是不可交换的，因为运算表不对称；a，b，c 是关于*的右幺元，但无左幺元；a，b，c 是关于*的左零元，但无右零元；*是可结合的。■

例 13　构造一个代数系统，使其只有一个元素具有逆元。

解　令 $S=\{e, a\}$，在 S 上定义运算*如表 8-7 所示，则 $<S, *>$ 符合要求。■

表　8-7

*	e	a
e	e	a
a	a	a

8.3　代数系统的同态与同构

在讨论代数系统时，我们发现有些代数系统具有相似或完全相同的特征。下面用函数来刻画两个代数系统之间的这种特征。

定义 8.14　设代数系统 $<X, *>$ 和 $<Y, \odot>$ 是同类型的，若存在映射 f: $X\to Y$，使得对任意的 x，$y\in X$，有 $f(x*y)=f(x)\odot f(y)$，则称 f 是 $<X, *>$ 到 $<Y, \odot>$ 的同态映射，简称同态，记为 $<X, *>\simeq<Y, \odot>$。

例 1　证明 $<\mathbb{R}, +>\simeq<\mathbb{R}, \times>$，其中+和×为普通的加法和乘法。

证明　令 f: $\mathbb{R}\to\mathbb{R}$，$x\to a^x$（$a>0$），则对任意的 x，$y\in\mathbb{R}$，有 $f(x+y)=a^{x+y}=a^x\times a^y=f(x)\times f(y)$，所以 $<\mathbb{R}, +>\simeq<\mathbb{R}, \times>$。■

定义 8.14 也可以推广到具有多个二元运算的任何两个同类型代数系统的情况。如 $<X, *, \odot>\simeq<Y, \triangle, \Theta>$，即存在映射 f:$X\to Y$，对任意的 x,$y\in X$，满足 $f(x*y)=f(x)\Delta f(y)$ 和 $f(x\odot y)=f(x)\Theta f(y)$。

例 2　证明代数系统 $<\mathbb{Z}, +, \times>$ 与代数系统 $<\mathbb{Z}_m, +_m, \times_m>$ 是同态的。

证明　令 f: $\mathbb{Z}\to\mathbb{Z}_m$，$f(x)=[x]$，则对任意的 x，$y\in\mathbb{Z}$，有

$$f(x+y)=[x+y]=[x]+_m[y]=f(x)+_m f(y)$$
$$f(x\times y)=[x\times y]=[x]\times_m[y]=f(x)\times_m f(y)$$

所以，f 是 $\mathbb{Z}$ 到 $\mathbb{Z}_m$ 的同态映射。故 $<\mathbb{Z}, +, \times>\simeq<\mathbb{Z}_m, +_m, \times_m>$。■

定义 8.15　若 f 是代数系统 $<X, *>$ 到 $<Y, \odot>$ 的同态映射，则称 $<f(X), \odot>$ 是 $<X, *>$ 在 f 下的同态像。

定理 8.6 若 f 是代数系统 $<X, *>$ 到 $<Y, \odot>$ 的同态映射，则 $<f(X), \odot>$ 是 $<Y, \odot>$ 的子代数系统。

证明 因为 f 是代数系统 $<X, *>$ 到 $<Y, \odot>$ 的同态映射，有 $f(X) \subseteq Y$，且对于任意的 y_1，$y_2 \in f(X)$，存在 x_1，$x_2 \in X$，使得 $f(x_1)=y_1$ 和 $f(x_2)=y_2$，而且存在 $x_3 \in X$，使得 $x_1 * x_2 = x_3 \in X$，所以 $y_1 \odot y_2 = f(x_1) \odot f(x_2) = f(x_1 * x_2) = f(x_3) \in f(X)$。可见，$f(X)$ 在 $\odot$ 下是封闭的。因此，$<f(X), \odot>$ 是 $<Y, \odot>$ 的子代数系统。 ■

定义 8.16 若 f 是代数系统 $<X, *>$ 到 $<Y, \odot>$ 的同态映射，则：

（1）如 f 为满射，称 f 是 $<X, *>$ 到 $<Y, \odot>$ 的满同态映射。

（2）如 f 为单射，称 f 是 $<X, *>$ 到 $<Y, \odot>$ 的单同态映射。

（3）如 f 为双射，称 f 是 $<X, *>$ 到 $<Y, \odot>$ 的同构映射，记为 $<X, *> \cong <Y, \odot>$。

例 3 （1）令 f: $\mathbb{R} \to \mathbb{R}$，$x \to 5^x$，则 f 是 $<\mathbb{R}, +>$ 到 $<\mathbb{R}, \times>$ 的单同态映射。

（2）令 f: $\mathbb{Z} \to \mathbb{Z}_5$，$f(x) \to [x]$，则 f 是 $<\mathbb{Z}, +>$ 到 $<\mathbb{Z}_5, \times_5>$ 的满同态映射。

（3）令 f: $\mathbb{Z} \to \mathbb{Z}$，$x \to x$，则 f 是 $<\mathbb{Z}, +>$ 到 $<\mathbb{Z}, +>$ 的同构映射。 ■

定义 8.17 若 f 是代数系统 $<X, *>$ 到 $<X, *>$ 的同态映射，则称 f 是自同态。若 f 是 $<X, *>$ 到 $<X, *>$ 的同构映射，则称 f 是自同构。

上述定义也可推广到具有多个运算的代数系统上。

定理 8.7 若 f 是代数系统 $<X, *>$ 到 $<Y, \odot>$ 的满同态映射，则：

（1）如果 $*$ 满足结合律，则 $\odot$ 也满足结合律。

（2）如果 $*$ 满足交换律，则 $\odot$ 也满足交换律。

（3）如果 $*$ 满足幂等律，则 $\odot$ 也满足幂等律。

证明 （1）因为 f 是代数系统 $<X, *>$ 到 $<Y, \odot>$ 的满同态映射，所以对于任意的 y_1，y_2，$y_3 \in Y$，存在 x_1，x_2，$x_3 \in X$，使得 $f(x_1)=y_1$，$f(x_2)=y_2$，$f(x_3)=y_3$，而且有

$$f(x_1*(x_2*x_3))=f(x_1)\odot f(x_2*x_3)=f(x_1)\odot(f(x_2)\odot f(x_3))=y_1\odot(y_2\odot y_3)$$

$$f((x_1*x_2)*x_3)=f(x_1*x_2)\odot f(x_3)=(f(x_1)\odot f(x_2))\odot f(x_3)=(y_1\odot y_2)\odot y_3$$

由 $*$ 满足结合律得 $x_1*(x_2*x_3)=(x_1*x_2)*x_3$，于是 $y_1\odot(y_2\odot y_3)=(y_1\odot y_2)\odot y_3$。故 $\odot$ 也满足结合律。

（2）因为 f 是代数系统 $<X, *>$ 到 $<Y, \odot>$ 的满同态映射，所以对于任意的 y_1，$y_2 \in Y$，存在 $x_1, x_2 \in X$，使得 $f(x_1)=y_1$ 和 $f(x_2)=y_2$，而且有 $f(x_1*x_2)=f(x_1)\odot f(x_2)=y_1\odot y_2$，$f(x_2*x_1)=f(x_2)\odot f(x_1)=y_2\odot y_1$。由 $*$ 满足交换律得 $x_1*x_2=x_2*x_1$，于是 $y_1\odot y_2=y_2\odot y_1$。故 $\odot$ 也满足交换律。

（3）因为 f 是代数系统 $<X, *>$ 到 $<Y, \odot>$ 的满同态映射，所以对于任意的 $y \in Y$，存在 $x \in X$，使得 $f(x)=y$，而且有 $f(x*x)=f(x)\odot f(x)=y\odot y$。由 $*$ 满足幂等律得 $x*x=x$，于是 $y\odot y=y$。故 $\odot$ 也满足幂等律。 ■

从同态性质的讨论来看，对于满同态而言，若 $<X, *> \simeq <Y, \odot>$，则 $<X, *>$ 所具有的性质在 $<Y, \odot>$ 中都保持。但 $<Y, \odot>$ 具有的性质未必在 $<X, *>$ 中成立，即满同态对保持性质是单向的。

定理 8.8 代数系统之间的同构关系是等价关系。

证明 因为恒等映射是同构映射，所以 $<S, *> \cong <S, *>$，自反性成立。

若<S，*>≅<T，⊙>且 f 是<S，*>到<T，⊙>的同构映射，则 f^{-1} 是<T，⊙>到<S，*>的同构映射，所以<T，⊙>≅<S，*>，对称性成立。

若<S，*>≅<T，⊙>且<T，⊙>≅<R，Δ>，且 f，g 分别是<S，*>到<T，⊙>和<T，⊙>到<R，Δ>的同构映射，则 gf 是<S，*>到<R，Δ>的同构映射，所以<S，*>≅<R，Δ>，传递性成立。

因此，同构关系是等价关系。■

由于同构关系是等价关系，故令所有的代数系统组成集合 S，则按照同构关系对其进行分类，得到商集 $S/\cong$。因为同构的代数系统具有相同的性质，所以代数系统所研究的总体是 $S/\cong$ 而不是 S，这就大大提高了我们研究问题的效率。

8.4　同余关系

等价关系是集合上最重要的特殊关系之一，本节进一步讨论带运算的集合即代数系统上的等价关系。

定义 8.18　给定代数系统<S，*>及 S 上的关系 ρ，若对任意的 x，y，x'，$y'\in S$，由 $x\rho x'$ 和 $y\rho y'$ 有 $(x*y)\rho(x'*y')$，则称关系 ρ 对运算*满足代换性。

定义 8.19　给定代数系统<S，*>及 S 上的等价关系 ρ，若 ρ 对运算*满足代换性，则称 ρ 是<S，*>上的一个同余关系。同余关系 ρ 的等价类称为同余类。

由定义可知，同余关系是代数系统的集合上的等价关系，并且在运算的作用下，能够保持关系的等价类。即，若 $[x]_\rho=[x']_\rho$ 和 $[y]_\rho=[y']_\rho$，则 $[x*y]_\rho=[x'*y']_\rho$。上述定义也可推广到具有多个 n 元运算的代数系统中，要求对每个运算都满足代换性。

例 1　ℤ上的“模 4 同余关系” ρ 是<ℤ，+，×>上的一个同余关系。其中，+和×为普通的加法和乘法。

证明　由第 4 章可知 ρ 是等价关系，故只需证明+和×满足代换性。

对任意的 x，y，x'，$y'\in\mathbb{Z}$，若 $x\rho x'$ 和 $y\rho y'$，则 $4|(x-x')$，$4|(y-y')$，于是 $4|((x-x')+(y-y'))$，$4|((x-x')y+x'(y-y'))$，从而 $4|((x+y)-(x'+y'))$，$4|(xy-x'y')$，所以 $(x+y)\rho(x'+y')$，$xy\rho x'y'$。故+和×满足代换性。

因此，ρ 是<ℤ，+，×>上的一个同余关系。■

例 2　设 $A=\{a, b, c, d\}$，其中*定义如表 8-8 所示，A 上的等价关系 R={<a，a>，<a，b>，<b，a>，<b，b>，<c，c>，<c，d>，<d，c>，<d，d>}，则 R 不是<A，*>上的同余关系。

解　因为<a，b>，<c，d>∈R，但<a*c，b*d>=<d，a>∉R，所以 R 不是<A，*>上的同余关系。■

表 8-8

*	a	b	c	d
a	a	a	d	c
b	b	a	d	a
c	c	b	a	b
d	c	d	b	a

定理 8.9　设代数系统<S，*>与<T，⊙>是同类型的，且 f 为其同态映射，对应于 f 定义关系 R 如下：

$$xRy\Leftrightarrow f(x)=f(y)，其中\ x，y\in S$$

则 R 是<S，*>上的同余关系，并称 R 为由 f 诱导的同余关系。

证明　易证 R 是 S 上的等价关系。

设 x_1，x_2，y_1，$y_2\in S$ 且 x_1Rx_2 和 y_1Ry_2，则由 R 的定义可知 $f(x_1)=f(x_2)$ 和 $f(y_1)=f(y_2)$。于是

$f(x_1)\odot f(y_1)=f(x_2)\odot f(y_2)$。又因为 f 是<S, *>到<T, ⊙>的同态映射，所以 $f(x_1)\odot f(y_1)=f(x_1*y_1)$和 $f(x_2)\odot f(y_2)=f(x_2*y_2)$。因此，$f(x_1*y_1)=f(x_2*y_2)$。再由 R 的定义得$(x_1*y_1)R(x_2*y_2)$，故 R 满足代换性。

因此，R 为<S, *>上的同余关系。■

8.5 商代数与积代数

由代数系统 S 上的同余关系ρ和第 4 章所介绍的商集等概念，我们可以构造一个结构更简单且保持原代数系统中运算性质的新的代数系统。

定义 8.20 设ρ是代数系统<S, *>上的一个同余关系，且由ρ对 S 所产生的同余类构成一个商集 S/ρ，在 S/ρ 中定义运算Δ如下：$[x]_\rho \Delta [y]_\rho=[x*y]_\rho$，称代数系统<$S/\rho$, Δ>为<$S$, *>的商代数。

下面讨论新的代数系统——商代数与原代数系统之间的关系。

定理 8.10 设ρ是代数系统<S, *>上的一个同余关系，则存在一个<S, *>到<S/ρ, Δ>的满同态。

证明 令 f: $S\to S/\rho$，$f(x)=[x]_\rho$，其中 $x\in S$。

任取$[x]_\rho \in S/\rho$，则有 $x\in S$ 使得 $f(x)=[x]_\rho$，所以 f 是满射。

任取 x_1，$x_2\in S$，由定义有 $f(x_1*x_2)=[x_1*x_2]_\rho$，而 $f(x_1)\Delta f(x_2)=[x_1]_\rho\Delta[x_2]_\rho=[x_1*x_2]_\rho$，所以 $f(x_1*x_2)=f(x_1)\Delta f(x_2)$。

故 f 是<S, *>到<S/ρ, Δ>的满同态。■

通常将 f 称为<S, *>到<S/ρ, Δ>的自然同态。

定理 8.11 设<S, *>≃<T, ⊙>，f 为其满同态，R 为 f 诱导的同余关系，g 是<S, *>到<S/R, Δ>的自然同态，则<S/R, Δ>≅<T, ⊙>。

证明 令 h: $S/R\to T$，$h([x]_R)=f(x)$，其中 $x\in S$。

（1）先证明 h 是同态映射。

由 f 的定义知 $f(x*y)=f(x)\odot f(y)$，其中 x，$y\in S$。

由 g 的定义知 $g(x*y)=[x*y]_R$，于是

$$\begin{aligned}h([x]_R\Delta[y]_R)&=h(g(x)\Delta g(y))=h(g(x*y))=h([x*y]_R)=f(x*y)\\&=f(x)\odot f(y)=h([x]_R)\odot h([y]_R)\end{aligned}$$

所以，h 是同态映射。

（2）再证 h 是 S/R 到 T 的双射。

若 $h([x]_R)=h([y]_R)$，则 $f(x)=f(y)$，由 R 的定义知 xRy，于是$[x]_R=[y]_R$，所以 h 是单射。

因为 f 是<S, *>到<T, ⊙>的满同态，所以对任意的 $y\in T$，存在 $x\in S$ 使得 $f(x)=y$ 和$[x]_R\in S/R$。于是 $h([x]_R)=f(x)=y\in T$。故 h 是 S/R 到 T 的满射。

由上面可知 h 是双射，故<S/R, Δ>≅<T, ⊙>。■

下面将笛卡儿积的概念推广到同类型的代数系统，从而产生另一种新的代数系统。

定义 8.21 设代数系统<S, *>和<T, ⊙>是同类型的，在 $S\times T$ 中定义运算Δ如下：

$$<x, y>\Delta<s, t>=<x*s, y\odot t>，其中<x, y>和<s, t>\in S\times T$$

则称<$S\times T$, Δ>为<S, *>和<T, ⊙>的积代数。<S, *>和<T, ⊙>称为<$S\times T$, Δ>的因子代数。

例 1 给定代数系统<S, *>和<T, ⊙>，其中 S={0, 1}，T={0, 1, 2}，*和⊙的运算表如表 8-9 所示，求<$S\times T$, Δ>。

表 8-9

*	0	1	⊙	0	1	2
0	0	1	0	0	1	2
1	1	0	1	1	2	0
			2	2	0	1

解 <$S\times T$, Δ>是<S, *>和<T, ⊙>的积代数，其中 $S\times T$={<0, 0>, <0, 1>, <0, 2>, <1, 0>, <1, 1>, <1, 2>}，而Δ的定义如下：

<x, y>Δ<s, t>=<x*s, y⊙t>，其中 x, $s\in S$, y, $t\in T$

Δ的运算表如表 8-10 所示。

表 8-10

Δ	<0, 0>	<0, 1>	<0, 2>	<1, 0>	<1, 1>	<1, 2>
<0, 0>	<0, 0>	<0, 1>	<0, 2>	<1, 0>	<1, 1>	<1, 2>
<0, 1>	<0, 1>	<0, 2>	<0, 0>	<1, 1>	<1, 2>	<1, 0>
<0, 2>	<0, 2>	<0, 0>	<0, 1>	<1, 2>	<1, 0>	<1, 1>
<1, 0>	<1, 0>	<1, 1>	<1, 2>	<0, 0>	<0, 1>	<0, 2>
<1, 1>	<1, 1>	<1, 2>	<1, 0>	<0, 1>	<0, 2>	<0, 0>
<1, 2>	<1, 2>	<1, 0>	<1, 1>	<0, 2>	<0, 0>	<0, 1>

■

8.6 半群和独异点

半群和独异点只有一个二元运算，是最简单的代数系统之一，它在形式语言及自动机理论中都有具体的应用。

8.6.1 半群

定义 8.22 设<S, *>是一个代数系统，其中*是 S 上的二元运算，若*满足结合律，则称<S, *>为半群。若在半群<S, *>中，*满足交换律，则称<S, *>为可交换半群。

例 1 代数系统<ℕ, +>, <ℤ, +>, <ℚ, +>, <ℝ, +>都是半群，且都是可交换半群。■

例 2 设 S 是一个非空集合，对于任意的 a, $b\in S$，规定 $a*b=b$，试说明<S, *>构成半群。

解 由 $a*b=b$ 可知，*在 S 上是封闭的，所以<S, *>是一个代数系统。又因为$(a*b)*c=c=b*c=a*(b*c)$，于是*满足结合律，所以<S, *>是一个半群。■

定义 8.23 设<S, *>是一个半群，T 是 S 的一个非空子集且*在 T 上是封闭的，则称<T, *>为<S, *>的子半群。

例 3 设<S, *>是一个半群，$a\in S$，$M=\{a^n|n\in\mathbb{N}\}$，则<M, *>是<S, *>的子半群。

证明 因为<S, *>是半群，所以*在 S 中是封闭的。而 $a\in S$，则 $a^n\in S$，所以 $M\subseteq S$ 且 M 是非空的。又因为对任意的 a^i，$a^j\in M$，有 $a^i*a^j=a^{i+j}\in M$，所以*在 M 中是封闭的。故<M, *>是<S, *>的子半群。■

定理 8.12 设<S, *>是一个半群，如果 S 是有限集，则必存在 $a\in S$，使得 $a*a=a$。

证明 因为<S, *>是一个半群，对任意的 $b\in S$，由*的封闭性可知，$b^2=b*b\in S$，$b^3=b^2*b\in S$，…，$b^n\in S$，…。

因为 S 是有限集，所以必存在 $j>i$，使得 $b^i=b^j$。令 $p=j-i$，则 $b^i=b^p*b^i$。所以对 $q\geqslant i$，

有 $b^q = b^p * b^q$。

因为 $p\geqslant 1$，所以总可找到 $k\geqslant 1$，使得 $kp\geqslant i$。对于 $b^{kp}\in S$，有 $b^{kp} = b^p * b^{kp} = b^p *(b^p * b^{kp})=\cdots = b^{kp} * b^{kp}$。

令 $a=b^{kp}$，则 $a\in S$ 且 $a*a=a$。 ■

定义 8.24 在半群 $<S, *>$ 中，存在 $g\in S$，且对于 S 中的任意元素 a，存在 $k\in\mathbb{N}$ 使得 $a=g^k$，则称半群 $<S, *>$ 为循环半群，g 称为该循环半群的生成元。

例 4 $<\mathbb{N}-\{0\}, +>$ 是循环半群，其生成元为 1。 ■

8.6.2 独异点

定义 8.25 含有幺元的半群 $<S, *>$ 称为独异点或含幺半群。若 $<S, *>$ 是独异点，且 $*$ 是可交换的，则称 $<S, *>$ 为可交换独异点。

若 $<S, *>$ 是独异点，T 是 S 的非空子集，且 $<T, *>$ 构成独异点，则称 $<T, *>$ 为 $<S, *>$ 的子独异点。

例 5 证明代数系统 $<\mathbb{Z}_m, +_m>$ 是独异点，且是可交换独异点。

证明 因为对任意的 $[a]$，$[b]$，$[c]\in\mathbb{Z}_m$，有

$$[a]+_m([b]+_m[c])=[a]+_m[b+c]=[a+b+c]=[a+b]+_m[c]=([a]+_m[b])+_m[c]$$

所以 $+_m$ 满足结合律。

又因为 $[0]$ 是关于 $+_m$ 的幺元，所以 $<\mathbb{Z}_m, +_m>$ 是独异点。

而 $[a]+_m[b]=[a+b]=[b+a]=[b]+_m[a]$，所以 $+_m$ 是可交换的。故 $<\mathbb{Z}_m, +_m>$ 是可交换独异点。■

定义 8.26 在独异点 $<S, *>$ 中，存在 $g\in S$，且对于 S 中的任意元素 a，存在 $k\in\mathbb{N}$ 使得 $a=g^k$，则称 $<S, *>$ 为循环独异点，g 称为该循环独异点的生成元。约定 $e=g^0$。

例 6 试证 $<\mathbb{N}, +>$ 是循环独异点，并求其生成元。

证明 因为在 $\mathbb{N}$ 上 $+$ 是可结合的，且有幺元 0，所以 $<\mathbb{N}, +>$ 是独异点。

对于任意的 $i\in\mathbb{N}$，若 $i\neq 0$，则 $i=\overbrace{1+1+\cdots+1}^{i}=1^i$；若 $i=0$，有 $0=1^0$。故 $<\mathbb{N}, +>$ 是循环独异点，其生成元为 1。 ■

定理 8.13 设 $<S, *>$ 为独异点，则关于运算 $*$ 的运算表中没有两行或两列是相同的。

证明 设 S 中关于 $*$ 的幺元是 e。对于任意的 a，$b\in S$，当 $a\neq b$ 时，总有 $a*e=a\neq b=b*e$ 和 $e*a=a\neq b=e*b$，所以，在 $*$ 的运算表中不可能有两行或两列是相同的。 ■

定理 8.14 循环独异点 $<S, *>$ 是可交换的。

证明 设 $<S, *>$ 为循环独异点且 g 为其生成元。则对于任意的 a，$b\in S$，存在 m，$n\in\mathbb{N}$，使得 $a=g^m$，$b=g^n$，于是 $a*b=g^m*g^n=g^{m+n}=g^{n+m}=g^n*g^m=b*a$，所以 $<S, *>$ 是可交换的。 ■

例 7 设 $<S, *>$ 是可交换独异点，$T=\{x|x\in S\wedge(x*x=x)\}$，则 $<T, *>$ 为 $<S, *>$ 的子独异点。

证明 对任意的 a，$b\in T$，有 $a*a=a$，$b*b=b$。由 $*$ 是可交换的，得

$$(a*b)*(a*b)=(a*b)*(b*a)=a*(b*b)*a=a*b*a=a*a*b=a*b$$

所以 $a*b\in T$，即 T 对*是封闭的。

又因为幺元 $e\in T$，所以<T，*>是<S，*>的子独异点。■

8.7　群与子群

群是最常见的代数系统，它是一类特殊的半群，也是讨论其他代数系统（如环、域等）的基础。在计算机科学中，群论用于编码理论等方面的研究。

本节主要介绍群、子群的概念与性质。

8.7.1　群

定义 8.27　*每个元素都有逆元的独异点<G，*>称为群。在不至于混淆的情况下，群<G，*>也简称为群 G。*

验证一个代数系统<G，*>为群，需要验证其满足以下 3 个条件：

（1）*是可结合的。

（2）存在幺元。

（3）每个元素都有逆元。

例 1　设<G，*>是群，$g\in G$，定义 $a\odot b=a*g*b$，证明<G，$\odot$>是群。

证明　对于任意的 a，$b\in G$，由 $a\odot b=a*g*b$ 可知，$\odot$ 在 G 上是封闭的。

对于任意的 a，b，$c\in G$，有

$$(a\odot b)\odot c=(a*g*b)\odot c=(a*g*b)*g*c$$

$$a\odot(b\odot c)=a\odot(b*g*c)=a*g*(b*g*c)$$

由<G，*>是群可知，*是可结合的，所以 $(a*g*b)*g*c=a*g*(b*g*c)$。于是有 $(a\odot b)\odot c=a\odot(b\odot c)$，所以 $\odot$ 是可结合的。

令 $e'=g^{-1}$，则对任意的 $a\in G$，有 $a\odot e'=a*g*e'=a*g*g^{-1}=a$。同理可证 $e'\odot a=a$。所以 $e'=g^{-1}$ 是 G 中关于 $\odot$ 的幺元。

对任意的 $a\in G$，令 $b=g^{-1}*a^{-1}*g^{-1}$，则 $a\odot b=a*g*(g^{-1}*a^{-1}*g^{-1})=g^{-1}$。同理可证 $b\odot a=g^{-1}$。所以 G 的每个元素都有逆元。

综上可知，<G，$\odot$>是群。■

定义 8.28　*设<G，*>是群，若 G 为有限集，则称<G，*>为有限群。G 的基数称为<G，*>的阶数，记为 $|G|$。若 G 为无穷集，则称<G，*>为无限群。*

例 2　设 $S=\{a, b, c\}$，*的定义如表 8-11 所示，则<S，*>是 3 阶群。

表　8-11

*	a	b	c
a	a	b	c
b	b	c	a
c	c	a	b

解　由*的运算表容易验证<S，*>是群，其中 a 是幺元，b 和 c 互为逆元。又因为 $|S|=3$，所以<S，*>是 3 阶群。■

定理 8.15　*若<G，*>是群且 $|G|>1$，则<G，*>中无零元。*

证明　设 e 为群<G，*>的幺元。若<G，*>中存在零元，不妨记为 θ，则由定理 8.3 可知，有 $e\neq\theta$。对任意的 $x\in G$，有 $\theta*x=\theta\neq e$，故 θ 没有逆元，与<G，*>是群矛盾，所以<G，*>中没有零元。■

定理 8.16　*若<G，*>是群，则对于任意的 a，$b\in G$，必有惟一的 $x\in G$ 使得 $a*x=b$，有*

惟一的 $y\in G$ 使得 $y*a=b$。

证明 设 e 是群<G, *>的幺元。令 $x=a^{-1}*b$，则 $a*x=a*(a^{-1}*b)=(a*a^{-1})*b=e*b=b$。所以，$x=a^{-1}*b$ 是 $a*x=b$ 的解。

若 $x'\in G$ 也是 $a*x=b$ 的解，则 $x'=e*x'=(a^{-1}*a)*x'=a^{-1}*(a*x')=a^{-1}*b=x$。所以，$x=a^{-1}*b$ 是 $a*x=b$ 的惟一解。

同理可证有惟一的 $y\in G$ 使得 $y*a=b$。 ■

定理 8.17 设<G, *>是群，则消去律成立。即对任意的 a，b，$c\in G$，有：

（1）若 $a*b=a*c$，则 $b=c$。

（2）若 $b*a=c*a$，则 $b=c$。

证明留给读者。

定理 8.18 若<G, *>是群，则<G, *>中惟一的幂等元是幺元。

证明 设 $a\in G$ 是幂等元，则 $a*a=a$。而 $e=a^{-1}*a=a^{-1}*(a*a)=(a^{-1}*a)*a=e*a=a$，所以<$G$, *>中惟一的幂等元是幺元 e。 ■

定理 8.19 设<G, *>是群，则对任意的 a，$b\in G$ 有 $(a*b)^{-1}=b^{-1}*a^{-1}$。

证明 设 e 是群<G, *>的幺元，对任意的 a，$b\in G$，有

$$(a*b)*(b^{-1}*a^{-1})=a*(b*b^{-1})*a^{-1}=a*a^{-1}=e$$

$$(b^{-1}*a^{-1})*(a*b)=b^{-1}*(a^{-1}*a)*b=b*b^{-1}=e$$

所以，$(a*b)^{-1}=b^{-1}*a^{-1}$。 ■

定义 8.29 设<G, *>是群，若*是可交换的，则称<G, *>是交换群或阿贝尔群。

定理 8.20 设<G, *>是群，则<G, *>是阿贝尔群⇔对任意的 a，$b\in G$ 有 $(a*b)^2=a^2*b^2$。

证明 设<G, *>是阿贝尔群，对任意的 a，$b\in G$，有

$$(a*b)^2=(a*b)*(a*b)=a*(b*a)*b=a*(a*b)*b=(a*a)*(b*b)=a^2*b^2\text{。}$$

反之，若对任意的 a，$b\in G$ 有 $(a*b)^2=a^2*b^2$，则 $(a*b)*(a*b)=(a*a)*(b*b)$，$a*(b*a)*b=a*(a*b)*b$，$b*a=a*b$。所以，<G, *>是阿贝尔群。 ■

例 3 设 $S=\{a, b, c, d\}$，f: $S\to S$，$f(a)=b$，$f(b)=c$，$f(c)=d$，$f(d)=a$，$\circ$ 为函数的复合运算。令 $F=\{f^0, f^1, f^2, f^3\}$，其中 f^0 为恒等函数，$f^2=f\circ f$，$f^3=f^2\circ f$，则<F, $\circ$>是阿贝尔群。

证明 $\circ$ 的运算表如表 8-12 所示。

由运算表不难证明<F, $\circ$>是阿贝尔群。 ■

表 8-12

$\circ$	f^0	f^1	f^2	f^3
f^0	f^0	f^1	f^2	f^3
f^1	f^1	f^2	f^3	f^0
f^2	f^2	f^3	f^0	f^1
f^3	f^3	f^0	f^1	f^2

8.7.2 元素的阶

元素的阶是一个重要的概念，它对刻画群的性质、确定群的结构具有重要意义。

定义 8.30 设 e 是群<G,*>的幺元，$a\in G$。若存在 $r\in\mathbb{N}$ 使得 $a^r=e$，则称 a 的周期是有限的，其中最小的正整数 r 称为 a 的周期或阶，记为 $|a|$。若没有这样的正整数，则称 a 的周期是无限的。

例 4 任何群<G, *>的幺元 e 的周期都是 1。 ■

定理 8.21 若<G, *>是群，则对任意的 $a \in G$，a 与 a^{-1} 具有相同的周期。

证明 （1）若 a 有有限周期 r，则 $a^r=e$。因为 $(a^{-1})^r=(a^r)^{-1}=e^{-1}=e$，所以 a^{-1} 的周期 r' 满足 $r' \leqslant r$。又因为 $a^{r'}=((a^{-1})^{r'})^{-1}=e^{-1}=e$，所以 $r \leqslant r'$。故 $r=r'$。

（2）若 a 的周期无限，而 a^{-1} 的周期有限。则由（1）可知，a 的周期有限，矛盾，所以 a^{-1} 的周期也是无限的。 ■

定理 8.22 若<G, *>是有限群，则 G 中任一元素的周期 r 小于等于 $|G|$。

证明 对于任意的 $a \in G$，a，a^2，…，$a^{|G|+1}$ 中至少有两个元素相同，不妨设为 $a^p=a^q$，其中 $1 \leqslant p<q \leqslant |G|+1$，则 $a^{q-p}=a^q * a^{-p}=a^q *(a^p)^{-1}=a^q *(a^q)^{-1}=e$，所以 a 的周期 r 满足 $r \leqslant q-p \leqslant |G|$。

■

定理 8.23 若群<G, *>的元素 a 具有有限周期 r，则 $a^k=e \Leftrightarrow k$ 是 r 的倍数。

证明 若 k 是 r 的倍数，不妨设 $k=sr$，则 $a^k=(a^r)^s=e^s=e$。

反之，若 k 不是 r 的倍数，则存在 s，$q \in \mathbb{Z}$，使得 $k=sr+q$，其中 $0<q<r$。于是 $a^q=a^{k-sr}=a^k *(a^r)^{-s}=e$，与 r 是 a 的周期矛盾，所以 k 是 r 的倍数。 ■

定理 8.24 若 a 是群<G, *>的元素且 a 的周期大于 2，则 $a \neq a^{-1}$。

证明 若 $a=a^{-1}$，则 $a*a=a*a^{-1}=e$，所以 a 的周期小于等于 2，与 a 的周期大于 2 矛盾。故 $a \neq a^{-1}$。 ■

例 5 设<G, *>是群，a，$b \in G$，且 $ab=ba$。若 $|a|=n$，$|b|=m$，且 n 与 m 互素，证明 $|ab|=nm$。

证明 设 $|ab|=d$。由 $ab=ba$ 可得 $(ab)^{nm}=(a^n)^m(b^m)^n=e$，从而 $d \mid nm$。

又由 $(ab)^d=a^d b^d=e$ 得，$a^d=b^{-d}$。于是有 $a^{dm}=b^{-dm}=(b^m)^{-d}=e$，则 $n \mid dm$，而 n 与 m 互素，所以 $n \mid d$。同理可证 $m \mid d$。故 $nm \mid d$。

综上可知，$d=nm$，即 $|ab|=nm$。 ■

8.7.3 子群

定义 8.31 设<G, *>是群，S 是 G 的非空子集，若<S, *>是群，则称<S, *>为<G, *>的子群。显然，<$\{e\}$, *>和<G, *>是<G, *>的子群，称其为平凡子群。<G, *>的其余子群称为真子群。

例 6 在群<$\mathbb{Z}$, +>中，取 $H=\{3k|k \in \mathbb{Z}\}$，则<$H$, +>是<$\mathbb{Z}$, +>的子群。 ■

定理 8.25 若<H, *>是<G, *>的子群，则 $e_H=e_G$，其中 e_H 和 e_G 分别为<H, *>和<G, *>的幺元。

证明 对于任意的 $x \in H$，有 $e_H * x=x=e_G * x$。由群中消去律成立可得 $e_H=e_G$。 ■

定理 8.26 若<G, *>是群，H 是 G 的非空子集，则<H, *>是<G, *>的子群 $\Leftrightarrow$ 对任意的 a，$b \in H$，有 $a*b \in H$ 且 $a^{-1} \in H$。

证明 必要性显然成立。

充分性：只需证明 $e \in H$。由 H 非空，必存在 $a \in H$。由已知可知 $a^{-1} \in H$，于是 $e=a*a^{-1} \in H$。所以<H, *>是<G, *>的子群。 ■

定理 8.27 若<G, *>是群，H 是 G 的非空子集，则<H, *>是<G, *>的子群 $\Leftrightarrow$ 对任意

的 a，$b\in H$ 有 $a*b^{-1}\in H$。

证明 必要性：对任意的 $a, b\in H$，由 $<H, *>$ 是 $<G, *>$ 的子群，必有 $b^{-1}\in H$，从而 $a*b^{-1}\in H$。

充分性：由 H 非空，必存在 $a\in H$。于是 $e=a*a^{-1}\in H$。

任取 $a\in H$，由 e，$a\in H$ 得 $a^{-1}=e*a^{-1}\in H$。

对于任意的 a，$b\in H$，有 $a*b=a*(b^{-1})^{-1}\in H$，即 $a*b\in H$。

又因为 H 是 G 的非空子集，所以*在 H 上满足结合律。

综上可知，$<H, *>$ 是 $<G, *>$ 的子群。 ■

定理 8.28 若 $<G, *>$ 是群，H 是 G 的非空有限子集，则 $<H, *>$ 是 $<G, *>$ 的子群 $\Leftrightarrow$ 对任意的 a，$b\in H$ 有 $a*b\in H$。

证明 必要性显然成立。

充分性：因为 H 是 G 的非空有限子集，所以 H 对*满足封闭性。对于 $a\in H$，由 H 是有限集且对*满足封闭性，可知存在 $i<j$ 使得 $a^i=a^j$，于是 $e=a^j*(a^j)^{-1}=a^j*a^{-i}=a^{j-i}\in H$ 且 $a^{-1}=a^{j-i-1}\in H$。所以，$<H, *>$ 是 $<G, *>$ 的子群。 ■

例 7 若 $<H, *>$ 和 $<R, *>$ 是 $<G, *>$ 的子群，则 $<H\cap R, *>$ 是 $<G, *>$ 的子群。

证明 对于任意的 $a, b\in H\cap R$，有 $a, b\in H$，$a, b\in R$。由 $<H, *>$ 是 $<G, *>$ 的子群，有 $a*b^{-1}\in H$。同理有 $a*b^{-1}\in R$。所以，$a*b^{-1}\in H\cap R$，故 $<H\cap R, *>$ 是 $<G, *>$ 的子群。 ■

定义 8.32 若 $<G, *>$ 是群，$\text{Cent}G=\{a|a*x=x*a, a\in G, 任意 x\in G\}$，则称 $\text{Cent}G$ 为 $<G, *>$ 的中心。

例 8 证明 $<\text{Cent}G, *>$ 是群 $<G, *>$ 的子群。 ■

证明 因为 $e\in\text{Cent}G$，所以 $\text{Cent}G\neq\varnothing$。对于任意的 $a, b\in\text{Cent}G$ 以及任意的 $x\in G$，有 $a*x=x*a$ 和 $b*x=x*b$。于是 $(a*b^{-1})*x=a*(b^{-1}*x)=a*(x^{-1}*b)^{-1}=a*(b*x^{-1})^{-1}=a*(x*b^{-1})=(a*x)*b^{-1}=x*(a*b^{-1})$。所以 $a*b^{-1}\in\text{Cent}G$。故 $<\text{Cent}G, *>$ 是群 $<G, *>$ 的子群。 ■

8.8 循环群和置换群

本节将讨论两种常见而又重要的群——循环群和置换群，特别是在研究同构群时，置换群扮演着重要的角色。

8.8.1 循环群

定义 8.33 在群 $<G, *>$ 中，若存在 $g\in G$，且对于 G 中的任意元素 a，存在 $k\in\mathbb{Z}$ 使得 $a=g^k$，则称 $<G, *>$ 为循环群，g 称为 G 的生成元，并说群 $<G, *>$ 由 g 生成，记为 $G=<g>$。

循环群根据其生成元的阶分为有限循环群和无限循环群。

例 1 （1）$<\mathbb{Z}, +>$ 是循环群，1 或−1 都是其生成元。

（2）$<\mathbb{Z}_6, +_6>$ 是循环群，[1]和[5]是其生成元。 ■

定理 8.29 每个循环群都是可交换群。

证明留给读者。

定理 8.30 设 $<G, *>$ 是由 g 生成的有限循环群，则 $|G|=n\Leftrightarrow|g|=n$。

证明 必要性：设$|g|=m<n$，则有$g^m=e$。因为$<G, *>$是由g生成的有限循环群，所以对任意的$a\in G$，存在$s\in\mathbb{Z}$使得$a=g^s$。

令$s=mq+r$，其中q为某个整数，$0\leqslant r<m$，则有$a=g^s=g^{mq+r}=g^{mq}*g^r=(g^m)^q*g^r=g^r$，即$G$中任一元素具有$g^r$的形式且$0\leqslant r<m$。因而$G$中至多具有$m$个元素$g, g^2, \cdots, g^m$，于是$|G|\leqslant m<n$，与$|G|=n$矛盾。因此$m\geqslant n$。

下面证明$g, g^2, \cdots, g^m$互不相同。若不然，则有$1\leqslant i<j\leqslant m$使得$g^i=g^j$，于是$g^{j-i}=g^j*g^{-i}=g^i*g^{-i}=e$且$0<j-i<m$，与$|g|=m$矛盾。又因为$|G|=n$，所以$m\leqslant n$。

综上可得，$m=n$，即$|g|=n$。

充分性：由$|g|=n$得$g^n=e$。因为g是$<G, *>$的生成元，所以对任意的$a\in G$，存在$k\in\mathbb{Z}$使得$a=g^k$。令$k=nq+r$，其中$0\leqslant r<n$，则$a=g^k=g^{nq+r}=(g^n)^q*g^r=g^r$，即$G$中任一元素具有$g^r$的（$0\leqslant r<n$）形式。所以$G$中至多具有$n$个元素$g, g^2, \cdots, g^n$，于是$|G|\leqslant n$。

与必要性类似可证$g, g^2, \cdots, g^n$互不相同，于是有$|G|\geqslant n$。

综上可得，$|G|=n$。 ■

由定理8.30可得，若G是由g生成的n阶循环群，则有$G=\{g, g^2, \cdots, g^n=e\}$。若$G$是由$g$生成的无限循环群，则有$G=\{e, g^{\pm1}, g^{\pm2}, \cdots\}$。

对于循环群$<G, *>$，它的生成元可能不止一个，怎样求出它的所有生成元呢？请看下面的定理。

定理 8.31 设$<G, *>$是由g生成的循环群。

（1）若G为无限循环群，则G只有两个生成元g和g^{-1}。

（2）若G为n阶循环群，则G含有$\Phi(n)$个生成元。对于任意小于等于n且与n互素的正整数r，g^r是G的生成元。

证明 （1）因为g是群$<G, *>$的生成元，所以对任意的$a\in G$，存在$i\in\mathbb{Z}$使得$a=g^i$。又$a=(g^{-1})^{-i}$，所以g^{-1}也是群$<G, *>$的生成元。

再证G只有g和g^{-1}这两个生成元。假设h也是G的生成元，对G的元素g，存在整数s，使得$g=h^s$。对于h来说，由g是G的生成元，存在整数t，使得$h=g^t$。于是，$g=h^s=g^{st}$。由G中的消去律得$g^{st-1}=e$。因为G是无限群，必有$st-1=0$。从而有$s=t=1$或$s=t=-1$，即$h=g$或$h=g^{-1}$。

（2）只需证明对于任意正整数r（$r\leqslant n$），g^r是G的生成元$\Leftrightarrow r$和n互素。

充分性：若r和n互素，且$r\leqslant n$，则存在整数u和v使得$ur+vn=1$。于是，$g^i=g^{i(ur+vn)}=g^{iur}g^{ivn}=g^{iur}=(g^r)^{iu}$。所以，$g^r$是$G$的生成元。

必要性：设g^r是G的生成元，由定理8.30得$|g^r|=n$。设r和n的最大公约数是d，则存在整数t使得$r=dt$。因此有$(g^r)^{\frac{n}{d}}=(g^{dt})^{\frac{n}{d}}=(g^n)^t=e$。由定理8.23可知，$|g^r|$是$\frac{n}{d}$的因子，即$n$整除$\frac{n}{d}$。从而有$d=1$。 ■

例 2 设 $G=\{e, g, g^2, \cdots, g^{11}\}$ 是 12 阶循环群，则 $\varphi(12)=4$。任意小于等于 12 且与 12 互素的正整数是 1，5，7，11，于是 g，g^5，g^7 和 g^{11} 是 G 的生成元。 ■

下面考虑循环群的子群。一般来说，求一个群的子群并不是一件容易的事。但对于循环群来说，可以直接求出它的所有子群。

定理 8.32 （1）若 $\langle G, *\rangle$ 是循环群，则 G 的任何子群都是循环群。

（2）若 $\langle G, *\rangle$ 是无限循环群，则 G 的子群除 $\langle \{e\}, *\rangle$ 以外都是无限循环群。

（3）若 $\langle G, *\rangle$ 是 n 阶循环群，则对 n 的每个正因数 d，G 恰有一个 d 阶子群。

证明 （1）设 $\langle G, *\rangle$ 是生成元为 g 的循环群，$\langle H, *\rangle$ 是 $\langle G, *\rangle$ 的任一子群。若 $H=\{e\}$，显然 H 是循环群；否则取 H 中的最小正方幂元 g^m。下证 g^m 是 H 的生成元。

任取 $g^i \in H$，则存在整数 k 和 r，使得 $i=mk+r$，其中 $0 \leqslant r<k$。因此有 $g^r = g^{i-mk} = g^i * g^{-mk} = g^i * (g^m)^{-k}$。由 g^i，$g^m \in H$ 及 H 是 G 的子群可知 $g^r \in H$。因为 g^m 是 H 中的最小正方幂元，所以必有 $r=0$。

于是 $g^i=g^{mk}=(g^m)^k$，因此 g^m 是 H 的生成元，$\langle H, *\rangle$ 是一个循环群。

（2）设 $\langle G, *\rangle$ 是生成元为 g 的无限循环群，H 是其子群。若 $H \neq \{e\}$，由上面的证明可知 H 中的最小正方幂元 g^m 是其生成元。若 $|H|=t$，则 $|g^m|=t$，$|g|=mt$，由定理 8.30 可得 $|G|=mt$，矛盾。

（3）设 $\langle G, *\rangle$ 是生成元为 g 的 n 阶循环群，若 $\langle H, *\rangle$ 是 $\langle G, *\rangle$ 的任一子群，则有 H 中的最小正方幂元 g^m 是其生成元。设 $|H|=r$，则 $|g^m|=r$。于是 $(g^m)^r=e$，$g^{mr}=e$，故 $mr=n$。即 $\langle G, *\rangle$ 任一子群的阶都是 n 的一个因数。下面证明对于 n 的每个正因数 d 都存在一个 d 阶子群。

显然，由 $g^{\frac{n}{d}}$ 生成的群 H 是 G 的 d 阶子群。假设由 g^m 生成的群 S 也是 G 的 d 阶子群，则 $(g^m)^d=e$，即 $g^{md}=e$，于是 $md=n$，$m=\dfrac{n}{d}$。故 $g^{\frac{n}{d}}=g^m$，所以 $H=S$。

综上可知结论成立。 ■

8.8.2 置换群

定义 8.34 设 $S=\{1, 2, \cdots, n\}$，从集合 S 到 S 的一个双射称为 S 的一个 n 阶置换。一般将 n 阶置换记为

$$\sigma = \begin{bmatrix} 1 & 2 & \cdots & n \\ \sigma(1) & \sigma(2) & \cdots & \sigma(n) \end{bmatrix}$$

并称 $\begin{bmatrix} \sigma(1) & \sigma(2) & \cdots & \sigma(n) \\ 1 & 2 & \cdots & n \end{bmatrix}$ 为 σ 的反置换，记为 σ^{-1}。n 阶置换 $\begin{bmatrix} 1 & 2 & \cdots & n \\ 1 & 2 & \cdots & n \end{bmatrix}$ 称为恒等置换，记为 π_e。

通常将 S 上的所有 n 阶置换的集合记为 S_n。

例 3 设 $S=\{1, 2, 3, 4, 5\}$，则

$$\sigma = \begin{bmatrix} 1 & 2 & 3 & 4 & 5 \\ 5 & 1 & 3 & 4 & 2 \end{bmatrix} \qquad \tau = \begin{bmatrix} 1 & 2 & 3 & 4 & 5 \\ 4 & 3 & 1 & 2 & 5 \end{bmatrix}$$

都是 5 阶置换。 ■

定理 8.33 设 $S=\{1, 2, \cdots, n\}$，则 $|S_n|=n!$。

证明 因为每一种 n 阶置换都是 n 个元素的一种全排列，所以 n 个元素的集合中不同的 n 阶置换的总数等于 n 个元素的全排列的种数 $n!$。故 $|S_n|=n!$。 ■

定义 8.35 设 σ，$\tau\in S_n$，$\circ$ 和 $\lozenge$ 是 S_n 上的二元运算，$\sigma\circ\tau$ 和 $\tau\lozenge\sigma$ 都表示对 S 的元素先应用置换 τ 接着应用置换 σ 所得到的置换，则 $\sigma\circ\tau$ 和 $\tau\lozenge\sigma$ 分别称为置换 σ 和 τ 的左复合置换和右复合置换。

下面只讨论左复合置换的情况。

例如，对于例 3 中的 σ 和 τ，有

$$\sigma\circ\tau=\begin{bmatrix}1&2&3&4&5\\4&3&5&1&2\end{bmatrix}\qquad\tau\circ\sigma=\begin{bmatrix}1&2&3&4&5\\5&4&1&2&3\end{bmatrix}$$

定义 8.36 设 $\sigma\in S_n$，若 $\sigma(i_1)=i_2$，$\sigma(i_2)=i_3$，…，$\sigma(i_k)=i_1$，且保持 S 中的其他元素不变，则称 σ 为 S 上的 k 阶轮换，记为 $(i_1i_2\cdots i_k)$。若 $k=2$，则称 σ 为 S 上的对换。

可以证明，任何 n 阶置换都可以表示成不相交轮换的复合，且这种表达式是惟一的。而任何轮换又可进一步表示成对换的复合，即有 $(i_1i_2\cdots i_k)=(i_1i_k)(i_1i_{k-1})\cdots(i_1i_2)$。因此，任何 n 阶置换都可以表示成对换的复合。

例 4 设 $S=\{1，2，\cdots，8\}$，

$$\sigma=\begin{bmatrix}1&2&3&4&5&6&7&8\\5&3&6&4&2&1&8&7\end{bmatrix}\qquad\tau=\begin{bmatrix}1&2&3&4&5&6&7&8\\8&1&4&2&6&7&5&3\end{bmatrix}$$

则 $\sigma=(15236)(78)$，$\tau=(18342)(567)$。其对换表达式为：$\sigma=(15236)(78)=(16)(13)(12)(15)(78)$，$\tau=(18342)(567)=(12)(14)(13)(18)(57)(56)$。 ■

定理 8.34 $<S_n，\circ>$ 是一个群，其中 $\circ$ 是置换的左复合运算。

证明 （1）对任意的 σ，$\tau\in S_n$，由于 σ 和 τ 是 S 到 S 的双射，所以 $\sigma\circ\tau$ 也是 S 到 S 的双射，故 $\sigma\circ\tau\in S_n$。

（2）对任意的 σ，τ，$\eta\in S_n$，如对任意的 $x\in S$，有 $\eta(x)=y$，$\tau(y)=z$，$\sigma(z)=w$，则

$$(\sigma\circ\tau)\circ\eta(x)=\sigma\circ\tau(\eta(x))=\sigma\circ\tau(y)=\sigma(\tau(y))=\sigma(z)=w$$

$$\sigma\circ(\tau\circ\eta)(x)=\sigma(\tau\circ\eta(x))=\sigma(\tau(\eta(x))=\sigma(\tau(y)=\sigma(z)=w$$

所以 $(\sigma\circ\tau)\circ\eta=\sigma\circ(\tau\circ\eta)$，故 $\circ$ 满足结合律。

（3）对任意的 $\sigma\in S_n$，有 $\sigma\circ\pi_e=\pi_e\circ\sigma$，所以 π_e 为 S_n 中关于运算 $\circ$ 的幺元。

（4）对任意的 $\sigma\in S_n$，有 $\sigma\circ\sigma^{-1}=\sigma^{-1}\circ\sigma=\pi_e$，所以 S_n 中的每个元素都有逆元。

综上可知，$<S_n，\circ>$ 是一个群。 ■

定义 8.37 已知 $S=\{1，2，\cdots，n\}$，称 $<S_n，\circ>$ 为 n 元对称群。$<S_n，\circ>$ 的任意子群称为 S 上的置换群。

例 5 设 $S=\{1，2，3\}$，写出 S 的对称群以及 S 上的置换群。

解 令 $S_3=\{\pi_e，\pi_1，\pi_2，\pi_3，\pi_4，\pi_5\}$，其中

$$\pi_e=\begin{bmatrix}1&2&3\\1&2&3\end{bmatrix}\qquad\pi_1=\begin{bmatrix}1&2&3\\2&1&3\end{bmatrix}$$

$$\pi_2=\begin{bmatrix}1&2&3\\3&2&1\end{bmatrix}\qquad \pi_3=\begin{bmatrix}1&2&3\\1&3&2\end{bmatrix}$$

$$\pi_4=\begin{bmatrix}1&2&3\\2&3&1\end{bmatrix}\qquad \pi_5=\begin{bmatrix}1&2&3\\3&1&2\end{bmatrix}$$

运算 ∘ 的运算表如表 8-13 所示。

表 8-13

∘	π_e	π_1	π_2	π_3	π_4	π_5
π_e	π_e	π_1	π_2	π_3	π_4	π_5
π_1	π_1	π_e	π_5	π_4	π_3	π_2
π_2	π_2	π_4	π_e	π_5	π_1	π_3
π_3	π_3	π_5	π_4	π_e	π_2	π_1
π_4	π_4	π_2	π_3	π_1	π_5	π_e
π_5	π_5	π_3	π_1	π_2	π_e	π_4

因为运算 ∘ 是函数的复合，所以 ∘ 满足结合律。

由 ∘ 的运算表知，∘ 在 S_3 中是封闭的，且有幺元 π_e，每个置换都有逆元，分别为

$\pi_e^{-1}=\pi_e$，$\pi_1^{-1}=\pi_1$，$\pi_2^{-1}=\pi_2$，$\pi_3^{-1}=\pi_3$，$\pi_4^{-1}=\pi_5$，$\pi_5^{-1}=\pi_4$

所以，<S_3，∘>是群。由于 $\pi_1\circ\pi_3\neq\pi_3\circ\pi_1$，所以<$S_3$，∘>不是阿贝尔群。

容易证明 S 上的置换群为：<{π_e，π_1}，∘>，<{π_e，π_2}，∘>，<{π_e，π_3}，∘>，<{π_e，π_4，π_5}，∘>。 ■

定理 8.35 有限群<G，*>的运算表中的每行或每列都是 G 的元素的一个置换。

证明 首先，证明运算表中的任一行所含 G 中的一个元素不可能多于一次。若不然，如 $a\in G$ 那一行中有两个元素都是 c，即对于行表头的元素 b_1 和 b_2，有 $a*b_1=a*b_2=c$。根据群的可约律得 $b_1=b_2$，与 $b_1\neq b_2$ 矛盾。

其次，证明 G 中的每个元素都在运算表的每一行中出现。考察 $a\in G$ 那一行，设 b 是 G 中的任一元素，由于 $b=a*(a^{-1}*b)$，所以 b 必出现在对应于 a 的那一行中。再由运算表中没有两行相同的事实，可得<G，*>的运算表中每一行都是 G 中元素的一个置换，且各行都是不同的置换。

类似可证，同样的结论对于列也成立。 ■

定义 8.38 设<G，∘>是 S 的一个置换群，称 $R=\{<a, b>|\sigma(a)=b\wedge\sigma\in G\}$ 为由<G，∘>诱导的 S 上的二元关系。

例 6 设 $S=\{1, 2, 3, 4\}$，$G=\{\pi_e, \pi_1, \pi_2, \pi_3\}$，其中

$$\pi_e=\begin{bmatrix}1&2&3&4\\1&2&3&4\end{bmatrix}\qquad \pi_1=\begin{bmatrix}1&2&3&4\\2&1&3&4\end{bmatrix}$$

$$\pi_2=\begin{bmatrix}1&2&3&4\\1&2&4&3\end{bmatrix}\qquad \pi_3=\begin{bmatrix}1&2&3&4\\2&1&4&3\end{bmatrix}$$

容易证明<G，∘>为 S 上的一个置换群。由<G，∘>诱导的二元关系为

$$R=\{<1, 1>, <2, 2>, <3, 3>, <4, 4>, <1, 2>, <2, 1>, <3, 4>, <4, 3>\}$$ ■

定理 8.36 由置换群<G，∘>诱导的 S 上的二元关系是等价关系。

证明 由置换群<G，∘>诱导的 S 上的二元关系是 $R=\{<a, b>|\sigma(a)=b\wedge\sigma\in G\}$。

（1）因为恒等置换 $\pi_e\in G$，所以对任意的 $a\in S$ 有 $<a, a>\in R$。

（2）设 $<a, b>\in R$，则存在 $\sigma\in G$，使得 $\sigma(a)=b$。因为<G，∘>是群，所以 $\sigma^{-1}\in G$，即有 $<b, a>\in R$。

（3）设 $<a, b>$，$<b, c>\in R$，则存在 σ，$\tau\in G$，使得 $\sigma(a)=b$，$\tau(b)=c$。因为<G，∘>是群，

所以 $\tau\circ\sigma\in G$。于是有 $\tau\circ\sigma(a)=\tau(\sigma(a))=\tau(b)=c$，故 $\langle a, c\rangle\in R$。

综上可知，R 是等价关系。 ■

定义 8.39 如果一个置换将一个元素映射到它自身，那么这个元素就称为在这个置换下的不变元。用 $\Psi(p)$ 表示在置换 σ 作用下的不变元的个数。

例如，在例 5 中，$\Psi(\pi_e)=4$，$\Psi(\pi_1)=2$，$\Psi(\pi_2)=2$，$\Psi(\pi_3)=0$。

定理 8.37（伯恩赛德定理） 由 S 的置换群 $\langle G, \circ\rangle$ 诱导的等价关系将 S 划分所得的等价类数目等于

$$\frac{1}{|G|}\sum_{\sigma\in G}\Psi(\sigma)$$

限于篇幅，该定理的证明略。

例如，在例 6 中，$\frac{1}{|G|}\sum_{\sigma\in G}\Psi(\sigma)=2$，由 $\langle G, \circ\rangle$ 诱导的 S 上的等价关系 R 将 S 划分为 $\{\{1, 2\}, \{3, 4\}\}$，其划分所得的等价类数也是 2。

8.9 陪集和正规子群

8.9.1 陪集

子群的陪集是一个十分重要的概念，利用群的陪集分解，可以得到涉及有限群结构的重要定理——拉格朗日定理。下面先介绍陪集的概念。

定义 8.40 设 $\langle H, *\rangle$ 是群 $\langle G, *\rangle$ 的子群，$a\in G$，令 $aH=\{a*h|h\in H\}$ 和 $Ha=\{h*a|h\in H\}$，称 aH 和 Ha 分别为由 a 确定的群 $\langle G, *\rangle$ 中的 H 的左陪集和右陪集，称 a 为其代表元。

我们只讨论左陪集的情况，对于右陪集有相似的结论。

例 1 设 $G=\mathbb{R}\times\mathbb{R}$，$\mathbb{R}$ 为实数集，G 上的一个二元运算+定义为 $\langle a, b\rangle+\langle c, d\rangle=\langle a+c, b+d\rangle$，则 $\langle G, +\rangle$ 是一个具有幺元 $\langle 0, 0\rangle$ 的阿贝尔群。

设 $H=\{\langle x, y\rangle|y=2x\}$，易证 $\langle H, +\rangle$ 是 $\langle G, +\rangle$ 的子群。对于 $\langle a, b\rangle\in G$，左陪集 $\langle a, b\rangle H$ 是通过点 $\langle a, b\rangle$ 且平行于 H 的直线。 ■

定理 8.38 设 $\langle H, *\rangle$ 是 $\langle G, *\rangle$ 的子群，定义 $R=\{\langle a, b\rangle|a, b\in G$ 且 $a^{-1}*b\in H\}$，则 R 是 G 中的一个等价关系，且 $[a]_R=aH$。

证明 对于任意 $a\in G$，必有 $a^{-1}\in G$ 使得 $a^{-1}*a=e\in H$，所以 $\langle a, a\rangle\in R$。

若 $\langle a, b\rangle\in R$，则 $a^{-1}*b\in H$。因为 H 是 G 的子群，故 $(a^{-1}*b)^{-1}=b^{-1}*a\in H$。所以 $\langle b, a\rangle\in R$。

若 $\langle a, b\rangle\in R$，$\langle b, c\rangle\in R$，则 $a^{-1}*b\in H$，$b^{-1}*c\in H$。因为 H 是 G 的子群，所以 $(a^{-1}*b)*(b^{-1}*c)=a^{-1}*c\in H$，故 $\langle a, c\rangle\in R$。

综上可得，R 是 G 中的一个等价关系。

对于任意的 $b\in[a]_R$，有 $\langle a, b\rangle\in R$，$a^{-1}*b\in H$，则存在 $h\in H$ 使得 $a^{-1}*b=h$，$b=a*h$，于是 $b\in aH$，$[a]_R\subseteq aH$。对任意的 $b\in aH$，存在 $h\in H$ 使得 $b=a*h$，$a^{-1}*b=h\in H$，$\langle a, b\rangle\in R$，故 $aH\subseteq[a]_R$。所以，$[a]_R=aH$。 ■

定理 8.39 若 $\langle H, *\rangle$ 是群 $\langle G, *\rangle$ 的子群，则 $aH=H$ 当且仅当 $a\in H$。

证明 必要性：假设 $aH=H$。因为 $e\in H$，故 $a=a*e\in aH=H$，所以 $a\in H$。

充分性：对 $a \in H$，由 H 对*满足封闭性可得 $aH \subseteq H$。又对任意的 $h \in H$，由<H，*>是群<G，*>的子群可得 $a^{-1}*h \in H$，于是 $h=a*(a^{-1}*h) \in aH$，所以 $H \subseteq aH$。故 $aH=H$。■

定理 8.40 若<H，*>是群<G，*>的子群，则 $aH=bH \Leftrightarrow b^{-1}*a \in H \Leftrightarrow a \in bH$。

证明 仅证 $aH=bH \Leftrightarrow b^{-1}*a \in H$。

必要性：对 $h_1 \in H$，由 $aH=bH$ 可知，存在 $h_2 \in H$，使得 $a*h_1=b*h_2$，所以 $b^{-1}*a=h_2*(h_1)^{-1} \in H$。

充分性：对任意的 $a*h \in aH$，$b*h \in bH$，若 $b^{-1}*a \in H$，有 $a*h=(b*b^{-1})*(a*h)=b*((b^{-1}*a)*h) \in bH$ 和 $b*h=(a*a^{-1})*(b*h)=a*(a^{-1}*b*h)=a*((b^{-1}*a)^{-1}*h) \in aH$。所以 $aH \subseteq bH$ 且 $bH \subseteq aH$。故 $aH=bH$。

■

定理 8.41 若<H，*>是群<G，*>的子群，则 $aH \cap bH=\varnothing$或 $aH=bH$。

证明 若 $aH \cap bH \neq \varnothing$，则存在 $c \in aH \cap bH$，于是 $c \in aH$ 且 $c \in bH$。由定理 8.40 可知，$aH=cH$，$bH=cH$。所以 $aH=bH$。■

由以上定理可知，给定群 G 的一个子群 H，H 的所有左陪集恰好构成 G 的一个划分。可以证明，H 在 G 中的左陪集数和右陪集数是相等的。我们把 H 在 G 中的左陪集数（或右陪集数）称为 H 在 G 中的指数，记为$[G:H]$。

例 2 <H，$+_4$>是<$\mathbb{Z}_4$，$+_4$>的子群，其中 $H=\{[0], [2]\}$，则<$\mathbb{Z}_4$，$+_4$>中 H 的左陪集为

$$[0]H=\{[0], [2]\}=[2]H=\{[0], [2]\}$$
$$[1]H=\{[1], [3]\}=[3]H=\{[1], [3]\}$$

于是有$\{[0]H \cup [1]H\}=\{[0], [1], [2], [3]\}$为$\mathbb{Z}_4$的一个划分。■

对于有限群，有下面的重要定理。

定理 8.42（拉格朗日定理） 若 G 为有限群，则$|G|=|H|\cdot[G:H]$。

证明 设$[G:H]=k$，a_1，a_2，…，a_k分别为 H 的 k 个左陪集的代表元，由定理 8.38 得

$$G=\bigcup_{i=1}^{k}[a_i]_R=\bigcup_{i=1}^{k}a_iH$$

又因为对 H 中任意不同的元素 x，$y \in H$ 及 $a \in G$，必有 $a*x \neq a*y$，所以$|a_1H|=\cdots=|a_kH|=|H|$。因此

$$|G|=|\bigcup_{i=1}^{k}a_iH|=\sum_{i=1}^{k}|a_iH|=k|H|=|H|\cdot[G:H]$$ ■

推论 1 任何素数阶群不可能有非平凡子群。

证明 设群<G，*>的阶数为素数 p，<H，*>是<G，*>的阶数为 k 的非平凡子群（$k \neq 1$ 且 $k \neq p$），则必有 k 整除 p，而 p 为素数，所以 $k=1$ 或 $k=p$，矛盾。■

推论 2 若<G，*>是有限群，则 G 的每个元素的周期是$|G|$的因数。如果$|G|$是素数，则<G，*>必是循环群。

证明 由 G 中任意元素 a 生成的循环群 $H=\{a^k|k \in \mathbb{Z}, a \in G\}$，一定是 G 的一个子群。如果$|H|=r$，即$|a|=r$，由定理 8.42 可得 r 整除$|G|$，因此 a 的阶数是$|G|$的因数。■

因为素数阶群只有平凡子群，所以素数阶群必定是循环群。

例 3 设 $K=\{e, a, b, c\}$，在 K 上定义运算*如表 8-14 所示。

证明<K，*>是群，但不是循环群。称<K，*>为克莱因四元群。

表 8-14

*	e	a	b	c
e	e	a	b	c
a	a	e	c	b
b	b	c	e	a
c	c	b	a	e

证明 由表 8-11 可知，*是封闭和可结合的。幺元是 e，每个元素的逆元是自身，所以<K，*>是群。因为 a，b，c 都是二阶元，故<K，*>不是循环群。 ■

例 4 任何一个四阶群只可能是四阶循环群或克莱因四元群。

证明 设四阶群<$\{e, a, b, c\}$，*>，其中 e 是幺元。当四阶群含有一个四阶元时，该群是循环群。

当四阶群不含有四阶元时，由推论 2 知，除幺元 e 外，a，b，c 的阶一定是 2。$a*b$ 不可能等于 a,b 或 e,否则将导致 $b=e$,$a=e$ 或 $a=b$ 的矛盾,所以 $a*b=c$。同样有 $b*a=c$ 以及 $a*c=c*a=b$，$b*c=c*b=a$。因此这个群是克莱因四元群。 ■

8.9.2 正规子群

例 5 在 8.8 节例 5 中，对于子群<$\{\pi_e, \pi_4, \pi_5\}$，$\circ$>来说，对任意的 $\sigma\in S_3$，都有

$$\sigma\{\pi_e, \pi_4, \pi_5\}=\{\pi_e, \pi_4, \pi_5\}\sigma$$

但并不是所有的子群都具有这种特点。例如，对于子群<$\{\pi_e, \pi_1\}$，$\circ$>来说，有

$$\pi_3\{\pi_e, \pi_1\}\neq\{\pi_e, \pi_1\}\pi_3$$ ■

下面我们讨论具有这种特殊性质的子群，即正规子群。

定义 8.41 *设<H，*>是群<G，*>的子群，若对 G 中任意元素 a 有 $aH=Ha$，则称<H，*>是群<G，*>的正规子群。*

由定义易知，任何群 G 都有正规子群，因为 G 的两个平凡子群是 G 的正规子群。任何交换群的子群都是正规子群。

下面给出正规子群的判定定理。

定理 8.43 *若<H，*>是群<G，*>的子群，则<H，*>是群<G，*>的正规子群$\Leftrightarrow$对任意的 $a\in G$ 有 $aHa^{-1}\subseteq H$。*

证明 必要性：对任意的 $a\in G$ 及 $aha^{-1}\in aHa^{-1}$，由<H，*>是群<G，*>的正规子群可得 $aH=Ha$，于是存在 $h'\in H$ 使得 $ah=h'a$，所以 $aha^{-1}=h'\in H$。故 $aHa^{-1}\subseteq H$。

充分性：对任意的 $a\in G$ 及 $h\in H$，由于 $aHa^{-1}\subseteq H$，所以存在 $h'\in H$ 使得 $aha^{-1}=h'$，$ah=h'a\in Ha$，所以 $aH\subseteq Ha$。同理，$Ha\subseteq aH$。故 $aH=Ha$。 ■

例 6 证明<Cent$G$，*>是群<G，*>的正规子群。

证明 由 8.7 节例 8 可知，<Cent$G$，*>是群<G，*>的子群。下证对任意的 $a\in G$，有 $a\,\text{Cent}G\,a^{-1}\subseteq\text{Cent}G$。

对任意的 $a\in G$ 及 $b\in\text{Cent}G$，由 Cent$G$ 的定义可得 $a*b=b*a$，所以 $a*b*a^{-1}=b\in\text{Cent}G$。

因此，<Cent$G$，*>是群<G，*>的正规子群。 ■

定理 8.44 *若<H，*>是群<G，*>的子群，则<H，*>是群<G，*>的正规子群$\Leftrightarrow$对任意的 $a\in G$ 和 $h\in H$ 有 $aha^{-1}\in H$。*

证明 必要性：对任意的 $a\in G$ 及 $h\in H$，由 $aH=Ha$ 可知，存在 $h'\in H$ 使得 $ah=h'a$。从而有 $aha^{-1}=h'\in H$。

充分性：对任意的 $a\in G$ 及 $h\in H$，由 $aha^{-1}\in H$ 知，存在 $h'\in H$ 使得 $aha^{-1}=h'$，$ah=h'a\in Ha$，所以 $aH\subseteq Ha$。同理可证，$Ha\subseteq aH$。故 $aH=Ha$。■

定理 8.45 若<H，*>是群<G，*>的子群，则<H，*>是群<G，*>的正规子群⇔对任意的 $a\in G$ 有 $aHa^{-1}=H$。

证明 对任意的 $a\in G$，有 $aHa^{-1}=H\Leftrightarrow aHa^{-1}a=Ha\Leftrightarrow aH=Ha$，所以<$H$，*>是群<$G$，*>的正规子群。■

例 7 若<H，*>是群<G，*>的子群，$[G:H]=2$，则<H，*>是群<G，*>的正规子群。

证明 由 $[G:H]=2$ 可知 H 存在两个左陪集，即有 $G=H\cup aH$，$a\notin H$。同理可知 $G=H\cup Ha$，$a\notin H$。任取 $g\in G$，若 $g\in H$，则有 $gH=H=Hg$。若 $g\notin H$，则 $gH=G-H=Hg$。从而<H，*>是群<G，*>的正规子群。■

定理 8.46 设<H，*>是<G，*>的正规子群，定义 $R=\{<a, b>|a\in G, b\in G$ 且 $a^{-1}*b\in H\}$，则 R 是 G 上的同余关系。

证明 易证 R 是 G 上的等价关系。设 aRb 且 cRd，则由 R 的定义可知 $a^{-1}*b\in H$，$c^{-1}*d\in H$。于是存在 h_1，$h_2\in H$ 使得 $a^{-1}*b=h_1$，$c^{-1}*d=h_2$。而 $(a*c)^{-1}*(b*d)=c^{-1}*(a^{-1}*b)*d=c^{-1}*h_1*d$。又因为<$H$，*>是<$G$，*>的正规子群，所以对 h_1*d，必存在 $h_3\in H$ 使得 $h_1*d=d*h_3$。从而有 $c^{-1}*h_1*d=c^{-1}*d*h_3=h_2*h_3\in H$。于是 $(a*c)^{-1}*(b*d)\in H$，则有 $(a*c)R(b*d)$。因此，R 是 G 上的同余关系。■

8.10 群的同态与同构

将代数系统的同态映射、单同态映射、满同态映射和同构映射应用到两个群之间，得到群的同态映射、单同态映射、满同态映射和同构映射。下面讨论群的同态和同构具有的性质。

定理 8.47 若<G，*>≃<H，⊙>，f 为其群同态映射，则：

（1）$f(e_G)=e_H$，其中 e_G 和 e_H 分别为群 G 和群 H 的幺元。

（2）对任意的 $a\in G$，有 $(f(a))^{-1}=f(a^{-1})$。

（3）若<S，*>是<G，*>的子群，$f(S)=\{f(a)|a\in S\}$，则<$f(S)$，⊙>是<H，⊙>的子群。

证明 （1）因为 $f(e_G*e_G)=f(e_G)=f(e_G)\odot f(e_G)$，所以 $f(e_G)$ 是 H 的幂等元，而群中的幂等元只有幺元，故 $f(e_G)=e_H$。

（2）对任意的 $a\in G$，有 $a^{-1}\in G$。因为 $f(a)\odot f(a^{-1})=f(a*a^{-1})=f(e_G)=e_H$，同理有 $f(a^{-1})\odot f(a)=e_H$。所以，$(f(a))^{-1}=f(a^{-1})$。

（3）对任意的 y_1，$y_2\in f(S)$，由 f 为<G，*>到<H，⊙>的群同态映射可知，存在 x_1，$x_2\in S$ 使得 $f(x_1)=y_1$，$f(x_2)=y_2$。于是 $y_1\odot y_2^{-1}=f(x_1)\odot(f(x_2))^{-1}=f(x_1*x_2^{-1})$。由<$S$，*>是<$G$，*>的子群可得 $x_1*x_2^{-1}\in S$，即 $y_1\odot y_2^{-1}\in f(S)$。

因此，<$f(S)$，⊙>是<H，⊙>的子群。■

定理 8.48 给定群<G，*>和代数系统<H，⊙>，若存在从群<G，*>到代数系统<H，⊙>的满同态映射，则<H，⊙>为群。

证明留给读者。

定义 8.42　若 f 是群 $<G, *>$ 到群 $<H, \odot>$ 的群同态映射，e_H 为群 $<H, \odot>$ 的幺元，令 $K_f=\{k|f(k)=e_H \wedge k\in G\}$，则称 K_f 为群同态映射 f 的核，简称 f 的同态核。

定理 8.49　若 f 是群 $<G, *>$ 到群 $<H, \odot>$ 的群同态映射，则 f 是单射 $\Leftrightarrow K_f=\{e_G\}$。

证明　必要性：因为 $f(e_G)=e_H$，所以 $e_G\in K_f$。若 $K_f\neq\{e_G\}$，则存在 $a\in K_f$ 且 $a\neq e_G$，于是 $f(a)=e_H=f(e_G)$，而 f 是单射，所以 $a=e_G$，矛盾。所以 $K_f=\{e_G\}$。

充分性：对任意的 a，$b\in G$，若 $f(a)=f(b)$，则 $f(a*b^{-1})=f(a)\odot f(b^{-1})=f(a)\odot(f(b))^{-1}=e_H$，所以 $a*b^{-1}\in K_f$。

又因为 $K_f=\{e_G\}$，所以 $a*b^{-1}=e_G$，即 $a=b$，故 f 是单射。■

定理 8.50　若 f 是群 $<G, *>$ 到群 $<H, \odot>$ 的群同态映射，则 $<K_f, *>$ 是 $<G, *>$ 的正规子群。

证明　对任意 a，$b\in K_f$，有 $f(a)=f(b)=e_H$，于是

$$f(a*b^{-1})=f(a)\odot f(b^{-1})=f(a)\odot(f(b))^{-1}=e_H$$

由 K_f 的定义可得 $a*b^{-1}\in K_f$，所以 $<K_f, *>$ 是 $<G, *>$ 的子群。

又对任意的 $aka^{-1}\in aK_f a^{-1}$，有

$$f(a*k*a^{-1})=f(a)\odot f(k)\odot f(a^{-1})=f(a)\odot e_H\odot f(a^{-1})=f(a)\odot f(a^{-1})=f(a*a^{-1})=f(e_G)=e_H$$

于是 $a*K_f*a^{-1}\subseteq K_f$。所以，$<K_f, *>$ 是 $<G, *>$ 的正规子群。■

定理 8.51　若 $<K, *>$ 是群 $<G, *>$ 的正规子群，则：

（1）在 G/K 中定义运算 Δ 为：$xK\Delta yK=(x*y)K$，则 G/K 在运算 Δ 下为群，称 $<G/K, \Delta>$ 为 G 对 K 的商群。

（2）定义映射 g：$G\to G/K$，$g(x)=xK$，则 g 是具有核 K 的同态映射，称为从群 G 到商群 G/K 的自然同态。

证明　（1）对任意的 aK，bK，$cK\in G/K$，有

$$(aK\Delta bK)\Delta cK=(a*b)K\Delta cK=((a*b)*c)K=(a*(b*c))K=aK\Delta(b*c)K=ak\Delta(bK\Delta cK)$$

$$aK\Delta eK=(a*e)K=aK=(e*a)K=eK\Delta aK$$

$$aK\Delta a^{-1}K=(a*a^{-1})K=eK=(a^{-1}*a)K=a^{-1}K\Delta aK$$

所以 Δ 满足结合律，且 eK 为关于运算 Δ 的幺元，每个元素 aK 都有逆元 $a^{-1}K$。故 $<G/K, \Delta>$ 为群。

（2）对任意的 a，$b\in G$，若 $a=b$，则 $aK=bK$，于是 $g(a)=g(b)$，所以 g 是 G 到 G/K 的映射。

又因为 $g(x*y)=(x*y)K=xK\Delta yK=g(x)\Delta g(y)$，所以 g 是 G 到 G/K 的同态映射。而 $x\in K_g\Leftrightarrow xK=eK\Leftrightarrow x\in K$，所以，$K_g=K$。■

定理 8.52（同态基本定理）若 f 是群 $<G, *>$ 到群 $<H, \odot>$ 的同态映射，则 $<G/K_f, \Delta>\cong<f(G), \odot>$。

证明　令 g：$G/K_f\to f(G)$，$g(xK_f)=f(x)$，其中 $x\in G$。下证 g 是同构映射。

因为 f 是群 $<G, *>$ 到群 $<H, \odot>$ 的同态映射，所以对任意的 $y\in f(G)$，存在 $x\in G$，使得 $f(x)=y$，于是有 $g(xK_f)=f(x)=y$。故 g 是满射。

若对 x，$y\in G$，$g(xK_f)=g(yK_f)$，则 $f(x)=f(y)$。于是有 $f(x*y^{-1})=f(x)\odot f(y^{-1})=f(x)\odot(f(y))^{-1}=e_H$，

从而 $x*y^{-1}\in K_f$，所以 $xK_f=yK_f$。故 g 是单射。

又因为对任意的 x，$y\in G$，有

$$g(xK_f\Delta yK_f)=g((x*y)K_f)=f(x*y)=f(x)\odot f(y)=g(xK_f)\Delta g(yK_f)$$

综上可知，g 是 $<G/K_f, \Delta>$ 到 $<f(G), \odot>$ 的同构映射。故 $<G/K_f, \Delta>\cong<f(G), \odot>$。 ■

例 1 若 $<G, *>$ 是群，H 和 K 是 G 的正规子群且 $H\subseteq K$，则 G/K 与 $(G/H)/(K/H)$ 同构。

证明 令 f: $G/H\to G/K$, $f(xH)=xK$，其中 $x\in G$。因为 $xH=yH$，则 $x^{-1}*y\in H$，$x^{-1}*y\in K$，$xK=yK$，所以 G/H 中的元素在 f 下是惟一确定的。显然 f 是满射，且对任意 xH，$yH\in G/H$，有

$$f(xHyH)=f(xyH)=xyK=xKyK=f(xH)f(yH)$$

所以，f 是 G/H 到 G/K 的满同态映射，且 $K_f=K/H$。

由定理 8.52 可得 G/K 与 $(G/H)/(K/H)$ 同构。 ■

定理 8.53 设 $<G, *>$ 是循环群，g 是其生成元，有：

（1）若 g 的周期无限，则 $<G, *>\cong<\mathbb{Z}, +>$。

（2）若 g 的周期为 m，则 $<G, *>\cong<\mathbb{Z}_m, +_m>$。

证明留给读者。

定理 8.53 说明，循环群只有两类：无限循环群和 n 阶循环群，这两类循环群的构造都已清楚。

定理 8.54 每个有限群 G 都与一个置换群同构。

证明 设 $S=\{f_a \mid f_a: x\to ax, a\in G 且 x\in G\}$，则易证 $<S, \circ>$ 构成置换群。

令 g：$G\to S$，$g(a)=f_a$，易证 g 是 G 到 S 的同构映射，所以 G 和 S 同构。 ■

定理 8.54 说明，在同构意义下，每个有限群都可在置换群中找到例子，而置换群是一种较容易计算的群，所以要研究有限群只需研究置换群就可以了。

8.11 环与域

前面较详细地讨论了有一个二元运算的代数系统——半群、独异点、群的一些基本性质，本节将讨论有两个二元运算的代数系统——环和域。

8.11.1 环

定义 8.43 给定代数系统 $<S, +, \cdot>$，其中+和 · 都是二元运算，如果满足以下条件：

（1）$<S, +>$ 是交换群；

（2）$<S, \cdot>$ 是半群；

（3）· 对+是可分配的，

则称 $<S, +, \cdot>$ 是一个环。

一个环 S 包括两个代数系统：交换群 $<S, +>$ 和半群 $<S, \cdot>$，这两个代数系统通过分配律联系起来。因此，交换群和半群所具有的性质，环都具备。通常将+称为环中的加法运算，·称为环中的乘法运算。加法群中的幺元用 0 表示，a 的加法逆元用 $-a$ 表示。若 $<S, \cdot>$ 中存在幺元，则用 1 表示，若 a 的乘法逆元存在，则用 a^{-1} 表示。

例 1 （1）整数集、有理数集和实数集关于普通的加法和乘法构成环，分别称为整数环 $\mathbb{Z}$、

有理数环$\mathbb{Q}$和实数环$\mathbb{R}$。

（2）系数属于实数的所有多项式组成的集合记为 $R[x]$，那么 $R[x]$关于多项式的加法与乘法构成环。

（3）元素属于实数的所有 n 阶矩阵组成的集合关于矩阵的加法与乘法构成环。

（4）模 m 的剩余类集合$\mathbb{Z}_m$，对于模 m 的剩余类加法$+_m$和乘法$\times_m$构成一个环，叫做剩余类环。 ■

定理 8.55 设$<S, +, \cdot>$是环，则对于任意的 a，b，$c\in S$，有：

（1）$a\cdot 0=0\cdot a=0$。

（2）$-(a\cdot b)=a\cdot(-b)=(-a)\cdot b$。

（3）$a\cdot(b-c)=a\cdot b-a\cdot c$。

（4）$(b-c)\cdot a=b\cdot a-c\cdot a$。

（5）$(-a)\cdot(-b)=a\cdot b$。

证明 （1）因为 $a\cdot 0+a\cdot 0=a\cdot(0+0)=a\cdot 0=a\cdot 0+0$，所以由消去律可得 $a\cdot 0=0$。同理可证，$0\cdot a=0$。

（2）因为 $a\cdot b+a\cdot(-b)=a\cdot(b+(-b))=a\cdot 0=0$，所以$-(a\cdot b)=a\cdot(-b)$。同理可证$-(a\cdot b)=(-a)\cdot b$。

（3）$a\cdot(b-c)=a\cdot(b+(-c))=a\cdot b+a\cdot(-c)=a\cdot b-a\cdot c$。

（4）$(b-c)\cdot a=(b+(-c))\cdot a=b\cdot a+(-c)\cdot a=b\cdot a-c\cdot a$。

（5）$(-a)\cdot(-b)=-(a\cdot(-b))=-(-(a\cdot b))=a\cdot b$。 ■

根据$<S, \cdot>$的结构，还可以定义一些常见的特殊环。

定义 8.44 给定环$<S, +, \cdot>$，则：

（1）若$<S, \cdot>$是可交换半群，称$<S, +, \cdot>$是可交换环。

（2）若$<S, \cdot>$是独异点，称$<S, +, \cdot>$是含幺环。

（3）若$<S, \cdot>$满足幂等律，称$<S, +, \cdot>$是布尔环。

（4）若存在 a，$b\in S$ 且 $a\neq 0$，$b\neq 0$ 满足 $a\cdot b=0$，称环$<S, +, \cdot>$为含零因子环，a 和 b 是零因子。

（5）若环$<S, +, \cdot>$既是交换环、含幺环，也是无零因子环，称$<S, +, \cdot>$是整环。

例 2 （1）环$<\mathbb{Z}_m, +_m, \times_m>$是含幺可交换环，其中［0］是环的加法幺元，［1］是环的乘法幺元。

（2）环$<\mathbb{Z}_4, +_4, \times_4>$是含零因子环。因为$[2]\times_4[2]=[0]$，而$[2]\neq[0]$。

（3）整数环、有理数环、实数环和复数环都是交换环、含幺环、无零因子环和整环。

（4）集合的幂集 $P(A)$关于集合的对称差运算和并运算构成环，且是含幺可交换环。 ■

定理 8.56 给定环$<S, +, \cdot>$，则$<S, +, \cdot>$为无零因子环$\Leftrightarrow$$<S, \cdot>$满足消去律，即对于 $a\neq 0$ 和 $a\cdot b=a\cdot c$，必有 $b=c$。

证明 充分性：任取 a，$b\in S$，若 $a\cdot b=0$ 且 $a\neq 0$，则由 $a\cdot b=0=a\cdot 0$ 和消去律得 $b=0$。因此$<S, +, \cdot>$为无零因子环。

必要性：任取 a，b，$c\in S$，$a\neq 0$，由 $a\cdot b=a\cdot c$ 得 $a\cdot b-(a\cdot c)=a\cdot(b-c)=0$。由于$<S, +, \cdot>$是无

零因子环且 $a\neq 0$，所以必有 $b-c=0$，即 $b=c$，左消去律成立。同理可证右消去律成立。■

8.11.2 子环与理想

定义 8.45 设<S, +, ·>是环，T 是 S 的非空子集。若 T 关于+和 · 运算也构成环，则称<T, +, ·>为<S, +, ·>的子环。

例 3 整数环ℤ、有理数环ℚ都是实数环ℝ的子环。{0}和ℝ也是实数环ℝ的子环，称为平凡子环。■

根据子群和子半群的判定定理可以直接得到子环的判定定理。

定理 8.57（子环判定定理）设<S, +, ·>是环，T 是 S 的非空子集。若对任意的 a, $b\in T$，有 $a-b\in T$ 且 $a\cdot b\in T$，则<T, +, ·>是<S, +, ·>的子环。

定义 8.46 设<T, +, ·>为<S, +, ·>的子环，若对于 T 中的任何元素 t 和 S 中的任何元素 a，有 $a\cdot t\in T$ 且 $t\cdot a\in T$，则称<T, +, ·>为<S, +, ·>的理想。

由子环和理想的定义，不难得到如下定理。

定理 8.58 给定环<S, +, ·>，T 是 S 的非空子集，则<T, +, ·>为环<S, +, ·>的理想⇔对任意的 t, $t'\in T$ 及 $a\in S$，有$(t-t')\in T$，$t\cdot a\in T$，$a\cdot t\in T$。

例 4 试证<(i), +, ×>为环<ℤ, +, ×>的理想，其中$(i)=\{ni|n\in\mathbb{Z}\}$，+和×是普通的加法和乘法。

证明 对任意的 mi, $ni\in (i)$及 $k\in\mathbb{Z}$，则 $mi-ni=(m-n)i\in(i)$，$(mi)\times(ni)=(mni)i\in(i)$，$k\times(ni)=(kn)\times i\in (i)$。所以，<$(i)$, +, ×>为环<ℤ, +, ×>的理想。■

定义 8.47 设<T, +, ·>为环<S, +, ·>的理想，若在 T 中存在元素 g 使得 $T=S\cdot g$，其中 $S\cdot g=\{a\cdot g|a\in S\}$，则称<$T$, +, ·>为环<$S$, +, ·>的主理想，并称 g 为<T, +, ·>的生成元或称由 g 生成<T, +, ·>。

例 5 设<L, +, ×>为环<ℤ, +, ×>的理想，则存在 $i\in\mathbb{N}$，使得 $L=(i)$。即<ℤ, +, ×>的每个理想都是主理想。

证明 显然ℤ=(1)，{0}=(0)，因此两个平凡理想<ℤ, +, ×>和<{0}, +, ×>都是主理想。

令<L, +, ×>为<ℤ, +, ×>的任一真理想，i 为 L 中的最小正整数，下面证明 $L=(i)$。

因为<L, +, ×>为<ℤ, +, ×>的理想且 $i\in L$，所以对于任意 $ni\in (i)$，有 $ni\in L$，故$(i)\subseteq L$。

对任意的 $k\in L$，令 $k=q\times i+r$，其中 q, $r\in\mathbb{Z}$且 $0\leqslant r<i$。因为 $q\times i$, $k\in L$，由理想的定义得 $r=k-q\times i\in L$。考虑到 i 为 L 中的最小正整数和 $0\leqslant r<i$，则 $r=0$。故 $k=q\times i\in (i)$，因此 $L\subseteq(i)$。

综上可得，$L=(i)$。所以，<L, +, ×>是<ℤ, +, ×>的主理想。■

8.11.3 域

定义 8.48 给定可交换环<S, +, ·>，若<$S-\{0\}$, ·>为群，则称<S, +, ·>为域。

由于域是可交换含幺环，而且域中无零因子，所以域为整环。但整环未必是域。

例 6 <ℝ, +, ×>和<ℚ, +, ×>皆为域。但<ℤ, +, ×>不是域，因为<ℤ−{0}, ×>不是群。

这说明整环不一定是域。 ■

定理 8.59 若<S, +, ·>为域，则它一定是整环。

证明 对于任意的 $a, b, c\in S$ 且 $a\neq 0$，如果有 $a\cdot b=a\cdot c$，则 $b=1\cdot b=(a^{-1}\cdot a)\cdot b=a^{-1}\cdot(a\cdot b)=a^{-1}\cdot(a\cdot c)=c$。同理可证，若有 $b\cdot a=c\cdot a$ 则 $b=c$。因此<S, +, ·>为整环。 ■

定理 8.60 若<S, +, ·>为有限整环，则<S, +, ·>为域。

证明 因为<S, +, ·>为有限整环，所以，对于任意的 $a, b, c\in S$ 且 $c\neq 0$，若 $a\neq b$，则 $a\cdot c\neq b\cdot c$。再由运算·的封闭性，有 $S\cdot c=S$。

对于乘法幺元 1，由于 $S\cdot c=S$，必有 $d\in S$ 使得 $d\cdot c=1$，由运算·的可交换性得 $c\cdot d=1$，故 d 是 c 的乘法逆元。

因此，有限整环<S, +, ·>为域。 ■

定理 8.61 若<S, +, ·>为域，对任意的 $a, b\in S$，若 $a\cdot b=0$，则有 $a=0$ 或 $b=0$。

证明 若 $a=0$，定理显然成立。

若 $a\neq 0$，则由<S, +, ·>为域可知 $a^{-1}\in S$。于是 $b=1\cdot b=(a^{-1}\cdot a)\cdot b=a^{-1}\cdot(a\cdot b)=a^{-1}\cdot 0=0$。同理可证，若 $b\neq 0$，一定有 $a=0$。

因此，若 $a\cdot b=0$，则 $a=0$ 或 $b=0$。 ■

定理 8.62 给定环<$\mathbb{Z}_n$, $+_n$, $\times_n$>，则<$\mathbb{Z}_n$, $+_n$, $\times_n$>为域⇔n 为素数。

证明 充分性：因为<$\mathbb{Z}_n$, $+_n$, $\times_n$>是可交换含幺环，故只需证明<$\mathbb{Z}_n$, $+_n$, $\times_n$>中的非零元都具有乘法逆元即可。

设 $[a]\in\mathbb{Z}_n$，$0<a<n$。因为 n 是素数，则 $(a, n)=1$，于是存在 $r, s\in\mathbb{Z}$，使得 $a\cdot r+n\cdot s=1$。则

$$[a]\times_n[r]=[a\cdot r]+_n[0]=[a\cdot r]+_n[n\cdot s]=[a\cdot r+n\cdot s]=[1]$$

即 $[a]^{-1}=[r]$，故<$\mathbb{Z}_n$, $+_n$, $\times_n$>为域。

必要性：若 n 不是素数，则存在 $a, b\in\mathbb{Z}$，使得 $n=a\cdot b$，且 $0<a<n$ 和 $0<b<n$。于是 $[a]\times_n[b]=[a\cdot b]=[n]=[0]$。但 $[a]\neq 0$，$[b]\neq 0$，因此 $[a]$ 与 $[b]$ 为环<$\mathbb{Z}_n$, $+_n$, $\times_n$>的零因子，与<$\mathbb{Z}_n$, $+_n$, $\times_n$>是域矛盾，故 n 为素数。 ■

定理 8.63 给定可交换含幺环<S, +, ·>，则<S, +, ·>为域⇔<S, +, ·>不具有真理想。

证明 充分性：对任意非零元 $a\in S$，定义集合 $T_a=\{a\cdot s|s\in S\}$，则易证<T_a, +, ·>为环<S, +, ·>的理想。由于 $a=a\cdot 1\in T_a$，因此 $T_a\neq\{0\}$，而<S, +, ·>不具有真理想，所以 $T_a=S$。特别地 $1\in T_a$，故存在 $b\in S$，使得 $a\cdot b=1$，又因<S, +, ·>为可交换环，所以 $a^{-1}=b$，即 S 中的任何一个非零元均有乘法逆元，所以<S, +, ·>为域。

必要性：若<S, +, ·>为域，再证<S, +, ·>仅有的理想为<{0}, +, ·>和<S, +, ·>。假设<T, +, ·>为其真理想，则 $T\neq S$ 且 $T\neq\{0\}$。因此，存在某个非零元 $a\in T$。由于<S, +, ·>为域，则 a 有乘法逆元 $a^{-1}\in S$。又由理想的定义知，$a^{-1}\cdot a=1\in T$。于是对任意 $b\in S$，$b=b\cdot 1\in T$，则 $S\subseteq T$；而 $T\subseteq S$ 是显然的，故 $T=S$，这与 T 的选择矛盾。因此<S, +, ·>不存在真理想。 ■

8.11.4 环的同态与同构

下面讨论具有两个运算的代数系统——环的同态与同构。

定义 8.49 给定环 $<S, +, \cdot>$ 与 $<T, \oplus, \odot>$，如存在 $f: S \to T$，对任意的 $a, b \in S$，使得 $f(a+b)=f(a)\oplus f(b)$ 且 $f(a\cdot b)=f(a)\odot f(b)$，称环 $<S, +, \cdot>$ 与 $<T, \oplus, \odot>$ 同态，记为 $<S, +, \cdot> \simeq <T, \oplus, \odot>$。若 f 为双射，称环 $<S, +, \cdot>$ 与 $<T, \oplus, \odot>$ 同构，记为 $<S, +, \cdot> \cong <T, \oplus, \odot>$。

例 7 证明 $<\mathbb{Z}, +, \times> \simeq <\mathbb{Z}_n, +_n, \times_n>$。

解 令 $f: \mathbb{Z} \to \mathbb{Z}_n$，$x \to [x]$，其中 $a, b \in \mathbb{Z}$。则

$$f(a+b)=[a+b]=[a]+_n[b]=f(a)+_n f(b)$$
$$f(a\times b)=[a\times b]=[a]\times_n[b]=f(a)\times_n f(b)$$

所以，f 是 $<\mathbb{Z}, +, \times>$ 到 $<\mathbb{Z}_n, +_n, \times_n>$ 的环同态映射。 ■

例 8 令 $<S, +, \times>$ 为环 $<\mathbb{R}\times\mathbb{R}, +, \times>$ 的子环，其中 $S=\{<x, x> | x\in\mathbb{R}\}$，对 $<a, b>$，$<c, d>\in S$，$\oplus$ 和 $\odot$ 定义为：$<a, b>\oplus<c, d>=<a+c, b+d>$，$<a, b>\odot<c, d>=<a\times c, b\times d>$，则 $<S, \oplus, \odot> \cong <\mathbb{R}, +, \times>$。

证明 令 $f: S\to\mathbb{R}$，$f(<x, x>)=x$，其中 $<x, x>\in S$。不难证明 f 是 $<S, \oplus, \odot>$ 到 $<\mathbb{R}, +, \times>$ 的环同构映射。故 $<S, \oplus, \odot> \cong <\mathbb{R}, +, \times>$。 ■

定理 8.64 任一环的同态像是一个环。

证明 设 $<S, +, \cdot>$ 为环，$<T, \oplus, \odot>$ 是关于同态映射 f 的同态像。

由 $<S, +>$ 是阿贝尔群，容易证明 $<T, \oplus>$ 也是阿贝尔群。

由 $<S, \cdot>$ 是半群，容易证明 $<T, \odot>$ 也是半群。

对任意 $x, y, z\in T$，存在 $a, b, c\in S$，使得 $f(a)=x$，$f(b)=y$，$f(c)=z$。于是

$$\begin{aligned} x\odot(y\oplus z)&=f(a)\odot(f(b)\oplus f(c))=f(a)\odot f(b+c)=f(a\cdot(b+c))=f(a\cdot b+a\cdot c) \\ &=f(a\cdot b)\oplus f(a\cdot c)=(f(a)\odot f(b))\oplus(f(a)\odot f(c))=(x\odot y)\oplus(x\odot z) \end{aligned}$$

同理可证，$(y\oplus z)\odot x=(y\odot x)\oplus(z\odot x)$。

所以，$<T, \oplus, \odot>$ 是环。 ■

定义 8.50 若 f 是环 $<S, +, \cdot>$ 到环 $<T, \oplus, \odot>$ 的同态映射，0_T 是环 $<T, \oplus, \odot>$ 中关于 $\oplus$ 的幺元，则集合 $K_f=\{k \mid f(k)=0_T$ 且 $k\in S\}$ 称为环同态映射 f 的核。

定理 8.65 若 f 是环 $<S, +, \cdot>$ 到环 $<T, \oplus, \odot>$ 的同态映射，则 $<K_f, +, \cdot>$ 是 $<S, +, \cdot>$ 的理想。

证明 因为 $0_S\in K_f$，则 $K_f\neq\varnothing$。对任意的 $a, b\in K_f$，由 K_f 的定义可得 $f(a-b)=f(a)-f(b)=0_T-0_T=0_T$。所以 $a-b\in K_f$。又令 $x\in S$，于是有

$$f(a\cdot x)=f(a)\odot f(x)=0_T\odot f(x)=0_T$$
$$f(x\cdot a)=f(x)\odot f(a)=f(x)\odot 0_T=0_T$$

所以，$a\cdot x$，$x\cdot a\in K_f$。于是 $<K_f, +, \cdot>$ 是 $<S, +, \cdot>$ 的理想。 ■

8.12 典型例题分析

例 1 试问下列集合 G 及其集合上的运算*是否构成半群、独异点、群？如果是独异点或群，指出它们的幺元是什么。

（1）$G=\mathbb{N}$，$x*y=\max\{x, y\}$。

（2）$G=\mathbb{R}$，$x*y=(x+y)^2$。

（3）$G=\{\sqrt{2}\,a|a\in\mathbb{N}\}$，*为普通乘法。

（4）$G=\{a+\sqrt{2}\,b|a, b\in\mathbb{N}\}$，*为普通乘法。

（5）$G=\left\{\begin{bmatrix}1 & x\\ 0 & 1\end{bmatrix} \middle| x\in\mathbb{Z}\right\}$，*为矩阵乘法。

【相关知识】 半群、独异点、群。

【分析】 若*在 G 上封闭且满足结合律，则 $<G, *>$ 为半群，含幺半群为独异点，每个元素都有逆元的独异点为群。

解 容易验证（2）不满足结合律，其他都满足结合律。

对于（1），存在幺元 0，但不是每个元素都有逆元，故是独异点。

对于（3），不存在幺元，故是半群。

对于（4），存在幺元 1，但不是每个元素都有逆元，故是独异点。

对于（5），存在幺元$\begin{bmatrix}1 & 0\\ 0 & 1\end{bmatrix}$，且对于任意的$\begin{bmatrix}1 & x\\ 0 & 1\end{bmatrix}\in G$，有

$$\begin{bmatrix}1 & x\\ 0 & 1\end{bmatrix}*\begin{bmatrix}1 & -x\\ 0 & 1\end{bmatrix}=\begin{bmatrix}1 & -x\\ 0 & 1\end{bmatrix}*\begin{bmatrix}1 & x\\ 0 & 1\end{bmatrix}=\begin{bmatrix}1 & 0\\ 0 & 1\end{bmatrix}$$

故每个元素$\begin{bmatrix}1 & x\\ 0 & 1\end{bmatrix}\in G$，存在逆元$\begin{bmatrix}1 & -x\\ 0 & 1\end{bmatrix}$，因此是群。

例 2 设 H，K 是群 G 的子群，证明 HK 是 G 的子群当且仅当 $HK=KH$。

【相关知识】 群、子群。

【分析】 T 是群 G 的子群$\Leftrightarrow$对任意的 x，$y\in T$ 有 $xy^{-1}\in T$。

证明 必要性：对任意的 $hk\in HK$，因 HK 是 G 的子群，所以$(hk)^{-1}\in HK$。于是存在 $h'\in H$，$k'\in K$，使得$(hk)^{-1}=h'k'$，从而 $hk=(h'k')^{-1}=(k')^{-1}(h')^{-1}$。再由 H，K 是群 G 的子群可得$(h')^{-1}\in H$，$(k')^{-1}\in K$，故 $hk\in KH$。由 hk 的任意性可知，有 $HK\subseteq KH$。

同理可证 $KH\subseteq HK$，从而有 $HK=KH$。

充分性：对于任意的 hk，$h'k'\in HK$，有 $hk(h'k')^{-1}=hk(k')^{-1}(h')^{-1}$。由 K 是群 G 的子群可知，$k(k')^{-1}\in K$，于是 $k(k')^{-1}(h')^{-1}\in KH$，而 $HK=KH$，存在 $h_1\in H$，$k_1\in K$，使得 $k(k')^{-1}(h')^{-1}=h_1k_1$。于是有 $hk(h'k')^{-1}=hh_1k_1$。由 H 是群 G 的子群可知，$hh_1\in H$，从而有 $hk(h'k')^{-1}=hh_1k_1\in HK$。故 HK 是 G 的子群。

例 3 设$<H, *>$是群$<G, *>$的子群，H 的阶数为 n，且 G 的阶数为 n 的子群只有一个，证明$<H, *>$是群$<G, *>$的正规子群。

【相关知识】 群、正规子群。

【分析】 H 是群 G 的正规子群 $\Leftrightarrow xHx^{-1}=H$。由题意可知，只需证明 xHx^{-1} 也是 G 的 n 阶子群。

证明 对任意的 s，$t\in xHx^{-1}$，存在 a，$b\in H$，使得 $s=x*a*x^{-1}$，$t=x*b*x^{-1}$。由*是可结合的，有 $s*t^{-1}=(x*a*x^{-1})*(x*b*x^{-1})^{-1}=(x*a*x^{-1})*(x*b^{-1}*x^{-1})= x*a*(x^{-1}*x)*b^{-1}*x^{-1}=x*(a*b^{-1})*x^{-1}$，而$<H, *>$是群$<G, *>$的子群及 a，$b\in H$，所以 $a*b^{-1}\in H$，从而有 $s*t^{-1}\in xHx^{-1}$。故 xHx^{-1} 是 G 的子群。

令 f：$H\to xHx^{-1}$，$f(h)=xhx^{-1}$，其中 $h\in H$。易证 f 是双射，所以$|xHx^{-1}|=|H|=n$。由题设，有 $xHx^{-1}=H$，所以$<H, *>$是群$<G, *>$的正规子群。

例 4 设$<G, *>$是群，$S=\{f_a|f_a: G\to G$，且 $f_a(x)=a*x$，$a\in G\}$，证明

（1）f_a 是 G 上的双射。

（2）$<S, \circ>$是群，其中$\circ$是函数的复合运算。

（3）$<G, *>$与$<S, \circ>$同构。

【相关知识】 双射、群、群的同构。

【分析】 验证 f_a 既是单射又是满射；验证$<S, \circ>$满足群的定义；在$<G, *>$和$<S, \circ>$之间构造一个同构映射。

证明 （1）由 f_a 的定义知，f_a 是 G 上的映射。

对任意的 x，$y\in G$，若 $x\neq y$，则 $a*x\neq a*y$，即 $f_a(x)\neq f_a(x)$。所以，f_a 是单射。

对任意的 $x\in G$，存在 $a^{-1}*x\in G$，使得 $f_a(x)=a*(a^{-1}*x)=x$。所以，f_a 是满射。

综上可知，f_a 是 G 上的双射。

（2）函数的复合运算$\circ$满足结合律，且在 S 上是封闭的。

因为 $f_a\circ f_e(x)=f_a(f_e(x))=f_a(e*x)=f_a(x)$，所以，$f_a\circ f_e=f_a$。同理可证，$f_e\circ f_a=f_a$。故 f_e 是幺元。

因为 $f_a\circ f_{a^{-1}}(x)=f_a(a^{-1}*x)=a*a^{-1}*x=x=f_e(x)$，所以 $f_a\circ f_{a^{-1}}=f_e$。同理可证，$f_{a^{-1}}\circ f_a=f_e$，故 $f_{a^{-1}}$ 是 f_a 的逆元。

所以，$<S, \circ>$是群。

（3）令 g：$G\to S$，$g(x)=f_x$。显然 g 是双射。

对任意的 a，b，$x\in G$，有

$$g(a*b)(x)=f_{a*b}(x)=(a*b)*x=a*(b*x)=f_a(b*x)=f_a\circ f_b(x)=g(a)\circ g(b)(x)$$

所以，$g(a*b)=g(a)\circ g(b)$。于是 g 是$<G, *>$到$<S, \circ>$的一个同构映射，故$<G, *>$与$<S, \circ>$同构。

例 5 设$<G,*>$是一个非交换群，且 $n\geqslant 3$。证明 G 中存在非幺元 c 和 d，$c\neq d$，使得 $c*d=d*c$。

【相关知识】 非交换群、元素的阶。

【分析】 若 $x\neq e$ 且 $x\neq x^2$，则取 $c=x$ 和 $d=x^2$ 即可。因此，本题就是要在 G 中找到符合条件 $x\neq e$ 且 $x\neq x^2$ 的元素 x。

证明 因为$<G, *>$是一个非交换群，且 $n\geqslant 3$，所以在 G 中存在非幺元 g 和 h，且 $g\neq h$。

若$|g|$和$|h|$至少有一个大于 2，不妨设$|g|>2$，则取 $c=g$，$d=g^2$，有 $c\neq d$，使得 $c*d=d*c$。

若$|g|=|h|=2$，此时必有 $gh\neq(gh)^2$。若不然，由 $gh=(gh)^2$，得 $gh=e=gg$，因此 $g=h$。矛盾。故取 $c=gh$，$d=(gh)^2$，$c\neq d$，使得 $c*d=d*c$。

例 6 设$<G, *>$是一个交换群，H 是 G 中所有有限阶元素组成的集合，证明：

（1）$<H, *>$是$<G, *>$的正规子群。

（2）在商群$<G/H, *>$中，除幺元外，所有元素的阶都是无限的。

【相关知识】 群、正规子群、商群、元素的阶。

【分析】 验证正规子群的定义。要说明元素的阶是无限的，一般采用反证法。

证明 （1）因为$e\in H$，所以H是G的一个非空子集。

对任意a，$b\in H$，由题设，不妨设$|a|=m$，$|b|=n$。由$<G, *>$是一个交换群可得，$(a*b^{-1})^{mn}=a^m*b^{-n}=e$，所以$a*b^{-1}\in H$，从而$<H, *>$是$<G, *>$的子群。

又因为$<G, *>$是一个交换群，故$<H, *>$是$<G, *>$的正规子群。

（2）对任意的$aH\in G/H$且$aH\neq H$，若aH的阶为有限数，不妨设为n。令f是G到G/H的自然同态，则有$f(x)=xH$，其中$x\in G$。由$<G, *>$是一个交换群及$<H, *>$是子群，有$(aH)^n=a^n H=H$，因此$a^n\in H$，即a^n的阶是有限的。从而有a的阶是有限的，故$a\in H$。于是$aH=H$，与假设$aH\neq H$矛盾。所以aH的阶是无限的。

例7 设$<G, *>$是一个群，R是G上的等价关系，对任意的x，y，$z\in G$，若$(x*z)R(y*z)$，则xRy。令$H=\{h|h\in G且hRe\}$，其中e是$<G, *>$的幺元，证明$<H, *>$是$<G, *>$的子群。

【相关知识】 等价关系、群、子群。

【分析】 $<H, *>$是$<G, *>$的子群$\Leftrightarrow$对于任意的x，$y\in H$有$x*y^{-1}\in H$。

证明 因为R是G上的等价关系，所以有eRe，于是$e\in H$，故H是G的一个非空子集。

对任意的a，$b\in H$，由H的定义可知，有aRe且bRe。因为R是G上的等价关系，所以由bRe可得eRb。再由aRe且eRb及R是G上的等价关系得aRb。于是，$(a*b^{-1})*bRe*b$。再由假设可得$a*b^{-1}Re$，所以$a*b^{-1}\in H$。故$<H, *>$是$<G, *>$的子群。

例8 设e是奇数阶交换群$<G, *>$的幺元，试证G的所有元素之积为幺元e。

【相关知识】 交换群、元素的阶。

【分析】 若在G中元素a与a^{-1}成对出现，则结论成立。

证明 因为G是奇数阶交换群，所以由拉格朗日定理，其中不可能有二阶元。因此，对于G中的任意非幺元a，必有$a\neq a^{-1}$，即a与a^{-1}是成对出现的两个不同的元素。于是，G中的所有元素之积为

$$e*a_1*{a_1}^{-1}*\cdots*a_m*{a_m}^{-1}=e$$

其中，$a_1\in G-\{e\}$，$a_2\in G-\{e, a_1, {a_1}^{-1}\}$，…，$a_m\in G-\{e, a_1, {a_1}^{-1}, \cdots, a_{m-1}, {a_{m-1}}^{-1}\}$。

例9 设$<G, *>$是一个群，f: $G\to G$，$f(x)=x^{-1}$，证明$<G, *>$是交换群$\Leftrightarrow f$是G的自同构。

【相关知识】 交换群、自同构。

【分析】 自同构是G到自身的同构映射。

证明 必要性：对任意的a，$b\in G$，由$*$是可交换的可得

$$f(a*b)=(a*b)^{-1}=b^{-1}*a^{-1}=a^{-1}*b^{-1}=f(a)*f(b)$$

所以，f是G的自同态。

对任意的a，$b\in G$，若$a\neq b$，则$a^{-1}\neq b^{-1}$，即$f(a)\neq f(b)$。所以，f是单射。

对任意的$a\in G$，存在$a^{-1}\in G$，使得$f(a^{-1})=a$。所以，f是满射。

综上可知，f是G的自同构。

充分性：对任意的a，$b\in G$，由G是群可得a^{-1}，$b^{-1}\in G$，于是

$$f(a^{-1}*b^{-1})=(a^{-1}*b^{-1})^{-1}=b*a$$
$$f(a^{-1})*f(b^{-1})=(a^{-1})^{-1}*(b^{-1})^{-1}=a*b$$

因为 f 是 G 的自同构，所以 $f(a^{-1}*b^{-1})=f(a^{-1})*f(b^{-1})$，故 $a*b=b*a$。从而得证 $<G, *>$ 是交换群。

例 10 设 $<\mathbb{R}, +, \cdot>$ 是环，其乘法幺元为 1，加法幺元为 0，对于任意的 a，$b\in\mathbb{R}$，$\oplus$ 和 $\odot$ 定义为 $a\oplus b=a+b+1$，$a\odot b=a\cdot b+a+b$，证明 $<\mathbb{R}, \oplus, \odot>$ 也是环，且与 $<\mathbb{R}, +, \cdot>$ 同构。

【相关知识】 环、同构。

【分析】 首先根据环的定义证明 $<\mathbb{R}, \oplus, \odot>$ 是环，然后构造 $\mathbb{R}$ 到 $\mathbb{R}$ 的一个双射 f，使其满足：

$$f(a+b)=f(a)\oplus f(b)=f(a)+f(b)+1$$
$$f(a\cdot b)=f(a)\odot f(b)=f(a)\cdot f(b)+f(a)+f(b)=(f(a)+1)\cdot(f(b)+1)-1$$

所以，令 $f(a)=a-1$，即可满足上述式子。

证明 （1）先证 $<\mathbb{R}, \oplus>$ 是可交换群。

因为+具有封闭性和交换性，所以根据 $\oplus$ 的定义可知，$\oplus$ 也具有封闭性和交换性。

因为+是可结合的，对任意的 a，b，$c\in\mathbb{R}$，有

$$(a\oplus b)\oplus c=(a+b+1)+c+1=a+(b+c+1)+1=a+(b\oplus c)+1=a\oplus(b\oplus c)$$

所以，$\oplus$ 是可结合的。

令 $e=-1$，则有 $a\oplus e=a+e+1=a-1+1=a$，同理有 $e\oplus a=a$。所以，-1 是关于运算 $\oplus$ 的幺元。

令 $b=-a-1-1$，则有 $a\oplus b=a+(-a-1-1)+1=-1$，同理有 $b\oplus a=-1$。所以，每个元素 a 关于运算 $\oplus$ 都有逆元 $-a-1-1$。

综上可得，$<\mathbb{R}, \oplus>$ 是可交换群。

（2）再证 $<R, \odot>$ 是含幺半群。

因为 $\cdot$ 是封闭的，所以由 $\odot$ 的定义可得，$\odot$ 是封闭的。

因为 $\cdot$ 是可结合的，对任意的 a，b，$c\in\mathbb{R}$，有

$$\begin{aligned}(a\odot b)\odot c&=(a\odot b)\cdot c+(a\odot b)+c=(a\cdot b+a+b)\cdot c+(a\cdot b+a+b)+c\\&=a\cdot b\cdot c+a\cdot c+b\cdot c+a\cdot b+a+b+c\end{aligned}$$
$$\begin{aligned}a\odot(b\odot c)&=a\cdot(b\odot c)+a+(b\odot c)=a\cdot(b\cdot c+b+c)+a+(b\cdot c+b+c)\\&=a\cdot b\cdot c+a\cdot b+a\cdot c+a+b\cdot c+b+c\\&=a\cdot b\cdot c+a\cdot c+b\cdot c+a\cdot b+a+b+c\end{aligned}$$

所以，$(a\odot b)\odot c=a\odot(b\odot c)$，即 $\odot$ 满足结合律。

因为 $a\odot 0=a\cdot 0+a+0=a$，同理 $0\odot a=a$。所以，0 是关于运算 $\odot$ 的幺元。

综上可得，$<\mathbb{R}, \odot>$ 是含幺半群。

（3）最后证 $\odot$ 对 $\oplus$ 满足分配律。

对任意的 a，b，$c\in\mathbb{R}$，由 $\cdot$ 对+满足分配律，有

$$a\odot(b\oplus c)=a\odot(b+c+1)=a\cdot(b+c+1)+a+(b+c+1)=a\cdot(b+c)+a+a+b+c+1$$
$$(b\oplus c)\odot a=(b+c+1)\odot a=(b+c+1)\cdot a+(b+c+1)+a=(b+c)\cdot a+a+a+b+c+1=a\cdot(b+c)+a+a+b+c+1$$

所以，$a\odot(b\oplus c)=(b\oplus c)\odot a$，即 $\odot$ 对 $\oplus$ 满足分配律。

综合（1）、（2）、（3）可得<ℝ，⊕，⊙>也是环。

（4）下面证明<ℝ，+，·>与<ℝ，⊕，⊙>同构。

令 f：ℝ→ℝ，$f(a)=a-1$，其中 $a\in\mathbb{R}$。

对任意的 $a\in\mathbb{R}$，有 $a+1\in\mathbb{R}$，使得 $f(a+1)=a+1-1=a$，所以 f 是满射。

对任意的 a，$b\in\mathbb{R}$，若 $a\neq b$，则 $a-1\neq b-1$，即 $f(a)\neq f(b)$，所以 f 是单射。

对任意的 a，b，$c\in\mathbb{R}$，有

$$f(a+b)=a+b-1=a-1+b-1+1=f(a)+f(b)+1=f(a)\oplus f(b)$$

$$f(a\cdot b)=a\cdot b-1=a\cdot b-a-b+1+a-1+b-1=(a-1)\cdot(b-1)+(a-1)+(b-1)$$

$$=f(a)\cdot f(b)+f(a)+f(b)=f(a)\odot f(b)$$

综上可知，f 是<ℝ，+，·>到<ℝ，⊕，⊙>的同构映射，所以<ℝ，+，·>与<ℝ，⊕，⊙>同构。

8.13 上机实验

1．实验内容

任意给定一个集合和该集合的任意一个二元运算“*”，判断该集合关于运算“*”是否构成半群？若构成半群，是否构成独异点？若是独异点，是否构成群？

2．实验目的

代数系统是带有运算的集合，代数系统的研究方法和结果在构造可计算数学模型、研究算术计算的复杂性、刻画抽象数据结构（如程序理论、编码理论、数据理论）中均有重大的理论和实际意义。通过该实验，目的是让学生更加深刻地理解半群、独异点或群的概念和性质，并掌握其判定方法。

3．算法的主要思想

设集合 $A=\{a_1, a_2, \cdots, a_n\}$，“*”是 A 上的二元运算。若“*”满足结合律，则<A，*>构成半群。若半群<A，*>存在幺元，则<A，*>是独异点。若<A，*>是独异点，且每个元素都存在逆元，则<A，*>构成群。

为了实现方便，假定集合 A 中的元素都是单个字符，且二元运算“*”由运算表给出。

习　　题

1．设 $S=\{a, b\}$，试问 S 上总共可定义多少个二元运算？

2．分别给出满足下列条件的代数系统。

（1）有幺元。

（2）有零元。

（3）同时有幺元和零元（代数系统元素个数大于 1）。

（4）有幺元，但无零元。

（5）有零元，但无幺元。

（6）运算不可交换。

（7）运算不可结合。

（8）有左零元，无右零元。

（9）有右幺元，无左幺元。

（10）有幺元，且每个元素有逆元。

3．$S=\mathbb{Q}\times\mathbb{Q}$，$\mathbb{Q}$为有理数集，在 S 上定义二元运算*满足：$\langle a, b\rangle * \langle x, y\rangle = \langle ax, ay+b\rangle$。

（1）运算*是否满足交换律和结合律？是否满足幂等律？

（2）关于运算*是否有幺元和零元？如果有，请指出，并求 S 中所有可逆元素的逆元。

4．给定代数系统$\langle \mathbb{Z}^+, *, \odot\rangle$，$\mathbb{Z}^+$为正整数集，在$\mathbb{Z}^+$上定义二元运算*和$\odot$为：$a*b=a^b$，$a\odot b=ab$，试证明*对$\odot$是不可分配的。

5．给定代数系统$\langle A, *\rangle$，且*是可结合的，若对 A 中的任意元素 a 和 b，有 $a*b=b*a \Rightarrow a=b$，试证*满足幂等律。

6．给出定理 8.2 的证明。

7．给定代数系统$\langle A,*\rangle$，对于 A 中的任意元素 a,b,c 和 d，有 $a*a=a$ 和$(a*b)*(c*d)=(a*c)*(b*d)$，试证 $a*(b*c)=(a*b)*(a*c)$。

8．设$\mathbb{Q}$为有理数集，证明代数系统$\langle\mathbb{Q}, +\rangle$和代数系统$\langle\mathbb{Q}-\{0\}, \times\rangle$不同构。

9．给定代数系统 $V_m=\langle\mathbb{Z}_m, +_m\rangle$，（1）求积代数 $V_3\times V_2$ 的所有同余关系；（2）试证积代数 $V_3\times V_2$ 与 V_6 同构。

10．在实数集$\mathbb{R}$上定义二元运算*为：$a*b=a+b+ab$，试判断下列论断是否正确。为什么？

（1）$\langle\mathbb{R}, *\rangle$是一个代数系统。

（2）$\langle\mathbb{R}, *\rangle$是一个半群。

（3）$\langle\mathbb{R}, *\rangle$是一个独异点。

11．给出定理 8.17 的证明。

12．设$\langle A, *\rangle$是半群，对 A 中的任意元素 a 和 b，如 $a\neq b$ 必有 $a*b\neq b*a$，证明：

（1）对 A 中的每个元素 a，有 $a*a=a$。

（2）对 A 中的任意元素 a 和 b，有 $a*b*a=a$。

（3）对 A 中的任意元素 a，b 和 c，有 $a*b*c=a*c$。

13．设$\mathbb{Z}$是整数集，在$\mathbb{Z}$上定义二元运算*为：$x*y=x+y-2$，那么$\mathbb{Z}$和*是否构成群？为什么？

14．设$\langle A, *\rangle$是半群，e 是左幺元且对每个 $x\in A$，存在 $\hat{x}\in A$ 使得 $\hat{x}*x=e$。证明：

（1）对任意的 a，b，$c\in A$，如 $a*b=a*c$，则 $b=c$。

（2）$\langle A, *\rangle$是群。

15．设$\langle G, *\rangle$是一个代数系统，运算*满足交换律和结合律，且 $a*x=a*y\Rightarrow x=y$，证明：若 G 有限，则 G 是一个群。

16．给定群$\langle G, *\rangle$，若对 G 中的任意元素 a 和 b，有 $a^3*b^3=(a*b)^3$，$a^4*b^4=(a*b)^4$，$a^5*b^5=(a*b)^5$，试证$\langle G, *\rangle$是阿贝尔群。

17．证明：有幺元且满足消去律的有限半群一定是群。

18．设$\langle G, *\rangle$是群，且$|G|=2n$（$n>0$），证明：在 G 中至少存在 $a\neq e$，使得 $a*a=e$，其中 e 是幺元。

19．设$\langle G, *\rangle$是群，若对任意 $x\in G$ 有 $x*x=e$，证明$\langle G, *\rangle$是阿贝尔群。

20．设$\langle G, *\rangle$是非阿贝尔群，证明 G 中存在元素 a 和 b，$a\neq b$，且 $a*b\neq b*a$。

21．设 G 是一个群，证明：对于 G 中的任意 u，v，w，x 和 u_1，v_1，w_1，x_1，如果 $uw=u_1w_1$，

$vw=v_1w_1$，$ux=u_1x_1$，则有 $vx=v_1x_1$。

22．设 f 和 g 都是群 $<G_1, \circ>$ 到群 $<G_2, *>$ 的同态，令 $C=\{x \mid x\in G_1$ 且 $f(x)=g(x)\}$，证明 $<C, \circ>$ 是 $<G_1, \circ>$ 的子群。

23．设 $<G, *>$ 是群，a，b，$c\in G$，且 $ab=cba$，$ac=ca$，$bc=cb$。

（1）证明：若 a 和 b 的阶分别为 m 和 n，则 c 的阶整除 m 与 n 的最大公因数 (m, n)。

（2）若 a，b，c 的阶均为 2，给出集合 $S=\{a, b, c\}$ 的生成子群。

24．证明：有限群中阶大于 2 的元素的个数必定是偶数。

25．证明：阶为偶数的有限群中必有奇数个阶为 2 的元素。

26．设 $<H_1, *>$ 和 $<H_2, *>$ 是群 G 的两个互不包含的子群，则 G 的子集 $H_1\cup H_2$ 是否构成 G 的子群？为什么？

27．对于一个群 G，其可以写成 $a^{-1}b^{-1}ab$ 形式的元素称为换位子，证明：所有有限个换位子的乘积组成的集合 C 是 G 的一个子群。

28．设 $<G, *>$ 是群，$<A, *>$ 和 $<B, *>$ 是 $<G, *>$ 的子群，证明：若 $A\cup B=G$，则 $A=G$ 或 $B=G$。

29．证明：阿贝尔群 G 的任一子群 H 都是正规子群。

30．设 $\mathbb{Z}$ 是关于加法的整数群，H 是 5 的倍数组成的 $\mathbb{Z}$ 的子群。证明 H 是 $\mathbb{Z}$ 的一个正规子群，并求商群 $\mathbb{Z}/H$。

31．设 $<G, *>$ 是一个群，令 $R=\{<a, b> \mid a, b\in G$，存在 $g\in G$ 使得 $b=g*a*g^{-1}\}$，证明 R 是 G 上的等价关系。

32．证明：一个有限非交换群至少含有 6 个元。

33．证明：设 $*$ 为集合 S 中可结合的二元运算，若 $a\in S$ 关于运算 $*$ 可逆，则 a 是可约元，反之不成立。

34．完成定理 8.29 的证明。

35．完成定理 8.48 的证明。

36．完成定理 8.53 的证明。

37．设 $<G, *>$ 是 15 阶循环群。

（1）求出 G 的所有生成元。

（2）求出 G 的所有子群。

38．说明阿贝尔群是否一定为循环群，并证明你的结论。

39．设 σ 和 τ 是 n 阶置换，且

$$\sigma=\begin{bmatrix}1 & 2 & 3 & 4 & 5\\ 2 & 1 & 4 & 5 & 3\end{bmatrix},\quad \tau=\begin{bmatrix}1 & 2 & 3 & 4 & 5\\ 3 & 4 & 5 & 1 & 2\end{bmatrix}$$

（1）计算 $\sigma\circ\tau$，$\tau\circ\sigma$，σ^{-1}，$\sigma^{-1}\tau\sigma$。

（2）将 $\sigma\circ\tau$，$\tau\circ\sigma$，σ^{-1}，$\sigma^{-1}\tau\sigma$ 表示成不相交的轮换之积。

40．设 $X=\{1, 2, 3\}$，$x_0=1$，$G=\{f \mid f\in S_3, f(x_0)=x_0\}$ 是 S_3 的子群。

（1）求 $|G|$，给出 G 的每个函数。

（2）说明函数 g：$g(1)=2$，$g(2)=3$，$g(3)=1$ 不在 G 中，给出陪集 $G\circ g$。

（3）证明 $G\circ g\neq g\circ G$。

（4）在 S_3 中，G 有多少个不同的陪集？

41．下面哪些是对称群< S_4，∘>的子群？

（1）$\{f \mid f\in S_4, f(4)=4\}$。

（2）$\{f \mid f\in S_4, f(1)=2\}$。

（3）$\{f \mid f\in S_4, f(1)\in\{1, 2\}\}$。

（4）$\{f \mid f\in S_4, f(1)\in\{1, 2\}, f(2)\in\{1, 2\}\}$。

42．设< S_n，∘>是对称群，G 是保持某一个元素不变的置换群，求出 G 在 S_n 中的所有左陪集。

43．证明：在由群< G，*>的一个子群< S，*>所确定的陪集中，只有一个陪集是子群。

44．设 h 是群 G 上的一个同态映射，$|G|=12$，$|h(G)|=3$。

（1）求 $|K|$，其中 K 是 h 的核。

（2）h 将 G 中多少个元素映射到 $h(G)$ 的每个元素？

（3）求 $|G/K|$。

45．设< H，*>和< K，*>分别是群< G，*>的 r 阶和 s 阶子群，若 r 和 s 互素，证明 $H\cap K=\{e\}$。

46．设< S，*>和< T，*>分别是群< G，*>的 s 阶和 t 阶子群，且 $|S\cap T|=\mu$，$|S\cup T|=\nu$，证明 $st>\mu\nu$。

47．考虑群< ℤ，+>，将ℤ写成某个子群的 5 个不相交的陪集的并。

48．设 $G=\{\pm\begin{bmatrix}1&0\\0&1\end{bmatrix}, \pm\begin{bmatrix}i&0\\0&-i\end{bmatrix}, \pm\begin{bmatrix}0&1\\-1&0\end{bmatrix}, \pm\begin{bmatrix}0&i\\i&0\end{bmatrix}\}$，其中 $i^2=-1$，·为矩阵乘法。

（1）试找出 G 的所有子群。

（2）证明 G 的所有子群都是正规子群。

49．对于对称群< S_3，∘>，试求：（1）所有子群；（2）所有正规子群；（3）群的中心。

50．设< H，*>和< K，*>是群< G，*>的子群，且其中之一为正规子群，试证 $HK=KH$。

51．给定群< ℤ，+>和< {1，−1，i，−i}，·>，其中ℤ为整数集，+和·分别为通常的加法和乘法，$i^2=-1$。定义函数 f: ℤ→{1，−1，i，−i}是 $f(n)=i^n$，$n\in$ℤ。试证 f 是< ℤ，+>到< {1，−1，i，−i}，·>的同态映射，并求核 K_f。

52．给定群< G，*>，且 $a\in G$，定义 f 为：$f(x)=a*x*a^{-1}$，$x\in G$，试证 f 是< G，*>到其自身的同构映射。

53．设< S，+，·>是环，1 是其乘法幺元，在 S 上定义运算⊕和⊙为：$a\oplus b=a+b+1$，$a\odot b=a+b+a\cdot b$。

（1）证明< S，⊕，⊙>是一个环。

（2）给出< S，⊕，⊙>的加法幺元和乘法幺元。

54．证明：当 n 不为素数时，< $\mathbb{Z}_n$，$+_n$，$\times_n$>必定含有零因子，并对于< $\mathbb{Z}_6$，$+_6$，$\times_6$>找出其零因子。

55．设< S，+，·>是环，且对任意的 $a\in S$ 有 $a\cdot a=a$，证明：

（1）对任意的 $a\in S$，有 $a+a=0$，0 是加法幺元。

（2）< S，+，·>是可交换环。

56．设< S，+，·>是域，$S_1\subseteq S$，$S_2\subseteq S$，且< S_1，+，·>和< S_2，+，·>都构成域，证明< $S_1\cap S_2$，+，·>也构成域。

57．设< S，+，·>是布尔环，且有 3 个以上的元素，证明< S，+，·>不可能是整环。

58．设< S，+，·>是域，且 $a\in S$，$a^2=a$，试证 $a=0$ 或 $a=1$。

59．若< S，+，·>与< T，+，·>都是环< L，+，·>的理想，证明< $S\cap T$，+，·>也是环< L，+，·>的理想。

60．若< T，+，·>是含幺环< L，+，·>的任意理想，证明 T 中的任一元素均无乘法逆元。

第 9 章　格与布尔代数

在第 4 章中定义了偏序关系的概念，本章将利用偏序关系来定义另一种形式的代数系统——格。本章主要介绍格的基本知识、分配格和有补格等，并在此基础上介绍布尔代数。格的概念在有限自动机的研究方面是很重要的，而布尔代数可直接用于开关理论和逻辑设计。

9.1　格的定义与性质

根据第 4 章的知识，我们将集合 L 上具有自反性、反对称性和传递性的关系称为集合 L 上的偏序关系，记为 $\preceq$，并将 L 和偏序关系 $\preceq$ 一起称为偏序集，用 $<L, \preceq>$ 来表示，并讨论了 L 的子集上的最大下界、最小上界等概念。

对于一个偏序集来说，其中的每一对元素不一定都有最大下界或最小上界，我们在这一章将讨论其中每一对元素都有最大下界或最小上界的偏序集，并将这种偏序集称为格。

定义 9.1　设 $<L, \preceq>$ 是偏序集，若对任意的 $a, b \in L$，$\{a, b\}$ 都有最小上界和最大下界（分别记为 $a \vee b$ 和 $a \wedge b$），则称 $<L, \preceq>$ 为偏序格，简称为格。

如果格 L 中的元素有限，则称其为有限格。

例 1　设 n 是正整数，S_n 是 n 的正因数的集合，$\preceq$ 为整除关系，则偏序集 $<S_n, \preceq>$ 构成格。

证明　对任意的 $x, y \in S_n$，有 $x \vee y$ 是 x 与 y 的最小公倍数，$x \wedge y$ 是 x 与 y 的最大公约数，且 $x \vee y$，$x \wedge y \in S_n$，所以 $<S_n, \preceq>$ 构成格。 ■

例 2　偏序集 $<P(A), \subseteq>$ 是格。

证明　对任意的 $x, y \in P(A)$，有 $x \vee y = x \cup y$，$x \wedge y = x \cap y$，且 $x \vee y$，$x \wedge y \in P(A)$，所以 $<P(A), \subseteq>$ 是格。 ■

例 3　偏序集 $<\mathbb{Z}, \leqslant>$ 是格，其中 $\leqslant$ 是指整数之间的小于等于关系。

证明　对任意的 $x, y \in \mathbb{Z}$，有 $x \vee y = \max(x, y)$，$x \wedge y = \min(x, y)$，且它们都是整数，所以 $<\mathbb{Z}, \leqslant>$ 是格。 ■

要注意的是，并不是每个偏序集都是格。如 $A=\{2, 3, 4, 6, 8, 12, 36, 60\}$，对 A 上的整除关系 $\preceq$，因为 $8 \vee 12$ 和 $2 \wedge 3$ 不存在，所以偏序集 $<A, \preceq>$ 不是格。

由于最大下界也是下界，最小上界也是上界，由下界和上界的定义可得，在格 $<L, \preceq>$ 中，对任意的 $a, b \in L$ 都有

$$a \wedge b \preceq a,\ a \wedge b \preceq b$$
$$a \vee b \succeq a,\ a \vee b \succeq b$$

由最大下界和最小上界的定义可得，在格 $<L, \preceq>$ 中，对任意的 $a, b, x \in L$，有

$$若\ x \preceq a,\ x \preceq b,\ 则\ x \preceq a \wedge b$$
$$若\ x \succeq a,\ x \succeq b,\ 则\ x \succeq a \vee b$$

需要特别说明的是，上述不等式常用来证明各种等式和不等式。

观察上述不等式可以发现，它们都是有规律地成对出现。这就是我们下面介绍的对偶原理。

定义 9.2 设f是含有格中元素以及符号=、$\preceq$、$\succeq$、$\vee$和$\wedge$的命题，而f^*是将f中的$\preceq$替换成$\succeq$、$\succeq$替换成$\preceq$、$\vee$替换成$\wedge$、$\wedge$替换成$\vee$所得到的命题，则称f^*为f的对偶命题。

例如，$a\wedge b\preceq a$与$a\vee b\succeq a$、$a\wedge b\preceq b$与$a\vee b\succeq b$都互为对偶命题。

格的对偶原理 设f是含有格$<L, \preceq>$中元素以及符号=、$\preceq$、$\succeq$、$\vee$和$\wedge$的命题。若f为真，则f的对偶命题f^*也为真。

定理 9.1 设$<L, \preceq>$是格，则运算$\vee$和$\wedge$满足：

（1）交换律：对任意的a，$b\in L$，有$a\vee b=b\vee a$，$a\wedge b=b\wedge a$。

（2）结合律：对任意的a，b，$c\in L$，有$(a\vee b)\vee c=a\vee(b\vee c)$，$(a\wedge b)\wedge c=a\wedge(b\wedge c)$。

（3）幂等律：对任意的$a\in L$，有$a\vee a=a$，$a\wedge a=a$。

（4）吸收律：对任意的a，$b\in L$，有$a\vee(a\wedge b)=a$，$a\wedge(a\vee b)=a$。

证明 （1）因为$a\vee b$和$b\vee a$分别是$\{a, b\}$和$\{b, a\}$的最小上界，而$\{a, b\}=\{b, a\}$，所以$a\vee b=b\vee a$。由对偶原理，$a\wedge b=b\wedge a$。

（2）由最小上界的定义有

$$(a\vee b)\vee c\succeq a\vee b\succeq a \quad (*)$$
$$(a\vee b)\vee c\succeq a\vee b\succeq b \quad (**)$$
$$(a\vee b)\vee c\succeq c \quad (***)$$

由（**）和（***）有

$$(a\vee b)\vee c\succeq b\vee c$$

再由（*）得

$$(a\vee b)\vee c\succeq a\vee(b\vee c)$$

同理可证

$$(a\vee b)\vee c\preceq a\vee(b\vee c)$$

根据偏序关系的反对称性有$(a\vee b)\vee c=a\vee(b\vee c)$。

由对偶原理有$(a\wedge b)\wedge c=a\wedge(b\wedge c)$。

（3）显然$a\preceq a\vee a$。又由$a\preceq a$可得$a\vee a\preceq a$。根据偏序关系的反对称性有$a\vee a=a$。同理可证$a\wedge a=a$。

（4）显然$a\vee(a\wedge b)\succeq a$。又由$a\preceq a$和$a\wedge b\preceq a$可得$a\vee(a\wedge b)\preceq a$。根据偏序关系的反对称性有$a\vee(a\wedge b)=a$。

同理可证$a\wedge(a\vee b)=a$。 ■

这个定理说明格是具有两个二元运算的代数系统$<L, \vee, \wedge>$，其中$\vee$和$\wedge$满足交换律、结合律、幂等律和吸收律。能否通过规定运算及其基本性质来给出格的定义呢？

下面从代数系统的观点给出格的另一种定义形式。

定理 9.2 设$<L, \vee, \wedge>$是具有两个二元运算的代数系统，且对于$\vee$和$\wedge$运算满足交换律、结合律和吸收律，在L中定义$\preceq$为：$a\preceq b\Leftrightarrow a\wedge b=a$，则$<L, \preceq>$是格。

证明留给读者。

定义 9.3 设$<L, \vee, \wedge>$是代数系统，$\vee$和$\wedge$是二元运算，如果$\vee$和$\wedge$满足交换律、结合律和吸收律，则称$<L, \vee, \wedge>$是代数格。

定理 9.3 设$<L, \preceq>$是格，则对任意的a，$b\in L$，有$a\preceq b\Leftrightarrow a\wedge b=a\Leftrightarrow a\vee b=b$。

证明　先证 $a \preceq b \Rightarrow a \wedge b=a$。

由 $a \preceq a$ 和 $a \preceq b$ 可知，a 是 $\{a, b\}$ 的下界，故 $a \preceq a \wedge b$。显然又有 $a \wedge b \preceq a$。根据偏序关系的反对称性得 $a \wedge b=a$。

再证 $a \wedge b=a \Rightarrow a \vee b=b$。根据吸收律有 $b=b \vee (b \wedge a)$。由 $a \wedge b=a$ 得 $b=b \vee a$，即 $a \vee b=b$。

最后证 $a \vee b=b \Rightarrow a \preceq b$。由 $a \preceq a \vee b$ 得 $a \preceq a \vee b=b$。■

由定理 9.1 和定理 9.3 可知，定义 9.1 和定义 9.3 是等价的。以后不再区分偏序格 $<L, \preceq>$ 和代数格 $<L, \vee, \wedge>$，而统称为格。

定理 9.4　设 $<L, \preceq>$ 是格，对任意的 $a, b, c, d \in L$，若 $a \preceq b$ 且 $c \preceq d$，则 $a \wedge c \preceq b \wedge d$，$a \vee c \preceq b \vee d$。

证明　因为 $a \wedge c \preceq a \preceq b, a \wedge c \preceq c \preceq d$，所以 $a \wedge c \preceq b \wedge d$。同理可证 $a \vee c \preceq b \vee d$。■

推论（保序性）设 $<L, \preceq>$ 是格，对任意的 $a, b, c, d \in L$，则有：

（1）$a \preceq a \vee b$，$b \preceq a \vee b$。

（2）$a \wedge b \preceq a$，$a \wedge b \preceq b$。

（3）若 $c \preceq a$，$c \preceq b$，则 $c \preceq a \wedge b$。

（4）若 $a \preceq b$，$b \preceq c$，则 $a \vee b \preceq c$。

例 4　设 $<L, \preceq>$ 是格，则对任意的 $a, b, c \in L$，有 $a \vee (b \wedge c) \preceq (a \vee b) \wedge (a \vee c)$ 和 $a \wedge (b \vee c) \succeq (a \wedge b) \vee (a \wedge c)$。

证明　由 $b \wedge c \preceq b$ 得 $a \vee (b \wedge c) \preceq a \vee b$，由 $a \preceq a$ 和 $b \wedge c \preceq c$ 得 $a \vee (b \wedge c) \preceq a \vee c$，从而有 $a \vee (b \wedge c) \preceq (a \vee b) \wedge (a \vee c)$。

由对偶原理可得 $a \wedge (b \vee c) \succeq (a \wedge b) \vee (a \wedge c)$。■

9.2　子格与格同态

定义 9.4　设 $<L, \vee, \wedge>$ 是格，S 是 L 的非空子集，若 S 关于 L 中的运算 $\vee$ 和 $\wedge$ 仍构成格，则称 S 是 L 的子格。

例 1　设 $L=\{a, b, c, d\}$，$\preceq=\{<a, a>, <b, b>, <c, c>, <d, d>, <a, b>, <a, c>, <a, d>, <b, d>, <c, d>\}$，则 $<L, \preceq>$ 是格。令 $S=\{a, b\}$，$T=\{b, c\}$，则 S 是 L 的子格，因为 $a \vee b=b$，$a \wedge b=a$。而 T 不是 L 的子格，因为 $b \vee c=d$，$b \wedge c=a$，但 $d \notin T$，$a \notin T$。■

定义 9.5　设 $<L, \vee, \wedge>$ 和 $<S, \vee, \wedge>$ 是格，$f: L \to S$，若对任意的 $a, b \in L$，有 $f(a \wedge b)=f(a) \wedge f(b)$ 和 $f(a \vee b)=f(a) \vee f(b)$，则称 f 为格 L 到 S 的同态映射，简称格同态；若 f 是双射，则称 f 为格 L 到 S 的同构映射，简称格同构。

例 2　设 $L_1=\{2n|n \in \mathbb{N}-\{0\}\}$，$L_2=\{2n+1|n \in \mathbb{N}\}$，则 L_1 和 L_2 关于通常数的小于或等于关系构成格。令 $f: L_1 \to L_2$，$f(x)=x-1$，则 f 是 L_1 到 L_2 的同态映射。

证明　对任意的 $x, y \in L_1$ 有 $f(x \vee y)=f(\max(x, y))=\max(x, y)-1$，$f(x) \vee f(y)=(x-1) \vee (y-1)=\max(x-1, y-1)=\max(x, y)-1$，$f(x \wedge y)=f(\min(x, y))=\min(x, y)-1$，$f(x) \wedge f(y)=(x-1) \wedge (y-1)=\min(x-1, y-1)=\min(x, y)-1$，于是 $f(x \vee y)=f(x) \vee f(y)$，$f(x \wedge y)=f(x) \wedge f(y)$。所以 f 是 L_1 到 L_2 的同态映射。■

9.3 特殊的格

定义 9.6 设$<L, \vee, \wedge>$是格，若对任意 a，b，$c \in L$，有 $a \wedge (b \vee c) = (a \wedge b) \vee (a \wedge c)$ 和 $a \vee (b \wedge c) = (a \vee b) \wedge (a \vee c)$，则称 L 为分配格。

例 1 $P(A)$关于集合的并和交运算所组成的幂集格$< P(A), \cup, \cap >$是分配格。 ■

应该指出的是，在分配格的定义中，条件可以减弱，只要求一个分配律成立即可，这是由格的对偶原理保证的。

定理 9.5 若$<L, \vee, \wedge>$是分配格，则对任意 a，b，$c \in L$ 都有 $b \vee a = c \vee a$ 且 $b \wedge a = c \wedge a \Leftrightarrow b = c$。

证明 当 $b = c$ 时，$b \vee a = c \vee a$ 且 $b \wedge a = c \wedge a$ 显然成立。反之，利用交换律、吸收律和分配律有

$$b = b \vee (b \wedge a) = b \vee (c \wedge a) = (b \vee c) \wedge (b \vee a) = (c \vee b) \wedge (c \vee a) = c \vee (b \wedge a) = c \vee (c \wedge a) = c$$ ■

定义 9.7 设$<L, \preceq>$是格，若存在 $a \in L$，使得对任意的 $x \in L$ 有 $a \leqslant x$，则称 a 为 L 的全下界；若存在 $b \in L$，使得对任意的 $x \in L$ 有 $x \leqslant b$，则称 b 为 L 的全上界。

定义 9.8 设$<L, \preceq>$是格，若 L 存在全上界和全下界，分别用 1 和 0 表示，则称 L 为有界格，记为$<L, \vee, \wedge, 0, 1>$。

定理 9.6 若$<L, \vee, \wedge, 0, 1>$是有界格，则对任意 $a \in L$ 有 $a \wedge 0 = 0$，$a \vee 0 = a$，$a \wedge 1 = a$，$a \vee 1 = 1$。

证明 因为 $a \wedge 0 \in L$，而 0 是 L 的全下界，故 $0 \preceq a \wedge 0$。由 $\wedge$ 的定义有 $a \wedge 0 \preceq 0$。由 $\preceq$ 的反对称性得 $a \wedge 0 = 0$。

其余三式同理可证。 ■

有界格的全下界 0 是关于 $\vee$ 的幺元，也是关于 $\wedge$ 的零元。有界格的全上界 1 是关于 $\wedge$ 的幺元，也是关于 $\vee$ 的零元。

定义 9.9 设$<L, \vee, \wedge, 0, 1>$为有界格，对 $a \in L$，若存在 $b \in L$ 使得 $a \vee b = 1$ 和 $a \wedge b = 0$ 成立，则称 b 是 a 的补元，记为 $\overline{a}$。

定义 9.10 设$<L, \vee, \wedge, 0, 1>$为有界格，若对任意的 $a \in L$，a 的补元都存在，则称 L 是有补格。

如果一个格既是有补格又是分配格，则称它为有补分配格。

例如，格$< P(A), \cup, \cap >$是一个有补格，因为集合 A 是全上界，空集$\varnothing$是全下界，A 的每个子集 S 的补元是 $A-S$。

定理 9.7 设$<L, \vee, \wedge, 0, 1>$是分配格，若 $a \in L$ 有补元，则补元是惟一的。

证明 对 $a \in L$，若 b 和 c 都是它的补元，由补元的定义有

$$a \vee b = 1,\ a \wedge b = 0,\ a \vee c = 1,\ a \wedge c = 0$$

则有 $a \vee b = a \vee c$，$a \wedge b = a \wedge c$。

由定理 9.5 有 $b = c$。因此 a 的补元是惟一的。 ■

定理 9.8 设$<L, \vee, \wedge, 0, 1>$是有补分配格，则：

（1）对任意的 $a\in L$，$\bar{\bar{a}}=a$。

（2）对任意的 a，$b\in L$，$\overline{a\wedge b}=\bar{a}\vee\bar{b}$，$\overline{a\vee b}=\bar{a}\wedge\bar{b}$。

证明　（1）对任意的 $a\in L$，因为 $a\vee\bar{a}=1$，$a\wedge\bar{a}=0$，由交换律有 $\bar{a}\vee a=1$，$\bar{a}\wedge a=0$，所以 a 是 $\bar{a}$ 的补元。又因为 $\bar{a}$ 的补元是惟一的，所以 $\bar{\bar{a}}=a$。

（2）对任意 a，$b\in L$，由分配律可得

$$(a\wedge b)\vee(\bar{a}\vee\bar{b})=(a\vee\bar{a}\vee\bar{b})\wedge(b\vee\bar{a}\vee\bar{b})=1\wedge 1=1$$

$$(a\wedge b)\wedge(\bar{a}\vee\bar{b})=(a\wedge b\wedge\bar{a})\vee(a\wedge b\vee\bar{b})=0\vee 0=0$$

所以，$\bar{a}\vee\bar{a}$ 是 $a\wedge b$ 的补元。由补元的惟一性有 $\overline{a\wedge b}=\bar{a}\vee\bar{b}$。

同理可证 $\overline{a\vee b}=\bar{a}\wedge\bar{b}$。■

定义 9.11　设 $<L, \vee, \wedge>$ 为格，若对于任意的 a，b，$c\in L$，只要 $a\preceq c$ 就有 $a\vee(b\wedge c)=(a\vee b)\wedge c$，则称此格为模格。

由定义可知，分配格一定是模格，但模格不一定是分配格。

9.4　布尔代数

定义 9.12　如果一个格既是有补格也是分配格，则称它为布尔格或布尔代数。具有有限个元素的布尔代数称为有限布尔代数。

在布尔代数 $<L, \vee, \wedge, 0, 1>$ 中，除了两个二元运算 $\vee$ 和 $\wedge$ 之外，还有一个一元运算——求补运算。因此，布尔代数也记为 $<L, \vee, \wedge, \bar{\ }, 0, 1>$。

例 1　设 $S=\{1, 2, 5, 10, 11, 22, 55, 110\}$ 是 110 的正因数集合，令 gcd 和 lcm 分别表示求两个数的最大公约数和最小公倍数的运算，则 $<S$, gcd, lcm$>$ 构成布尔代数。

证明　对任意的 x，$y\in S$，有 gcd(x, y)$\in S$ 和 lcm(x, y)$\in S$。且对任意的 x，y，$z\in S$ 有

交换律：gcd(x, y) = gcd(y, x)，lcm(x, y) = lcm(y, x)

结合律：gcd(gcd(x, y), z) = gcd(x, gcd(y, z))，lcm(lcm(x, y), z) = lcm(x, lcm(y, z))

吸收律：gcd(x, lcm(x, y)) = x，lcm(x, gcd(x, y)) = x

因此，$<S$, gcd, lcm$>$ 构成格。

对任意的 x，$y\in S$，有 gcd(x, lcm(y, z)) = lcm(gcd(x, y), gcd(x, z))，所以 $<S$, gcd, lcm$>$ 是分配格。

又因为 1 是 S 的全下界，110 是 S 的全上界，且 1 和 110 互为补元，2 和 55 互为补元，5 和 22 互为补元，10 和 11 互为补元，所以 $<S$, gcd, lcm$>$ 是有补格。

综上可知，$<S$, gcd, lcm$>$ 是布尔代数。■

例 2　设 A 是任意集合，证明 A 的幂集格 $<P(A), \cap, \cup, \bar{\ }, \varnothing, A>$ 构成布尔代数，称其为集合代数。

证明　$P(A)$ 关于 $\cap$ 和 $\cup$ 构成格，因为 $\cap$ 和 $\cup$ 运算满足交换律、结合律和吸收律。由于 $\cap$ 和 $\cup$ 互相可分配，因此 $P(A)$ 是分配格，且全下界是空集 $\varnothing$，全上界是 A。根据绝对补的定义，取全集为 A，对任意的 $x\in P(A)$，则 $A-x$ 是 x 的补元。从而证明 $P(A)$ 是有补分配格，即布尔代数。

■

由于布尔代数是一个有补分配格，从而关于格、有补格、分配格中成立的一切运算在布尔代数中都成立。即，对任意的 a，b，$c\in L$，有：

（1）交换律：$a\vee b=b\vee a$，$a\wedge b=b\wedge a$。

（2）结合律：$(a\vee b)\vee c=a\vee(b\vee c)$，$(a\wedge b)\wedge c=a\wedge(b\wedge c)$。

（3）幂等律：$a\vee a=a$，$a\wedge a=a$。

（4）吸收律：$a\vee(a\wedge b)=a$，$a\wedge(a\vee b)=a$。

（5）分配律：$a\wedge(b\vee c)=(a\wedge b)\vee(a\wedge c)$，$a\vee(b\wedge c)=(a\vee b)\wedge(a\vee c)$ 。

（6）同一律：$a\vee 0=a$，$a\wedge 1=a$。

（7）零一律：$a\vee 1=1$，$a\wedge 0=0$。

（8）互补律：$a\vee\overline{a}=1$，$a\wedge\overline{a}=0$。

（9）对合律：$\overline{\overline{a}}=a$。

（10）德·摩根律：$\overline{a\wedge b}=\overline{a}\vee\overline{b}$，$\overline{a\vee b}=\overline{a}\wedge\overline{b}$。

上面 10 条运算律并不是独立的，例如由吸收律可得到幂等律。事实上，由交换律、分配律、同一律和互补律即可推出其他运算律。因此，布尔代数也可按下面的定义给出。

定义 9.13 设 $<L, \vee, \wedge, \bar{\ }, 0, 1>$ 是代数系统，$\vee$ 和 $\wedge$ 是二元运算。若 $\vee$ 和 $\wedge$ 运算满足：

（1）交换律：对任意 a，$b\in L$ 有 $a\vee b=b\vee a$，$a\wedge b=b\wedge a$。

（2）分配律：对任意 a，b，$c\in L$ 有 $a\vee(b\wedge c)=(a\vee b)\wedge(a\vee c)$，$a\wedge(b\vee c)=(a\wedge b)\vee(a\wedge c)$。

（3）同一律：对任意 $a\in L$ 有 $a\vee 0=a$，$a\wedge 1=a$。

（4）补元律：对任意 $a\in L$，存在 $\overline{a}\in L$ 使得 $a\vee\overline{a}=1$，$a\wedge\overline{a}=0$。

则称 $<L, \vee, \wedge, \bar{\ }, 0, 1>$ 是一个布尔代数。

定义 9.14 设 $<L, \preceq>$ 是格，$0\in L$，$a\in L$，若对任意的 $b\in L$ 有 $0<b\preceq a\Rightarrow b=a$，则称 a 是 L 中的原子。

例如，$S=\{1, 2, 4, 8\}$，$\preceq$ 为整除关系，则 $<S, \preceq>$ 是格，其中 2 是原子。

为了讨论有限布尔代数的结构，下面先给出 3 个引理。

引理 1 对有限布尔代数 L 中的两个原子 a 和 b，若 $a\neq b$，则 $a\wedge b=0$。

证明 假设 $a\wedge b\neq 0$，则有 $0\prec a\wedge b\preceq a$ 和 $0\prec a\wedge b\preceq b$。由于 a 和 b 是原子，则有 $a\wedge b=a$ 和 $a\wedge b=b$，从而 $a=b$，与已知矛盾。 ■

引理 2 对有限布尔代数 L 中的任意一个元素 b，$b\neq 0$，必至少存在一个原子 a，使得 $a\wedge b=a$（即 $a\preceq b$）。

证明 若 b 本身是原子，由 $b\preceq b$ 结论得证。

若 b 不是原子，则存在 b_1 使得 $0\prec b_1\prec b$。若 b_1 是原子，则结论得证。否则，必存在 b_2 使得 $0\prec b_2\prec b_1\prec b$。由于 L 是有限的，所以必可通过有限步找到一个原子 b_k，使得 $0\prec b_k\prec\ldots\prec b_2\prec b_1\prec b$。令 $a=b_k$，则有 $a\wedge b=a$。 ■

引理 3 对有限布尔代数 L，若 a 是原子，则对其任意元素 b，$a\preceq b$ 和 $a\preceq\overline{b}$ 有且仅有一式成立。

证明 由 $a\preceq b$ 和 $a\preceq\overline{b}$，有 $a\preceq b\wedge\overline{b}$，与 a 是原子矛盾。所以，$a\preceq b$ 和 $a\preceq\overline{b}$ 不可能同

时成立。

因为 $a\wedge b\preceq a$，而 a 是原子，所以只可能有 $a\wedge b=0$ 或 $a\wedge b=a$。若 $a\wedge b=0$，则 $\bar{b}=(a\wedge b)\vee\bar{b}=a\vee\bar{b}$，从而有 $a\preceq\bar{b}$。 ■

由上面的引理可以得到下面的定理。

定理 9.9 设 $<L, \vee, \wedge, ^{-}, 0, 1>$ 为有限布尔代数，对任意的 $x\in L$，$x\neq 0$，a_1，a_2，…，a_n 是满足 $a_i\preceq x$ 的全部原子，则 $x=a_1\vee a_2\vee\cdots\vee a_n$，且在不考虑原子的顺序的情况下该式是惟一的。

证明 令 $b=a_1\vee a_2\vee\cdots\vee a_n$，由 $a_i\preceq x$ 得 $b\preceq x$。下证 $x\preceq b$。

若 $x\preceq b$ 不成立，则 $x\wedge\bar{b}\neq 0$。若不然，则有 $b=(x\wedge\bar{b})\vee b=(x\vee b)\wedge(\bar{b}\vee b)=x\vee b$，于是 $x\preceq b$，矛盾。所以，当 $x\preceq b$ 不成立时有 $x\wedge\bar{b}\neq 0$。由引理 2 可知，存在原子 a 使得 $a\wedge(x\wedge\bar{b})=a$。由 $a\wedge\bar{b}=0$ 得 $a=0$，与 a 是原子矛盾。因此，$x\preceq b$。

综上可得，$x=b$，即 $x=a_1\vee a_2\vee\cdots\vee a_n$。

令 $x=b_1\vee b_2\vee\cdots\vee b_m$ 是 x 的另一种形式，任取 $a_j\in\{a_1, a_2, \cdots, a_n\}$，若 $a_j\notin\{b_1, b_2, \cdots, b_m\}$，则由引理 1 可得 $a_j\wedge b_k=0$，$k=1, 2, \cdots, m$。又由于 $a_j\preceq x$，于是

$$a_j=a_j\wedge x=a_j\wedge(b_1\vee b_2\vee\cdots\vee b_m)=(a_j\wedge b_1)\vee(a_j\wedge b_2)\vee\cdots\vee(a_j\wedge b_m)=0$$

这与 a_j 是原子相矛盾，所以 $a_j\in\{b_1, b_2, \cdots, b_m\}$，从而 $\{a_1, a_2, \cdots, a_n\}\subseteq\{b_1, b_2, \cdots, b_m\}$。

同理可证，$\{b_1, b_2, \cdots, b_m\}\subseteq\{a_1, a_2, \cdots, a_n\}$。因此，$\{a_1, a_2, \cdots, a_n\}=\{b_1, b_2, \cdots, b_m\}$。 ■

定理 9.10（有限布尔代数的表示定理） 设 $<L, \vee, \wedge, ^{-}, 0, 1>$ 为有限布尔代数，$S=\{a_1, a_2, \cdots, a_n\}$ 是它的全体原子的集合，则 $<L, \vee, \wedge, ^{-}, 0, 1>$ 与布尔代数 $<P(S), \cup, \cap, ^{-}, \varnothing, S>$ 同构。

证明 任取 $x\in L$，令 $T(x)=\{a|a\in L$，a 是原子且 $a\preceq x\}$。

定义函数 f：$L\to P(S)$，$f(x)=T(x)$，下证 f 是 L 到 $P(S)$ 的同构映射。

对任意的 x，$y\in L$，令 $x=a_1\vee a_2\vee\cdots\vee a_n$ 和 $y=b_1\vee b_2\vee\cdots\vee b_m$ 是 x 和 y 的原子表示，则 $f(x\vee y)\Leftrightarrow T(x\vee y)=\{a_1, a_2, \cdots, a_n, b_1, b_2, \cdots, b_m\}=\{a_1, a_2, \cdots, a_n\}\cup\{b_1, b_2, \cdots, b_m\}=T(x)\cup T(y)=f(x)\cup f(y)$。

对任意的 x，$y\in L$，有 $z\in f(x\wedge y)\Leftrightarrow z\in T(x\wedge y)\Leftrightarrow z\in S\wedge z\preceq(x\wedge y)\Leftrightarrow(z\in S\wedge z\preceq x)\wedge(z\in S\wedge z\preceq y)\Leftrightarrow z\in T(x)\wedge z\in T(y)\Leftrightarrow z\in f(x)\wedge z\in f(y)$，所以 $f(x\wedge y)=f(x)\cap f(y)$。

对任意的 $x\in L$，存在 $\bar{x}\in L$ 使得 $x\vee\bar{x}=1$，$x\wedge\bar{x}=0$，于是 $f(x)\cup f(\bar{x})=f(x\vee\bar{x})=f(1)=S$，$f(x)\cap f(\bar{x})=f(x\wedge\bar{x})=f(0)=\varnothing$。而 $\varnothing$ 和 S 是 $P(S)$ 的全下界和全上界，所以 $f(\bar{x})$ 是 $f(x)$ 在 $P(S)$ 中的补元，即 $f(\bar{x})=\overline{f(x)}$。

综上可知，f 是 L 到 $P(S)$ 的同态映射。下面证明 f 是双射。

若 $f(x)=f(y)$，则 $T(x)=T(y)=\{a_1, a_2, \cdots, a_n\}$，于是 $x=a_1\vee a_2\vee\cdots\vee a_n=y$，所以 f 是单射。

任取 $\{b_1, b_2, \cdots, b_m\}\in P(S)$，令 $x=b_1\vee b_2\vee\cdots\vee b_m$，则 $f(x)=T(x)=\{b_1, b_2, \cdots, b_m\}$，于是 f 是满射。结论得证。 ■

推论 1 任何有限布尔代数 L，其原子个数是 n，则 $|L|=2^n$。

推论 2 元素个数相同的布尔代数是同构的。

9.5 典型例题分析

例 1 设$<L, \preceq>$是格，对于任意的 a，b，$c\in L$，若 $a\preceq b$，则$(a\vee(b\wedge c))\vee c=(b\wedge(a\vee c))\vee c$。

【相关知识】 格及其性质。

证明 由 $a\preceq b$ 得 $a\vee b=b$，又因为$(a\vee(b\wedge c))\vee c=((a\vee b)\wedge(a\vee c))\vee c=(a\vee b\vee c)\wedge(a\vee c)=(b\vee c)\wedge(a\vee c)$，$(b\wedge(a\vee c))\vee c=(b\vee c)\wedge(a\vee c)$，所以$(a\vee(b\wedge c))\vee c=(b\wedge(a\vee c))\vee c$。

例 2 证明在有界分配格中，所有有补元组成的集合形成该格的一个子格。

【相关知识】 有界格、分配格、子格、补元。

证明 设$<L, \preceq>$是一个有界分配格，S 是 L 中所有有补元组成的集合，因 0 和 1 互补，所以 $0, 1\in S$，故 S 非空。对任意的 a，$b\in S$，存在$\bar{a}$，$\bar{b}\in L$，$\bar{a}$和$\bar{b}$分别是 a 和 b 的补元。由$<L, \preceq>$是有界分配格，有

$$(a\vee b)\wedge(\bar{a}\wedge\bar{b})=(a\wedge\bar{a}\wedge\bar{b})\vee(b\wedge\bar{a}\wedge\bar{b})=0$$

$$(a\wedge b)\vee(\bar{a}\vee\bar{b})=(a\vee\bar{a}\vee\bar{b})\wedge(b\vee\bar{a}\vee\bar{b})=1$$

同理可证

$$(a\vee b)\vee(\bar{a}\wedge\bar{b})=1$$

$$(a\wedge b)\wedge(\bar{a}\vee\bar{b})=0$$

所以 $a\vee b$ 和 $a\wedge b$ 均具有补元，且$\overline{a\vee b}=\bar{a}\wedge\bar{b}$，$\overline{a\wedge b}=\bar{a}\vee\bar{b}$，从而 $a\vee b$，$a\wedge b\in S$。因此$<S, \preceq>$是$<L, \preceq>$的子格。

例 3 设$<L, \vee, \wedge, ^{-}, 0, 1>$是有补分配格，则对任意的 a、$b\in L$，下面四个条件等价：

（1）$a\preceq b$。

（2）$a\wedge\bar{b}=0$。

（3）$\bar{a}\vee b=1$。

（4）$\bar{b}\preceq\bar{a}$。

【相关知识】 格、分配律、有补格及其性质。

证明 （1）⇒（2）。因为 $a\preceq b$，所以 $a\wedge\bar{b}\preceq b\wedge\bar{b}=0$，于是 $a\wedge\bar{b}=0$。

（2）⇒（3）。$\bar{a}\vee b=\overline{a\wedge\bar{b}}=\bar{0}=1$。

（3）⇒（4）。由$\bar{a}\vee b=1$，有$\bar{b}=1\wedge\bar{b}=(\bar{a}\vee b)\wedge\bar{b}=(\bar{a}\wedge\bar{b})\vee(b\wedge\bar{b})=(\bar{a}\wedge\bar{b})$，所以$\bar{b}\preceq\bar{a}$。

（4）⇒（1）。由$\bar{b}\preceq\bar{a}$，有$\bar{a}\wedge\bar{b}=\bar{b}$，于是 $a\vee b=\overline{\bar{a}\wedge\bar{b}}=\bar{\bar{b}}=b$，所以 $a\preceq b$。

例 4 设$<L, \vee, \wedge, ^{-}>$是布尔代数，对任意的 a，$b\in L$，则 $a=b\Leftrightarrow(a\wedge\bar{b})\vee(\bar{a}\wedge b)=0$。

【相关知识】 布尔代数及其性质。

证明 若 $a=b$，则$(a\wedge\bar{b})\vee(\bar{a}\wedge b)=(a\wedge\bar{a})\vee(\bar{a}\wedge a)=0$。反之，若$(a\wedge\bar{b})\vee(\bar{a}\wedge b)=0$，则$(a\wedge\bar{b})=0$ 且$(\bar{a}\wedge b)=0$，从而有 $a=a\wedge 1=a\wedge(b\vee\bar{b})=(a\wedge b)\vee(a\wedge\bar{b})=a\wedge b$，同理可证 $b=a\wedge b$。故 $a=b$。

习　题

1．下列集合对于整除关系都构成偏序集，判断哪些偏序集是格？

（1）$L=\{1, 2, 3, 4, 5\}$。

（2）$L=\{1, 2, 3, 4, 6, 9, 12, 18, 36\}$。

（3）$L=\{1, 2, 22, \cdots, 22\cdots2\}$。

（4）$L=\{1, 2, 3, 4, 5, 6, 7, 8, 9, 10\}$。

2．设$<L, \preceq>$是格，证明：若 $a\preceq b\preceq c$，则

（1）$a\vee b=b\wedge c$。

（2）$(a\wedge b)\vee(b\wedge c)=(a\vee b)\wedge(b\vee c)$。

3．设$<L, \preceq>$是格，证明：对任意的 $a, b, c\in L$，则$((a\wedge b)\vee(a\wedge c))\wedge((a\wedge b)\vee(b\wedge c))=a\wedge b$。

4．完成定理 9.2 的证明。

5．完成定理 9.6 未给出的证明。

6．设$<L, \preceq>$是格，证明：$<L, \preceq>$为分配格$\Leftrightarrow$对于任意的 $a, b, c\in L$，有$(a\vee b)\wedge c\preceq a\vee(b\wedge c)$。

7．设 $A=<L_1, \vee_1, \wedge_1>$和 $B=<L_2, \vee_2, \wedge_2>$是两个格，$f$ 是 A 到 B 的同态映射，证明 A 的同态像（即 $f(L_1)=\{f(x)|x\in L_1\}$）是 B 的子格。

8．设 f 是格$<L, \preceq_1>$到格$<S, \preceq_2>$的双射，证明：f 是格同构$\Leftrightarrow$对 $a, b\in L$，有 $a\preceq_1 b\Leftrightarrow f(a)\preceq_2 f(b)$。

9．D_{90}表示 90 的全体因子的集合，包括 1 和 90，D_{90}与整除关系$\preceq$构成格。

（1）画出格的哈斯图。

（2）计算 $6\vee10$、$6\wedge10$、$9\vee30$ 和 $9\wedge30$。

（3）求 D_{90}的所有含 4 个元素且包含 1 和 90 的子格。

10．设 $S=\{1, 2, 4, 6, 9, 12, 18, 36\}$，且 D 是 S 上的整除关系：$<x, y>\in D\Leftrightarrow y$ 是 x 的倍数。

（1）证明 D 是一个偏序关系。

（2）试画出关系 D 的哈斯图，并由此说明$<S, D>$是一个格。

（3）D 是一个分配格吗？为什么？

（4）求集合$\{2, 4, 6, 12, 18\}$的下界、最大下界、最小元素及上界、最小上界、最大元素。

（5）$<S, D>$中有多少个 5 个元素的子格？

11．证明：格$<L, \preceq>$是分配格$\Leftrightarrow$对 $a, b, c\in L$，有$(a\wedge b)\vee(b\wedge c)\vee(c\wedge a)=(a\vee b)\wedge(b\vee c)\wedge(c\vee a)$。

12．举出两个含有 6 个元素的格，其中一个是模格，另一个不是模格。

13．所有链都是分配格。

14．证明：具有 3 个或更多元素的链不是有补格。

15．请画出所有含有 5 个元素的互不同构的格，并指出其中哪些格是有补格，哪些格是分配格，哪些格是布尔格。

16．设 $D_{30}=\{1, 2, 3, 5, 6, 10, 15, 30\}$，$\preceq$是整除关系，找出格$<D_{30}, \preceq>$中的所有原子，并找出一个含有 4 个元素的子格，使它不是布尔代数。

17．设$<L, \vee, \wedge, \bar{\ }, 0, 1>$是一个布尔代数，在 L 上定义二元运算$\oplus$为：$a\oplus b=(a\wedge\bar{b})\vee(\bar{a}\wedge b)$，证明$<L, \oplus>$是一个阿贝尔群。

18．设 $L=\{1, 2, 5, 10, 11, 22, 55, 110\}$是 110 的正因子集合，$\preceq$是整除关系，偏序集$<L, \preceq>$是否构成布尔代数？为什么？

第 10 章　图

图论是一个应用十分广泛而又极其有趣的数学分支，它以离散对象的二元关系结构为研究对象。1736 年瑞士数学家欧拉发表了图论方向的第一篇论文，通过将七桥问题抽象为图而使问题得以解决。正是这种抽象和论证的方法，开始了图论科学的研究。从 19 世纪中叶到 20 世纪中叶，图论问题大量出现，如哈密顿图问题、四色图问题、平面性问题等。在这个阶段，特别要提到的是，克希霍夫对电路网络的研究及凯莱在有机化学的计算中都应用了树、生成子树等图论概念。近几十年来，图论及其应用的研究得到了迅速的发展，在网络理论、信息论、控制论和计算机科学等领域都有着广泛的应用。

本章主要介绍图论的基本概念、基本理论及其典型应用。

10.1　图的基本概念

现实生活中的许多状态都可以抽象为图，如城市交通线路、部门关系等。图是建立和处理离散对象及其关系的一个重要工具。

10.1.1　图

定义 10.1　一个图 G 定义为一个有序对<V, E>，记为 G=<V, E>。其中 V 为非空有限集，其元素称为结点或顶点，E 也是有限集，其元素称为边。对 E 中的每条边 V 中都有两个结点与之对应，其结点对可以有序也可无序。

若边 e 与无序结点对$[u, v]$对应，则称 e 为无向边，简称边，记为 $e=[u, v]$，u 和 v 称为边 e 的端点，也称为邻接点，边 e 关联 u 与 v。关联同一结点的两条边称为邻接边。连接一结点与它自身的边称为环或自回路。两个端点都相同的边称为平行边。

若边 e 与有序结点对<u, v>对应，则称 e 为有向边或弧，记为 e=<u, v>，u 称为弧 e 的始点，v 称为弧 e 的终点，也称 u 邻接到 v，v 邻接于 u。若 e 和 e' 有相同的始点，称 e 和 e' 相邻。始点和终点都相同的弧称为平行弧。

在图中不与任何结点相邻接的结点称为孤立结点。

每条边都是无向边的图称为无向图。每条边都是有向边的图称为有向图。既有有向边也有无向边的图称为混合图。将有向图各有向边去掉方向后的无向图称为原来图的基图。

例 1　图 10-1 所示的两个图分别为无向图和有向图。在图 10-1a 中，e_7 是环，e_1、e_2 与 e_3 是邻接边。在图 10-1b 中，v_2v_1 与 v_2v_3 是邻接边，但 v_2v_3 和 v_3v_2 不是邻接边，v_5 为孤立结点。

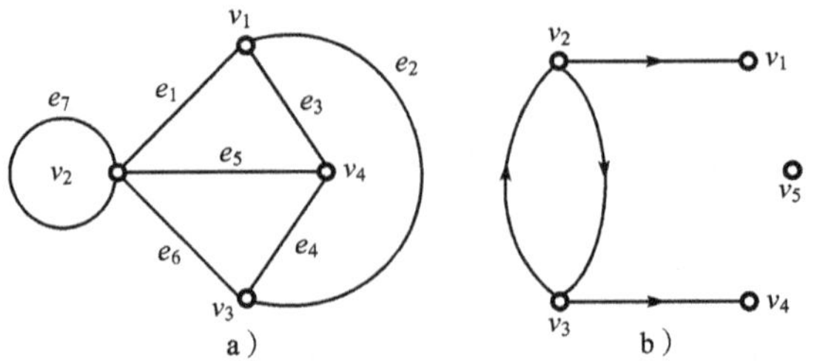

图　10-1

■

对于图，我们只关心图有多少个结点，哪些结点之间有关。至于结点的记号和位置，边的长短和曲直都不改变图的本质。但在有向图中，特别强调弧的方向性。

下面我们主要讨论无向图和有向图。

定义 10.2 （1）含有平行边（或弧）的图称为多重图。不含平行边（或弧）和环的图称为简单图。

（2）具有 n 个结点和 m 条边的图称为 (n, m) 图，也称 n 阶图。一个 $(n, 0)$ 图称为零图，$(1, 0)$ 图称为平凡图。

（3）任两个结点之间都有边（或弧）的简单图称为完全图。n 个结点的无向完全图记为 K_n。若 n 阶有向简单图的基图为 K_n，称其为 n 阶竞赛图。

（4）在一个 n 边形内放置一个结点，使之与 n 边形的各结点有边，这样得到的简单图称为轮图，记为 W_n。

例 2 图 10-2a 是简单图且为完全图，但图 10-2b 是多重图，因为 e_4 和 e_5 是平行弧。

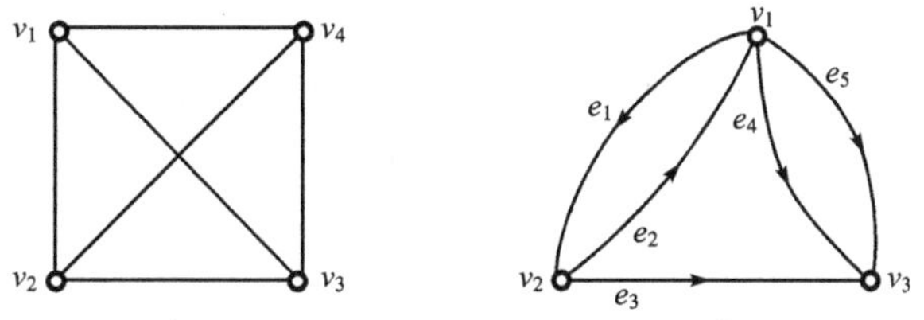

a）　　b）

图 10-2 ■

定理 10.1 完全图 K_n 的边数为 C_n^2。

证明 因为在完全图 K_n 中任意两个结点之间都有边相连，所以 n 个结点中任取两个点的组合数为 C_n^2，故完全图 K_n 的边数为 C_n^2。 ■

定义 10.3 给每条边（或弧）都赋予权的图 $G=<V, E>$ 称为带权图或加权图，记为 $G=<V, E, W>$，W 为各边（或弧）权的集合。

加权图在实际中有着许多应用，其权可以根据实际需要而定，可以表示时间、距离、费用等。比如，在城市交通图中，权表示两点之间的距离。

10.1.2 子图与补图

在讨论图的某些性质时常要利用图的局部结构，下面介绍子图的概念。

定义 10.4 设 $G=<V, E>$ 和 $G'=<V', E'>$ 是两个图，于是：

（1）若 $V'\subseteq V$ 且 $E'\subseteq E$，则称 G' 为 G 的子图，G 为 G' 的母图。

（2）若 G' 是 G 的子图，且 $V'\subset V$ 或 $E'\subset E$，则称 G' 为 G 的真子图。

（3）若 $V'=V$ 且 $E'\subseteq E$，则称 G' 为 G 的生成子图或支撑子图。

定义 10.5 $G=<V, E>$，$V_1\subseteq V$ 且 $V_1\neq\varnothing$，以 V_1 为结点集、以两端点均在 V_1 中的全体边为边集的 G 的子图，称为 V_1 的诱导子图；$E_1\subseteq E$ 且 $E_1\neq\varnothing$，以 E_1 为边集、以 E_1 中边关联的结点的全体为结点集的 G 的子图，称为 E_1 的诱导子图。

定义 10.6 若 $G=<V, E>$是一个 n 阶无向简单图，从 K_n 中删去 G 的所有边而得到的

图称为 G 的补图或 G 的相对于完全图的补图，记为 $\bar{G}$。

例 3 图 10-3b、c、d 都是图 10-3a 的子图，也是真子图。图 10-3b、c 是图 10-3a 的生成子图。图 10-3d 既是结点集 $\{v_2, v_3, v_4\}$ 的诱导子图，也是边集 $\{[v_2, v_3], [v_2, v_4], [v_3, v_4]\}$ 的诱导子图。图 10-3b 和图 10-3c 互为补图。

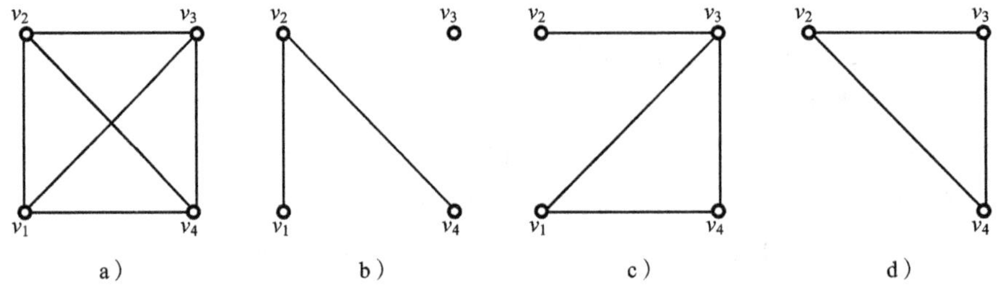

图 10-3 ■

10.1.3 结点的度

结点的度是图的性质的重要判据，下面给出有关定义及性质。

定义 10.7 在有向图 $G = <V, E>$ 中，对于结点 $v \in V$，以 v 为始点的弧的条数称为 v 的出度，记为 $d^+(v)$；以 v 为终点的弧的条数称为 v 的入度，记为 $d^-(v)$；v 的出度和入度之和称为 v 的度数，记为 $d(v)$。

在无向图 $G = <V, E>$ 中，结点 v 的度数等于它关联的边数，记为 $d(v)$。若 v 有环，规定该结点度数因环而增加 2。

例 4 在图 10-1a 中，$d(v_1) = 3$，$d(v_2) = 5$，在图 10-1b 中，$d^+(v_2) = 2$，$d^-(v_2) = 1$。 ■

定理 10.2 握手定理） 在图 $G=<V,E>$ 中，结点度数的总和等于边数的两倍，即 $\sum_{v \in V} d(v) = 2|E|$。

证明 因为图 G 中的每条边（包括环）都有两个端点，所以加上一条边就使各结点度数之和增加 2，因此图 G 中结点度数的总和等于边数的两倍，即 $\sum_{v \in V} d(v) = 2|E|$。 ■

推论 图 G 中度数为奇数的结点必为偶数个。

定理 10.3 在任何有向图中，所有结点的入度之和等于所有结点的出度之和。

证明 因为每一条有向边必对应一个入度和一个出度，若某个结点具有一个入度或出度，则必关联一条有向边，所以有向图中各结点的入度之和等于边数，各结点的出度之和等于边数，故结论成立。 ■

定义 10.8 无向图中度数为 1 的结点称为悬挂结点，它对应的边称为悬挂边。各结点度数均相同的图称为正则图。各结点度数均为 k 的图称为 k 度正则图。

定义 10.9 在无向图 $G = <V, E>$ 中，令 $\Delta(G) = \max\{d(v)|v \in V\}$，$\delta(G) = \min\{d(v)|v \in V\}$，分别称 $\Delta(G)$ 和 $\delta(G)$ 为 G 的最大度和最小度。

定理 10.4 设 G 为任意 n 阶无向简单图，则 $\Delta(G) \leqslant n-1$。

证明 因 G 无平行边也无环，所以 G 中任意结点 v 至多与其余 $n-1$ 个结点相邻，于是 $d(v) \leqslant n-1$。由 v 的任意性可得，$\Delta(G) \leqslant n-1$。 ■

定义 10.10 n 阶无向图 $G=<V, E>$，$V=\{v_1, v_2, \cdots, v_n\}$，称 $d(v_1)$，$d(v_2)$，…，$d(v_n)$ 为 G 的度数列。对给定非负整数列 $d=(d_1, d_2, \cdots, d_n)$，若存在以 $\{v_1, v_2, \cdots, v_n\}$ 为结点集的 n 阶无向图 G 使 $d(v_i)=d_i$（$i=1, 2, \cdots, n$），称 d 是可图化的，若所得图 G 为简单图，称 d 是可简单图化的。

定理 10.5 设有非负整数列 $d=(d_1, d_2, \cdots, d_n)$，则 d 是可图化的 $\Leftrightarrow \sum_{i=1}^{n} d_i \equiv 0 (\bmod 2)$。

证明 由握手定理知必要性显然成立。下证充分性。由 $\sum_{i=1}^{n} d_i \equiv 0 (\bmod 2)$ 可得，d 中必有偶数个奇数，不妨设为 $d_1, d_2, \cdots, d_{2k}$。首先在结点 v_r 和 v_{r+k}（$r=1, 2, \cdots, k$）之间连一条边。然后在 $v_i(i=1, 2, \cdots, 2k)$ 处作 $(d_i-1)/2$ 个环，在 $v_i(i=2k+1, 2k+2, \cdots, n)$ 处作 $d_i/2$ 个环，得到的图 G 满足 $d(v_i)=d_i$，所以 d 是可图化的。■

定理 10.6 设有递减非负整数列 $d=(d_1, d_2, \cdots, d_n)$，且 $\sum_{i=1}^{n} d_i \equiv 0 (\bmod 2)$，则 d 是可简单图化的 $\Leftrightarrow \sum_{i=1}^{k} d_i \leqslant k(k-1)+\sum_{i=k+1}^{n} \min\{d_i, k\}$，$k=1, 2, \cdots, n-1$。

证明 仅证必要性。若 d 是可简单图化的，设简单图 G 的结点集 $V=\{v_1, v_2, \cdots, v_n\}$，且 $d(v_i)=d_i$（$i=1, 2, \cdots, n$）。对于任意一个 $k\in\{1, 2, \cdots, n-1\}$，当 $k<i\leqslant n$ 时，v_i 至多与 $\{v_1, v_2, \cdots, v_k\}$ 中 $\min\{d_i, k\}$ 个结点相邻。因此，至多有 $\sum_{i=k+1}^{n} \min\{d_i, k\}$ 条边连接 $\{v_1, v_2, \cdots, v_k\}$ 中的结点与 $\{v_{k+1}, v_{k+2}, \cdots, v_n\}$ 中的结点。又 $\{v_1, v_2, \cdots, v_k\}$ 中每个结点与另外 $k-1$ 个结点之间至多有 $k-1$ 条边，故 $v_1, v_2, \cdots, v_k$ 的结点度数之和满足 $\sum_{i=1}^{k} d_i \leqslant k(k-1)+\sum_{i=k+1}^{n} \min\{d_i, k\}$，$k=1, 2, \cdots, n-1$。■

判断一个递减非负整数列是否可简单图化，一般先采用分析的方法进行判断，当不易判断时再利用定理 10.6。

例 5 判断下列各非负整数列哪些是可图化的？哪些是可简单图化的？

（1）5，5，4，4，2，1。

（2）5，4，3，2，2。

（3）3，3，3，1。

（4）$d_1, d_2, \cdots, d_n$，$d_1>d_2>\cdots>d_n\geqslant 1$ 且 $\sum_{i=1}^{n} d_i$ 为偶数。

（5）4，4，3，3，2，2。

解 由定理 10.5 易知，除（1）中序列不可图化外，其余各序列都可图化。在可图化序列中，除（5）中序列外，其余各序列都是不可简单图化的。（2）中序列有 5 个数，若它可简单图化，设所得图为 G，则 $\Delta(G)=5$，与定理 10.4 矛盾，所以（2）中序列不可简单图化。类似可证（4）中序列不可简单图化。

若（3）中序列可简单图化，设 $G=<V, E>$ 以（3）中序列为度数列，$V=\{v_1, v_2, v_3, v_4\}$，

且 $d(v_1)=d(v_2)=d(v_3)=3$，$d(v_4)=1$，v_4只能与 v_1，v_2，v_3中之一相邻，于是 v_1，v_2，v_3不可能都是 3 度结点，这是矛盾的，因而（3）中序列是不可简单图化的。

由定理 10.6 可知，（5）中序列是可简单图化的，图 10-4 所示的两个 6 阶无向简单图都以（5）中序列为度数列。

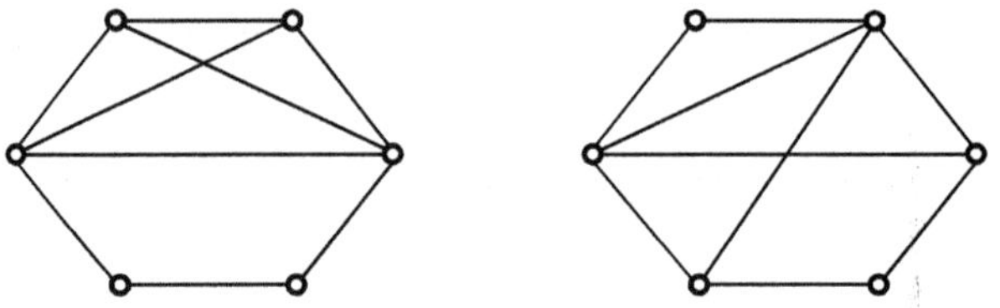

a）　　b）

图　10-4　■

10.1.4　图的同构

定义 10.11　无向图（或有向图）$G_1=\langle V_1, E_1\rangle$和 $G_2=\langle V_2, E_2\rangle$，若有双射 $f: V_1\to V_2$，使得对任意 u，$v\in V_1$，有$[u, v]\in E_1\Leftrightarrow[f(u), f(v)]\in E_2$（或$\langle u, v\rangle\in E_1\Leftrightarrow\langle f(u), f(v)\rangle\in E_2$），且其重数相同，则称 G_1 同构于 G_2，记为 $G_1\cong G_2$。若 G 与其补图同构，称 G 为自补图。

例 6　图 10-5a 和图 10-5b 是同构的。因为可作映射 g，使得 $g(1)=v_3$，$g(2)=v_1$，$g(3)=v_4$，$g(4)=v_2$。在映射 g 下，边$\langle 1, 3\rangle$，$\langle 1, 2\rangle$，$\langle 2, 4\rangle$和$\langle 3, 4\rangle$分别映射到$\langle v_3, v_4\rangle$，$\langle v_3, v_1\rangle$，$\langle v_1, v_2\rangle$和$\langle v_4, v_2\rangle$。

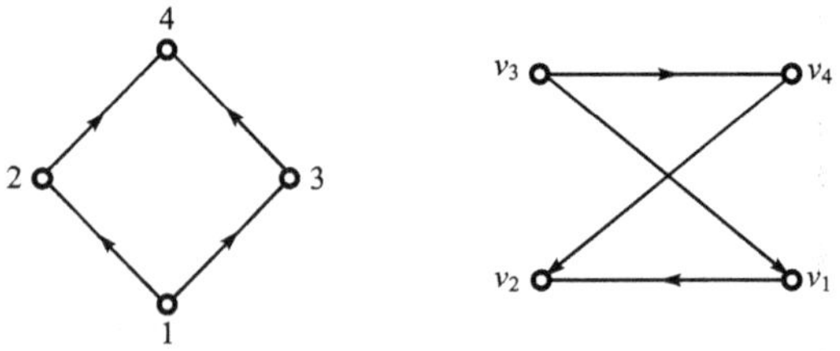

a）　　b）

图　10-5　■

若两个图同构，则它们的结点数相同，边数相同，度数相同的结点数相同，等等。但这并不是图同构的充分条件，例如，图 10-6a 和图 10-6b 虽然满足以上 3 条件，但不同构。图 10-6a 中的 x 应与图 10-6b 中的 y 对应，因为度数都是 3。但图 10-6a 中的 x 与两个度数为 1 的结点 u 和 v 邻接，而图 10-6b 中的 y 仅与一个度数为 1 的结点 w 邻接。

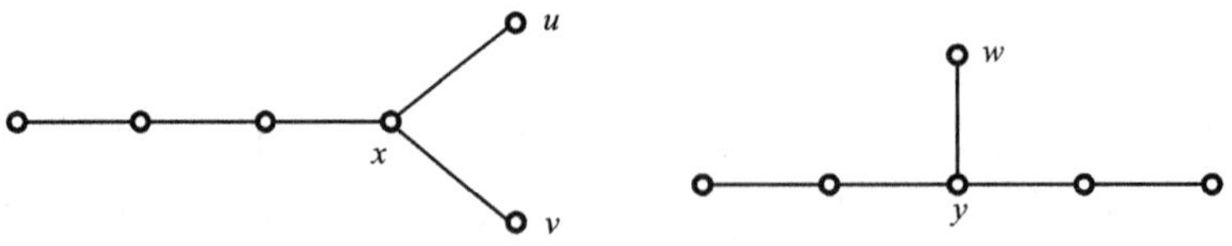

a）　　b）

图　10-6

容易证明图的同构关系是等价关系。同构的图本质上是同一图，因为它们具有相同的二元关系结构，只是画法与记号不同而已。

一般情况下，并不容易判断两个图是否同构。因为若两个图都有 n 个结点，则它们之间的双射有 $n!$ 个，即使 n 不是太大，检查这些双射是否保持结点与边的对应关系，计算量也很大。但对于比较小的 n 还是可以构造出来的。

例 7　（1）画出 4 阶 3 条边的所有非同构无向简单图。

（2）画出 3 阶 2 条边的所有非同构有向简单图。

解　（1）由握手定理可知，所画的无向简单图各结点度数之和为 $2\times3=6$，最大度数小于或等于 3。于是所求无向简单图的度数列应满足的条件是：将 6 分成 4 个非负整数，每个整数均大于或等于 0 且小于或等于 3，并且奇数个数为偶数。将这样的整数列排列出来，只有下列三种情况：

3，1，1，1

2，2，1，1

2，2，2，0

将每种度数列所有非同构的图都画出来即得所要求的全部非同构的图，如图 10-7 所示。

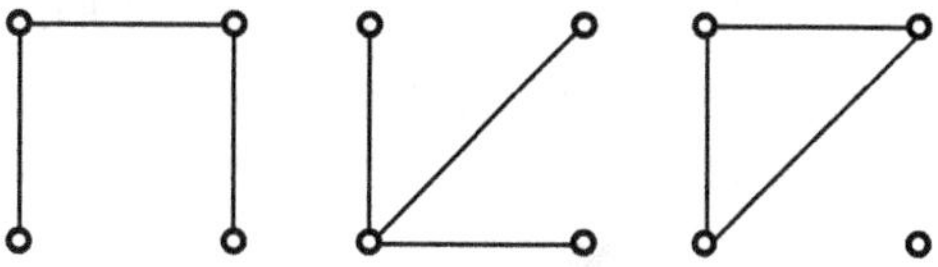

a）　b）　c）

图　10-7

（2）由握手定理可知，所画的有向简单图各结点度数之和为 4，且最大出度和最大入度均小于或等于 2。度数列与入度列、出度列为

1，2，1：入度列为 0，1，1，或 0，2，0，或 1，0，1；出度列为 1，1，0，或 1，0，1，或 0，2，0

2，2，0：入度列为 1，1，0；出度列为 1，1，0

四个所求有向简单图如图 10-8 所示。

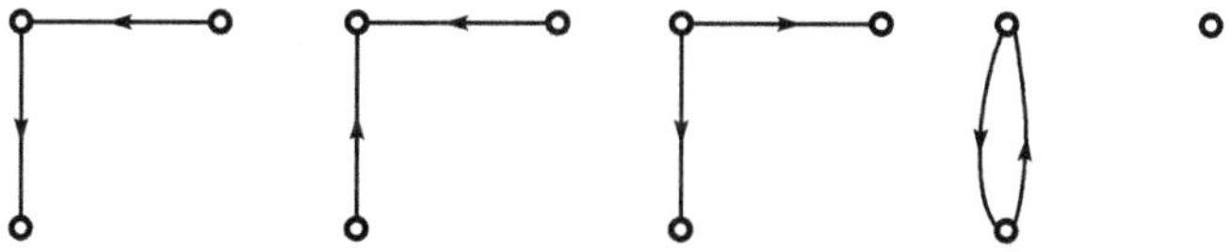

a）　b）　c）　d）

图　10-8　■

10.2　路、回路与连通性

在图的研究中，路与回路是两个重要的概念，而图是否具有连通性则是图的一个基本特征。

定义 10.12　给定图 $G=<V, E>$，设 $v_0, v_1, \cdots, v_m\in V$，边（或弧）$e_1, e_2, \cdots, e_m\in E$，其中 v_{i-1} 和 v_i 是 e_i 的结点，交替序列 $v_0e_1v_1e_2\cdots e_mv_m$ 称为连接 v_0 到 v_m 的路或通路，通常简记为 $v_0v_1\cdots v_m$。路上边的数目称为该路的长度。当 $v_0=v_m$ 时，称其为回路。

在上面定义的路和回路中，结点和边不受限制，即结点和边都可以重复出现。下面我们讨论路和回路中结点和边受限的情况。

定义 10.13　在一条路中，若出现的所有边（或弧）互不相同，则称其为简单路或迹；若出现的结点互不相同，则称其为基本路或初级通路。

由上述定义可知，基本路一定是简单路，但反之不然。

定义 10.14 在一条回路中，若出现的每条边（或弧）恰好一次，则称其为简单回路；若出现的每个结点恰好一次，则称其为基本回路或初级回路或圈。长度为奇数的圈称为奇圈；长度为偶数的圈称为偶圈。

例 1 在图 10-9 中，$v_1v_2v_3v_2v_4$ 是一条简单路但不是基本路，$v_1v_2v_3v_4$ 是一条基本路；$v_1v_2v_3v_2v_4v_1$ 是一条简单回路但不是基本回路，$v_1v_2v_3v_4v_1$ 是一条基本回路。■

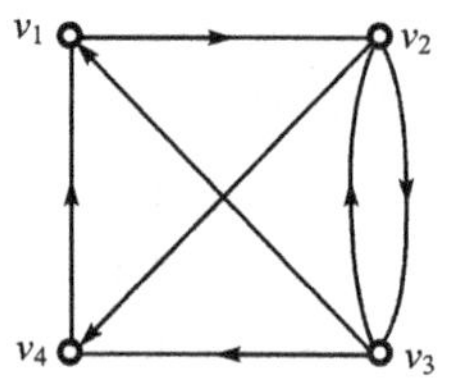

图 10-9

定理 10.7 在一个图中，若从结点 u 到 v 存在一条路，则必有一条从 u 到 v 的基本路。

证明 若 u 到 v 的路已是基本路，结论成立。否则，在 u 到 v 的路中至少有一个结点（比如 w）重复出现，于是经过 w 有一条回路 C，删去回路 C 上的所有边（或弧）。若得到的 u 到 v 的路上仍有结点重复出现，则续行此法，直到 u 到 v 的路上没有重复的结点为止，此时所得即是基本路。■

定理 10.8 在 n 阶图中，任何基本路的长度均不大于 $n-1$，任何基本回路的长度均不大于 n。

证明 在 n 阶图中，因为任何基本路和基本回路中都最多有 n 个结点，所以任何基本路的长度均不大于 $n-1$，任何基本回路的长度均不大于 n。■

定义 10.15 在一个图中，若从 u 到 v 存在任何一条路，或 $u=v$，则称从 u 到 v 是可达的。

定义 10.16 若无向图 G 中任意两个结点之间都是可达的，则称 G 为连通图，否则称 G 为非连通图。一个图 G 的连通分支数记为 $\omega(G)$。

定理 10.9 若 G 是 n 阶 m 条边的连通无向图，则 $m \geqslant n-1$。

证明 因为 G 连通，所以存在一条包含所有结点的路，而这样的路最短为 $n-1$，故 $m \geqslant n-1$。

■

该定理的逆否命题可用来判定一个图不连通。

例 2 图 10-10a 是连通的，而图 10-10b 是不连通的，其连通分支数为 3。

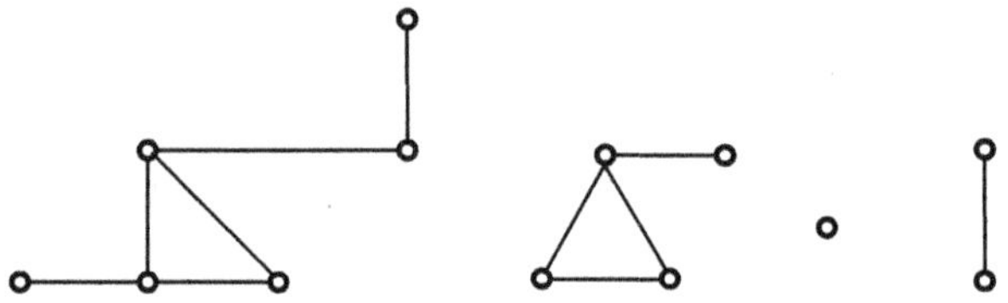

a）　b）

图 10-10 ■

定义 10.17 设 $G=<V, E>$是连通无向图，若 $S \subseteq V$，使 G 删除 S（将 S 中结点及其关联的边都删除）后所得子图 $G-S$ 不连通，则称 S 是 G 的一个点割集。若 G 的点割集 $S=\{v\}$，称 v 是 G 的割点。

若 $T \subseteq E$，使 G 删除 T（将 T 中的边从 G 中全删除）后所得子图 $G-T$ 不连通，则称 T 是 G

的一个边割集。若 G 的边割集 $T=\{e\}$，称 e 是 G 的割边或桥。

例 3 在图 10-11 中，v_3 是割点；$\{[v_1, v_3], [v_2, v_3]\}$ 是边割集，但没有割边。

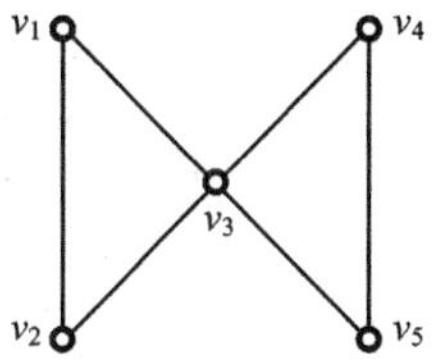

图 10-11 ■

定义 10.18 若 G 是连通无向图，称 $\gamma(G)=\min\{|S|\ |S$ 是 G 的点割集$\}$为 G 的点连通度，称 $\lambda(G)=\min\{|T|\ |T$ 是 G 的边割集$\}$为 G 的边连通度。规定非连通图和平凡图的点连通度和边连通度为 0，完全图 K_n 的点连通度为 $n-1$。

点连通度和边连通度反映了图的连通程度，$\gamma(G)$和$\lambda(G)$的值越大，说明图的连通性越好。

定理 10.10 一个连通无向图 G 中的结点 v 是割点⇔存在结点 u 和 w，使得连接 u 和 w 的每条路都经过 v。

证明 充分性：若连通图 G 中存在结点 u 和 w，使得连接 u 和 w 的每条路都经过 v，则在子图 $G-\{v\}$中 u 和 w 必不可达，故 v 是 G 的割点。

必要性：若 v 是 G 的割点，则 $G-\{v\}$中至少有两个连通分支 $G_1=<V_1, E_1>$和 $G_2=<V_2, E_2>$。任取 $u\in V_1$，$w\in V_2$，因为 G 连通，故在 G 中必有连接 u 和 w 的路Γ，但 u 和 w 在 $G-\{v\}$中不可达，因此Γ必通过 v，即 u 和 w 之间的任意路必经过 v。 ■

定理 10.11 一个连通无向图 G 中的边 e 是割边⇔存在结点 u 和 w，使得连接 u 和 w 的每条路都经过 e。

该定理的证明留给读者。

定理 10.12 连通无向图 G 的边 e 是割边⇔ e 不包含在图的任何基本回路中。

证明 $e=[x, y]$是连通图 G 的割边当且仅当 x 和 y 在 $G-\{e\}$的不同连通分支中，而后者等价于在 $G-\{e\}$中不存在 x 到 y 的路，从而等价于 e 不包含在图的任何基本回路中。于是定理得证。 ■

定理 10.13 对于任意无向图 G，有$\gamma(G)\leqslant\lambda(G)\leqslant\delta(G)$。

证明 若 G 不连通或为平凡图，则$\gamma(G)=\lambda(G)=0\leqslant\delta(G)$。若 G 为完全图 K_n，则$\gamma(G)=\lambda(G)=\delta(G)=n-1$。

对于其他情况，先证$\lambda(G)\leqslant\delta(G)$。

由于度数最小的结点关联的边都删除后，必使得 G 不再连通，所以$\lambda(G)\leqslant\delta(G)$。

再证$\gamma(G)\leqslant\lambda(G)$。

当在 G 中删除构成边割集的$\lambda(G)$条边后，G 不连通。而将这$\lambda(G)$条边中取自不同边的$\lambda(G)$个不同的端点删除后，G 也不连通。因此$\gamma(G)\leqslant\lambda(G)$。 ■

对于有向图来说，可达是有方向的，因此其连通性较无向图要复杂得多。

定义 10.19 在简单有向图 G 中，若任何两个结点之间是相互可达的，则称 G 是强连通的；若任何两个结点之间至少从一个结点到另一个结点是可达的，则称 G 是单向连通或单侧连通的；若有向图 G 的基图是连通的，则称 G 是弱连通的。

例 4 图 10-12a 是强连通的，图 10-12b 是单向连通非强连通的，图 10-12c 是弱连通非单向连通的。 ■

由定义可知，强连通图一定是单向连通的，单向连通图一定是弱连通的，但反之不然。

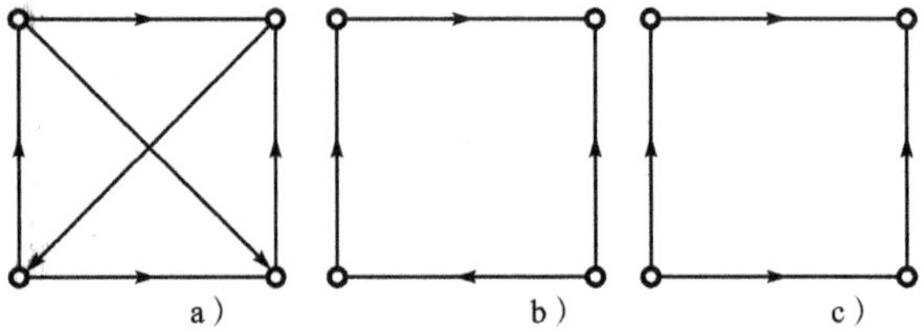

图 10-12

定理 10.14 有向图 G 是强连通的 $\Leftrightarrow G$ 中有一条回路，它至少通过每个结点一次。

证明 充分性：如 G 中有一条回路，它至少通过每个结点一次，则 G 中任意两个结点相互可达，故 G 是强连通的。

必要性：如有向图 G 是强连通的，则任意两个结点相互可达。设 $V=\{v_1, v_2, \cdots, v_m\}$，$\Gamma_i$ 为 v_i 到 v_{i+1} 的路，Γ_n 为 v_n 到 v_1 的路，则 $\Gamma_1, \Gamma_2, \cdots, \Gamma_{n-1}, \Gamma_n$ 所围成的回路至少通过每个结点一次。 ■

定义 10.20 在简单有向图中，具有强连通性质的最大子图称为强分图；具有单向连通性质的最大子图称为单向分图或单侧分图；具有弱连通性质的最大子图称为弱分图。

例 5 在图 10-13 中，由{1，2，3}，{4}，{5}，{6}，{7，8}形成的诱导子图都是强分图。由{1，2，3，4，5}，{5，6}，{7，8}形成的诱导子图都是单向分图。由{1，2，3，4，5，6}，{7，8}形成的诱导子图都是弱分图。

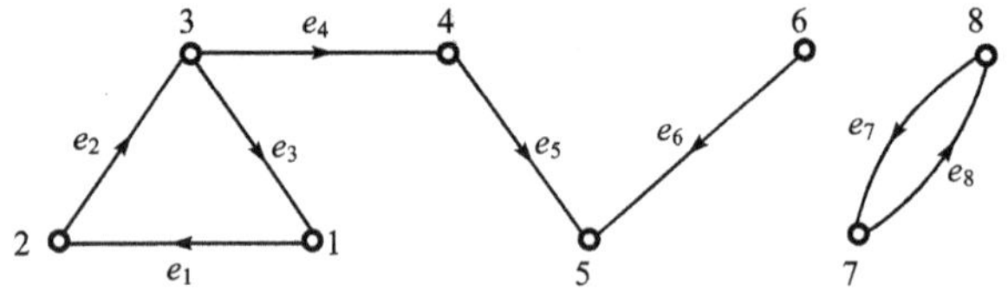

图 10-13 ■

定理 10.15 简单有向图 $G=<V, E>$ 中的任一结点恰位于一个强分图中。

证明 设 $v\in V$，S 是 G 中所有与 v 相互可达的结点集合，由 S 诱导的子图是 G 的一个强分图，且包含结点 v。若结点 v 位于两个不同的强分图 S_1 和 S_2 中，则 S_1 中每个结点与 v 相互可达，v 与 S_2 中每个结点也相互可达，于是 S_1 中任一结点与 S_2 中任一结点相互可达，这与 S_1 和 S_2 是强分图矛盾。所以，G 的任一结点恰位于一个强分图中。 ■

定理 10.16 简单有向图中每个结点和每条弧至少位于一个单向分图中。

定理 10.17 简单有向图中每个结点和每条弧恰好位于一个弱分图中。

以上两个定理的证明留给读者。

定义 10.21 在图 G 中，结点 u 到结点 v 的最短路的长度称为 u 到 v 的距离，记作 $d<u, v>$。如 u 到 v 没有路，则 $d<u, v>=+\infty$。它具有下列性质：

$d<u, v>\geqslant 0$。

$d<u, u>=0$。

$d<u, v>+d<v, w>\geqslant d<u, w>$。

u 与 v 相互可达，$d<u, v>$ 未必等于 $d<v, u>$。

10.3 图的矩阵表示

前面介绍了用图形表示图的方法，它的优点是形象直观，但不便于计算机处理。下面介绍图的矩阵表示法，它克服了上述不足。

定义 10.22 给定简单图 $G=<V, E>$，$V=\{v_1, v_2, \cdots, v_n\}$，$n$ 阶方阵 $\boldsymbol{A}=(a_{ij})$ 称为 G 的邻接矩阵，其中

$$a_{ij}=\begin{cases}1 & \text{若 } v_i \text{ 邻接 } v_j\\ 0 & \text{否则}\end{cases}$$

由定义可知，邻接矩阵与图中结点的编序有关。如图中结点的编序不同，则可能有不同的邻接矩阵。但只要对某些行或列进行交换，总可以从一个矩阵转化为另一个矩阵，这些矩阵都是相似的。

例如，图 10-9 所示图的邻接矩阵为 $\boldsymbol{A}=\begin{bmatrix}0&1&0&0\\0&0&1&1\\1&1&0&1\\1&0&0&0\end{bmatrix}$。

邻接矩阵有多种用途，不仅可以判断各结点是否有环（对角线元素是否为 1），求图中各结点的度数，判断一个图是否连通（除主对角线外其余元素全为 1）等，还可以通过矩阵运算探讨图的更为深入的性质。

定理 10.18 设 $\boldsymbol{A}$ 为简单图 G 的邻接矩阵，则 $\boldsymbol{A}^m$ 中第 i 行第 j 列上的元素 $a^m{}_{ij}$ 等于 G 中联结 v_i 到 v_j 长度为 m 的路的数目。

证明 当 $m=1$ 时，结论显然成立。假设 $m=k$ 时结论成立，考察 $m=k+1$ 的情形。因为 $\boldsymbol{A}^{k+1}=\boldsymbol{A}^k\cdot\boldsymbol{A}$，则

$$a^{k+1}{}_{ij}=\sum_{r=1}^{m}a^k{}_{ir}a_{rj} \tag{1}$$

$a^k{}_{ir}$ 是联结 v_i 到 v_r 长为 k 的路的数目，a_{rj} 是联结 v_r 到 v_j 长为 1 的路的数目，因此（1）右端每项表示由 v_i 经过 v_r 到 v_j 长度为 $k+1$ 的路的数目。对 r 求和即得 $a^{k+1}{}_{ij}$，它是所有从 v_i 到 v_j 长度为 $k+1$ 的路的数目。 ■

定理 10.19 设 $\boldsymbol{A}$ 为简单图 G 的邻接矩阵，$\boldsymbol{A}^{\mathrm{T}}$ 为 $\boldsymbol{A}$ 的转置。

（1）令 $\boldsymbol{A}\boldsymbol{A}^{\mathrm{T}}=(b_{ij})$，则 b_{ij} 的意义是：有 b_{ij} 个结点 v，使得 v_i 到 v，v_j 到 v 都有边。

（2）令 $\boldsymbol{A}^{\mathrm{T}}\boldsymbol{A}=(c_{ij})$，则 c_{ij} 的意义是：有 c_{ij} 个结点 v，使得 v 到 v_i，v 到 v_j 都有边。

证明 仅证（1）。由 $\boldsymbol{B}=\boldsymbol{A}\boldsymbol{A}^{\mathrm{T}}$ 得 $b_{ij}=\sum\limits_{k=1}^{n}a_{ik}a_{jk}$，因为 v_i 和 v_j 到 v_k 都有边当且仅当 $a_{ik}a_{jk}=1$，所以对 k 求和得到的 b_{ij} 就是使 v_i 到 v，v_j 到 v 都有边的 v 的数目。 ■

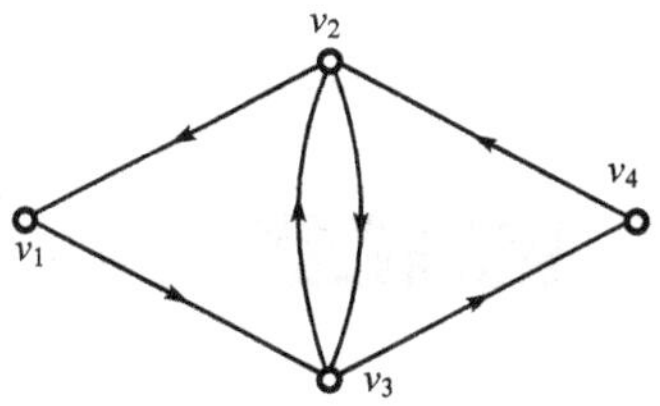

图 10-14

例 1 $G=<V, E>$ 如图 10-14 所示，求 $\boldsymbol{A}$，$\boldsymbol{A}^2$，$\boldsymbol{A}^3$，$\boldsymbol{A}^4$，$\boldsymbol{A}\boldsymbol{A}^{\mathrm{T}}$，$\boldsymbol{A}^{\mathrm{T}}\boldsymbol{A}$。

解 G 的邻接矩阵 $\boldsymbol{A}$ 及其转置分别为

$$A=\begin{bmatrix}0&0&1&0\\1&0&1&0\\0&1&0&1\\0&1&0&0\end{bmatrix}\qquad A^{\mathrm{T}}=\begin{bmatrix}0&1&0&0\\0&0&1&1\\1&1&0&0\\0&0&1&0\end{bmatrix}$$

根据矩阵的乘法运算可得

$$A^2=\begin{bmatrix}0&1&0&1\\0&1&1&1\\1&1&1&0\\1&0&1&0\end{bmatrix}\qquad A^3=\begin{bmatrix}1&1&1&0\\1&2&1&1\\1&1&2&1\\0&1&1&1\end{bmatrix}\qquad A^4=\begin{bmatrix}1&1&2&1\\2&2&3&1\\1&3&2&2\\1&2&1&1\end{bmatrix}$$

$$AA^{\mathrm{T}}=\begin{bmatrix}1&1&0&0\\1&2&0&0\\0&0&2&1\\0&0&1&1\end{bmatrix}\qquad A^{\mathrm{T}}A=\begin{bmatrix}1&0&1&0\\0&2&0&1\\1&0&2&0\\0&1&0&1\end{bmatrix}$$

由定理 10.18 及 A^4 可知，v_2 到 v_3 长度为 4 的路有 3 条，v_4 到 v_2 长度为 4 的路有 2 条。

由定理 10.19 及 AA^{T} 和 $A^{\mathrm{T}}A$ 可知，只有一个结点 v_3 使得 v_1 和 v_2 到 v_3 都有边；没有到 v_1 和 v_2 均有边的结点。 ■

定义 10.23 （1）给定无向图 $G=<V, E>$，$V=\{v_1, v_2, \cdots, v_n\}$，$E=\{e_1, e_2, \cdots, e_m\}$，令 m_{ij} 为结点 v_i 与边 e_j 的关联次数，称 $M=(m_{ij})_{n\times m}$ 为 G 的关联矩阵。

$M(G)$每列和均为 2 说明每条边关联两个结点；第 i 行之和为 v_i 的度数。

（2）给定简单有向图 $G=<V, E>$，称 $M=(m_{ij})_{n\times m}$ 为 G 的关联矩阵，其中

$$m_{ij}=\begin{cases}1 & v_i\text{ 是 }e_j\text{ 的始点}\\0 & v_i\text{ 与 }e_j\text{ 不关联}\\-1 & v_i\text{ 是 }e_j\text{ 的终点}\end{cases}$$

例 2 给出图 10-15 所示的图的关联矩阵。

解 图 10-15a 和图 10-15b 的关联矩阵 M_1 和 M_2 分别为

$$M_1=\begin{bmatrix}2&1&1&1&0\\0&1&1&0&0\\0&0&0&1&1\\0&0&0&0&1\end{bmatrix}$$

$$M_2=\begin{bmatrix}-1&1&0&0&0\\1&-1&1&0&0\\0&0&0&1&1\\0&0&-1&-1&-1\end{bmatrix}$$

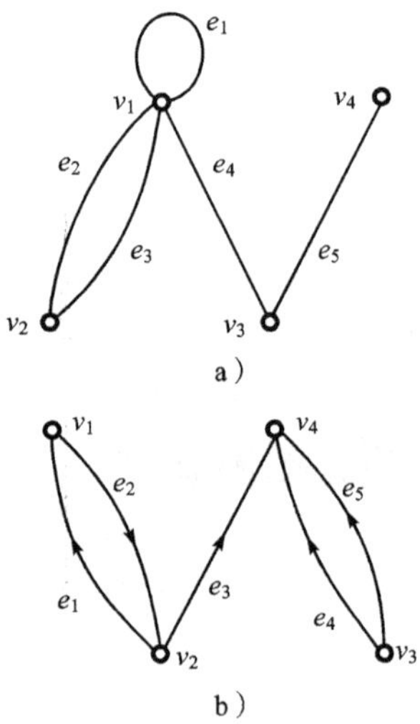

图 10-15

关联矩阵也反映了图的一些性质，读者可自己进行归纳总结。 ■

定义 10.24 设 $G=<V, E>$，$V=\{v_1, v_2, \cdots, v_n\}$，称 $P=(p_{ij})$为 G 的可达矩阵，其中

$$p_{ij}=\begin{cases}1 & v_i\text{ 到 }v_j\text{ 可达}\\0 & \text{否则}\end{cases}$$

可达矩阵表明，图 G 中任何两个结点之间是否存在路及任何结点是否存在回路。由于任

意两个结点之间有一条路，则必有一条长度不超过 n 的基本路，所以由 G 的邻接矩阵 $\boldsymbol{A}$ 可得到可达矩阵 $\boldsymbol{P}$。方法是：令 $\boldsymbol{B}_n=\boldsymbol{A}+\boldsymbol{A}^2+\cdots+\boldsymbol{A}^n$，再把 $\boldsymbol{B}_n$ 中非零元改为 1，而零元不变，得到的矩阵即为可达矩阵 $\boldsymbol{P}$。

例 3　设有向图 G 的邻接矩阵为 $\boldsymbol{A}=\begin{bmatrix}0&1&0&0\\0&0&1&1\\1&1&0&1\\1&0&0&0\end{bmatrix}$，求 G 的可达矩阵 $\boldsymbol{P}$。

解　根据矩阵乘法运算得

$$\boldsymbol{A}^2=\begin{bmatrix}0&0&1&1\\2&1&0&1\\1&1&1&1\\0&1&0&0\end{bmatrix}\quad \boldsymbol{A}^3=\begin{bmatrix}2&1&0&1\\1&2&1&1\\2&2&1&2\\0&0&1&1\end{bmatrix}\quad \boldsymbol{A}^4=\begin{bmatrix}1&2&1&1\\2&2&2&3\\3&3&2&3\\2&1&0&1\end{bmatrix}$$

根据矩阵的加法运算得

$$\boldsymbol{B}_4=\boldsymbol{A}+\boldsymbol{A}^2+\boldsymbol{A}^3+\boldsymbol{A}^4=\begin{bmatrix}3&4&2&3\\5&5&4&6\\7&7&4&7\\3&2&1&2\end{bmatrix}$$

于是

$$\boldsymbol{P}=\begin{bmatrix}1&1&1&1\\1&1&1&1\\1&1&1&1\\1&1&1&1\end{bmatrix}$$

由此可知，图 G 中任两个结点均是可达的，且任一结点均有回路，因而 G 是连通图。■

由于在求可达矩阵时，我们只关心两个结点之间是否存在路，而不管其路的长度，所以可达矩阵可通过布尔矩阵的布尔运算来得到。方法是：对邻接矩阵 $\boldsymbol{A}$，记 $\boldsymbol{A}\circ\boldsymbol{A}=\boldsymbol{A}^{(2)}$，…，$\boldsymbol{A}^{(n-1)}\circ\boldsymbol{A}=\boldsymbol{A}^{(n)}$，则可达矩阵 $\boldsymbol{P}$ 可表示为 $\boldsymbol{P}=\boldsymbol{A}\vee\boldsymbol{A}^{(2)}\vee\cdots\vee\boldsymbol{A}^{(n)}$，其中 $\circ$ 和 $\vee$ 分别为矩阵的布尔积、布尔和运算。

仍以例 3 为例来说明这种求可达矩阵的方法。

根据布尔矩阵的布尔积、布尔和运算得

$$\boldsymbol{A}^{(2)}=\begin{bmatrix}0&0&1&1\\1&1&0&1\\1&1&1&1\\0&1&0&0\end{bmatrix}\quad \boldsymbol{A}^{(3)}=\begin{bmatrix}1&1&0&1\\1&1&1&1\\1&1&1&1\\0&0&1&1\end{bmatrix}\quad \boldsymbol{A}^{(4)}=\begin{bmatrix}1&1&1&1\\1&1&1&1\\1&1&1&1\\1&1&0&1\end{bmatrix}$$

于是

$$\boldsymbol{P}=\boldsymbol{A}\vee\boldsymbol{A}^{(2)}\vee\boldsymbol{A}^{(3)}\vee\boldsymbol{A}^{(4)}=\begin{bmatrix}1&1&1&1\\1&1&1&1\\1&1&1&1\\1&1&1&1\end{bmatrix}$$

由于求可达矩阵的上述过程与求传递闭包关系矩阵的过程相同，所以也可利用第 4 章介绍的 Warshall 算法来求可达矩阵。

定理 10.20 给定简单有向图 G 中的任意结点 v_i，若 $\boldsymbol{P}=(p_{ij})$是 G 的可达矩阵，$\boldsymbol{P}^{\mathrm{T}}$是 $\boldsymbol{P}$ 的转置，则以 $\boldsymbol{P}\wedge\boldsymbol{P}^{\mathrm{T}}$ 的第 i 行元素为 1 的列号为下标的结点构成了包含 v_i 的强分图，其中 $\boldsymbol{A}\wedge\boldsymbol{B}$ 定义为$(\boldsymbol{A}\wedge\boldsymbol{B})_{ij}=a_{ij}\wedge b_{ij}$。

证明 v_i和 v_j相互可达⇔ $p_{ij}=1\wedge p_{ji}=1$⇔$p_{ij}=1\wedge p^{\mathrm{T}}_{ij}=1$⇔$(\boldsymbol{P}\wedge\boldsymbol{P}^{\mathrm{T}})_{ij}=1$，定理得证。 ■

例 4 已知简单有向图 G 如图 10-16 所示，求其强分图。

解 G 的邻接矩阵 $\boldsymbol{A}$ 为

$$\boldsymbol{A}=\begin{bmatrix}0&1&1\\0&0&0\\1&1&0\end{bmatrix}$$

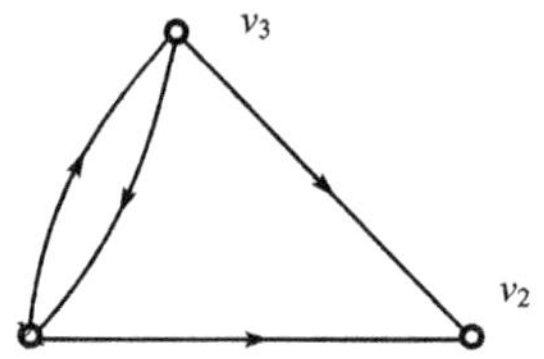

图 10-16

求得可达矩阵为

$$\boldsymbol{P}=\begin{bmatrix}1&1&1\\0&0&0\\1&1&1\end{bmatrix}$$

于是

$$\boldsymbol{P}\wedge\boldsymbol{P}^{\mathrm{T}}=\begin{bmatrix}1&1&1\\0&0&0\\1&1&1\end{bmatrix}\wedge\begin{bmatrix}1&0&1\\1&0&1\\1&0&1\end{bmatrix}=\begin{bmatrix}1&0&1\\0&0&0\\1&0&1\end{bmatrix}$$

由此可知，$\{v_1, v_3\}$诱导的子图构成 G 的强分图，又因每个结点恰位于一个强分图中，所以$\{v_2\}$也构成 G 的强分图。 ■

10.4 欧拉图与哈密顿图

10.4.1 欧拉图

七桥问题是著名的图论问题，这个问题是：在哥尼斯堡有四块被河流分隔的陆地与连接它们的七座桥，如图 10-17a 所示，问是否可从一块陆地出发通过每座桥恰好一次最后回到原来的那块陆地？

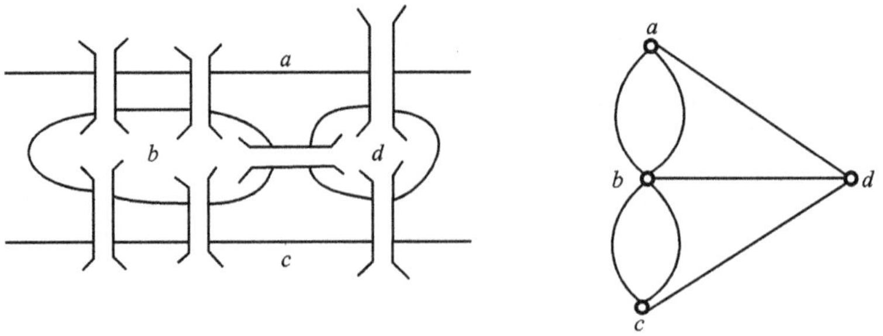

a） b）

图 10-17

为了解决上述问题，下面我们先介绍欧拉图的概念。

定义 10.25　通过图 G 的每条边恰好一次的路称为欧拉路。通过图 G 的每条边恰好一次的回路称为欧拉回路。具有欧拉回路的图称为欧拉图。约定平凡图为欧拉图。

例 1　图 10-18a 有欧拉路但无欧拉回路，图 10-18b 有欧拉路也有欧拉回路，图 10-18c 既无欧拉路也无欧拉回路。

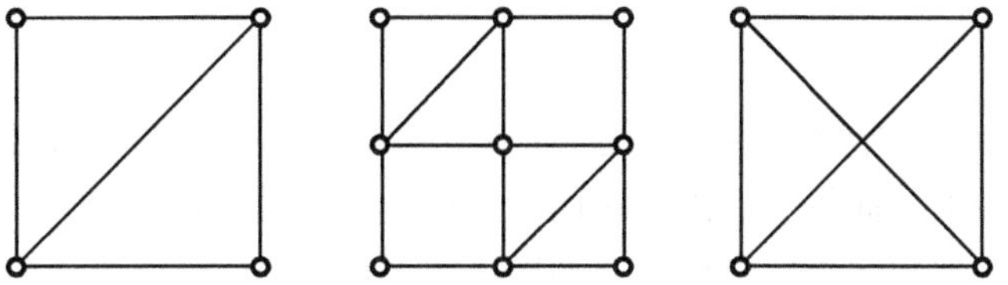

a）　　b）　　c）

图　10-18　■

下面给出判断一个图是否有欧拉路或欧拉回路的理论依据。

定理 10.21　连通无向图 G 有欧拉回路 $\Leftrightarrow$ G 中每个结点都是偶数度结点。

证明　必要性：若连通无向图 G 有欧拉回路，设 α 是 G 的一条欧拉回路，则 α 通过 G 的任一结点时必通过关联该点的两条边，而 G 中每条边仅出现一次，所以 α 所通过的每个结点必为偶数度结点。

充分性：若 G 中每个结点都是偶数度结点，因 G 连通，所以 G 中至少含有一个基本回路 C_1，从 G 中删除 C_1 上的各边得到子图 G_1，若 G_1 中仍然有边，由 G_1 中每个结点仍为偶数度结点，则可得基本回路 C_2，且使得 C_1 与 C_2 有一个公共结点。续行此法，直到删去 G 中的所有边。于是得到一系列基本回路 C_1，C_2，…，C_m，且 $\bigcup_{i=1}^{j-1} C_i$ 与 C_j 有一个公共结点，则由 $C_1, C_2, \cdots, C_m$ 构成一个欧拉回路。■

定理 10.21 不仅给出了欧拉图的判定方法，而且也给出了构造欧拉回路的方法。

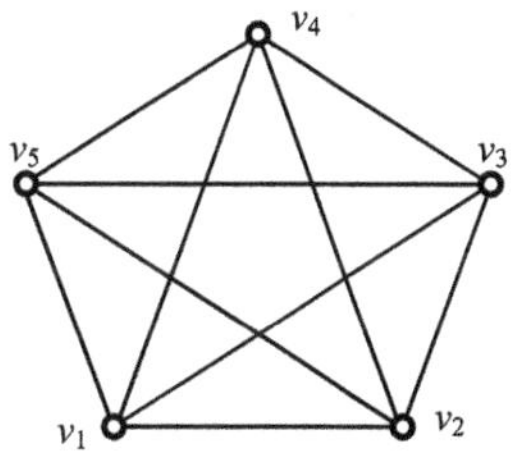

图　10-19

例 2　图 $G = <V, E>$ 如图 10-19 所示，构造其欧拉回路。

解　在 G 中取基本回路 C_1：$v_1v_2v_3v_4v_5v_1$，对于图 $G-C_1$，又可取基本回路 C_2：$v_1v_3v_5v_2v_4v_1$，C_1 与 C_2 的公共结点为 v_1，因为图 $G-C_1-C_2$ 已没有边，所以得到的欧拉回路为：$v_1v_2v_3v_4v_5v_1v_3v_5v_2v_4v_1$。■

定理 10.22　连通无向图 $G = <V, E>$，u，$v \in V$ 且 $u \neq v$，u 与 v 之间存在欧拉路 $\Leftrightarrow$ G 中仅有 u 和 v 为奇数度结点。

证明　对 G 加上一条边 $[u, v]$ 得到新图 G_1，G 中 u 和 v 之间存在欧拉路 $\Leftrightarrow$ G_1 中有欧拉回路 $\Leftrightarrow$ G_1 中每个结点为偶数度结点 $\Leftrightarrow$ G 中除 u 和 v 外其余结点均为偶数度结点 $\Leftrightarrow$ G 中仅有 u 和 v 为奇数度结点。■

现在，我们回过头来看七桥问题，如果将陆地看成结点，将连接陆地的桥看成边，则可得到图 10-17b，由定理 10.21 知，七桥问题无解。欧拉正是利用这种抽象思维的方式解决七桥问题的。

对于有向图有类似的结论。

定理 10.23 强连通有向图 G 有欧拉回路 $\Leftrightarrow$ G 中的每个结点的入度等于出度。

定理 10.24 单向连通有向图 $G=<V, E>$，u，$v\in V$ 且 $u\neq v$，u 与 v 存在欧拉路 $\Leftrightarrow G$ 中惟有 u 和 v 的入度不等于出度，且 u 的出度比其入度大 1、v 的出度比其入度小 1。

以上两个定理的证明留给读者。

10.4.2 哈密顿图

与欧拉回路类似的是哈密顿回路问题。它是 1859 年哈密顿首先提出的一个关于十二面体的数字游戏：能否在十二面体中找出一条回路，使它通过图中所有结点一次且仅一次？

将十二面体画作与其同构的平面图，如图 10-20 所示。

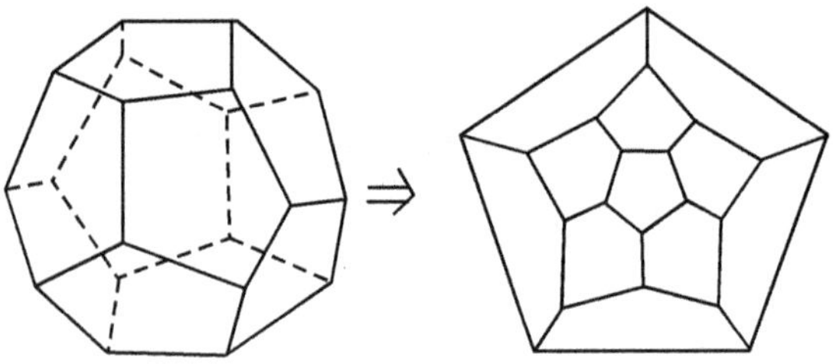

图 10-20

定义 10.26 经过图中每个结点恰好一次的路称为哈密顿路。经过图中每个结点恰好一次的回路称为哈密顿回路。具有哈密顿回路的图称为哈密顿图。

例 3 图 10-21a 有哈密顿路但无哈密顿回路，图 10-21b 既有哈密顿路又有哈密顿回路，图 10-21c 既无哈密顿路也无哈密顿回路。

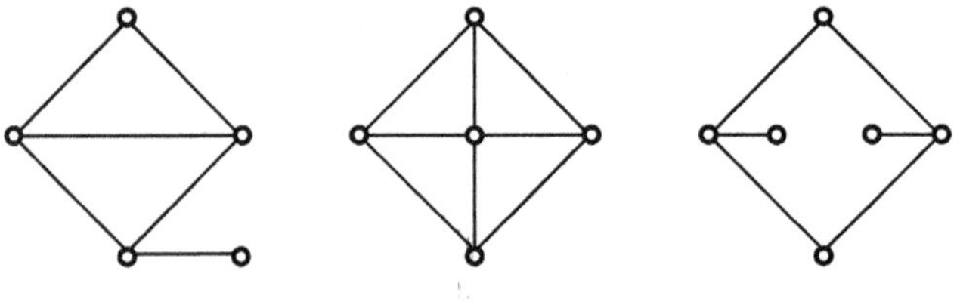

图 10-21 ■

判断一个图是否为哈密顿图不是一件容易的事，至今还没有找到判定一个图是哈密顿图的“平凡的”充要条件，只能给出若干必要条件或充分条件。

定理 10.25 若连通图 $G=<V, E>$是哈密顿图，S 是 V 的任意真子集，则 $\omega(G-S)\leqslant|S|$。

证明 若连通图 $G=<V, E>$是哈密顿图，设 C 是 G 的哈密顿回路，则 $C-S$ 是 $G-S$ 的生成子图，所以 $\omega(G-S)\leqslant\omega(C-S)$。易知当 S 中的结点互不邻接时，$C-S$ 的连通分支数达到最大值$|S|$，所以有 $\omega(C-S)\leqslant|S|$。故 $\omega(G-S)\leqslant|S|$。 ■

推论 若连通图 $G=<V, E>$存在哈密顿路，S 是 V 的任意真子集，则 $\omega(G-S)\leqslant|S|+1$。

定理 10.25 给出了图是哈密顿图的必要条件，因此该定理的逆否命题可用来判断一个图不是哈密顿图，这是它的价值所在。

例 4 说明图 10-22 所示的图不是哈密顿图。

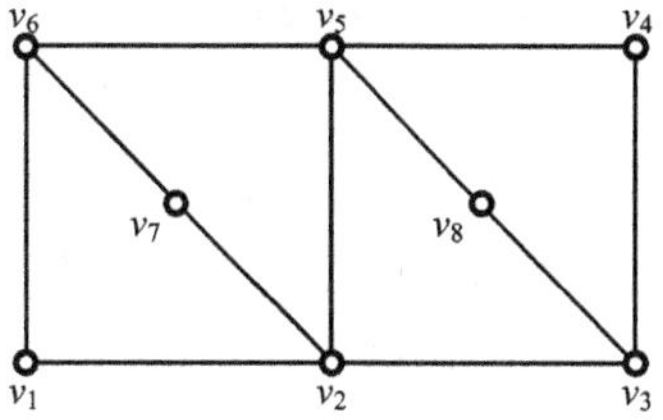

图 10-22

解 取 $S=\{v_2, v_6\}$，则 $G-S$ 有 3 个连通分图，$\omega(G-S)\leqslant|S|$ 不成立，由定理 10.25 知，图 10-22 所示的图不是哈密顿图。■

定理 10.26 设 $G=<V, E>$ 是 n 阶简单图，$n\geqslant 3$。

（1）如任意两个不相邻结点 $u, v\in V$，均有 $d(u)+d(v)\geqslant n-1$，则在 G 中存在一条哈密顿路。

（2）如任意两个不相邻结点 u，$v\in V$，均有 $d(u)+d(v)\geqslant n$，则 G 是哈密顿图。

证明 （1）先证 G 是连通的。若 G 不连通，设 G_1、G_2 为其两个连通分支，u、v 分别是 G_1、G_2 的结点，则 u、v 在 G 中不相邻且有 $d(u)+d(v)\leqslant|V(G_1)|-1+|V(G_2)|-1\leqslant n-2$，与已知矛盾，所以 G 是连通的。

再证 G 中存在一条哈密顿路。设Γ：$v_1v_2\cdots v_s$ 是 G 的最长的基本路，则 $s\leqslant n$。若 $s<n$，先证 G 中必有经过 v_1，v_2，…，v_s 的回路。

若 v_1 与 v_s 邻接，则Γ与边$[v_1, v_s]$构成一个回路。若 v_1 与 v_s 不邻接，因为Γ：$v_1v_2\cdots v_s$ 是 G 的最长的基本路，所以 v_1 与 v_s 的邻接结点都在Γ上。设 v_1 的邻接结点依Γ上的顺序为 v_{i_1}，v_{i_2}，…，v_{i_k}（$2\leqslant i_1\leqslant\cdots\leqslant i_k\leqslant s-1$），若 v_s 与 v_{i_1-1}，v_{i_2-1}，…，v_{i_k-1} 中的结点都不邻接，则 $d(v_s)\leqslant s-k-1$，于是 $d(v_1)+d(v_s)\leqslant k+s-k-1<n-1$，矛盾。所以，存在 $j\in\{1, 2, \cdots, k\}$，使 v_s 与 v_{i_j-1} 邻接，这时 $v_1\cdots v_{i_j-1}v_sv_{s-1}\cdots v_{i_j}v_1$ 构成一个回路。

由于 G 是连通的，而 $s<n$，所以存在 G 的不在Γ上的结点 v，v 至少与Γ上的某个结点邻接。不妨设 v 与 v_r 邻接，若 $r<i_j-1$，则 $vv_rv_{r-1}\cdots v_1v_{i_j}\cdots v_sv_{i_j-1}\cdots v_{r+1}$ 构成长度为 s 的基本路；若 $r\geqslant i_j-1$，则 $vv_r\cdots v_sv_{i_j-1}\cdots v_1v_{i_j}\cdots v_{r-1}$ 构成长度为 s 的基本路，与Γ的选取矛盾。所以 $s=n$。Γ：$v_1v_2\cdots v_s$ 就是 G 的一条哈密顿路。

（2）设Γ：$v_1v_2\cdots v_n$ 是 G 中的哈密顿路，若 v_1 与 v_n 邻接，则$\Gamma\cup\{[v_1, v_n]\}$是一条哈密顿回路；若 v_1 与 v_n 不邻接，类似（1）可证有一条通过Γ的所有结点的回路，该回路即为哈密顿回路。■

推论 G 是 n 阶简单图，若 $n\geqslant 3$ 和 $\delta(G)\geqslant n/2$，则 G 是哈密顿图。

定理 10.26 只是一个充分条件，但反过来未必成立。例如，六边形的图是哈密顿图，但不满足定理的条件。

例 5 某地有 5 个风景点，若每个风景点均有两条道路与其他风景点相通，问是否可经过每个风景点恰好一次而游玩这 5 处？

解 将风景点作为结点，连接风景点的路作为边，则得到一个无向图 G。由题意可知，对 G 中每个结点均有 $d(v)=2$。于是对任意 u，$v\in G$，有 $d(u)+d(v)=2+2=4=5-1$，所以该图有一条哈密顿路，故本题有解。■

定义 10.27 给定 n 阶图 G，在 G 中，通过相继地用边连接两个其度数之和至少为 n 的不邻接结点，直到不能如此进行为止，这样得到的图称为 G 的闭包，用 $C(G)$表示。

定理 10.27 简单无向图 G 是哈密顿图⇔$C(G)$是哈密顿图。

证明 设 G 是一个简单图，u 和 v 是 G 中的不邻接结点，且满足 $d(u)+d(v)\geqslant n$，n 为结点数，在 G 中加上边$[u, v]$得到图 G_1，则当且仅当 G_1 是哈密顿图时，G 才是哈密顿图。

若 G 是哈密顿图，显然 G_1 是哈密顿图。反之，G_1 是哈密顿图但 G 不是，则 G_1 中每一条哈密顿回路必包含边$[u, v]$，于是在 G_1 的任一哈密顿回路中删除$[u, v]$得到 G 中的一条以 $u=v_1$ 为起点，以 $v=v_n$ 为终点的哈密顿路 $v_1v_2\cdots v_n$。令 $S=\{v_i|[u, v_{i+1}]\in E\}$，$T=\{v_i|[v_i, v]\in E\}$。因为$[u, v]\notin E$，所以 $v_n\notin S\cup T$，有$|S\cup T|<n$ 且$|S\cap T|=0$。若不然，存在 $v_i\in S\cap T$ 有$[u, v_{i+1}]$，$[v_i, v]\in E$，这样 G 中有哈密顿回路 $v_1v_2\cdots v_iv_nv_{n-1}\cdots v_{i+1}v_1$，矛盾，所以$|S\cap T|=0$。$d(u)+d(v)=|S|+|T|=|S\cup T|+|S\cap T|<n$，矛盾，故结论成立。多次应用该结论可得定理 10.27 成立。■

例 6 已知图 G 如图 10-23a 所示，试构造其闭包 $C(G)$，并判断 G 是否为哈密顿图。

解 G 的闭包的构造过程如图 10-23 所示。

由于得到的闭包 $C(G)$是完全图，所以 $C(G)$是哈密顿图。由定理 10.27 可知，G 是哈密顿图。

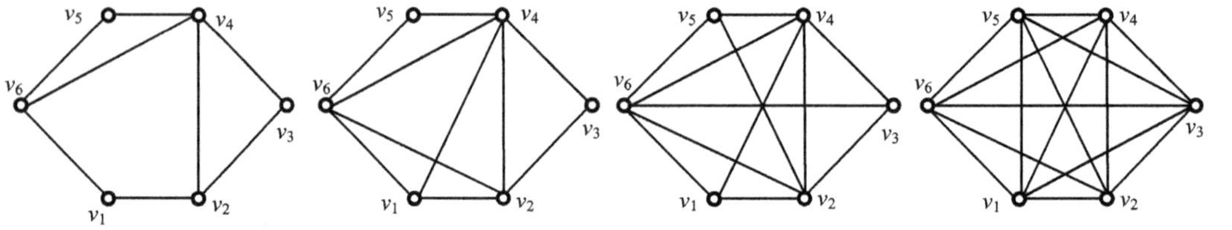

a） b） c） d）

图 10-23 ■

10.5 二部图与匹配

定义 10.28 设 $G=<V, E>$是一个无向图，若 $V=V_1\cup V_2$，$V_1\cap V_2=\varnothing$，且 G 中任一条边的两个端点分别属于 V_1 和 V_2，则称 G 为二部图或偶图，记为 $G=<V_1, V_2, E>$。在二部图 $G=<V_1, V_2, E>$中，若$|V_1|=m$，$|V_2|=n$，且对任意的 $u\in V_1$ 和 $v\in V_2$ 均有$[u, v]\in E$，则称 G 为完全二部图，记为 $K_{m,n}$。

例 1 在图 10-24 中，a 和 b 分别是完全二部图 $K_{2,4}$ 与 $K_{3,3}$。■

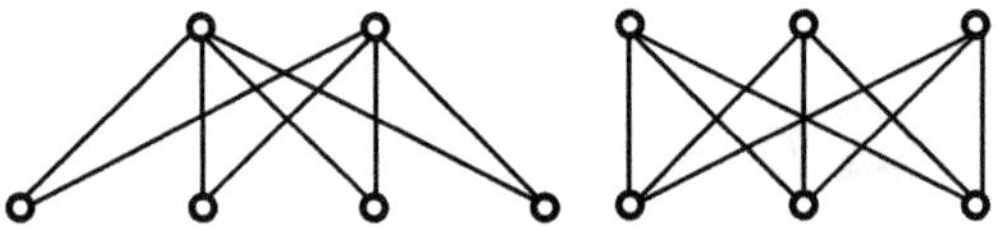

a） b）

图 10-24

定理 10.28 简单图 G 为二部图⇔G 中所有基本回路的长度为偶数。

证明 必要性：若 G 中无回路，结论显然成立。若 G 中有回路，令 $v_0v_1v_2\cdots v_{m-1}v_0$ 是 G 中长度为 m 的基本回路。不妨设 $v_0\in V_1$，于是 v_0，v_2，v_4，$\cdots\in V_1$，v_1，v_3，v_5，$\cdots\in V_2$。因此 $m-1$ 必为奇数，从而 m 为偶数。

充分性：因只要 G 的每个分图为二部图，则 G 为二部图，故只需考察连通图 $G=<V, E>$。

任取 $u\in V$，令 $V_1=\{v|v\in V$ 且 $d<u, v>$为偶数$\}$，$V_2=V-V_1$，则 $V=V_1\cup V_2$，$V_1\cap V_2=\varnothing$。若存在 v_i，$v_j\in V_1$，且$[v_i, v_j]\in E$，则由 u 到 v_i 距离为偶数的最短路、边$[v_i, v_j]$和 v_j 到 u 距离为偶数的最短路构成一个基本回路，其长度为奇数，与已知条件矛盾，故 V_1 中不存在相邻的结点。同

理可证，V_2 中也不存在相邻的结点。故 G 为二部图。■

定义 10.29 设无向图 $G=<V, E>$，$M \subseteq E$，若 M 中任意两条边都不相邻，则称 M 为 G 的一个匹配，并把 M 中的边所关联的两个结点称为在 M 下是匹配的。若在 M 中再加入任何一条边就不是匹配了，称 M 为极大匹配。边数最多的极大匹配称为 G 的最大匹配。最大匹配中边的个数称为 G 的匹配数。

设 M 是 G 中的一个匹配，若结点 v 与 M 中的边关联，则称 v 为 M 饱和点，否则称 v 为 M 非饱和点。若 G 中的每个结点都是 M 饱和点，则称 M 是完全匹配。

例 2 在图 10-25 中，$\{e_1\}$，$\{e_1, e_7\}$，$\{e_5\}$，$\{e_4, e_6\}$是图 10-25a 的匹配，$\{e_5\}$，$\{e_1, e_7\}$，$\{e_4, e_6\}$是图 10-25a 的极大匹配，$\{e_1, e_7\}$，$\{e_4, e_6\}$是图 10-25a 的最大匹配，图 10-25a 不存在完全匹配。$\{e_2, e_5\}$，$\{e_3, e_6\}$，$\{e_1, e_4, e_7\}$是图 10-25b 的极大匹配，$\{e_1, e_4, e_7\}$是图 10-25b 的最大匹配且为完全匹配。■

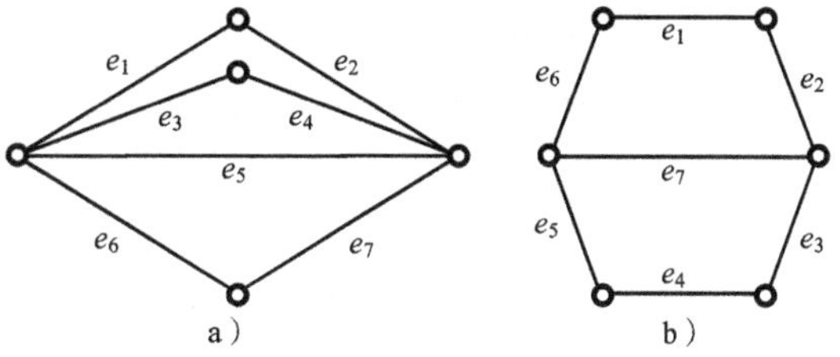

图 10-25

下面我们讨论二部图的情况。

定义 10.30 设 $G=<V_1, V_2, E>$为二部图，M 是 G 中的一个最大匹配，若$|M|=\min\{|V_1|, |V_2|\}$，则称 M 为 G 中的一个完备匹配。若此时$|V_1| \leqslant |V_2|$，则称 M 为 V_1 到 V_2 的一个完备匹配。若$|V_1|=|V_2|$，则称 M 为 G 的完全匹配。

定理 10.29（Hall 定理） 设 $G=<V_1, V_2, E>$，$|V_1| \leqslant |V_2|$，G 中存在从 V_1 到 V_2 的完备匹配$\Leftrightarrow V_1$ 中任意 k 个结点（$k=1, 2, \cdots, |V_1|$）至少邻接 V_2 中的 k 个结点。

限于篇幅，该定理的证明略。

本定理中的条件称为“相异性条件”。

定理 10.30（t 条件） 设 $G=<V_1, V_2, E>$，若 V_1 中的每个结点至少关联 t（$t>0$）条边，而 V_2 中的每个结点至多关联 t 条边，则 G 中存在 V_1 到 V_2 的完备匹配。

证明 由 V_1 中的每个结点至少关联 t（$t>0$）条边可知，V_1 中任意 k 个结点至少邻接 V_2 中的 kt 条边。而 V_2 中的每个结点至多关联 t 条边，所以 V_1 中任意 k 个结点至少邻接 V_2 中的 k 个结点。由定理 10.29 得，G 中存在 V_1 到 V_2 的完备匹配。■

推论 $G=<V_1, V_2, E>$，对任意 $v \in V_1$ 或 V_2 有 $d(v)=k>0$，则 G 有一个完全匹配。

例 3 某大学计算机系有 3 个课外学习小组：网络组、网页制作组和数据库组。今有张、王、李、赵、陈 5 名同学。若已知：

（1）张、王为网络组成员，张、李、赵为网页制作组成员，李、赵、陈为数据库组成员。

（2）张为网络组成员，王、李、赵为网页制作组成员，王、李、赵、陈为数据库组成员。

（3）张为网络组和网页制作组成员，王、李、赵、陈为数据库组成员。

问以上 3 种情况下能否各选出 3 名不兼职的组长？

解 设 v_1，v_2，v_3，v_4，v_5 分别表示张、王、李、赵、陈，u_1，u_2，u_3 分别表示网络组、网页制作组、数据库组，则根据上述三种情况得到的二部图如图 10-26 所示。

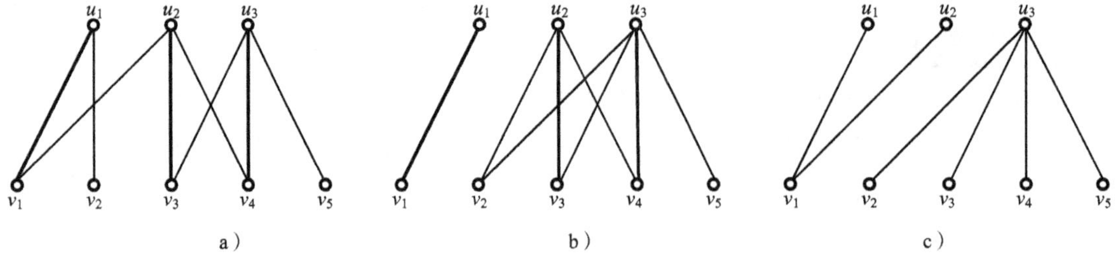

图 10-26

因为图 10-26a 满足 t=2 的 t 条件，所以图 10-26a 中存在完全匹配，如图中粗线所示。图 10-26b 满足相异性条件，存在完全匹配，如图中粗线所示。而图 10-26c 不满足 t 条件，也不满足相异性条件，所以不存在完全匹配。故上述问题中（1）和（2）有解，而（3）无解。■

10.6 平面图

本节涉及的图均为无向图。

10.6.1 平面图的基本概念

定义 10.31 如把无向图 G 画在平面上，任意两条边除端点外均不相交，称 G 为平面图。

例 1 K_1，K_2，K_3，K_4都是平面图，完全二部图 $K_{1,n}$（$n\geqslant1$），$K_{2,n}$（$n\geqslant2$）也是平面图。■

由于图有不同的画法，所以不能因为图的某些边相交，就断定它不是平面图。

这里特别指出，在研究平面图理论中有两个十分重要的图，即称为库拉图斯基图的完全二部图 $K_{3,3}$和完全图 K_5，它们都不是平面图。其中，$K_{3,3}$是边数最少的非平面图，K_5是结点数最少的非平面图。后面我们将会给出其证明。

由定义不难得出：平面图的任何子图都是平面图；非平面图的任何母图都是非平面图；图中的平行边和环并不影响图的平面性。

当且仅当一个图的每个连通分支都是平面图时，这个图才是平面图。所以，在研究平面图的性质时，只要讨论连通平面图就可以了。

定义 10.32 设 G 为连通平面图，G 的边将 G 所在的平面划分成若干区域，每个区域称为 G 的一个面，记为 f。包围这个区域的各条边构成的回路称为面 f 的边界，其回路的长度称为面 f 的次数或度数，记为 $d(f)$。区域有限的面称为有限面，区域无限的面称为无限面。

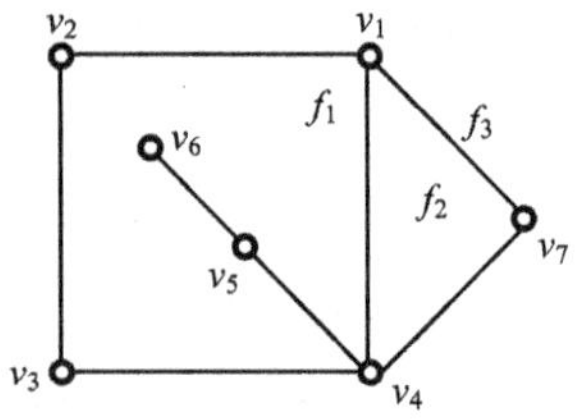

图 10-27

显然，任何连通平面图都只有一个无限面。

例 2 在图 10-27 中，共有 3 个面 f_1，f_2，f_3。其中，面 f_1 由回路 $v_1v_2v_3v_4v_5v_6v_5v_4v_1$ 所围，面 f_2 由回路 $v_1v_4v_7v_1$ 所围，面 f_3 由回路 $v_1v_2v_3v_4v_7v_1$ 所围，所以 $d(f_1)$=8，$d(f_2)$=3，$d(f_3)$=5。■

定理 10.31 设 G=<V，E，F>是连通平面图，F 是 G 的面的集合，则 $\sum_{f\in F} d(f)=2|E|$。

证明　因为 G 中的每条边无论作为两个面的公共边界，还是作为一个面的边界，在计算总的次数时都计算两次，所以结论成立。 ■

定理 10.32　设 G 是 n（$n\geqslant3$）阶简单连通平面图，则 G 的每个面的次数大于等于 3。

证明　因为 G 的任意一个面上至少有 3 个结点，所以 G 的每个面的次数都大于等于 3。 ■

定义 10.33　设 G 是简单平面图，若在 G 的任何不相邻的结点 u 和 v 之间加上边 $[u, v]$ 所得图为非平面图，则称 G 为极大平面图。

定理 10.33　若 G 是极大平面图，则 G 是连通的。

证明　若 G 不连通，则至少有两个连通分支 G_1、G_2，分别在 G_1、G_2 上取结点 u、v，则 $G\cup[u, v]$ 还是平面图，矛盾。所以 G 是连通的。 ■

定理 10.34　设 G 是 n（$n\geqslant4$）阶极大平面图，则 G 的最小度 $\delta\geqslant3$。

证明　设 v 是极大平面图 G 的任一结点，则 v 在平面图 $G-\{v\}$ 的某个面 f 内。由于 $G-\{v\}$ 是一个简单平面图且其结点数大于等于 3，所以 $d(f)\geqslant3$。由 G 的极大平面性，v 与 f 上的结点之间都有边，因此 $d(v)\geqslant3$。由 v 的任意性可得，G 的最小度 $\delta(G)\geqslant3$。 ■

10.6.2　欧拉公式

欧拉公式是平面图的基本而重要的公式，它反映了平面图的结点数、边数和面数之间的关系。

定理 10.35（欧拉公式）　若 G 为连通平面图，则 $n-m+r=2$，其中，n、m、r 分别为 G 的结点数、边数和面数。

证明　对 G 的边数 m 作归纳法。

当 $m=0$ 时，由于 G 是连通图，所以 G 为平凡图，此时 $n=1$，$r=1$，结论自然成立。

假设对边数小于 m 的连通平面图结论成立。下面考虑连通平面图 G 的边数为 m 的情况。

设 e 是 G 的一条边，从 G 中删去 e 后得到的图记为 G'，并设其结点数、边数和面数分别为 n'、m' 和 r'。对 e 分下列情况来讨论：

若 e 为割边，则 G' 有两个连通分支 G_1 和 G_2。G_i 的结点数、边数和面数分别为 n_i、m_i 和 r_i。显然 $n_1+n_2=n'=n$，$m_1+m_2=m'=m-1$，$r_1+r_2=r'+1=r+1$。由归纳假设有 $n_1-m_1+r_1=2$，$n_2-m_2+r_2=2$，从而 $(n_1+n_2)-(m_1+m_2)+(r_1+r_2)=4$，$n-(m-1)+(r+1)=4$，即 $n-m+r=2$。

若 e 不为割边，则 $n'=n$，$m'=m-1$，$r'=r-1$，由归纳假设有 $n'-m'+r'=2$，从而 $n-(m-1)+(r-1)=2$，即 $n-m+r=2$。

由数学归纳法可知，结论成立。 ■

利用欧拉公式可以获得一系列有用的结论。

定理 10.36　若 G 是连通平面图，且 G 的每个面的次数至少为 l（$l\geqslant3$），则 G 的边数 m 与结点数 n 有如下关系：

$$m\leqslant\frac{l}{l-2}(n-2)$$

证明 设 G 有 r 个面，则 $2m=\sum_{i=1}^{r}d(f_i)\geqslant lr$。由欧拉公式得，$n-m+r=2$。于是，$m\leqslant\dfrac{l}{l-2}(n-2)$。 ■

定理 10.37 设 G 是 n（$n\geqslant 3$）阶 m 条边的简单连通平面图，则 $m\leqslant 3n-6$。

证明 因为 G 是简单连通平面图，所以 G 的任意面的次数 $d(f)\geqslant 3$。由定理 10.36 可得 $m\leqslant 3n-6$。 ■

上述定理是判别平面图的必要条件，而不是充分条件。也就是说，即使一个图满足上述不等式，也未必是平面图，但使用上述定理的逆否命题可以判别一个图不是平面图。

例 3 证明 K_5 不是平面图。

证明 若 K_5 是平面图，由于 K_5 有 5 个结点 10 条边，则 $3\times 5-6=9<10$，与定理 10.37 矛盾。所以，K_5 不是平面图。 ■

例 4 证明 $K_{3,3}$ 不是平面图。

证明 若 $K_{3,3}$ 是平面图，因为在 $K_{3,3}$ 中任取 3 个结点，其中必有两个结点不相邻，故每个面的次数大于等于 4，于是 $\dfrac{4}{4-2}(6-2)=8<9$，与定理 10.37 矛盾。所以，$K_{3,3}$ 不是平面图。 ■

定理 10.38 设 G 是 n（$n\geqslant 3$）阶简单连通平面图，则 G 为极大平面图$\Leftrightarrow G$ 的每个面的次数均为 3。

证明 必要性：因 G 为简单连通平面图且 $n\geqslant 3$，所以 G 的各面的次数均大于等于 3。下证 G 的各面的次数不可能大于 3。若 G 的某个面 f 的次数 $d(f)\geqslant 4$，如图 10-28 所示。

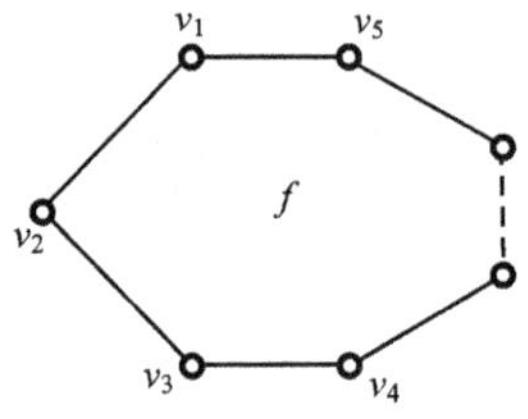

图 10-28

在 G 中，若 v_1 与 v_3 不相邻，则在 f 内添加边$[v_1, v_3]$不破坏平面性，与 G 是极大平面图矛盾，因而 v_1 与 v_3 必相邻。由于 f 的存在，边$[v_1, v_3]$必在 f 外部。类似可证 v_2 与 v_4 也必相邻，且边$[v_2, v_4]$也必在 f 的外部。于是$[v_1, v_3]$和$[v_2, v_4]$相交于 f 的外部，与 G 是平面图矛盾。所以 G 中不存在次数大于等于 4 的面，即 G 的每个面的次数都等于 3。

充分性：若 G 的每个面的次数为 3，设 G 的结点数、边数和面数分别为 n、m 和 r，则 $2m=\sum_{f\in F}d(f)=3r$，$r=2m/3$，代入欧拉公式 $n-m+r=2$ 得，$m=3n-6$。若 G 不是极大平面图，则 G 中一定存在不相邻的结点 u 和 v 使得 $G\cup\{[u, v]\}$仍是简单平面图，而 $G\cup\{[u, v]\}$的边数为 $m'=m+1$，结点数为 $n'=n$，由 $m=3n-6$ 可得 $m'>3n'-6$，与定理 10.37 矛盾。所以 G 是极大平面图。 ■

10.6.3 平面图的判定

判断一个图是否为平面图是一件困难的事。通常可以采用直观的方法，即：在图中找出一个长度尽可能大的且边不相交的基本回路；然后将图中那些相交于非结点的边，适当放置在已选定的基本回路内侧或外侧，若能避免除结点之外边的相交，则该图为平面图，否则便是非平面图。

例如，K_5 不是平面图，因为无论怎样画都不能使其所有边不相交。

另外，也可以采用下面的定理来判断。

定义 10.34　若 G_2 可由在 G_1 中的一些边上适当插入或除去度为 2 的有限个结点后而得到，则称 G_1 与 G_2 同胚或在 2 度结点内同构。

例 5　图 10-29 所示的两个图形是同胚的。■

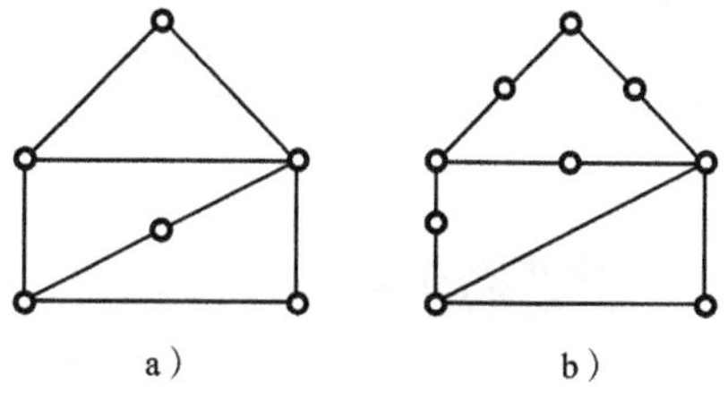

图　10-29

定理 10.39（库拉图斯基图定理）　一个图 G 是平面图 $\Leftrightarrow G$ 中不含同胚于 $K_{3,3}$ 或 K_5 的子图。

限于篇幅，该定理的证明略。

10.6.4　平面图的对偶图

定义 10.35　给定平面图 $G=<V, E, F>$，且 $F=\{f_1, f_2, \cdots, f_n\}$。若有图 $G^*=<V^*, E^*>$ 满足下列条件：

（1）对于任意 $f_i \in F$，内部有且仅有一个结点 $v_i^* \in V^*$。

（2）对于 G 中面 f_i 和面 f_j 的公共边 e_k，有且仅有一条边 $e_k^* \in E^*$，使得 $e_k^*=[v_i^*, v_j^*]$，且 e_k^* 与 e_k 相交。

（3）当且仅当 e_k 只是一个面 f_i 的边界时，v_i^* 存在一个环 e_k^* 与 e_k 相交。

则称图 G^* 是图 G 的对偶图。

从对偶图的定义可知，如 G^* 是 G 的对偶图，则 G 也是 G^* 的对偶图。一个连通平面图的对偶图也是平面图。

例如，在图 10-30 中，G 的边和结点分别用实线和“∘”表示，其对偶图的边和结点分别用虚线和“*”表示。

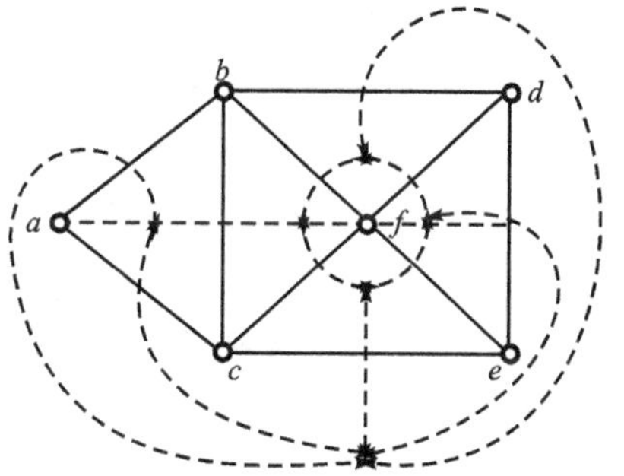

图　10-30

定理 10.40　设 $G^*=<V^*, E^*, F^*>$ 是连通平面图 $G=<V, E, F>$ 的对偶图，则：

（1）$|V^*|=|F|$。

（2）$|E^*|=|E|$。

（3）$|F^*|=|V|$。

（4）设 G^* 的结点 v_i^* 位于 G 的面 f_i 中，则 $d(v_i^*)=d(f_i)$。

证明　由 G^* 的构造可知，（1）、（2）是显然的。

（3）由欧拉公式得，$|V|-|E|+|F|=2$，$|V^*|-|E^*|+|F^*|=2$，于是有 $|F^*|=2+|E^*|-|V^*|=2+|E|-|F|=|V|$。

（4）设 G 的面 f_i 的边界为 C_i，且 C_i 中有 k_1 条桥、k_2 条非桥边，于是 C_i 的长度为 $2k_1+k_2$，即 $d(f_i)=2k_1+k_2$，而 k_1 条桥对应 v_i^* 处有 k_1 个环，k_2 条非桥边对应从 v_i^* 处引出 k_2 条边，所以 $d(v_i^*)=2k_1+k_2=d(f_i)$。■

定义 10.36　设 G^* 是平面图 G 的对偶图，若 $G^* \cong G$，则称 G 为自对偶图。

定理 10.41　设平面图 $G=<V, E, F>$ 是自对偶图，则 $|E|=2(|V|-1)$。

证明　设 $G^*=<V^*, E^*>$ 是平面图 $G=<V, E, F>$ 的对偶图，则 $G^* \cong G$，于是 $|F|=|V^*|=|V|$，将其代入欧拉公式 $|V|-|E|+|F|=2$ 得，$|E|=2(|V|-1)$。■

10.7 树及其应用

树是一类简单而又十分重要的图，不仅在图论中扮演着特殊的角色，而且在计算机科学的算法设计、数据结构、网络技术等领域都有广泛的应用。

10.7.1 无向树及生成树

1. 无向树

定义 10.37 连通无回路的无向图称为无向树，简称树，通常用 T 表示。

在树中，悬挂结点称为树叶，度数大于 1 的结点称为分支点或内结点，悬挂边称为叶边。连通分支数大于 1，且每个连通分支都是树的无向图称为森林。

例 1 图 10-31a 和图 10-31b 是树，图 10-31c 是森林。

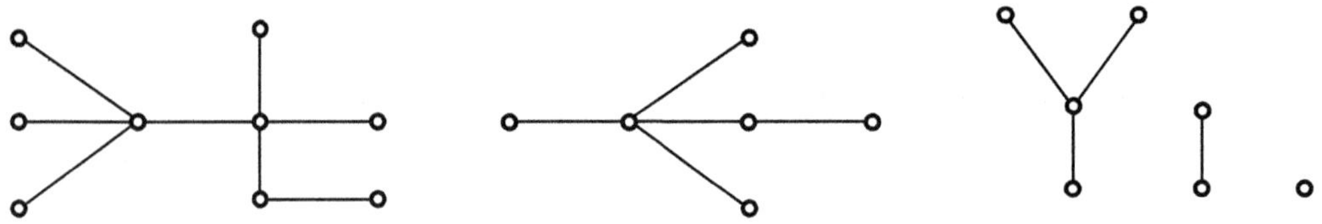

a）　　b）　　c）

图 10-31 ■

由定义不难得出，树一定是连通的简单平面图。

定理 10.42 设 $T=<V, E>$是 n 阶 m 条边的无向图，则下列命题等价：

（1）T 是树。

（2）T 无回路且 $m=n-1$。

（3）T 连通且 $m=n-1$。

（4）T 是连通的，且 T 的每条边都是割边。

（5）T 无回路，但任意增加一条边产生惟一一条回路。

（6）T 中每对结点间恰有一条路。

证明 （1）⇒（2）：只需证 $m=n-1$。因为 T 是树，所以 T 是连通平面图，且 T 只有一个无限面，由欧拉公式得 $n-m+1=2$，即 $m=n-1$。

（2）⇒（3）：只需证 T 连通。若 T 不连通，不妨设有 k（$k\geqslant 2$）个连通分支，分别记为 T_1，T_2，…，T_k，T_i 的结点数和边数分别记为 n_i 和 m_i（$i=1$，2，…，k），则有 $n=\sum_{i=1}^{k}n_i$，$m=\sum_{i=1}^{k}m_i$，$m_i=n_i-1$（$i=1$，2，…，k）。于是，$m=\sum_{i=1}^{k}m_i=\sum_{i=1}^{k}(n_i-1)=n-k<n-1$，矛盾。所以 T 连通。

（3）⇒（4）：只需证 T 的每条边都是割边。任取 T 的边 e，则 $T-\{e\}$的边数为 $m-1$，结点数为 n，于是 $m-1=n-2<n-1$，所以 $T-\{e\}$是不连通的，因而 e 是割边。故 T 的每条边都是割边。

（4）⇒（5）：由于 T 的每条边都是割边，因而 T 中无回路。在 T 中添加新边$[u, v]$，由 T 是连通的可得，存在 u 到 v 的一条路 Γ，于是 $\Gamma+[u, v]$构成一回路。若得到的回路不惟一，不妨记为 Γ_1 和 Γ_2，则 $\Gamma_1-\{[u, v]\}$与 $\Gamma_2-\{[u, v]\}$构成一回路，其上的边都不是割边，矛盾。

故在 T 中任意增加一条边产生惟一一条回路。

（5）⇒（6）：若 T 中有两个结点 u 和 v 之间不存在路，则添加边 $[u, v]$ 不产生回路，矛盾。所以 T 中任意两个结点之间存在路。若 u 和 v 之间存在两条不同的路 Γ_1 和 Γ_2，则 Γ_1 和 Γ_2 形成回路，矛盾。所以 T 中每对结点间恰有一条路。

（6）⇒（1）：因为 T 中每对结点间恰有一条路，所以 T 是连通的。若 T 有回路，则回路上的任意两个结点之间存在两条路，矛盾，所以 T 没有回路。因此，T 是树。■

由于树少一边就不连通，多一边就有回路，所以树是以“最经济”的方式把各结点连接起来的图。因此，它可以用作典型的数据结构，各类网络的主干网也通常都是树结构。

定理 10.43 若 $T=\langle V, E\rangle$ 是树，且 $|V|\geqslant 2$，则 T 中至少存在两片树叶。

证明 由 T 是树可得，$|E|=|V|-1$。设 T 有 k 片树叶，应用握手定理可得 $2|E|=2(|V|-1)=\sum_{v\in V} d(v) \geqslant k+2(|V|-k)$，于是 $k\geqslant 2$。■

2. 生成树

下面讨论连通无向图的一类重要子图——生成树。

定义 10.38 若 T 是连通无向图 G 的生成子图且是树，则称 T 是 G 的生成树。G 在 T 中的边称为 T 的树枝，G 不在 T 中的边称为 T 的弦。T 的所有弦的集合的导出子图称为 T 的补或余树，记为 $\overline{T}$。

例 2 图 10-32 b 是图 10-32a 的生成树，图 10-32c 是图 10-32b 的余树。

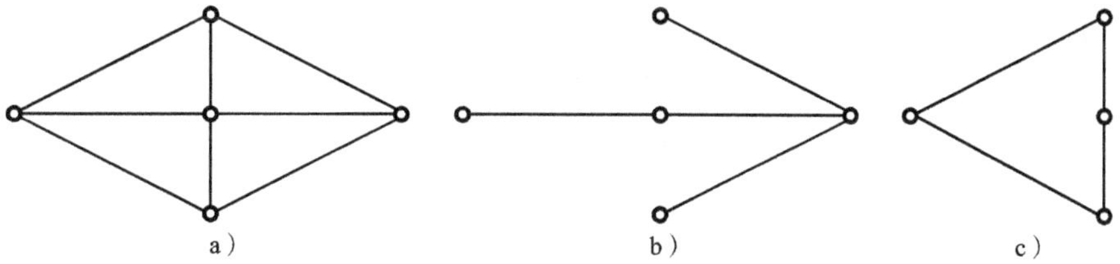

a） b） c）

图 10-32 ■

定理 10.44 无向图 $G=\langle V, E\rangle$ 有生成树当且仅当 G 是连通的。

证明 必要性：设 $T=\langle V_T, E_T\rangle$ 是 G 的生成树，则有 $V_T=V$。由于 T 是连通的，所以 G 是连通的。

充分性：若 G 中无回路，则 G 本身就是一棵生成树。若 G 中有回路，删去回路上的一条边得到图 G_1，G_1 仍是连通的且与 G 有相同的结点集。若 G_1 还有回路，就再删去此回路上的一条边得到图 G_2，G_2 是连通的且与 G 有相同的结点集。续行此法，直到得到连通图 T，它无回路且与 G 有相同的结点集，T 就是 G 的生成树。■

上述构造生成树的方法称为“破圈法”。如果“破圈法”的方式不同，则得到不同的生成树。

定理 10.45 若 T 是连通图 G 的任意生成树，则：

（1）G 的每个回路和 T 的补至少有一条公共边。

（2）G 的每个边割集和 T 至少有一条公共边。

证明 （1）若存在 G 的一条回路和 T 的补没有公共边，则该回路一定包含在 T 中，与 T

是树矛盾。

（2）若 G 的边割集与 T 没有公共边，那么删去这个边割集后所得子图必包含该生成树，这意味着删去边割集后 G 仍然是连通的，与边割集的定义矛盾。■

定义 10.39 设 T 是 n 阶 m 条边的连通无向图 G 的一棵生成树，e_1'，e_2'，…，e_{m-n+1}' 为 T 的弦，若 C_r（r=1，2，…，$m-n+1$）为 T 添加弦 e_r' 产生的回路，则称 C_r 为 G 的对应 T 的弦 e_r' 的基本回路，并称 $\{C_1, C_2, \cdots, C_{m-n+1}\}$ 为 G 对应 T 的基本回路系统，且 $m-n+1$ 为 G 的圈秩。

例 3 图 10-33 中给出了图 G 的一棵生成树 T（粗边表示），求 T 对应的基本回路和基本回路系统。

解 由添加的弦不同，T 对应的基本回路有 3 个，分别为：C_b=$adeb$，C_c=dec，C_g=efg。基本回路系统为$\{C_b, C_c, C_g\}$。■

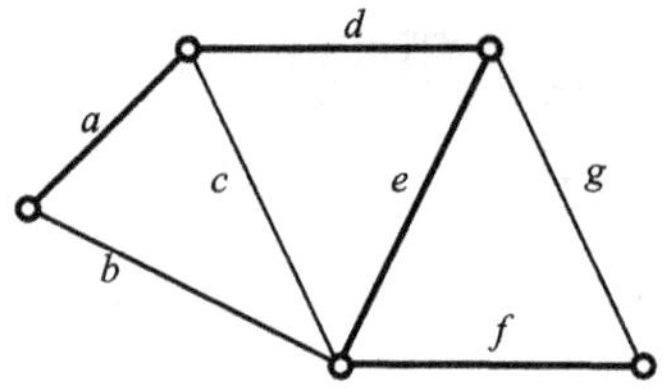

图 10-33

3. 最小生成树

定义 10.40 设连通无向带权图 $G=<V, E, W>$，T 是 G 的一棵生成树，T 的各边带权之和称为 T 的权，记为 $\omega(T)$。G 的所有生成树中带权最小的生成树称为最小生成树。

最小生成树在实际中有着许多重要的应用。例如，要建设若干城市之间的公路网络，已知两城市之间直达公路的造价，设计一个总造价最小的公路网络，就是求最小生成树。

下面介绍求最小生成树的两种算法：Kruskal 算法和 Prim 算法。

设 $G=<V, E, W>$是 n 阶 m 条边的连通无向带权图。

Kruskal 算法描述如下：

（1）在 G 中选取最小权边 e_1，并置边数 i=1。

（2）当 $i=n-1$ 时结束，否则转向（3）。

（3）设已选择的边为 e_1，e_2，…，e_i，在 G 中选取不同于 e_1，e_2，…，e_i 的边 e_{i+1}，使得 e_{i+1} 是满足与 e_1，e_2，…，e_i 不构成回路且权值最小的边。

（4）置 i 为 i+1，转向（2）。

由于 Kruskal 算法在求最小生成树时，初始状态为 n 个结点，然后逐步加边，而这个过程中一直要避免回路的产生，所以又称其为“避圈法”。

Prim 算法描述如下：

（1）在 G 中任意选取一个结点 v_1，并置 $U=\{v_1\}$，置最小生成树的边集 $TE=\{\}$。

（2）在所有 $u\in U$，$v\in V-U$ 的边$[u, v]\in E$ 中，选取权值最小的边$[u, v]$，将$[u, v]$并入 TE，同时将 v 并入 U。

（3）重复（2）直到 $U=V$ 为止。

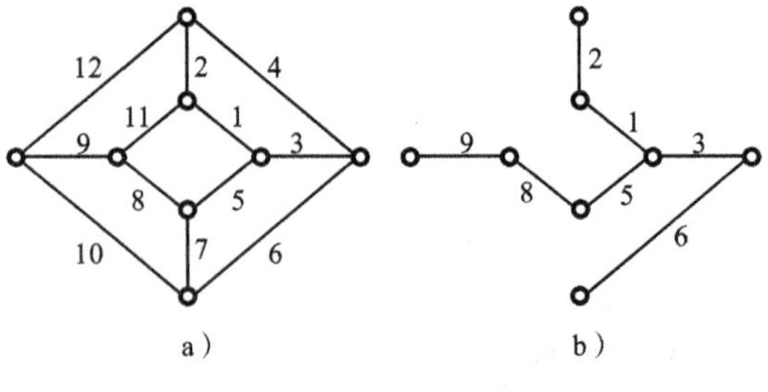

图 10-34

例 4 求图 10-34a 的最小生成树，并求生成树的权。

解 求得的最小生成树如图 10-34b 所示，生成树的权为 34。■

10.7.2　根树及其应用

1．根树、有序树、*m* 叉树

若有向图 D 的基图是一棵树，则称 D 为有向树。在所有的有向树中，根树最重要，所以我们只讨论根树。

定义 10.41　给定一个有向树，若只有一个结点入度为 0，其余结点入度都为 1，则称其为根树。入度为 0 的结点称为树根，入度为 1、出度为 0 的结点称为树叶，入度为 1、出度大于 0 的结点称为内结点。内结点和树根通称为分支点。从树根到其某个结点的路径长度，称为该结点的级或层次，其最大者称为有向树的树高。

一棵根树可看成一个家族树，若 a 邻接到 b，则称 b 为 a 的儿子，a 为 b 的父亲。若 b 和 c 同为 a 的儿子，则称 b 和 c 为兄弟。若 $a\neq d$，而 a 可达 d，则称 a 为 d 的祖先，d 为 a 的子孙。

若根树的一个子图也是树，则称其为根树的子树。

在根树中，由于各有向边的方向是一致的，所以画根树时可以省去各边的方向，并将树根画在最上方，将分支点和树叶依次画在下方。因此，根树具有很好的层次结构。

例 5　在图 10-35 中，v_0 是树根，v_1，v_2，v_6 是内结点，v_3，v_4，v_5，v_7，v_8 是树叶，v_5，v_6 是 v_2 的儿子，v_2 是 v_5，v_6 的父亲，v_5 和 v_6 是兄弟。■

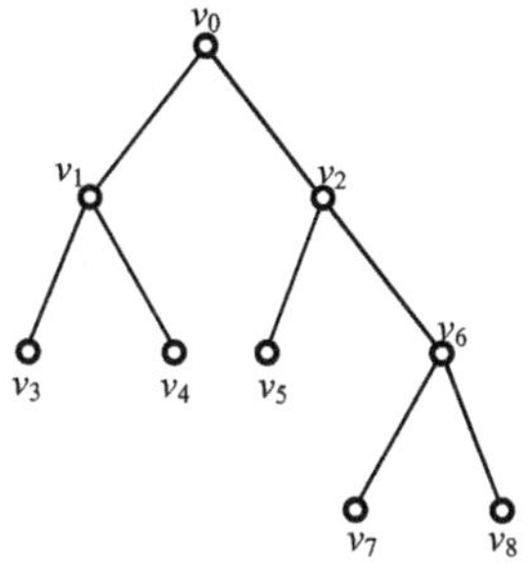

图　10-35

定义 10.42　将根树每一级上的结点规定次序，这样的根树称为有序树。

定义 10.43　设 T 为一棵根树，若 T 的每一分支点至多有 m 个儿子，称 T 为 m 叉树。若 T 的每一分支点恰有 m 个儿子，称 T 为完全 m 叉树。若所有叶结点级相同，称 T 为正则 m 叉树。

定理 10.46　设有完全 m 叉树，其叶子数为 t，分支点数为 i，则$(m-1)i=t-1$。

证明　由已知可知，该树共有 $t+i$ 个结点，共有 mi 条边，于是 $mi=t+i-1$，即$(m-1)i=t-1$。■

例 6　假设有一台计算机，它有一条加法指令，可计算 3 个数的和，如果要计算 9 个数的和，至少需要执行几次加法指令？

解　若用每个树叶表示一个数，内结点表示 3 个数的和，则上述问题可抽象为一个完全 3 叉树。由定理 10.46 有$(3-1)i=9-1$，即 $i=4$。即至少需要执行 4 次加法指令。■

2．二叉树

在 m 叉树中，应用最广泛的是二叉树。由于二叉树在计算机中易于处理，所以常把有序树和森林用二叉树来表示。这里只给出树转化为二叉树的方法：

（1）从根开始，保留每个父亲同其左儿子的连线，撤销与其他儿子的连线。

（2）兄弟间用从左到右的有向边连接。

（3）选定二叉树的左儿子和右儿子如下：直接处于给定结点下面的结点作为左儿子，对于同一水平线上与给定结点右邻的结点，作为右儿子，依此类推。

例 7　将图 10-36a 转化为二叉树。

解 对图 10-36a 进行步骤（1）、（2）得图 10-36b，再进行步骤（3）得图 10-36c。

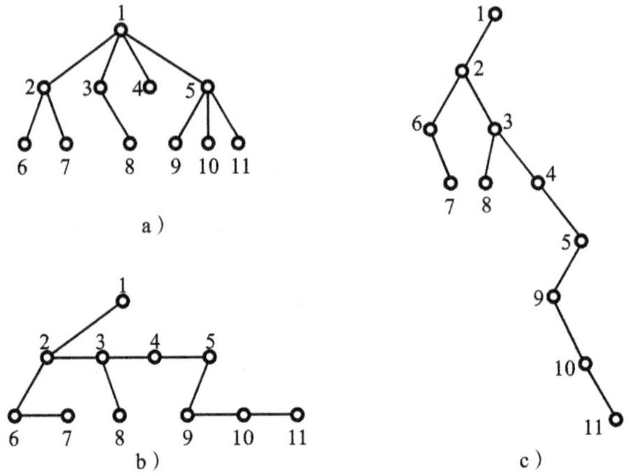

图 10-36 ■

对于二叉树，一个十分重要的问题是访问树的结点，这就是二叉树的遍历问题。下面介绍二叉树遍历的 3 种方法：

（1）先序遍历法：访问树根、先序遍历左子树、先序遍历右子树。

（2）中序遍历法：中序遍历左子树、访问树根、中序遍历右子树。

（3）后序遍历法：后序遍历左子树、后序遍历右子树、访问树根。

例 8 对图 10-37 所示二叉树的遍历结果如下：

（1）先序遍历法：$a(b(cde)f)(igh)$。

（2）中序遍历法：$((dce)bf)a(gih)$。

（3）后序遍历法：$((dec)fb)(ghi)a$。 ■

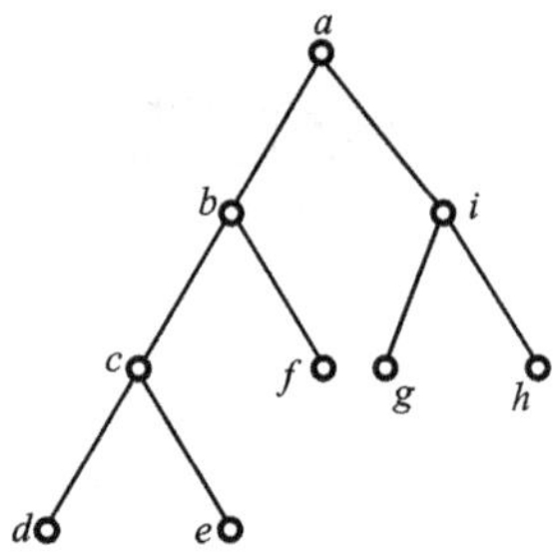

图 10-37

定义 10.44 在根树中，一个结点的通路长度就是从树根到此结点通路的边数。我们把分支点的通路长度称为内部通路长度，树叶的通路长度称为外部通路长度。

定理 10.47 若完全二叉树有 n 个分支点，且内部通路长度的总和为 I，外部通路长度的总和为 E，则 $E=I+2n$。

证明 对分支结点数 n 进行归纳。

当 $n=1$ 时，有 $E=2$，$I=0$，故 $E=I+2n$ 成立。

假设 $n=k-1$ 时成立，即 $E'=I'+2(k-1)$。

当 $n=k$ 时，若删去一个分支点 v，v 与树根的通路长度为 l，且 v 的两个儿子都是树叶，得到新树 T'。则 T' 的内部通路长度和为 $I'=I-l$，外部通路长度和为 $E'=E-2(l+1)+l$。由归纳假设，对 T' 有 $E-2(l+1)+l=I-l+2(k-1)$，即 $E=I+2k$。由数学归纳法知，对于任意的 n，$E=I+2n$ 都成立。 ■

定理 10.48 具有 n 个结点的完全二叉树 T 的树叶数为 $l=(n+1)/2$。

证明 设 T 的树叶数为 l，则其边数为 $2(n-l)$，于是 $2(n-l)=n-1$，即 $l=(n+1)/2$。 ■

3. 最优二叉树

定义 10.45　设二叉树 T 有 t 片树叶，分别带权 ω_1，ω_2，…，ω_t，称 $\omega(T)=\sum_{i=1}^{t}\omega_i L(\omega_i)$ 为 T 的权，其中 $L(\omega_i)$ 为带权 ω_i 的树叶的通路长度。在所有带权 ω_1，ω_2，…，ω_t 的二叉树中，带权最小的二叉树称为最优二叉树。

定理 10.49　设 T 为带权 $\omega_1 \leqslant \omega_2 \leqslant \cdots \leqslant \omega_t$ 的最优树，则：

（1）带权 ω_1，ω_2 的树叶 v_1，v_2 是兄弟。

（2）以树叶 v_1，v_2 为儿子的分支点，其通路长度最长。

证明　设 v 是 T 中通路长度最长的分支点，v 的儿子分别带权 ω_x 和 ω_y，则 $L(\omega_x) \geqslant L(\omega_1)$ 且 $L(\omega_y) \geqslant L(\omega_2)$。若 $L(\omega_x) > L(\omega_1)$，将 ω_x 与 ω_1 对调，得到新树 T'，则

$$\begin{aligned}\omega(T')-\omega(T)&=(L(\omega_x)\omega_1+L(\omega_1)\omega_x)-(L(\omega_1)\omega_1+L(\omega_x)\omega_x)\\&=L(\omega_x)(\omega_1-\omega_x)+L(\omega_1)(\omega_x-\omega_1)=(\omega_x-\omega_1)(L(\omega_1)-L(\omega_x))<0\end{aligned}$$

即 $\omega(T')<\omega(T)$，与 T 是最优树矛盾。故 $L(\omega_x)=L(\omega_1)$。同理可证 $L(\omega_y)=L(\omega_2)$。

因此，$L(\omega_1)=L(\omega_2)=L(\omega_x)=L(\omega_y)$。

分别将 ω_1，ω_2 与 ω_x，ω_y 对调得到一棵最优树，其中带权 ω_1 和 ω_2 的树叶是兄弟，且结点 v_1 和 v_2 的通路长度等于树高。■

定理 10.50　设 T 为带权 $\omega_1 \leqslant \omega_2 \leqslant \cdots \leqslant \omega_t$ 的最优树，若将以带权 ω_1 和 ω_2 的树叶为儿子的分支点改为带权 $\omega_1+\omega_2$ 的树叶，得到一棵新树 T'，则 T' 也是最优树。

证明　根据题设，$\omega(T)=\omega(T')+\omega_1+\omega_2$。

若 T' 不是最优树，则必有另一棵带权 $\omega_1+\omega_2$，ω_3，…，ω_t 的最优树 T''。对 T'' 中带权 $\omega_1+\omega_2$ 的树叶生成两个儿子，得到新树 $\hat{T}$，则 $\omega(\hat{T})=\omega(T'')+\omega_1+\omega_2$。

因为 T'' 是带权 $\omega_1+\omega_2$，ω_3，…，ω_t 的最优树，故 $\omega(T'') \leqslant \omega(T')$。

如果 $\omega(T'')<\omega(T')$，则 $\omega(\hat{T})=\omega(T'')+\omega_1+\omega_2<\omega(T')+\omega_1+\omega_2=\omega(T)$，与 T 为带权 ω_1，ω_2，…，ω_t 的最优树矛盾，因此 $\omega(T'')=\omega(T')$。即 T' 是带权 $\omega_1+\omega_2$，ω_3，…，ω_t 的最优树。■

根据上述两个定理，我们可以得出求最优树的赫夫曼算法。

给定实数 ω_1，ω_2，…，ω_t 且 $\omega_1 \leqslant \omega_2 \leqslant \cdots \leqslant \omega_t$，则按下列步骤求最优二叉树：

（1）连接以 ω_1，ω_2 为权的两片树叶，得一分支点，其权为 $\omega_1+\omega_2$。

（2）在 $\omega_1+\omega_2$，…，ω_t 中选两个最小的权，连接它们对应的结点（不一定都是树叶），得一分支点及所带的权。

（3）重复（2）直到形成 $t-1$ 个分支点、t 片树叶为止。

例 9　求带权为 7，8，9，12，16 的最优二叉树及其权。

解　构造最优二叉树的全部过程如图 10-38 所示。树的权为 $(9+12+16)\times 2+(7+8)\times 3=119$。

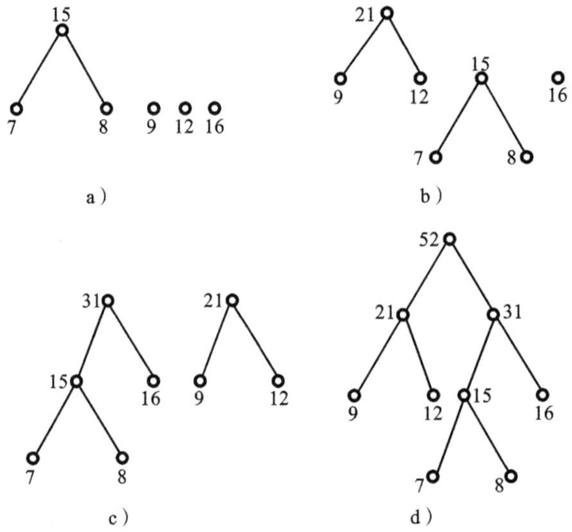

图 10-38 ■

4．前缀码问题

二叉树的另一应用就是前缀码问题。

在通信中，常用 0 和 1 的字符串作为英文字母的传送信息。由于字母出现的频率不同，为了减少信息量，一般采用不等长的编码。但要保证接收到的字符串能够进行译码，这就要用到前缀码。

定义 10.46 设$\beta=\alpha_1\alpha_2\cdots\alpha_n$是长度是 n 的符号串，称其子串α_1，$\alpha_1\alpha_2$，…，$\alpha_1\alpha_2\cdots\alpha_{n-1}$分别为$\beta$的长度为 1，2，…，$n-1$ 的前缀。设 $B=\{\beta_1, \beta_2, \cdots, \beta_m\}$为一个符号串集合，若对任意的$\beta_i$，$\beta_j\in B$，$i\neq j$，$\beta_i$和$\beta_j$互不为前缀，称 B 为前缀码。若β_i中只出现 2 个符号（如 0、1），则称 B 为 2 元前缀码。

例如，{000，001，01，10，11}是前缀码，而{00，01，001}不是前缀码，因为 00 是 001 的前缀。

定理 10.51 任何一棵二叉树的树叶对应一个前缀码。

证明 给定一棵二叉树，从每一个分支点引出两条边，对左侧标以 0，对右侧标以 1，则每片树叶将可标定一个 0 和 1 的序列，它由树根到这片树叶的通路上各边的标号所组成。显然，没有一片树叶的标定序列是另一片树叶标定序列的前缀，因此，任何一棵二叉树的树叶对应一个前缀码。 ■

定理 10.52 任何一个前缀码对应一棵二叉树。

证明 设给定一个前缀码，h 表示前缀码中最长序列的长度。我们画出一棵高度为 h 的正则二叉树，并给每一分支点射出的两条边标以 0 和 1，这样，每个结点可以标定一个 0 和 1 的序列，它由树根到该结点通路上各边的标号所确定，因此，对于长度不超过 h 的每一 0 和 1 的序列必对应一个结点。对应于前缀码中的每一序列的结点，给予一个标记，并将标记结点的所有后裔和射出的边全部删去，这样得到一棵二叉树，再删去其中未加标记的树叶，得到一棵新的二叉树，它的树叶就对应给定的前缀码。 ■

例 10 图 10-39 所示二叉树对应的前缀码为：{00，0100，0101，011，11}。

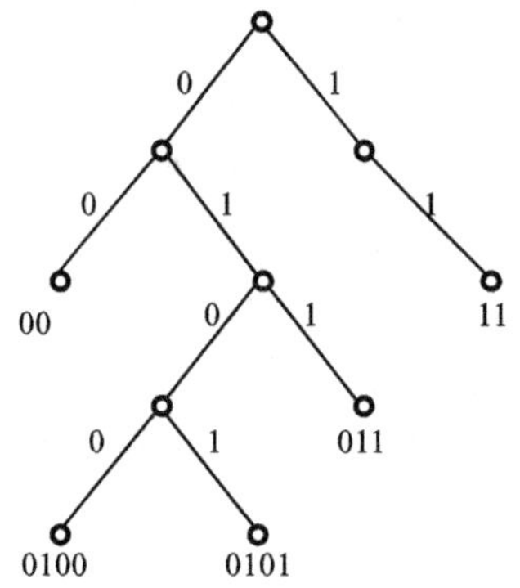

图　10-39 ■

当要传输按一定比例出现的符号时，需寻找传输它们最省二进制数字的前缀码，这就是最佳前缀码。由最优树得到的前缀码即为最佳前缀码。

例 11　在通信中，0，1，2，…，7 出现的频率如下：

0：30%	1：20%
2：15%	3：10%
4：10%	5：5%
6：5%	7：5%

求传输它们的最佳前缀码。

解　如不要求节省二进制数字，用长度为 3 的码（如 000 传 0，…，111 传 7）传输按上述比例出现的数字 10 000 个，要用 30 000 个二进制数字。如用最佳前缀码传输会节省二进制数字。

取 $\omega_1=5$，$\omega_2=5$，$\omega_3=5$，$\omega_4=10$，$\omega_5=10$，$\omega_6=15$，$\omega_7=20$，$\omega_8=30$，用赫夫曼算法求得最优二叉树 T 如图 10-40 所示，于是得到最佳前缀码：{01，11，001，100，101，0001，00001，00000}。

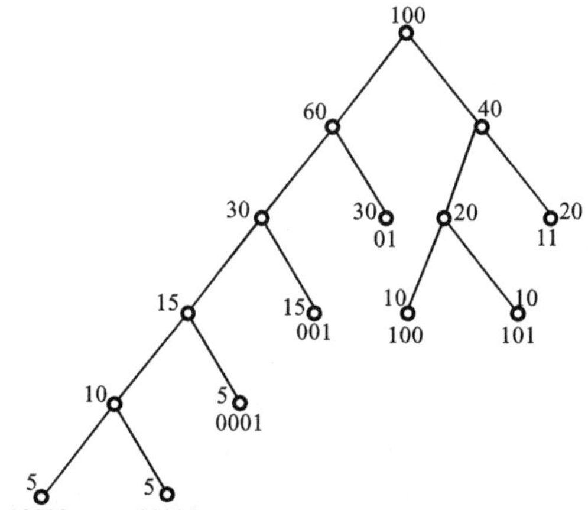

图　10-40

树 T 是带权 ω_1，ω_2，ω_3，ω_4，ω_5，ω_6，ω_7，ω_8 的最优二叉树，带权为 ω_i 的树叶对应的码传输出现频率为 ω_i%的数字，即：

01 传 0	101 传 4
11 传 1	0001 传 5
001 传 2	00001 传 6
100 传 3	00000 传 7

除了等长的码可交换外，其余的码不可交换。

用上述最佳前缀码传输，按上述比例出现的二进制数字的个数为：$(3000 + 2000) \times 2+ (1500 + 1000 + 1000) \times 3 + 500 \times 4 + 1000 \times 5 = 27\,500$（个），节省 2500 个二进制数字。■

10.8 着色问题

着色问题最早起源于地图的着色，一个地图中相邻国家着以不同的颜色，那么最少需要多少种颜色？英国青年盖思里提出用四种颜色即可对地图进行着色，但他没有给出证明，这就是著名的四色猜想。1976 年，美国数学家阿佩尔和黑肯宣布他们用计算机证明了四色猜想是成立的。但到目前为止，人们还没有给出理论上的证明。着色问题包括点着色、边着色和面着色等。本节将介绍相关概念及相关的结论，规定着色都是对无环无向图进行。

10.8.1 图中结点的着色

定义 10.47 对无向图 G 的每个结点涂上一种颜色，使相邻的结点涂不同的颜色，若能用 k 种颜色给 G 的结点着色，就称 G 是可 k 着色的。若 G 是可 k 着色的，但不是可 k–1 着色的，就称 G 是 k 色图，并称这样的 k 为 G 的着色数，记作 $\chi(G) =k$。

虽然到目前为止还没有一个简单的方法可以确定任一图 G 是否是 n 色的，但可以用韦尔奇·鲍威尔法对图着色，其方法是：

（1）将图 G 的结点按度数递减排列。

（2）对第一个结点及其不邻接的结点着第一种颜色。

（3）对尚未着色的第一个结点及其不邻接的结点着第二种颜色；续行此法，直到全部结点着完色为止。

例 1 用韦尔奇·鲍威尔方法给图 10-41 所示的图着色。

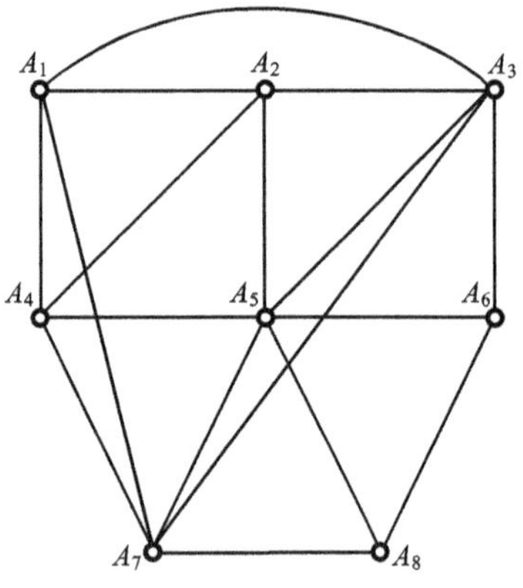

图 10-41

解 （1）根据结点度数递减排列各结点为：A_5，A_3，A_7，A_1，A_2，A_4，A_6，A_8。

（2）对 A_5 及后边未着色的不邻接结点 A_1 着 C_1 色。

（3）对 A_3 及后边未着色的不邻接结点 A_4，A_8 着 C_2 色。

（4）对 A_7 及后边未着色的不邻接结点 A_2，A_6 着 C_3 色。

因此 G 是可 3 着色的。又因为 A_1，A_2，A_3 互相邻接，故必须着三种颜色。所以 $\chi(G) = 3$。■

定理 10.53 对于 n 个结点的完全图 K_n，有 $\chi(K_n) = n$。

证明 因为完全图的任意两个结点都相邻，所以 n 个结点的着色数大于等于 n，而 n 个结点的着色数至多是 n，所以 $\chi(K_n) = n$。■

定理 10.54 设 $G=<V, E>$是 n（$n\geqslant 3$）阶 m 条边的连通平面图，则 G 必有一个结点 u 使得 $d(u) \leqslant 5$。

证明　若对任意 $u\in V$ 都有 $d(u)\geqslant 6$，由握手定理可得 $\sum_{v\in V}d(v)=2m\geqslant 6n$，则 $m\geqslant 3n>3n-6$，与 G 是连通平面图必满足 $m\leqslant 3n-6$ 矛盾。所以 G 必有一个结点 u 使得 $d(u)\leqslant 5$。■

定理 10.55　任意平面图 $G=<V, E>$都是可 5 着色的。

证明　对结点数用归纳法。

当$|V|\leqslant 5$ 时，结论显然成立。

假设$|V|=k$ 时结论成立。当$|V|=k+1$ 时，由于连通平面图中必有一个结点 u 使得 $d(u)\leqslant 5$，在 G 删去结点 u 之后，对 $G-\{u\}$结论成立。将 u 加入到 $G-\{u\}$中，若 $d(u)<5$，显然对 u 可正常着色，得到一个最多是可 5 着色的图 G。

若 $d(u)=5$，设与 u 邻接的结点按逆时针排列为 v_1，v_2，v_3，v_4，v_5，它们分别着色 C_1，C_2，C_3，C_4，C_5，如图 10-42 所示。

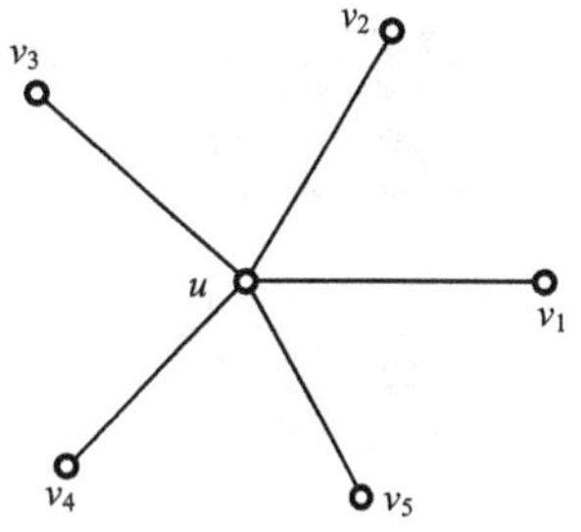

图　10-42

令 H 为 $G-\{u\}$中所有着 C_1 和 C_3 色的结点集合，F 为 $G-\{u\}$中所有着 C_2 和 C_4 色的结点集合。

（1）若 v_1 与 v_3 属于集合 H 所导出子图的两个不同的连通分支，将 v_1 所在子图中的 C_1、C_3 两种颜色对调，并不影响图 $G-\{u\}$的正常着色，然后在 u 上着 C_1 色，即得图 G 是可 5 着色的。

（2）若 v_1 与 v_3 属于集合 H 所导出子图的同一连通分支，那么从 v_1 到 v_3 必有一条路 P，P 上各个结点都是 C_1 或 C_3 色，路 P 与边$[u, v_1]$、$[u, v_3]$一起构成一回路 L，它包围了 v_2 或 v_4，但不能同时包围 v_2 和 v_4，故 v_2 和 v_4 分属 F 所导出子图的两个不同连通分支中。因此在包含 v_2 的连通分支中将 C_2 和 C_4 对调，不影响 $G-\{u\}$的正常着色，这样，对 v_2 和 v_4 着 C_4 色，对 u 着 C_2 色，得到五色图。■

定理 10.56　设 G 中至少含一条边，则$\chi(G)=2$ 当且仅当 G 为二部图。

证明留给读者。

定理 10.57　对于任意的无向图 G（不含环），均有$\chi(G)\leqslant\Delta(G)+1$。

证明　对 G 的阶数 n 作归纳法。$n=1$ 时，结论显然成立。假设 $n=k$ 时结论成立，下证 $n=k+1$ 时结论也成立。设 v 为 G 中任一个结点，令 $G_1=G-\{v\}$，则 G_1 的阶数为 k，由归纳假设可知$\chi(G_1)\leqslant\Delta(G_1)+1\leqslant\Delta(G)+1$。当将 G_1 还原成 G 时，由于 v 至多与 G_1 中$\Delta(G)$个结点相邻，而在 G_1 的点着色中，$\Delta(G)$个结点至多用了$\Delta(G)$种颜色，于是在$\Delta(G)+1$ 种颜色中至少存在一种颜色给 v 着色，使 v 与相邻结点着不同颜色。故$\chi(G)\leqslant\Delta(G)+1$。■

10.8.2　地图的着色与平面图的点着色

定义 10.48　连通无桥平面图的平面嵌入及其所有的面称为平面地图或地图，地图的面称为“国家”。若两个国家的边界至少有一条公共边，则称这两个国家是相邻的。

定义 10.49　对地图 G 的每个国家着上一种颜色，使相邻的国家着不同的颜色，称为对 G 的一种面着色。若能用 k 种颜色给 G 的面着色，就称 G 是可 k 面着色的。若 G 是可 k 面着色的，但不是可 $k-1$ 面着色的，就称 G 的面色数为 k，记作$\chi^*(G)=k$。

定理 10.58 地图 G 是可 k 面着色的当且仅当它的对偶图 G^* 是可 k 着色的。

证明 设 G 的面数为 r，G^* 的结点数为 n^*，则 $r=n^*$。所以，只要将 G 的任意面与其对应的 G^* 的结点着同一色即可。■

研究地图的着色（面着色）等价于研究平面图的点着色。

10.8.3 边着色

定义 10.50 对图 G 的每条边着上一种颜色，使相邻的边着不同的颜色，称为对图 G 边的一种着色。若能用 k 种颜色给 G 的边着色，就称 G 是可 k 边着色的。若 G 是可 k 边着色的，但不是可 k–1 边着色的，就称 G 的边色数为 k，记作 $\chi'(G)=k$。

定理 10.59（维津定理） 设 G 是简单图，则 $\Delta(G)\leqslant\chi'(G)\leqslant\Delta(G)+1$。

定理 10.60 设 G 是长度大于等于 2 的偶圈，则 $\chi'(G)=\Delta(G)=2$。设 G 是长度大于等于 3 的奇圈，则 $\chi'(G)=\Delta(G)+1=3$。

定理 10.61 设 $G=<V_1, V_2, E>$ 为二部图，则 $\chi'(G)=\Delta(G)$。

定理 10.62 当 n（$n\neq1$）为奇数时，$\chi'(K_n)=n$，当 n 为偶数时，$\chi'(K_n)=n-1$。

限于篇幅，以上定理的证明略。

例 2 求图 10-43 中图的边色数。

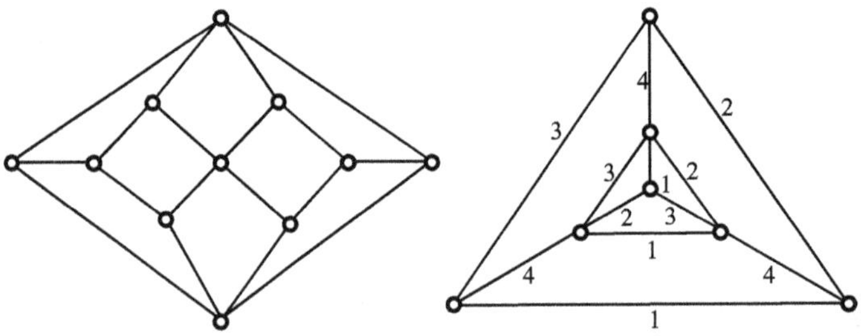

a） b）

图 10-43

解 图 10-43a 中无奇长回路，所以它为二部图，由定理 10.61 可知 $\chi'(G)=\Delta(G)=4$。

由维津定理可知，图 10-43b 中 $\chi'(G)\geqslant\Delta(G)=4$，又存在 4 种颜色的边着色，所以 $\chi'(G)\leqslant4$，因而 $\chi'(G)=4$。■

10.9 最短路径和关键路径

10.9.1 最短路径问题

最短路径问题是图论中研究的一个重要课题，它广泛应用于交通、网络寻优等领域。最短路径问题要解决的就是求加权图 $G=<V, E, W>$ 中两个给定结点之间的最短路径。

定义 10.51 给定简单加权图 $G=<V, E, W>$，u，$v\in V$，u 到 v 的路上各边的权值之和称为该路的长度。所有连接 u 到 v 的路中长度最小的路称为 u 到 v 的最短路径。

定义 10.52 给定简单加权图 $G=<V, E, W>$，$V=\{v_0, v_1, \cdots, v_{n-1}\}$，称 $\boldsymbol{A}=(a_{ij})$ 为加权图 G 的邻接矩阵，且

$$a_{ij}=\begin{cases}\omega_{ij} & 若\ v_i\ 和\ v_j\ 之间有边相连\\ \infty & 若\ v_i\ 和\ v_j\ 之间没有边相连\\ 0 & i=j\end{cases}$$

其中，ω_{ij} 表示 v_i 和 v_j 之间边的权值。

定义 10.53　设 $G=<V,E>$ 是一个图，$v\in V$，称 $\mathrm{Succ}(v)=\{x|x\in V\wedge[v,x]\in E$（或 $<v,x>\in E$）$\}$ 为 v 的后继结点集，$\mathrm{Pree}(v)=\{x|x\in V\wedge[x,\ v]\in E$（或 $<x,\ v>\in E$）$\}$ 为 v 的前驱结点集。

求最短路径的一个著名算法是 Dijkstra 算法，它的基本思想是：若 $u_0u_1\cdots u_{m-1}u_m$ 是从 u_0 到 u_m 的最短路径，则 $u_0u_1\cdots u_{m-1}$ 是从 u_0 到 u_{m-1} 的最短路径。算法的描述如下：

设 S 表示已求得从 v_0 出发的最短路径的终点的集合，一维数组的分量 $D[i]$ 表示当前所找到的从始点 v_0 到每个终点 v_i 的最短路径的长度。

（1）令 $S=\{v_0\}$，$D[i]=a_{0i}$。

（2）选择 v_j，使得 $D[j]=\mathrm{Min}\{D[i]|v_j\in V-S\}$。$v_j$ 就是当前求得的一条从 v_0 出发的最短路径的终点。令 $S=S\cup\{v_j\}$。

（3）修改从 v_0 出发到集合 $V-S$ 中任意结点 v_k 可达的最短路径长度。如果 $D[j]+a_{jk}<D[k]$，则修改 $D[k]$ 为：$D[k]=D[j]+a_{jk}$。

（4）重复操作（2）、（3）共 $n-1$ 次。由此求得从 v_0 到其余各结点的最短路径是依路径长度递增的序列。

例 1　求图 10-44 中 v_0 到其余各结点的最短路径。

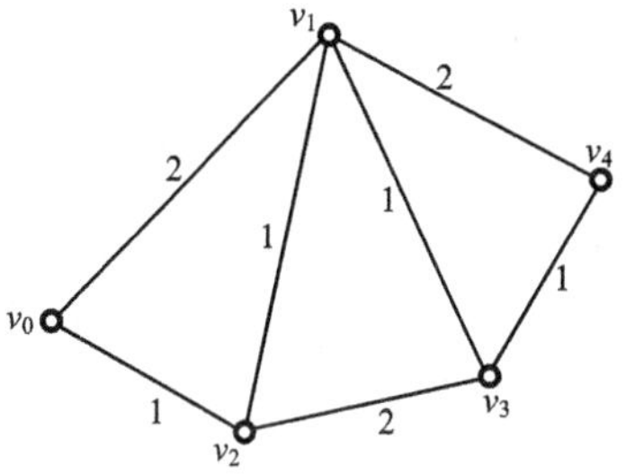

图　10-44

解　G 的邻接矩阵为

$$A=\begin{bmatrix}0 & 2 & 1 & \infty & \infty\\ 2 & 0 & 1 & 1 & 2\\ 1 & 1 & 0 & 2 & \infty\\ \infty & 1 & 2 & 0 & 1\\ \infty & 2 & \infty & 1 & 0\end{bmatrix}$$

求解的全过程如下表所示：

v_i \ K	v_0	v_1	v_2	v_3	v_4	S
0	$\boxed{0}$	2	1	∞	∞	v_0
1		2	$\boxed{1}$ /v_0	3/v_2	∞	v_0，v_2
2		$\boxed{2}$ /v_0		3/v_2	4/v_1	v_0，v_2，v_1
3				$\boxed{3}$ /v_2	4/v_1	v_0，v_2，v_1，v_3
4					$\boxed{4}$ /v_1	v_0，v_2，v_1，v_3，v_4
D	0	2	1	3	4	

于是从 v_0 到 v_1 的最短路径为 v_0v_1，长度 2；从 v_0 到 v_2 的最短路径为 v_0v_2，长度 1；从 v_0 到 v_3 的最短路径为 $v_0v_2v_3$，长度 3；从 v_0 到 v_4 的最短路径为 $v_0v_1v_4$，长度 4。

我们分析发现，从 v_0 到 v_4 有多条最短路径，但上述算法只能求出一条，因而 Dijkstra 算法具有局限性。在实际问题中，往往需要求出所有最短路径。为了克服该算法的局限性，下面给出一种改进后的算法。

（1）按照上述算法求出从 v_0 到其他各结点的最短路径长度，即一维数组 D 的各分量 $D[i]$。

（2）构造矩阵 $\boldsymbol{P}$ 如下：

$$\boldsymbol{P}[i,j]=\begin{cases}A[i,j]+D[i] & 若0<A[i,j]<\infty且D[i]\neq\infty \\ A[i,j] & 其他\end{cases}$$

（3）依据 $\boldsymbol{P}$ 求出从 v_0 到其他各结点的所有最短路径。方法是：按照 $\mathrm{Succ}(v_i)=\{v_j|\boldsymbol{P}[i,j]=D[v_j]$ 且 $v_i\neq v_j\}$ 依次求出每个结点的后继结点集，进而得到从 v_0 到其他各结点的所有最短路径。

例如，在前面求解的基础上，根据步骤（2）求出矩阵 $\boldsymbol{P}$ 如下：

$$\boldsymbol{P}=\begin{bmatrix}0 & 2 & 1 & \infty & \infty \\ 4 & 0 & 3 & 3 & 4 \\ 2 & 2 & 0 & 3 & \infty \\ \infty & 4 & 5 & 0 & 4 \\ \infty & 6 & \infty & 5 & 0\end{bmatrix}$$

根据公式 $\mathrm{Succ}(v_i)=\{v_j|\boldsymbol{P}[i,j]=D[v_j]$ 且 $v_i\neq v_j\}$ 求出每个结点的后继结点集，有 $\mathrm{Succ}(v_0)=\{v_1, v_2\}$，$\mathrm{Succ}(v_1)=\{v_3, v_4\}$，$\mathrm{Succ}(v_2)=\{v_1, v_3\}$，$\mathrm{Succ}(v_3)=\{v_4\}$，$\mathrm{Succ}(v_4)=\varnothing$。

于是，v_0 到 v_1 的所有最短路径为：v_0v_1，$v_0v_2v_1$，v_0 到 v_2 的所有最短路径为：v_0v_2，v_0 到 v_3 的所有最短路径为：$v_0v_1v_3$，$v_0v_2v_3$，$v_0v_2v_1v_3$，v_0 到 v_4 的所有最短路径为：$v_0v_1v_4$，$v_0v_1v_3v_4$，$v_0v_2v_1v_4$，$v_0v_2v_3v_4$，$v_0v_2v_1v_3v_4$。 ■

10.9.2 关键路径问题

网络计划技术是一种组织生产和进行计划管理的科学方法，该技术作为一门成熟的管理技术，最突出的优点就是能直观地反映项目工作间的相互关系，使一项计划构成一个系统的整体，为实现计划的定量分析奠定了基础。在网络计划技术中，把工程计划表述为带权的有向无环图，以结点表示事件，以有向边表示活动，边上的权值表示该活动的持续时间，则此带权的有向图称为用边表示“活动”的网（Activity On Edge Network），简称 AOE 网。通常 AOE 网上列出了完成预定工程计划所需要进行的活动，每项活动的计划完成时间，要发生哪些事件，及这些事件和活动的关系。为了进行人力、物力的调度和分配，以缩短工期，我们必须找出影响工程进度的关键活动，这就是关键路径的求解问题。

定义 10.54 设 $D=\langle V, E, W\rangle$ 为 n 阶有向带权图，满足：（1）D 是简单图；（2）D 中无环；（3）有一个结点入度为 0，称为源点或发点，有一个结点出度为 0，称为汇点或收点；边 $\langle v_i, v_j\rangle$ 带的权记为 ω_{ij}。称 D 为计划评审技术图（PERT 图）。在 PERT 图中，求关键路径就是求从源点到汇点的一条最长路径。

自发点 v_1 开始沿最长路径到达 v_i 所需时间称为 v_i 的最早完成时间，记为 $\mathrm{TE}(v_i)$。

在保证收点 v_n 的最早完成时间不增加的条件下，自 v_1 最迟到达 v_i 所需时间称为 v_i 的最晚完成时间，记为 $\mathrm{TL}(v_i)$。

$\mathrm{TL}(v_i)-\mathrm{TE}(v_i)$ 称为 v_i 的缓冲时间，记为 $\mathrm{TS}(v_i)$。

由上述定义，显然有

$$\mathrm{TE}(v_1)=0$$
$$\mathrm{TE}(v_i)=\max_{v_j\in \mathrm{Pree}(v_i)}\{\mathrm{TE}(v_j)+\omega_{ij}\}，\ i=2，3，\cdots，n$$
$$\mathrm{TL}(v_n)=\mathrm{TE}(v_n)$$
$$\mathrm{TL}(v_i)=\min_{v_j\in \mathrm{Succ}(v_i)}\{\mathrm{TL}(v_j)-\omega_{ij}\}，\ i=1，2，\cdots，n-1$$

例 2　求图 10-45 各结点的最早完成时间、最晚完成时间和缓冲时间以及关键路径。

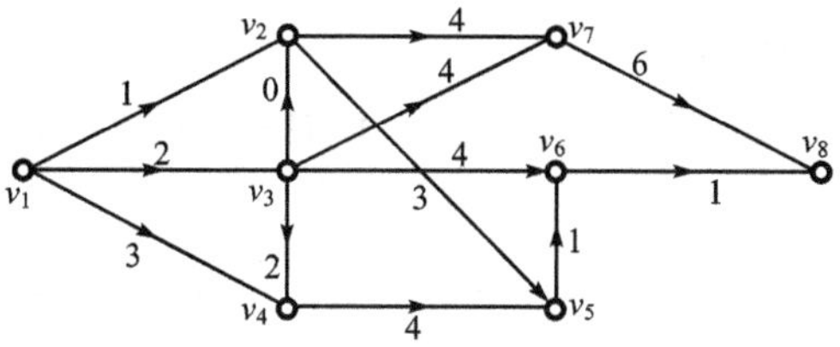

图　10-45

解　（1）利用公式 $\mathrm{TE}(v_i)=\max_{v_j\in \mathrm{Pree}(v_i)}\{\mathrm{TE}(v_j)+\omega_{ij}\}$求得各结点的最早完成时间为：

$$\mathrm{TE}(v_1)=0$$
$$\mathrm{TE}(v_2)=\max\{0+1\}=1$$
$$\mathrm{TE}(v_3)=\max\{0+2，1+0\}=2$$
$$\mathrm{TE}(v_4)=\max\{0+3，2+2\}=4$$
$$\mathrm{TE}(v_5)=\max\{1+3，4+4\}=8$$
$$\mathrm{TE}(v_6)=\max\{2+4，8+1\}=9$$
$$\mathrm{TE}(v_7)=\max\{1+4，2+4\}=6$$
$$\mathrm{TE}(v_8)=\max\{9+1，6+6\}=12$$

（2）利用公式 $\mathrm{TL}(v_i)=\min_{v_j\in \mathrm{Succ}(v_i)}\{\mathrm{TL}(v_j)-\omega_{ij}\}$求得各结点的最晚完成时间为：

$$\mathrm{TL}(v_8)=12$$
$$\mathrm{TL}(v_7)=\min\{12-6\}=6$$
$$\mathrm{TL}(v_6)=\min\{12-1\}=11$$
$$\mathrm{TL}(v_5)=\min\{11-1\}=10$$
$$\mathrm{TL}(v_4)=\min\{10-4\}=6$$
$$\mathrm{TL}(v_3)=\min\{6-2，11-4，6-4\}=2$$
$$\mathrm{TL}(v_2)=\min\{2-0，10-3，6-4\}=2$$
$$\mathrm{TL}(v_1)=\min\{2-1，2-2，6-3\}=0$$

（3）利用公式 $\mathrm{TL}(v_i)-\mathrm{TE}(v_i)$求得各结点的缓冲时间为：

$$\mathrm{TS}(v_1)=\mathrm{TS}(v_3)=\mathrm{TS}(v_7)=\mathrm{TS}(v_8)=0$$
$$\mathrm{TS}(v_2)=2-1=1$$
$$\mathrm{TS}(v_4)=6-4=2$$
$$\mathrm{TS}(v_5)=10-8=2$$
$$\mathrm{TS}(v_6)=11-9=2$$

于是，所求关键路径为 $v_1v_3v_7v_8$。 ■

上述方法也只能求一条关键路径。作为思考题，读者可考虑如何对其进行改进来求所有关键路径（提示：可仿照最短路径算法）。

10.10 典型例题分析

例 1 证明在任何两个或两个以上的组内，存在两个人在组内有相同数的朋友。

【相关知识】 简单图、度数序列。

【分析】 解决这类问题的一般方法是：先将其抽象为图，然后按照图的一些性质进行判断或求解。

证明 将每个人对应成一个结点，若两个人具有朋友关系，则其对应的结点之间连一条线，这样将问题抽象成了一个图，记为 G。原问题就等价于证明在无向图 G 中一定存在度数相等的结点。

设图 G 有 n 个结点。若 G 中不存在度数相等的结点，则由图 G 为简单图可知，结点的度数列必为：0，1，…，$n-1$。删去 0 度结点后得到的图 G' 仍然是简单图，且其结点度数列为：1，2，…，$n-1$，与 G' 是简单图矛盾。故图 G 中存在度数相等的结点，即在任何两个或两个以上的组内，存在两个人在组内有相同数的朋友。

例 2 设 G 是无向完全图，若对 G 的每条边指定一个方向，所得图称为竞赛图。证明：没有有向回路的竞赛图 $D=\langle V, E\rangle$，对任意 u，$v\in V$，有 $d^+(u)\neq d^+(v)$。

【相关知识】 简单图、结点的度数、回路。

【分析】 要证明 $d^+(u)\neq d^+(v)$ 这样的结论，最易想到的是反证法。

证明 若 D 中存在两个结点 u 和 v，使得 $d^+(u)=d^+(v)$。由于 D 为竞赛图，不妨设 $\langle u, v\rangle\in E$。则至少存在一个结点 w，使得 $\langle u, w\rangle\notin E$，$\langle v, w\rangle\in E$。由竞赛图的性质，有 $\langle w, u\rangle\in E$。于是边 $\langle u, v\rangle$，$\langle v, w\rangle$ 和 $\langle w, u\rangle$ 构成一有向回路，矛盾。所以，对任意 u，$v\in V$，有 $d^+(u)\neq d^+(v)$。

例 3 设无向图 G 中各结点的度数都是 3，且结点数 n 与边数 m 之间具有关系 $2n-3=m$，试问：

（1）G 中结点数 n 与边数 m 各为多少？

（2）在同构意义下 G 是惟一的吗？

【相关知识】 结点的度数、图的同构、握手定理。

【分析】 要求结点数 n 与边数 m 各为多少，必须找到 n 与 m 之间的其他关系，自然联想到握手定理。G 在同构之下惟一需要进行证明，否则举例说明即可。

证明 （1）由握手定理可得 $2m=\sum\limits_{v\in V}d(v)=3n$，又因为 $2n-3=m$，所以 $n=6$，$m=9$。

（2）在同构意义下 G 不是惟一的。例如，图 10-46 所示的两个图满足题设的条件，但不同构。

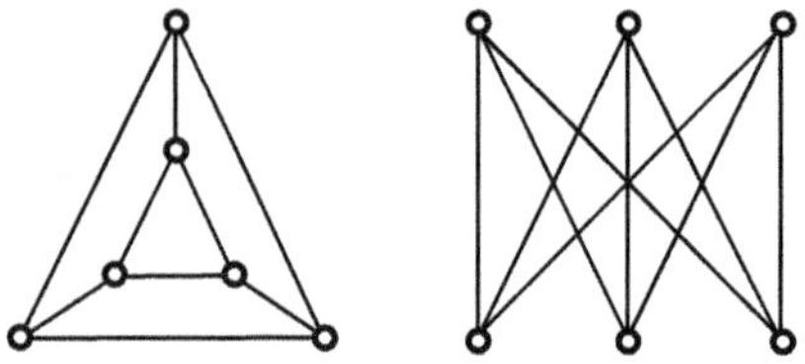

图 10-46

例 4 设 G 是 n 阶 m 条边的简单图，且 $m>C_{n-1}^2$，则 G 是连通的。

【相关知识】 简单图、连通。

【分析】 证明 G 是连通的，最易想到的是反证法。

证明　若 G 不连通，设 G 有 k 个连通分支，不妨设为 G_1，G_2，…，G_k（$k\geqslant 2$）。设 G_i 的结点数和边数分别为 n_i 和 m_i（i=1，2，…，k），显然有

$$n=\sum_{i=1}^{k}n_i\ ,\quad m=\sum_{i=1}^{k}m_i$$

因为每个连通简单图中边数与结点数之间一定满足关系 $m_i\leqslant C_{n_i}^2$，所以

$$m=\sum_{i=1}^{k}m_i\ \leqslant\sum_{i=1}^{k}C_{n_i}^2=\frac{n_1(n_1-1)}{2}+\frac{n_2(n_2-1)}{2}+\cdots+\frac{n_k(n_k-1)}{2}=\frac{(n_1^2+n_2^2+\cdots+n_k^2)-n}{2}$$

$$\leqslant\frac{k(\frac{n}{k})^2-n}{2}=\frac{n^2}{2k}-\frac{n}{2}\leqslant\frac{n^2}{2\times 2}-\frac{n}{2}=\frac{n(n-2)}{4}\leqslant\frac{(n-1)(n-2)}{2}=C_{n-1}^2$$

与已知条件矛盾，所以 G 是连通的。

例 5　设 G=<V，E>是连通无向图，G 中至少有 3 个结点，证明 G 中存在两个结点，将它们删除后，图仍然是连通的。

【相关知识】 连通图、路。

【分析】 要找到这样的结点，最先想到的应该是最长路径，删除最长路径的两个端点。

证明　设图 G 上的最长基本路为 P：$v_0v_1\cdots v_p$，因为 P 为最长的基本路，所以与 v_0 或 v_p 关联的结点都在路径 P 上，故而图 $G-\{v_0,\ v_p\}$仍然是连通的。若不然，假设存在两个结点 u_0 和 u_1 不连通。因为图 G 是连通的，所以在 G 中存在 u_0 和 u_1 之间的路径 P'。而在 $G-\{v_0,\ v_p\}$ 中 u_0 和 u_1 不连通，所以路径 P'上包含 v_0 或 v_p。又因为与 v_0 或 v_p 关联的结点都在路径 P 上，所以删除 v_0 和 v_p 以及它们关联的边，路径 P 上的结点还是连通的。故在 $G-\{v_0,\ v_p\}$中一定可以找到另一条路径使得 u_0 和 u_1 连通，矛盾。因此，$G-\{v_0,\ v_p\}$是连通的。

例 6　设 G=<V，E>是 n 阶 m 条边的简单无向图，有：

（1）若 $m=\frac{1}{2}(n-1)(n-2)+2$，证明 G 是哈密顿图。

（2）如果 $m=\frac{1}{2}(n-1)(n-2)+1$，那么 G 是否一定是哈密顿图？

【相关知识】 哈密顿图、结点的度。

【分析】 在 n 阶无向简单图中，若任意两个不相邻结点的度数之和大于等于 n，则该图是哈密顿图。

证明　（1）若 G 中存在两个结点 u 和 v，使得 $d(u)+d(v)\leqslant n-1$。令 $V_1=\{u,\ v\}$，$G_1=G-V_1$，则 G_1 是 $n-2$ 阶简单图，它的边数 m'满足 $m'\geqslant\frac{1}{2}(n-1)(n-2)+2-(n-1)\geqslant\frac{1}{2}(n-2)(n-3)+1$，与 G_1 是 $n-2$ 阶简单图矛盾。所以 G 中任意两个不相邻结点的度数之和大于等于 n，故 G 是哈密顿图。

（2）当 $m=\frac{1}{2}(n-1)(n-2)+1$ 时，G 不一定是哈密顿图。例如，图 10-47 所示的图不是哈密顿图。

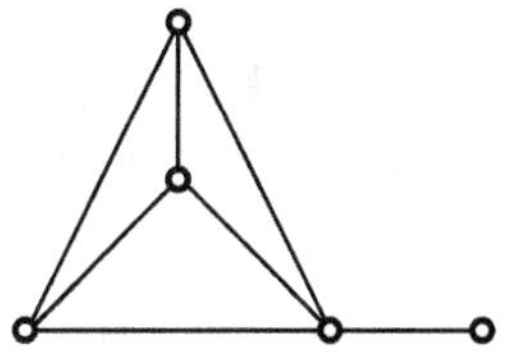

图　10-47

例 7　无向完全图 K_n（$n\geqslant 3$）中共有多少条不同的哈密顿回路？

【相关知识】 完全图、哈密顿回路、乘法原理。

【分析】 从某一点出发，依次选取与前面结点不同的邻接点构造一条哈密顿回路，求出所有不同的选择方法即可。

证明 设 v_1 为 K_n 中任一结点，构成哈密顿回路时，选与 v_1 相邻的结点（不妨设为 v_2）共有 $n-1$ 种选法，再选与 v_2 相邻的结点 v_3 共有 $n-2$ 种选法，依此类推，选与 v_{n-1} 相邻的结点 v_n 共有 1 种选法，选与 v_n 相邻的结点 v_1 只有 1 种选法。由乘法原理可知，从 v_1 出发又回到 v_1 的哈密顿回路共有 $(n-1)!$ 条。于是，从 K_n 中任一结点出发的哈密顿回路共有 $n!$ 条。但回路 $v_1v_2\cdots v_{n-1}v_nv_1$ 中任何一结点均可作为始点（终点），也就是说在 $v_1v_2\cdots v_{n-1}v_nv_1$ 中任何一结点作为始点（终点）均看作一条回路，因而 K_n 中应有 $\frac{n!}{n}=(n-1)!$ 条不同的哈密顿回路。又将 $v_1v_2\cdots v_{n-1}v_nv_1$ 和 $v_1v_nv_{n-1}\cdots v_2v_1$ 看成同一条回路，于是 K_n 中应有 $\frac{1}{2}(n-1)!$ 条不同的哈密顿回路。

例 8 证明任何一棵树都是二部图。

【相关知识】 二部图、树。

【分析】 二部图中结点集分为两部分，其边的端点必分别在这两部分中。因为树中没有回路，所以可依次将其结点划分到两个结点集中。

证明 从树的任意一个结点 v 出发，将 v 标记为 1，与 v 相邻的结点标记为 2，然后再给标记为 2 的结点相邻的结点标记为 1，依此类推，直到所有结点标记完为止。这样标记为 1 的所有结点组成集合 V_1，标记为 2 的所有结点组成集合 V_2。

下面证明树的任何边的两个端点必分别在 V_1 与 V_2 中。若不然，则存在边 $e=[u, w]$的两个结点在一个集合中，不妨设在 V_1 中。由上述标记法可知，存在 v 到 u 的路径 P_1，v 到 w 的路径 P_2，则$[u, w]$、P_1 与 P_2 构成回路，矛盾。所以任何边的两个端点必分别在集合 V_1 与 V_2 中。故任何一棵树都是二部图。

例 9 设 T 是一棵 n 阶的非平凡的树，$\Delta(T)\geqslant k$（$k\geqslant 1$），证明 T 中至少有 k 片树叶。

【相关知识】 树、结点的度、握手定理。

【分析】 因为 T 是树，所以其边数为 $n-1$。再由握手定理得到边数与结点的度之间的关系。

证明 设 T 有 x 片树叶，因为 T 是树，所以其边数为 $n-1$。又因为 T 中除树叶外的其他结点的度数都大于等于 2，所以由握手定理可得 $2(n-1)=\sum_{v\in V}d(v)\geqslant x+\Delta(T)+2(n-x-1)$，整理得 $x\geqslant\Delta(T)\geqslant k$。

例 10 设 $G=\langle V, E\rangle$是一个无向带权图，且各边的权不相等，$V=V_1\cup V_2$，$V_1\cap V_2=\varnothing$，$V_1\neq\varnothing$，$V_2\neq\varnothing$，证明 V_1 与 V_2 之间的最短边一定在 G 的最小生成树 T 上。

【相关知识】 带权图、最小生成树、回路。

【分析】 若 V_1 与 V_2 之间的最短边 e 不在 G 的最小生成树 T 上，而最小生成树 T 一定包含连接 V_1 与 V_2 之间的边 e'，且 $\omega(e')>\omega(e)$，那么在 T 中删去 e' 加上 e，构成权值更小的生成树，矛盾。

证明 设 e 是 V_1 与 V_2 之间的最短边，若 e 不在生成树 T 上，则 $T+e$ 有惟一的回路 C。因为 T 是最小生成树，所以 C 上除 e 之外一定有 V_1 与 V_2 之间的另一边 e'，而 $\omega(e')>\omega(e)$。$T+e-e'$

是连通图且与 T 的边数相同，所以 $T+e-e'$ 也是 G 的生成树。而 $\omega(T+e-e')=\omega(T)+\omega(e)-\omega(e')<\omega(T)$，与 T 是最小生成树矛盾。所以 V_1 与 V_2 之间的最短边一定在 G 的最小生成树 T 上。

例 11　设 G 是 n 阶连通简单平面图，其面数为 r，证明：

（1）若 $n\geqslant 3$，则 $r\leqslant 2n-4$。

（2）若 $\delta(G)=4$，则 G 中至少有 6 个结点的度数小于等于 5。

【相关知识】 平面图、欧拉公式。

【分析】 利用欧拉公式和握手定理找出结点数、边数、面数之间的关系即得。

证明　（1）设 G 的边数为 m，则由欧拉公式有 $n-m+r=2$，$r=m+2-n$，而对于 $n\geqslant 3$ 的连通平面图有 $m\leqslant 3n-6$，所以 $r=m+2-n\leqslant 3n-6+2-n=2n-4$。

（2）设 G 中度数小于等于 5 的结点数为 x 个，又因为 $\delta(G)=4$，所以由握手定理可得 $2m=\sum\limits_{v\in V}d(v)\geqslant 4x+6(n-x)$，即 $m\geqslant 3n-x$。又因为 G 是连通简单平面图，所以有 $m\leqslant 3n-6$。于是，$3n-x\leqslant m\leqslant 3n-6$，$x\geqslant 6$。故结论成立。

例 12　证明当每个结点的度数大于等于 3 时，不存在有 7 条边的简单连通平面图。

【相关知识】 平面图、欧拉公式。

【分析】 利用欧拉公式和握手定理找出结点数、边数、面数之间的关系即得。

证明　设 (n,m) 图是简单连通平面图，且有 r 个面。若 $m=7$，由欧拉公式知 $n+r=m+2=9$。而每个面至少由 3 条边围成，有 $3r\leqslant 2m$，则 $r\leqslant \frac{2}{3}m$。又对于任意结点 $v\in V$，$d(v)\geqslant 3$，有 $3n\leqslant 2m$，$n\leqslant \frac{2}{3}m$，所以 $n+r\leqslant \frac{2}{3}m+\frac{2}{3}m=\frac{4}{3}m=\frac{28}{3}$，与 $n+r=9$ 矛盾，故结论成立。

10.11　上机实验

1. 实验内容

在以下题目中，所有图均为简单图。

（1）求图的可达矩阵。

（2）求有向图的所有强分图。

（3）求有向图的所有单向分图。

（4）求图的所有割点。

（5）求图的所有割边。

（6）求源点到其他各点的所有最短路径。

（7）求图的所有关键路径。

（8）求最小生成树的两种算法：Kruskal 算法、Prim 算法。

（9）求赫夫曼编码。

（10）判断一个图是否为哈密顿图。

（11）求二部图的所有完备匹配。

2．实验目的

图论是一个应用十分广泛而又极其有趣的数学分支，以离散对象的二元关系结构为研究对象。图论在网络理论、信息论、控制论和计算机科学等领域都有着广泛的应用。通过该组实验，目的是让学生更加深刻地理解图论中的一些基本概念，并熟悉图在计算机上的表示和运算方法，且能够解决实际图论问题。

3．算法的主要思想

为了方便，设图 $G=<V, E>$的结点集为 $V=\{0, 1, \cdots, n-1\}$，其邻接矩阵用 $\boldsymbol{A}$ 表示，可达矩阵用 $\boldsymbol{P}$ 表示。

（1）、（2）、（3）、（10）、（11）中图的邻接矩阵 $\boldsymbol{A}$ 定义为：

$$a_{ij}=\begin{cases}1 & \text{若}i\text{与}j\text{之间有边}\\ 0 & \text{否则}\end{cases}$$

（4）、（5）中图的邻接矩阵 $\boldsymbol{A}$ 定义为：

$$a_{ij}=\begin{cases}1 & \text{若}v_i\text{和}v_j\text{之间有边}\\ 0 & i=j\\ \text{Max} & \text{否则}\end{cases}$$

其中，Max 表示最大值∞。

（1）求图的可达矩阵。

利用 Warshall 算法求可达矩阵的算法如下：

① 置 $\boldsymbol{P}=\boldsymbol{A}$。

② $i=0$。

③ 对所有 j，如果 $\boldsymbol{P}[j, i]=1$，则对 $k=0, 1, \cdots, n-1$，$\boldsymbol{P}[j, k]=\boldsymbol{P}[j, k]\vee\boldsymbol{P}[i, k]$。

④ i 加 1。

⑤ 如果 $i\leqslant n-1$，则转到步骤③，否则停止。

（2）求有向图的所有强分图。

若 $\boldsymbol{P}$ 是图 G 的可达矩阵，$\boldsymbol{P}^{\mathrm{T}}$ 是 $\boldsymbol{P}$ 的转置，则 $\boldsymbol{P}\wedge\boldsymbol{P}^{\mathrm{T}}$ 的第 i 行元素为 1 的列号为下标的结点构成了包含 i 的强分图，其中 $A\wedge B$ 定义为$(A\wedge B)_{ij}=a_{ij}\wedge b_{ij}$。

（3）求有向图的所有单向分图。

设 G'是删去图 G 的所有强分图的边之后得到的图，其邻接矩阵用 $\boldsymbol{B}$ 表示。

通过对有向图的分析可得出以下结论：

结论 1 一个强分图的所有结点一定同在或同不在一个单向分图中。

结论 2 图 G'的单向分图要么是孤立结点，要么是不可扩充成回路的通路。

结论 3 对 G 的结点归并：①将 G'的每条不可扩展路的结点及其该结点所在 G 的强分图归并；②将完成①之后的未处理结点按其所在 G 的强分图进行归并。这样即可得到 G 的所有单向分图。

于是，求有向图的所有单向分图的算法如下：

① 求 G 的所有强分图。

② 求删去 G 的强分图的所有边所得子图 G'。

③ 求图 G' 的所有不可扩展路。

④ 按照结论 3 对所有结点进行归并，即得 G 的所有单向分图。

（4）求图的所有割点。

判断结点 i 是否为割点的算法如下：

① 由图 G 的邻接矩阵 $\boldsymbol{A}$ 求出子图 $G-\{i\}$ 的邻接矩阵 $\boldsymbol{A}^i$。

② 按照 Floyd 算法求出子图 $G-\{i\}$ 的最短路径长度矩阵 $\boldsymbol{D}^i$。

③ 若 $\boldsymbol{D}^i$ 中除主对角线元素外具有 Max 元，则结点 i 是割点,否则结点 i 不是割点。

（5）求图的所有割边。

判断边 $[i, j]$ 是否为割边的算法如下：

① 由图 G 的邻接矩阵 $\boldsymbol{A}$ 求出子图 $G-\{[i, j]\}$ 的邻接矩阵 $\boldsymbol{A}^i$。

② 按照 Floyd 算法求出子图 $G-\{[i, j]\}$ 的最短路径长度矩阵 $\boldsymbol{D}^i$。

③ 若 $\boldsymbol{D}^i$ 中除主对角线元素外具有 Max 元，则边 $[i, j]$ 是割边,否则边 $[i, j]$ 不是割边。

（6）求源点到其他各点的所有最短路径。

图 $G=<V, E, W>$ 的邻接矩阵 $\boldsymbol{A}$ 按下面方式定义：

$$a_{ij}=\begin{cases}\omega_{ij} & \text{边}[i,j]\text{的权值}\\ 0 & i=j\\ \text{Max} & \text{否则}\end{cases}$$

其中，Max 表示最大值∞。

设 S 表示已找到从 v_0 出发的最短路径的终点的集合，向量 $\boldsymbol{D}$ 的每个分量 $\boldsymbol{D}[i]$ 表示从始点 v_0 到每个终点 v_i 的最短路径的长度，Succ(u)表示 u 的后继结点组成的集合。

求结点 0 到其他各结点的所有最短路径的算法描述如下：

① 初始化 S 及 $\boldsymbol{D}$。$S=\{0\}$，$\boldsymbol{D}[i]=\boldsymbol{A}[0,i]$，$i=0,1,\cdots,n-1$。

② 选取 j，使得 $\boldsymbol{D}[j]=\min\{\boldsymbol{D}[i]|i\in V-S\}$，令 $S=S\cup\{j\}$。

③ 修改从 0 出发到集合 $V-S$ 上任一结点 k 可达的最短路径长度。如果 $\boldsymbol{D}[j]+\boldsymbol{A}[j][k]<\boldsymbol{D}[k]$，则修改 $\boldsymbol{D}[k]$ 为：$\boldsymbol{D}[k]=\boldsymbol{D}[j]+\boldsymbol{A}[j][k]$。

④ 重复②、③共 $n-1$ 次，求得从 0 到其余各结点 j 的最短路径长度 $\boldsymbol{D}[j]$。

⑤ 按如下方法构造矩阵 $\boldsymbol{P}$：

$$\boldsymbol{P}[i,j]=\begin{cases}\boldsymbol{A}[i,j]+\boldsymbol{D}[i] & \text{若}0<\boldsymbol{A}[i,j]<\infty\text{且}\boldsymbol{D}[i]\neq\infty\\ \boldsymbol{A}[i,j] & \text{其他}\end{cases}$$

⑥ 根据矩阵 $\boldsymbol{P}$ 输出所有最短路径。方法是：按照公式 $\text{Succ}(u)=\{w|\boldsymbol{P}[u][w]=\boldsymbol{D}[w]\text{且 }u\neq w\}$ 求出每个顶点的后继结点组成的集合；根据求得的结果按秩的大小输出从源点到其他各顶点的所有最短路径。

（7）求图的所有关键路径。

图 $G=<V, E, W>$ 的邻接矩阵 $\boldsymbol{A}$ 按下面方式定义：

$$a_{ij}=\begin{cases}\omega_{ij} & \text{边}[i,j]\text{的权值}\\ 0 & i=j\end{cases}$$

设向量 $\boldsymbol{D}$ 的每个分量 $\boldsymbol{D}[i]$ 表示当前所找到的从源点 0 到每个终点 i 的路径的最大长度；

向量 $\boldsymbol{S}$ 的每个分量 $\boldsymbol{S}[i]$表示从源点 0 到终点 i 的最长距离是否已求出，若已求出则 $\boldsymbol{S}[i]=1$，否则 $\boldsymbol{S}[i]=0$；$\boldsymbol{P}$ 为按照下述方法对 $\boldsymbol{A}$ 进行修正后得到的矩阵；Pre(u)表示 u 的前驱结点组成的集合。则求源点 0 到汇点 $n-1$ 的所有关键路径的算法描述如下：

① 初始化矩阵 $\boldsymbol{S}$、$\boldsymbol{D}$ 和 $\boldsymbol{P}$。

```
for(i=0;i<n;i++)S[i]=0; S[0]=1;
for(i=0;i<n;i++)D[i]=A[0][i];
P=A;
```

② 选择 k，使得 $\boldsymbol{D}[k]=\max\{\boldsymbol{D}[i]|\boldsymbol{S}[i]=0\}$，并令 $\boldsymbol{S}[k]=1$。用 $\boldsymbol{D}[k]$修正矩阵 $\boldsymbol{P}$ 第 $k+1$ 行的值，即若 $\boldsymbol{P}[k][i]$不等于 0，则 $\boldsymbol{P}[k][i]=\boldsymbol{P}[k][i]+\boldsymbol{D}[k]$，否则 $\boldsymbol{P}[k][i]$的值不变，$i=0,1,\cdots,n-1$。

③ 根据矩阵 $\boldsymbol{P}$ 第 $k+1$ 行的值修正 $\boldsymbol{D}$ 的值，即若 $\boldsymbol{D}[i]<\boldsymbol{P}[k][i]$，则 $\boldsymbol{D}[i]=\boldsymbol{P}[k][i]$且 $\boldsymbol{S}[i]=0$，否则 $\boldsymbol{D}[i]$的值不变，$i=0,1,\cdots,n-1$。

④ 判断该过程是否结束，若结束则转向⑤，否则转向②。

⑤ 根据矩阵 $\boldsymbol{P}$ 输出所有关键路径。方法是：按照公式 $\text{Pre}(u)=\{w \ |\boldsymbol{P}[w][u]=\boldsymbol{D}[u]$且 $u\neq w\}$ 求出每个顶点的前驱结点组成的集合，根据求得的结果输出从源点到汇点的所有关键路径。

（8）求最小生成树的两种算法：Kruskal 算法、Prim 算法。

设 $G=<V, E, W>$是 n 阶 m 条边的连通无向带权图。

Kruskal 算法如下：

① 在 G 中选取最小权边 e_1，并置边数 $i=1$。

② 当 $i=n-1$ 时结束，否则转向③。

③ 设已选择的边为 e_1，e_2，…，e_i，在 G 中选取不同于 e_1，e_2，…，e_i的边 e_{i+1}，使得 e_{i+1}是与 e_1，e_2，…，e_i不构成回路且权值最小的边。

④置 i 为 $i+1$，转向②。

Prim 算法如下：

① 在 G 中任意选取一结点 v_1，并置 $U=\{v_1\}$，置最小生成树的边集 $TE=\{\}$。

② 在所有 $u\in U$，$v\in V-U$ 的边$[u, v]\in E$ 中，选取权值最小的边$[u, v]$，将$[u, v]$并入 TE，同时将 v 并入 U。

③ 重复②直到 $U=V$ 为止。

（9）求赫夫曼编码（最优二叉树对应的前缀码）。

```
//——————最优二叉树的存储结构
typedef struct{
  int weight;//结点的权值
  int parent;//指向其双亲结点
  char child;//表示该结点是其双亲结点的左或右孩子结点
}Node,*huffmantree;
//——————赫夫曼编码的存储结构
typedef struct node{
  char data;
  struct node *next;
}node,*huffmancode;
```

假定 n 个叶结点所带的权值为$\{\omega_1, \omega_2, \cdots, \omega_n\}$，求其对应最优二叉树的赫夫曼编码的算法如下：

首先，构造最优二叉树。

① 根据给定的 n 个权值$\{\omega_1, \omega_2, \cdots, \omega_n\}$构成 n 棵二叉树的集合 $F=\{T_1, T_2, \cdots, T_n\}$，其中每棵二叉树 T_i 中只有一个权值为 ω_i 的根结点，其左右子树为空。

② 在 F 中选取两棵根结点的权值最小的树作为左右子树构造一棵新的二叉树，且置新的二叉树的根结点的权值为其左、右子树上根结点的权值之和。

③ 在 F 中删除这两棵树，同时将新得到的二叉树加入 F 中。

④ 重复②和③，直到 F 只含一棵树为止。

其次，在得到最优二叉树之后，从每个叶结点出发走一条从叶结点到根结点的路径即可得到该叶结点字符对应的赫夫曼编码。

（10）判断一个图是否为哈密顿图。

① $i=0$。

② 求从 i 出发的所有不可扩展的基本路，若存在长度为 n 的基本路且形成回路，则该图为哈密顿图，结束。

③ $i=i+1$。若 $i=n-1$，该图不是哈密顿图，结束。否则，转向②。

（11）求二部图的所有完备匹配。

设二部图 $G=<V_1, V_2, E>$，其中 $V_1=\{u_0,u_1,\cdots,u_{n-1}\}$，$V_2=\{v_0,v_1,\cdots,v_{m-1}\}$，则二部图 G 可用 $n\times m$ 阶矩阵 $\boldsymbol{A}=(a_{ij})$表示，其中

$$a_{ij}=\begin{cases}1 & 若u_i和v_j之间有边 \\ 0 & 否则\end{cases}$$

定义一个全局变量 $B[n]$来存储求出的一个完备匹配，其初值元素全为-1。根据二部图完备匹配的定义可知，若 B 是二部图 G 的一个匹配，则向 B 中添加边，并保证 B 仍然是一个匹配，直到不能再添加边为止，若 B 中的边数为 n，则 B 一定是二部图 G 的一个完备匹配。因此，求 G 的完备匹配的过程实际上是从矩阵 $\boldsymbol{A}$ 的不同行、不同列选取元素为 1 的极大元组。该算法采用搜索、试探、前进、回溯等几种运算来实现。

习　题

1．（1）图 G 的度数列为 2，2，3，3，4，则 G 的边数是多少？

（2）3，3，2，3 和 5，2，3，1，4 能成为图的度数列吗？为什么？

（3）图 G 有 12 条边，度数为 3 的结点有 6 个，其余结点的度数均小于 3，问图 G 中至多有几个结点？为什么？

2．若有 n 个人，每个人恰有 3 个朋友，则 n 必为偶数。

3．判断下列各非负整数列哪些是可图化的？哪些是可简单图化的？

（1）（1，1，1，2，3）。

（2）（2，2，2，2，2）。

（3）（3，3，3，3）。

（4）（1，2，3，4，5）。

（5）（1，3，3，3）。

4．试证明图 10-48 中的两个无向图是不同构的。

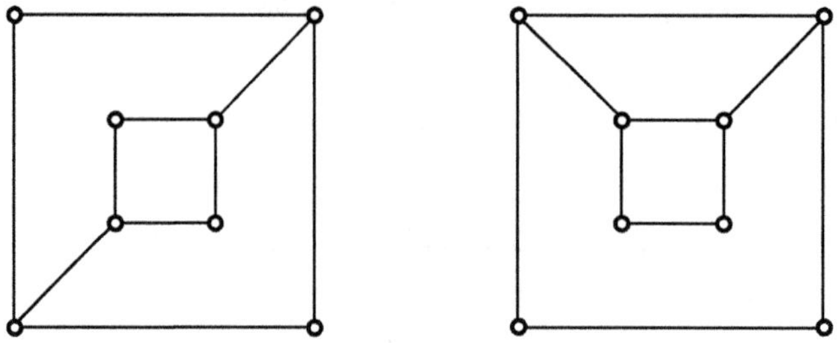

图 10-48

5．在图同构意义下，试画出具有 3 个结点的所有简单有向图。

6．给定无向完全图 $G=<V, E>$，且$|V|=4$。在图同构意义下，试求：

（1）G 的所有子图。

（2）G 的所有生成子图。

7．（1）试给出一个 5 个结点的自补图。

（2）一个图是自补图，则其对应的完全图的边数必是偶数。

（3）是否有 3 个结点或 6 个结点的自补图?

（4）一个自补图的结点数必是 $4k$ 或 $4k+1$。

8．一个 n（$n\geqslant 2$）阶无向简单图 G 中，n 为奇数，已知 G 中有 r 个奇数度结点，问 G 的补图 $\overline{G}$ 中有几个奇数度结点?

9．画出 4 阶无向完全图 K_4 的所有非同构的生成子图，并指出自补图。

10．设图 G 中有 9 个结点，每个结点的度不是 5 就是 6。试证明 G 中至少有 5 个 6 度结点或 6 个 5 度结点。

11．证明 3 度正则图必有偶数个结点。

12．设 G 为至少有两个结点的简单图，证明：G 中至少有两个结点度数相同。

13．给定无向图 $G=<V, E>$如图 10-49 所示，试求：

（1）从 a 到 d 的所有基本路。

（2）从 a 到 d 的所有简单路。

（3）长度分别是最小和最大的基本回路。

（4）长度分别是最小和最大的简单回路。

（5）从 a 到 d 的距离。

（6）$\gamma(G)$，$\lambda(G)$，$\delta(G)$，$\Delta(G)$分别是多少?

14．给定有向图 $G=<V, E>$如图 10-50 所示，试求：

（1）各结点的出度、入度和度。

（2）从 a 到 d 的所有基本路和简单路。

（3）所有基本回路和简单回路。

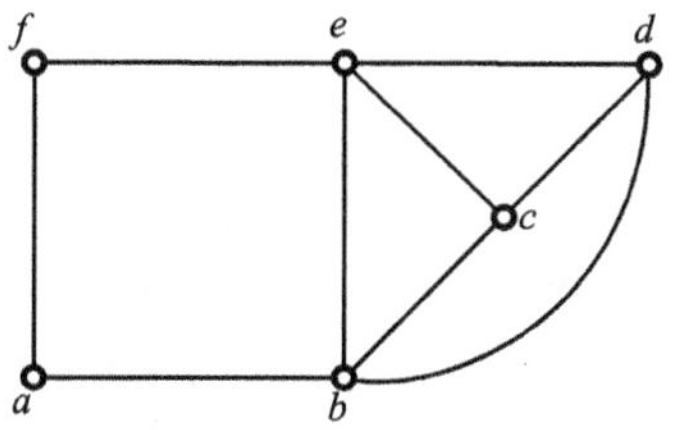

图　10-49

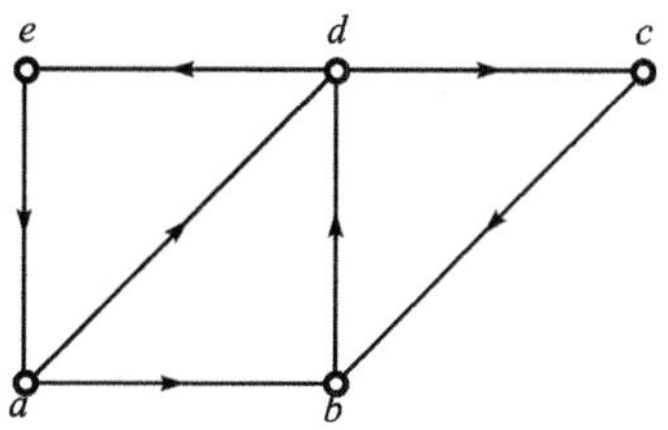

图　10-50

15．（1）若无向图 G 中只有两个奇数度结点，则这两个结点一定是连通的。

（2）若有向图 G 中只有两个奇数度结点，它们一个可达另一个结点或互相可达吗？

16．若无向图 G 是不连通的，证明 G 的补图 $\overline{G}$ 是连通的。

17．完成定理 10.11 的证明。

18．完成定理 10.16 的证明。

19．完成定理 10.17 的证明。

20．给出 3 个 4 阶有向简单图 D_1，D_2，D_3，使得 D_1 为强连通图；D_2 为单向连通图但不是强连通图；D_3 是弱连通图但不是单向连通图，当然更不是强连通图。

21．一个有向图 D 是单向连通图，当且仅当它有一条经过每一个结点的路。

22．设 e 为图 $G=<V, E>$ 中的一条边，$\omega(G)$ 为 G 的连通分支数，证明 $\omega(G) \leqslant \omega(G-e) \leqslant \omega(G)+1$。

23．设 G 是 n 阶无向简单图，有 m 条边和 p 个连通分支，证明 $n-p \leqslant m \leqslant (n-p)(n-p+1)/2$。

24．设 $G=<V, E>$ 为非平凡有向图，若对 V 的任一非空子集 S，G 中起始结点在 S 中、终止结点在 $V-S$ 中的有向边都至少有 k 条，则称 G 是 k 条边连通的。证明：非平凡有向图 G 是强连通的 $\Leftrightarrow$ 它是 1 条边连通的。

25．证明在 n 个结点的连通图 G 中，至少有 $n-1$ 条边。

26．试给出 $|V|=n$，$|E|=\frac{1}{2}(n-1)(n-2)$ 的简单无向图 $G=<V, E>$ 不连通的例子。

27．一个 n 阶连通图 G 最少有几个割点？最多有几个割点？

28．求完全图 K_n 中任两点之间长为 k 的路的数目。

29．有向图 D 如图 10-51 所示。

（1）求 D 的邻接矩阵 $\boldsymbol{A}$。

（2）D 中 v_1 到 v_4 长度为 4 的路有多少条？

（3）D 中 v_1 到自身长度为 3 的回路有多少条？

（4）D 中长度为 4 的路为多少条？其中有几条回路？

（5）D 中长度小于等于 4 的路有多少条？其中有多少条回路？

（6）D 是哪类连通图？

30．有向图 G 如图 10-52 所示。

（1）求 G 的邻接矩阵 $\boldsymbol{A}$。

（2）求出 $\boldsymbol{A}^2$、$\boldsymbol{A}^3$ 和 $\boldsymbol{A}^4$，v_1 到 v_4 长度为 1、2、3 和 4 的路各有多少条？

（3）求出 $\boldsymbol{A}^{\mathrm{T}}\boldsymbol{A}$ 和 $\boldsymbol{A}\boldsymbol{A}^{\mathrm{T}}$，说明 $\boldsymbol{A}^{\mathrm{T}}\boldsymbol{A}$ 和 $\boldsymbol{A}\boldsymbol{A}^{\mathrm{T}}$ 中的第(2，2)元素和第(2，3)元素的意义。

（4）求出可达矩阵 $\boldsymbol{P}$。

（5）求出强分图。

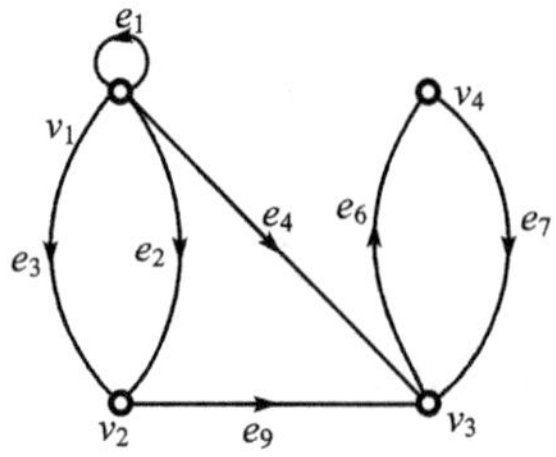

图 10-51

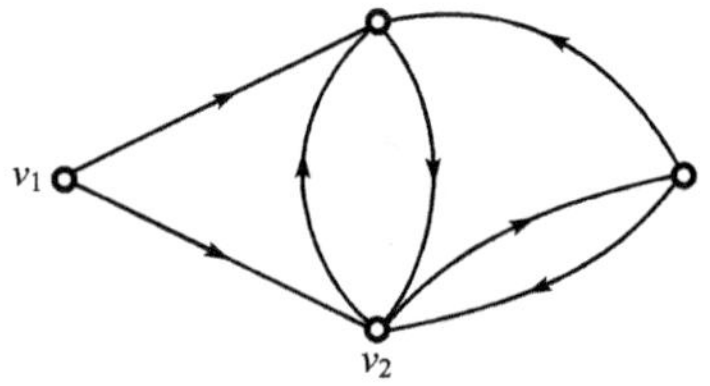

图 10-52

31．画一个无向欧拉图，使它具有：

（1）偶数个顶点，偶数条边。

（2）奇数个顶点，奇数条边。

（3）偶数个顶点，奇数条边。

（4）奇数个顶点，偶数条边。

32．画一个无向图，使它：

（1）既是欧拉图，又是哈密顿图。

（2）是欧拉图，但不是哈密顿图。

（3）是哈密顿图，但不是欧拉图。

（4）既不是欧拉图，也不是哈密顿图。

33．（1）n 为何值时，无向完全图 K_n 是欧拉图？n 为何值时，K_n 仅存在欧拉路而不存在欧拉回路？

（2）什么样的完全二部图是欧拉图？

（3）n 为何值时，轮图 W_n 为欧拉图？

34．证明：完全图 K_9 中至少存在彼此无公共边的两条哈密顿回路和一条哈密顿通路。

35．已知 a，b，c，d，e，f，g 7个人中，a 会讲英语；b 会讲英语和汉语；c 会讲英语、意大利语和俄语；d 会讲汉语和日语；e 会讲意大利语和德语；f 会讲俄语、日语和法语；g 会讲德语和法语。能否将他们的座位安排在圆桌旁，使得每个人都能与他身边的人交谈？

36．证明：对于每个竞赛图 D，至多改变一条边的方向后就可以变成哈密顿图。

37．给定简单无向图 $G=<V, E>$，且$|V|=m$，$|E|=n$。试证：若 $n\geq C_{m-1}^2+2$，则 G 是哈密顿图。

38．设 G 是无向连通图，证明：若 G 中有割点或割边，则 G 不是哈密顿图。

39．某次会议有 20 人参加，其中每个人都至少有 10 个朋友，这 20 人围一圆桌入席，要想使与每个人相邻的两位都是朋友是否可能？根据是什么？

40．设 G 是具有 k（$k>0$）个奇数度结点的无向连通图，证明 G 中边不重合的简单通路的最小数目是 $\frac{k}{2}$，它们包含 G 的全部边。

41．甲、乙、丙、丁四位教师，分配他们教数学、物理、电工和计算机原理四门课。甲能教物理和电工，乙能教数学和计算机原理，丙能教数学、物理和电工，丁只能教电工，对他们的工作怎样分配？

42．某杂志发表了 7 个征求答案的题目，当从读者寄来的解答中挑选每题的两个解答时，编者发现所有 14 个选出来的解答恰好是 7 个读者提出来的，而且每个人正好提出了两个解答。试证明：编辑可以这样发表每道题的一个解答，使得在发表的解答中，这 7 个读者每个人都恰有一个解答。

43．给定二部图 $G=<V_1, V_2, E>$，且 $|V_1 \cup V_2|=m$，$|E|=n$，证明 $n \leqslant m^2/4$。

44．设 G 是面数 r 小于 12 的简单平面图，G 中每个结点的度数至少为 3。

（1）证明 G 中存在至多由 4 条边围成的面。

（2）给出一个例子说明，若 G 中的面数为 12，且每个结点的度至少为 3，则（1）的结论不成立。

45．把平面分成 β 个区域，每两个区域都相邻，问 β 最大为几？

46．设简单平面图 G 中的结点数 $n=7$，边数 $m=15$，证明 G 是连通的。

47．设 G 是边数 m 小于 30 的简单平面图，试证明 G 中存在结点 v 使得 $d(v) \leqslant 4$。

48．设 G 为有 k（$k \geqslant 2$）个连通分支的平面图，G 的平面图的每个面至少由 f（$f \geqslant 3$）条边围成，则 $m \leqslant \dfrac{f}{f-2}(n-k-1)$。

49．证明：平面图 G 的对偶图 G^* 是欧拉图 $\Leftrightarrow G$ 中每个面的次数均为偶数。

50．在由 6 个结点 12 条边构成的连通平面图 G 中，每个面由几条边围成？为什么？

51．给定连通简单平面图 $G=<V, E, F>$，且 $|V|=6$，$|E|=12$。证明：对任意 $f \in F$，$d(f)=3$。

52．证明：不存在具有 5 个面，每两个面都共享一条公共边的平面图 G。

53．已知一棵无向树 T 有三个 3 度结点，一个 2 度结点，其余的都是 1 度结点。

（1）T 中有几个 1 度结点？

（2）试画出两棵满足上述度数要求的非同构的无向树。

54．一棵无向树 T 有 n_i 个度数为 i 的结点，$i=2, 3, \cdots, k$，问有多少个 1 度结点？

55．证明恰有两个结点的度数为 1 的树必为一条通路。

56．设无向图 G 是由 k（$k \geqslant 2$）棵树构成的森林，至少在 G 中添加多少条边才能使 G 成为一棵树？

57．试画出 4 个结点和 5 个结点的所有非同构的无向树。

58．设 $G=<V, E>$ 是连通图且 $e \in E$，试证明：e 是 G 的割边 $\Leftrightarrow e$ 包含在 G 的每棵生成树中。

59．如何由有向图 G 的邻接矩阵 $\boldsymbol{A}$ 判定 G 是否是根树？若是根树，如何定出它的树根和树叶？

60．设 T 为任意一棵正则二叉树，m 为边数，t 为树叶数，试证明 $m=2t-2$，其中 $t \geqslant 2$。

61．证明一棵完全二叉树必有奇数个结点。

62．画出所有不同构的高为 2 的二叉树，其中有多少棵正则二叉树？有多少棵满二叉树？

63．求带权 2，3，5，7，8 的最优二叉树及其权，并求该二叉树对应的 2 元前缀码。

64．（1）求带权为 1，1，2，3，3，4，5，6，7 的最优三叉树。

（2）求带权为 1，1，2，3，3，4，5，6，7，8 的最优三叉树。

65．在下面给出的 3 个符号串集合中，哪些是前缀码？哪些不是前缀码？若是前缀码，构造二叉树，其树叶代表二进制编码。若不是前缀码，则说明理由。

（1）{0，10，110，1111}。

（2）{1，01，001，000}。

（3）{1，11，101，001，0011}。

66．给出定理 10.56 的证明。

67．求图 10-53 所示各图的点色数。

68．设 G^*为图 10-54 所示平面图 G 的对偶图，画出 G^*，通过求$\chi(G^*)$得到对应地图的$\chi^*(G)$。

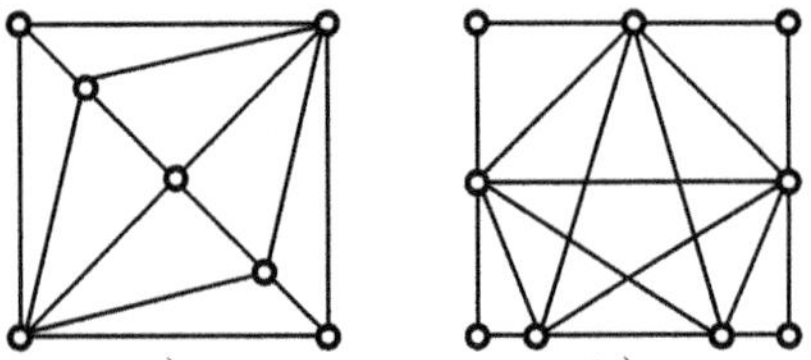

a）　b）

图　10-53

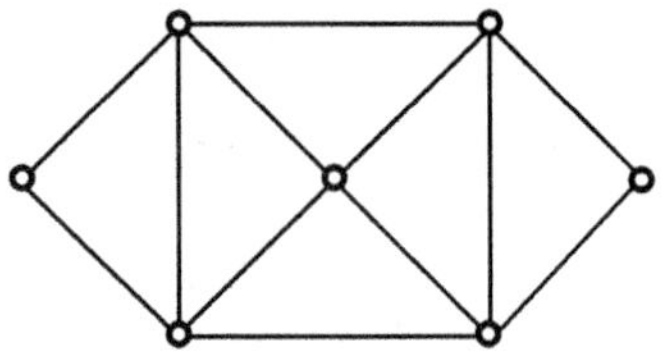

图　10-54

69．给出完全图 K_4 和 K_5 的边色数。

70．给出 $K_{3,3}$ 的边色数。

71．将无向完全图 K_6 的边随意地涂上红色或绿色，证明：无论如何涂，总存在红色的 K_3 或绿色的 K_3。

72．求图 10-55 所示图中结点 b 到其余各结点的最短路径及其长度。

73．求如图 10-56 所示 PERT 图中各结点的最早完成时间、最晚完成时间和缓冲时间以及关键路径。

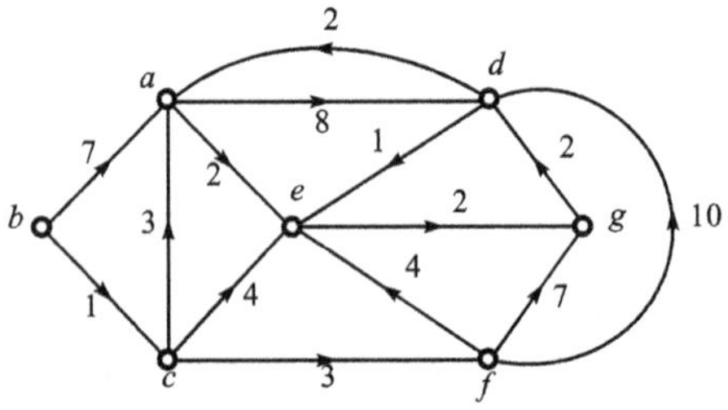

图　10-55

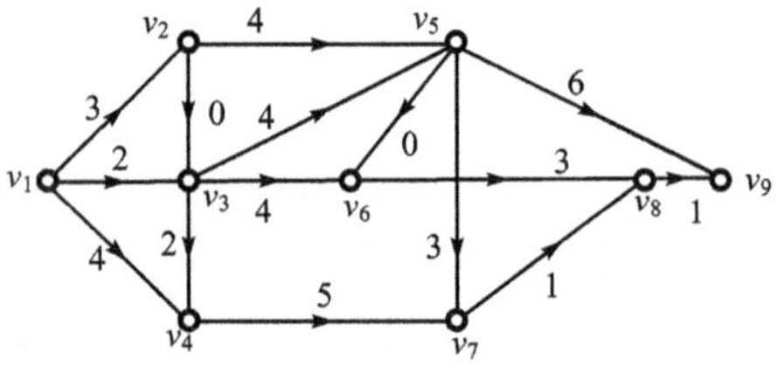

图　10-56

第 11 章　形式语言与自动机简介

自动机是描述计算的数学模型，用来识别语言或计算函数；形式文法也是一种数学模型，用来产生形式语言。形式语言与自动机理论密切相关，是计算机科学的一个重要分支，在编译程序理论、人工智能、可计算性等领域有着广泛的应用。

本章将简单介绍形式语言与自动机的基本理论。

11.1　语言及其表示

11.1.1　语言

语言是一个非常抽象的概念，概括地说，一种语言是由某些字符串组成的集合。为了对语言给出确切的定义，我们从字母表谈起。

由特定的符号组成的有限集合称为字母表。常见的字母表是由 26 个英文字母、10 个阿拉伯数字、运算符号等组成的集合。0 和 1 两个数字也可以组成字母表。

设Σ是一个字母表，由Σ上的符号组成的有穷序列称为Σ上的字符串。如二进制数 100100 是字母表{0，1}上的一个字符串。字符串 x 中所含字符的个数称为该字符串的长度，记为$|x|$。如$|100100|=6$。长度为 0 的字符串称为空串，记为ε。用 a^i 表示由 i 个相同的符号 a 组成的字符串，并规定 $a^0=\varepsilon$。

设 w，x，y，z 都是字符串，且 $w=xyz$，则称 x 是 w 的前缀，如果 $x\neq w$，则称 x 是 w 的真前缀；称 z 是 w 的后缀，如果 $z\neq w$，则称 z 是 w 的真后缀；称 y 是 w 的子串，当 $y\neq w$ 时，则称 y 是 w 的真子串。如 $w=aabb$，aab 是 w 的前缀，bb 是 w 的后缀，ab 是 w 的子串且不是 w 的前缀，也不是 w 的后缀。对于任何字符串，空串既是前缀，也是后缀。

设 x 和 y 是字符串，xy 称为 x 和 y 的连接。有时用符号"·"表示连接运算，即 $x\cdot y=xy$。例如，若 $x=ab$，$y=cd$，则 $x\cdot y=xy=abcd$。显然对任意字符串 x，都有 $x\cdot\varepsilon=\varepsilon\cdot x=x$，即 $x\varepsilon=\varepsilon x=x$。把 n 个字符串 x 的连接记为 x^n。

设Σ为一个字母表，通常用 Σ^* 表示Σ上的一切字符串组成的集合，而 Σ^+ 表示Σ上除空串以外一切字符串的集合，即 $\Sigma^+=\Sigma^*-\{\varepsilon\}$。

定义 11.1　*字母表Σ上满足一定条件的字符串的集合 L，称为Σ上的一种语言。*

例如，若Σ是由 26 个英文字母（包括大小写）、标点符号和空格组成的字母表，则Σ上那些符合英文单词组成规则和句子生成规则的字符串的集合，便是英语。全部二进制整数也可以看成是一种语言，它是字母表{0，1}上所有字符串的集合。

由于语言是由字符串组成的集合，因此我们可以用列举法或谓词表示法来描述一种语言。

例 1　全体 3 位二进制数组成的字母表{0，1}上的语言可用列举法表示出来：$L=\{000, 001, 010, 011, 100, 101, 110, 111\}$。■

例 2　$\{a^nb^n|n\geqslant 1\}$是字母表$\{a, b\}$上的一种语言，这是用谓词表示法对该语言的一种描述。

■

设 L_1 是字母表 Σ_1 上的语言，L_2 是字母表 Σ_2 上的语言，那么 $L_1 \cdot L_2=\{x \cdot y | x \in L_1,\ y \in L_2\}$ 称为 L_1 和 L_2 的连接。

对大量的语言来说，往往含有无穷多个字符串，而且字符串之间并不一定有明显的共同特点。这时，要直接用集合符号和表示方法来描述一种语言是十分困难的。因此，必须寻找其他的有限形式来表示可能含有无穷多个字符串的语言。下面要介绍的文法和识别器就是语言的有限表示方法。

11.1.2 文法

文法是一类语言发生器。从一个文法 G 可以产生出一种语言 L 的各个句子，这些句子实际上是字符串。G 可以产生的句子的集合，就是一种语言，记为 $L(G)$。文法本身也是一个数学系统。对文法给以不同的定义，可以得到不同的文法体系，这里介绍的文法，也称为短语结构文法。

定义 11.2 文法是一个四元组 $G=(V,\ \Sigma,\ P,\ S)$，其中：

（1）V 是非终结符号的有限集。

（2）Σ 是终结符号的有限集，也称字母表，$\Sigma \cap V=\varnothing$。

（3）P 是产生式集合，P 的元素为$(\alpha \to \beta)$，其中 $\alpha \in (V \cup \Sigma)^* \cdot V \cdot (V \cup \Sigma)^*$，$\beta \in (V \cup \Sigma)^*$，$\alpha \to \beta$ 表示从 a 可以推导出 β。

（4）S 是初始符号。

文法的核心是产生式集合 P，它是一些形式化规则的有限集。从文法 G 产生出语言 $L(G)$ 的一个句子的过程是这样的：从初始符号 S 开始，根据 P 中的某个产生式可以推导出一个由终结符号和非终结符号组成的字符串；如果该字符串含有非终结符号，那么应用 P 中的某个产生式又可以推导出一个新的字符串，直到所产生的字符串只含有终结符号（字母表中的元素）为止，这个就得到 $L(G)$的一个句子。所有通过上述方法推导出的句子的集合，便是语言 $L(G)$。这个推导过程可以递归地定义如下。

定义 11.3 设 $G=(V,\ \Sigma,\ P,\ S)$是一个文法，则：

（1）S 是句型。

（2）若$\alpha\beta\gamma$是句型，且$\beta \to \delta$是 P 的一个元素，则$\alpha\delta\gamma$也是句型。

（3）不含非终结符号的句型是语言 $L(G)$的一个句子。

下面，我们通过一些例子来说明文法的概念以及由文法产生语言的过程。

例 3 设 $G=(\{A,\ S\},\ \{0,\ 1\},\ P,\ S)$，其中 $P=\{S \to 0A1,\ 0A \to 00A1,\ A \to \varepsilon\}$。从这个文法可以推导出下面的一些句子：

$$S \to 0A1 \to 01;\quad S \to 0A1 \to 00A11 \to 0011;\quad S \to 0A1 \to 00A11 \to 000A111 \to 000111$$

由于 01、0011、000111 等都只由终结符号组成，所以它们都是句子。不难发现，这个文法所产生的句子都具有如下形式：前面有几个 0，后面就有几个 1，而且凡是这种形式的字符串都能由文法 G 产生出来，所以该文法所产生的语言可以表示为 $L(G)=\{0^n1^n | n \geqslant 1\}$。 ■

例 4 设 $G=(\{S\},\ \{a,\ b\},\ P,\ S)$，其中 $P=\{S \to bSS,\ S \to a\}$。从这个文法中可以推导出下面的句子：

$S \to bSS \to baS \to baa$；$S \to bSS \to bbSSSS \to bbSaSS \to bbbSSaSS \to bbbaaabSSSS \to bbbaaabaaaa$

■

由上面的例子可以看出，产生式集合 P 是文法的核心。对产生式进行不同的限制，就得到不同类型的语言。通常，根据对产生式的四种限制条件，把文法及产生的语言分为四类。

定义 11.4　（1）设 $G=(V, \Sigma, P, S)$为一个文法，若对 P 中的产生式不加任何限制条件，则称 G 为短语结构文法或 0 型文法。由 0 型文法产生的语言称为递归枚举语言或 0 型语言。

（2）设 $G=(V, \Sigma, P, S)$为一个文法，如果 P 中的每个产生式$\alpha \to \beta$都满足$|\alpha| \leqslant |\beta|$，则称 G 为上下文有关文法或 1 型文法。由上下文有关文法产生的语言称为上下文有关语言或 1 型语言。

（3）设 $G=(V, \Sigma, P, S)$为一个文法，如果 P 中的每个产生式都具有形式 $A \to \alpha$（$A \in V$，$\alpha \in (V \cup \Sigma)^*$），则称 G 为上下文无关文法或 2 型文法。由上下文无关文法产生的语言称为上下文无关语言或 2 型语言。

（4）设 $G=(V, \Sigma, P, S)$为一个文法，如果 P 中的每个产生式都具有形式 $A \to a$ 或 $A \to aB$（$A, B \in V$，$a \in \Sigma^*$），则称 G 为右线性文法；如果 P 中的每个产生式都具有形式 $A \to a$ 或 $A \to Ba$（$A, B \in V$，$a \in \Sigma^*$），则称 G 为左线性文法。右线性文法和左线性文法都称为正规文法或 3 型文法。由正规文法产生的语言称为正规语言或 3 型语言。

由上述定义可以看出，每个正规文法也是上下文无关的；每个上下文无关文法也是上下文有关的；每一个上下文有关文法也是 0 型文法。换句话说，正规语言是上下文无关语言的子集，上下文无关语言是上下文有关语言的子集，而它们又都是 0 型语言的子集。

11.1.3　识别器

对语言进行有限表示的第二种常用方法是识别器。一个语言识别器的结构如图 11-1 所示。它由三大部分组成：输入带、有限状态控制器和辅助存储器。

输入带上排列着一个个带单元，每个带单元存放着一个输入字母表中的符号。连接在有限状态控制器上的读写头能在带上读出某个带单元上的符号，有限状态控制器根据读到的符号和辅助存储器中取出的信息决定读写头的动作（左移一格、右移一格或不动，以及需要写上什么符号），存入存储器的信息及状态的改变等。

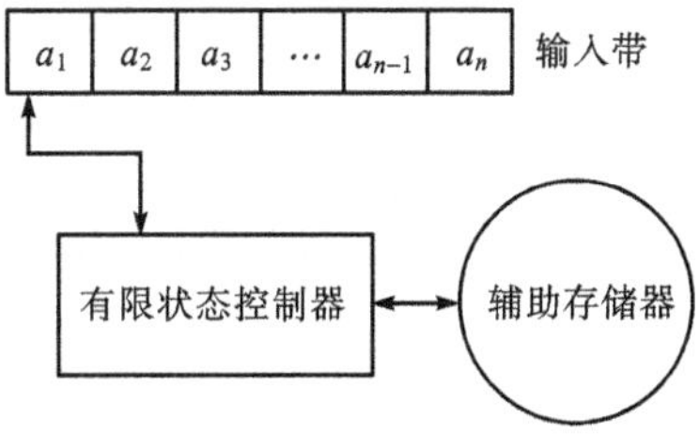

图 11-1　识别器的基本结构

如果输入带上各单元的符号组成字符串 w，识别器从初始格局开始，根据带上的输入字符和辅助存储器上的信息，在状态控制器的控制下，完成一系列动作后，结束在终止格局，那么就说识别器接受了字符串 w，或者说字符串是该识别器可以识别的。由识别器接受的全部字符串的集合，称为该识别器所定义的语言。

上小节指出的四类文法所分别产生的四种类型的语言，即正规语言、上下文无关语言、上下文有关语言和 0 型语言，都存在着对应的识别器类，它们分别为有限自动机、下推自动机、线性界限自动机和图灵机。

研究四类文法及其产生的四类语言性质的学科称为形式语言理论，研究对应的四类识别器的学科称为自动机理论。可见，自动机理论和形式语言理论有着非常密切的关系。

11.2 正规语言与有限自动机

本节讨论最简单的语言类以及它的识别器，即正规语言和有限自动机。正规语言和有限自动机的理论被大量用于设计有效的字符串处理程序，比如编译程序中的词法分析器和文本编辑器。而从一般意义上讲，各种不同学科领域的有限状态系统，均可用有限自动机来描述和设计。

11.2.1 确定的有限自动机

有限自动机是一种具有离散输入和输出系统的数学模型，这种系统具有有限个内部状态。在引入有限自动机的定义之前，我们来看一个例子。

有一个人带着一只狼、一只羊和一棵青菜，要从河左岸渡到河右岸。但河中只有一只小船，一次只能装载人和他携带的三者之一过河。考虑到安全问题，当人不在场的时候，狼和羊不能留在河岸的一边，羊和菜也不能留在河岸的一边。如何能使人及其携带的三者都渡过河而羊和菜又不被吃掉呢？

我们可以通过状态转换图来求解这个问题。用字母 *M*、*W*、*G*、*C* 分别表示人、狼、羊和青菜。用连字号“–”连接上述四个字母形成的序偶来表示状态。如 *MWGC*–∅表示人和他携带的三者都在河的左岸；而 *MG*–*WC* 表示人和羊在河的左岸，狼和菜已渡到河的右岸。根据题意，有些状态（如 *WG*–*MC*，*MW*–*GC* 等）是不允许出现的。显然，一种状态能改变成另一种状态，是由于人带着三种携带物之一乘船渡河或者人单独乘船渡河的结果。如果两种状态之间可以通过一次渡河实现转换，便在它们之间加一条连线，并在连线旁分别标上小写英文字母 *m*、*w*、*g*、*c*，分别表示人单独过河、人携带狼、人携带羊、人携带菜过河。这样问题的求解就变成寻找从初始状态 *MWGC*–∅到终止状态∅–*MWGC* 之间的一条有向路。图 11-2 给出这个问题的状态转换图。

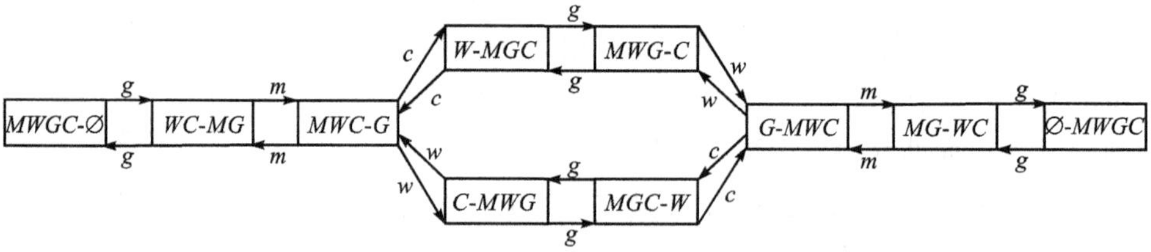

图 11-2　人、狼、羊、菜的状态转换图

从状态转换图中，我们可以归纳出这个系统包含着下面几种要素：有一个状态集（共有 10 个状态）；有一个状态之间的转换关系（全体有向弧表达了这种关系）；状态之间的转换需要输入字母，全体输入字母组成一个输入字母表（本问题中，输入字母 *m*、*w*、*g*、*c* 分别代表不同的渡河情况）；此外还有初始状态和终止状态。

这种有限的状态转换系统与有限自动机的情况相类似，下面我们给出有限自动机的定义。

定义 11.5　确定的有限自动机（简称 DFA）是一个五元组 $M=(Q, \Sigma, \delta, q_0, F)$，

其中：

（1）Q 是一个有限状态集。

（2）Σ 是有限的输入字母表。

（3）δ: $Q\times\Sigma\to Q$ 称为状态转换函数。

（4）$q_0\in Q$ 是初始状态。

（5）$F\subseteq Q$ 是终止状态集。

确定的有限自动机（DFA）的工作程序是这样的：从初始状态 q_0 开始，DFA 的读写头扫描输入带上的第一个字符，设为 a，然后根据状态函数的定义，求出 $\delta(q_0, a)$，设 $\delta(q_0, a)=q_1$，这时自动机的状态转换成 q_1，读写头再扫描输入带上的第二个字符，设为 b，DFA 又计算出 $\delta(q_1, b)$，…，直到输入带上的字符读完。如果得出状态 $q\in F$，即得到一个终止状态，那么就说所描述过的字符串能被该 DFA 所接受。如果把输入串上的字符全部扫描完毕，而得到的不是终止状态，那么就说输入带上的字符串是该 DFA 不能接受的。所有能被 DFA 接受的字符串的集合，就称为该 DFA 所识别的语言。

例 1　设有一个确定的有限自动机（DFA）为 $M=(Q, \Sigma, \delta, q_0, F)$，其中 $Q=\{q_0, q_1, q_2, q_3\}$，$\Sigma=\{0, 1\}$，$F=\{q_0\}$，$\delta(q_0, 0)=q_2$，$\delta(q_0, 1)=q_1$，$\delta(q_1, 0)=q_3$，$\delta(q_1, 1)=q_0$，$\delta(q_2, 0)=q_0$，$\delta(q_2, 1)=q_3$，$\delta(q_3, 0)=q_1$，$\delta(q_3, 1)=q_2$。

下面我们考察一下例 1，给出 DFA 的运行情况。假设有一个输入字符串为 110101，DFA 从初始状态 q_0 开始，读写头扫描到第一个字符“1”，根据状态转换函数 $\delta(q_0, 1)=q_1$ 转换到当前状态 q_1，接着扫描到第二个字符“1”，并求出 $\delta(q_1, 1)=q_0$，然后扫描到第三个字符“0”，求出 $\delta(q_0, 0)=q_2$，然后扫描到第四个字符“1”，求出 $\delta(q_2, 1)=q_3$，扫描到第五个字符“0”，求出 $\delta(q_3, 0)=q_1$，再扫描到最后一个字符“1”，计算出 $\delta(q_1, 1)=q_0$。因为 q_0 是终止状态集 F 中的一个元素（即 $q_0\in F$），所以字符串 110101 能被该 DFA 所接受。■

一个状态转换函数可以用一个标注有向图来表示。图的结点为状态集 Q 中的各个元素。对 $q_1, q_2\in Q$，若存在 $a\in\Sigma$，使得 $\delta(q_1, a)=q_2$，则从 q_1 到 q_2 连一条有向边，并在有向边旁加上标注 a；表示一般状态 q 的结点，用单圆圈内写上 q 来表示；对终止状态 q，用双圆圈写上 q 表示；在初始状态 q_0 的圆圈外加上一个小箭头并标上“开始”二字。例 1 的 DFA 可以表示成如图 11-3 所示的带标注的有向图。

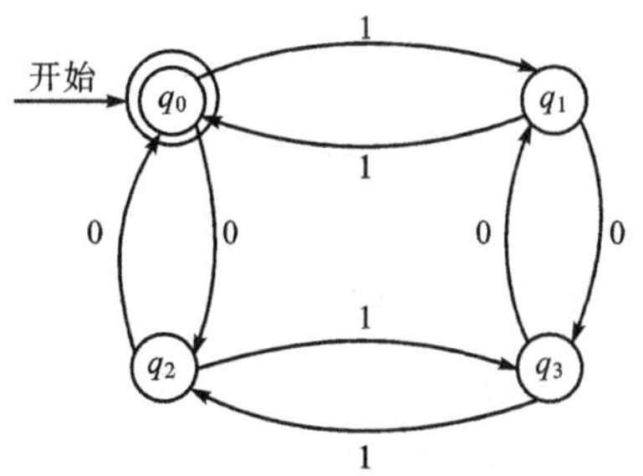

图 11-3　例 1 给出的 DFA 的状态转换图

通过 DFA 的状态转换图，可以直接检查一个字符串是否被该 DFA 所接受。如果状态转换图中存在一条从初始状态 q_0 到某个终止状态 $q\in F$ 的有向路，该有向路上各边旁标注的字符依序连接起来形成的字符串为 x，则字符串 x 是被该 DFA 所接受的。

在例 1 中，由于初始状态和终止状态重合，所以被接受的字符串为从 q_0 出发回到 q_0 的任一条有向闭链上各边旁标注的连接。例如，对于字符串 110101，我们可以找出一条闭链：

$$q_0 \xrightarrow{1} q_1 \xrightarrow{1} q_0 \xrightarrow{0} q_2 \xrightarrow{1} q_3 \xrightarrow{0} q_1 \xrightarrow{1} q_0$$

各有向边旁标注的连接为 110101，所以这个字符串是被接受的。

进一步观察图可以发现一个规律：任何从 q_0 开始又回到 q_0 的有向闭链都必然包含偶数个 0 和偶数个 1；反之，对任意一个含有偶数个 0 和偶数个 1 的{0，1}上的字符串 x，都可以在图的状态转换图中找到一条从 q_0 开始又回到 q_0 的有向闭链，使该闭链上各边标注字符的连接为 x。因此，我们可以得出结论：一个由 0 和 1 组成的字符串 x 能被例 1 的 DFA 接受⇔x 中含有偶数个 0 和偶数个 1。我们用 $L(M)$表示自动机 M 所识别的语言，则有：$L(M)=\{x|x\in\{0，1\}^*$，且 x 中含有偶数个 0 和偶数个 1$\}$。

为了形式地描述在输入字符串作用下 DFA 的行为，我们把状态转换函数的定义扩充一下：把二元函数δ的第二个自变量由单个字符改为一个字符串，即δ: $Q\times\Sigma\to Q$ 改为δ': $Q\times\Sigma^*\to Q$。

定义 11.6 在 DFA 中，定义扩充的状态转换函数为δ': $Q\times\Sigma^*\to Q$，其中$\delta'(q, w)$($q\in Q$, $w\in\Sigma^*$) 定义为：

（1）$\delta'(q，\varepsilon)=q$。

（2）若 $w=xa$，则$\delta'(q，w)=\delta(\delta'(q，x)，a)$。

这是一个递归定义。第（1）条指出，当输入一个空串ε，即什么符号也没有输入时，DFA 中原来的状态保持不变。第（2）条指出，对于一个输入的字符串 w，可以把它分解为前缀 x 和单个字符 a 的连接，要计算$\delta'(q，w)$可以先对前缀 x 求$\delta'(q，x)$，然后计算不扩充的状态转换函数值$\delta(\delta'(q，x)，a)$。这样，就把要处理的字符串的长度减少 1。对于 x，我们又可以写成其前缀 y 和单个字母（设为 b）的连接：$x=yb$，把计算$\delta'(q，x)$的问题化为计算$\delta'(q，y)$的问题。这样一直递归下去，对任意有限长的字符串，最终都能化为长度为零的空串ε，这时便可根据定义的第（1）条求出$\delta'(q，w)$。

例 2 对于例 1 给出的 DFA，试计算$\delta'(q_0，110101)$。

由定义 11.6 知：$\delta'(q_0，110101)=\delta(\delta'(q_0，11010)，1)$，为此，应该先计算$\delta'(q_0，11010)$，反复用定义 11.6，可以得到：$\delta'(q_0，11010)=\delta(\delta'(q_0，1101)，0)$，$\delta'(q_0，1101)=\delta(\delta'(q_0，110)，1)$，$\delta'(q_0，110)=\delta(\delta'(q_0，11)，0)$，$\delta'(q_0，11)=\delta(\delta'(q_0，1)，1)$，$\delta'(q_0，1)=\delta(\delta'(q_0，\varepsilon)，1)$。

由于$\delta'(q_0，\varepsilon)=q_0$，把上面各式逆序计算，可得：$\delta'(q_0，1)=\delta(q_0，1)=q_1$，$\delta'(q_0，11)=\delta(q_1，1)=q_0$，$\delta'(q_0，110)=\delta(q_0，0)=q_2$，$\delta'(q_0，1101)=\delta(q_2，1)=q_3$，$\delta'(q_0，11010)=\delta(q_3，0)=q_1$，最后可以得到$\delta'(q_0，110101)=\delta(\delta'(q_0，11010)，1)=\delta(q_1，1)=q_0$。

由于 $q_0\in F$，所以字符串 110101 是被例 1 的 DFA 所接受的。■

从例 2 可以感觉到，引入扩充的状态转换函数δ'，并没有使计算过程简化。不过，我们引入δ'的目的并不在于简化计算过程。正如前面已经指出：是为了形式地描述 DFA 的行为。根据扩充的状态转换函数，我们下面就可以给出一个有限自动机所识别的语言的形式定义。

定义 11.7 设 $M=(Q，\Sigma，\delta，q_0，F)$为一个有限自动机，则 M 所识别的语言定义为：$L(M)=\{x\in\Sigma^*|\delta'(q_0，x)\in F\}$。

注意，当 x 是由单个字符形成的字符串，即 $x=a\in\Sigma$时，我们有$\delta'(q，x)=\delta(q，x)$。所以，今后我们就用δ 符号来代替δ'，且不会引起混淆。这样有限自动机 M 所识别的语言可以表示

为 $L(M)=\{x\in \Sigma^* | \delta(q_0, x)\in F\}$。

下面我们再给出格局的定义。格局的概念和格局之间的推导关系可以使检查一个字符串的程序简化。

定义 11.8 设 $M=(Q, \Sigma, \delta, q_0, F)$为有限自动机，$Q\times\Sigma^*$上的对偶称为 M 的格局。其中形如(q_0, w)的格局称为 M 的初始格局；若 $q\in F$，则(q, ε)称为 M 的终止格局或接受格局。

我们用“⊢”表示格局间的推出关系。对一个字符串 w，检查是否有 $w\in L(M)$，可以从初始格局(q_0, w)开始，设 $w=ax$，$\delta(q_0, a)=q_1$，则有$(q_0, w)\vdash(q_1, x)$，这样一直推导下去，若推导到(q, ε)，其中 $q\in F$，那么我们说从初始格局(q_0, w)推导到终止格局(q, ε)。这时，$w\in L(M)$。如果推导到(q, ε)，$q\notin F$，则 $w\notin L(M)$。

例如，对例 1 给出的有限自动机 M，要检查字符串 101011 是否被接受，我们可以写出格局的演变过程为：$(q_0, 101011)\vdash(q_1, 01011)\vdash(q_3, 1011)\vdash(q_2, 011)\vdash(q_0, 11)\vdash(q_1, 1)\vdash(q_0, \varepsilon)$。由于 $q_0\in F$，即(q_0, ε)是终止格局，所以 101011 是被例 1 的 DFA 所接受的。

11.2.2 不确定的有限自动机

本小节中我们引入不确定的有限自动机（简称 NFA）的概念。不确定的有限自动机是确定的有限自动机模型的一个修改：在某个输入符号的作用下，允许一个状态可以转移到某状态子集的任一状态。之所以引进 NFA 的概念，一方面因为理论上已经证明，任一个 NFA 所接受的语言 L，都存在一个 DFA，它所接受的语言也恰好是 L；另一方面，NFA 在定理证明、形式语言理论和可计算性理论中起着十分重要的作用。

定义 11.9 不确定的有限自动机（NFA）是一个五元组 $M=(Q, \Sigma, \delta, q_0, F)$，其中，$Q$，$\Sigma$，$q_0$和 F 的含义同它们在 DFA 中的含义一样，而状态转换函数为δ: $Q\times\Sigma\to P(Q)$，其中 $P(Q)$是集合 Q 的幂集。

例 3 设 $M=(\{q_0, q_1, q_2, q_3, q_4\}, \{0, 1\}, \delta, q_0, \{q_4\})$是一个 NFA，其中状态转换函数$\delta$如表 11-1 给出。

表 11-1

状态	输入	
	0	1
q_0	$\{q_0, q_3\}$	$\{q_0, q_1\}$
q_1	$\varnothing$	$\{q_2\}$
q_2	$\{q_2\}$	$\{q_2\}$
q_3	$\{q_4\}$	$\varnothing$
q_4	$\{q_4\}$	$\{q_4\}$

同 DFA 类似，我们可以模拟出 NFA 的运行情况，也可以用状态转换图来描述状态转换的情况。如果一个字符串 w 被该 NFA 所接受，那么在状态转换图中也表现为从初始状态 q_0 到某个终止状态 $q\in F$ 有一条有向链，该链上各边旁标注的字符依序组成字符串 w。

例如，对于例 3 中的 NFA，其状态转换图如图 11-4 所示。

从这个图中我们看到，从 q_0 引出的有向边共有四条，其中标注为 0 的有向边有两条，一

条是从 q_0 到 q_3，另一条是从 q_0 到它自身，这是因为$\delta(q_0, 0)=\{q_0, q_3\}$的缘故。同样，因为$\delta(q_0, 1)=\{q_0, q_1\}$，所以从 q_0 引出，分别到 q_0 和 q_1 有一条有向边的标注为 1。这是不确定的有限自动机同确定的有限自动机的状态转换图的主要区别之处。

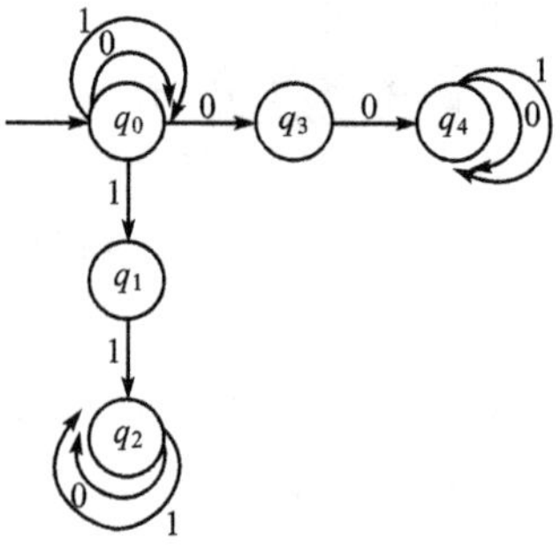

图 11-4 NFA 的状态转换图

对于一个字符串 w，如果在状态转换图中存在一条从初始状态 q_0 到某个终止状态的有向链，链上的各边旁的标注依序连接为 w，则 w 是被该 NFA 所接受的。例如，对于例 3 中的 NFA，我们考察字符串 $w=01001$ 是否被它所接受。从其状态转换图中，可以找出一条有向链：

$$q_0 \xrightarrow{0} q_0 \xrightarrow{1} q_0 \xrightarrow{0} q_3 \xrightarrow{0} q_4 \xrightarrow{1} q_4$$

这条有向链是从初始状态 q_0 到达终止状态 q_4 的，且各边的标注依序连接成字符串 01001，所以字符串 01001 是被该 NFA 所接受的。 ■

与 DFA 类似，我们也可以用格局推演的方式检查一个字符串是否被接受。所不同的是，对于 NFA，从一个格局可以推导出多个格局。对于给定的字符串，只要有一种推演能推导至终止格局(q, ε)，其中 $q\in F$，则该字符串就是被接受的。对于例 3 中的 NFA 和字符串 01001，其格局的推演情况如下：

$(q_0, 01001) \vdash (q_0, 1001) \vdash (q_0, 001) \vdash (q_0, 01) \vdash (q_0, 1) \vdash (q_0, \varepsilon)$

$(q_0, 01001) \vdash (q_3, 1001)$；$(q_0, 1001) \vdash (q_1, 001)$；$(q_0, 01) \vdash (q_3, 1)$；$(q_0, 1) \vdash (q_1, \varepsilon)$

$(q_0, 001) \vdash (q_3, 01) \vdash (q_4, \varepsilon)$

由于在上面的格局推演中，有一个演变序列导致终止格局(q_4, ε)，所以字符串 01001 是可被接受的。

对于不确定的有限自动机，也可以把状态转换函数δ 扩充为δ'：$Q\times\Sigma^* \to P(Q)$，使得：

（1）$\delta'(q, \varepsilon)=\{q\}$。

（2）$\delta'(q, wa)=\delta(\delta'(q, w), a)=\bigcup\limits_{r\in\delta'(q, w)} \delta(r, a)$。

对扩充的状态转换函数δ'，我们有：$\delta'(q, a)=\delta(\delta'(q, \varepsilon), a)=\delta(\{q\}, a)=\delta(q, a)$。所以，我们可以用$\delta$代替$\delta'$，且不会产生混淆。这样，就可以写出不确定的有限自动机所接受的语言的定义。设 $M=(Q, \Sigma, \delta, q_0, F)$为一个 NFA，则 M 所识别的语言为 $L(M)=\{w\in \Sigma^* \mid \delta(q_0, w)\cap F\neq\varnothing\}$。

定理 11.1 设 L 是某个不确定的有限自动机 $M=(Q, \Sigma, \delta, q_0, F)$所识别的语言，则存在一个确定的有限自动机 M'，它所识别的语言也恰好是 L。

证明 对于给定的 NFA：$M=(Q, \Sigma, \delta, q_0, F)$，我们构造 DFA：$M'=(Q', \Sigma, \delta', q_0', F')$如下：

$$Q'=P(Q),\ q_0'=\{q_0\},\ F'=\{q \mid q\cap F\neq\varnothing,\ q\in Q'\}$$

$$\delta': Q'\times\Sigma\to Q' \text{满足} \delta'(q, a)=\bigcup_{r\in q}\delta(r, a)$$

下面我们证明：对于 $x\in\Sigma^*$，$x\in L(M')\Leftrightarrow x\in L(M)$。为此只需证明：$x\in\Sigma^*$，$\delta'(q_0', x)=\delta(q_0, x)$。我们就 x 的长度用归纳法证明这一点。

当 $|x|=0$，$x=\varepsilon$ 时，有 $\delta'(q_0', \varepsilon)=\delta'(\{q_0\}, \varepsilon)=\delta(q_0, \varepsilon)$。

设 $|x|=k$，$k\geqslant 1$，$\delta'(q_0', x)=\delta(q_0, x)$ 成立。则当 $|x|=k+1$ 时，我们记 $x=wa$，$a\in\Sigma$，这时 $|w|=k$，于是 $\delta'(q_0', x)=\delta'(q_0', wa)=\delta(\delta'(q_0', w), a)$，由归纳假设有 $\delta'(q_0', w)=\delta(q_0, w)$，于是有 $\delta'(q_0', x)=\delta(\delta(q_0, w), a)=\bigcup_{r\in\delta(q_0, w)}\delta(r, a)$。

另一方面，$\delta(q_0, x)=\delta(\delta(q_0, w), a)=\bigcup_{r\in\delta(q_0, w)}\delta(r, a)$。

因此，对任意 $x\in\Sigma^*$，有 $\delta'(q_0', x)=\delta(q_0, x)$，从而证明了本定理。 ■

下面，我们通过例子说明对于给定的一个 NFA，怎样构造出同它识别的语言相同的 DFA。

例 4 设 $M=(\{q_0, q_1\}, \{0, 1\}, \delta, q_0, \{q_1\})$，其中 $\delta(q_0, 0)=\{q_0, q_1\}$，$\delta(q_0, 1)=\{q_1\}$，$\delta(q_1, 0)=\varnothing$，$\delta(q_1, 1)=\{q_0, q_1\}$。

解 显然，M 是一个 NFA。我们要构造一个等价的 DFA，记 $M'=(Q', \{0, 1\}, \delta', q_0', F')$，使得 $L(M')=L(M)$。为此应取 Q'，δ'，q_0'，F' 如下：

$$Q'=P(\{q_0, q_1\})=\{\varnothing, \{q_0\}, \{q_1\}, \{q_0, q_1\}\}$$

$$q_0'=\{q_0\}$$

$$F'=\{p|p\cap\{q_1\}\neq\varnothing \text{且} p\in Q'\}=\{\{q_1\}, \{q_0, q_1\}\}$$

$$\delta': Q'\times\{0, 1\}\to Q', \text{应有} \delta'(\varnothing, 0)=\delta'(\varnothing, 1)=\varnothing$$

由于 $\delta(q_0, 0)=\{q_0, q_1\}$，故有 $\delta'(\{q_0\}, 0)=\{q_0, q_1\}$。

同样可得：$\delta'(\{q_0\}, 1)=\{q_1\}$，$\delta'(\{q_1\}, 0)=\varnothing$，$\delta'(\{q_1\}, 1)=\{q_0, q_1\}$。

此外 $\delta'(\{q_0, q_1\}, 0)=\{q_0, q_1\}$，$\delta'(\{q_0, q_1\}, 0)=\{q_0, q_1\}$。 ■

限于篇幅，本章后面的定理将不予证明。

定理 11.2 设 $G=(V, \Sigma, P, S)$ 为正规文法，其中 V 是非终结符号集，Σ 是终结符号集，P 是产生式的集合，S 是初始符号，则存在有限自动机 $M=(Q, \Sigma, \delta, q_0, F)$，使得 $L(M)=L(G)$。

定理 11.3 对给定的有限自动机 M，存在着正规文法 G，使得 $L(G)=L(M)$。

11.3 上下文无关语言与下推自动机

本节讨论上下文无关语言及其识别器——下推自动机。

与有限自动机不同的是，下推自动机是一种不确定的装置。即，确定的下推自动机只能对应上下文无关语言的一个真子集——确定的上下文无关语言，不确定的下推自动机才与上下文无关语言完全对应。因此，当我们提到下推自动机时，一般是指不确定的下推自动机。

上下文无关语言及下推自动机在程序设计语言中有许多重要的应用，诸如程序语言的语法定义、语法分析概念的形式化，作为编译程序中的分析手段，这些应用极大地简化了编译程序的构造。

11.3.1 上下文无关语言

对多数程序设计语言来说，其语法都可以用上下文无关文法来描述。这种描述方法不仅自然，而且大大简化了程序语言的定义。例如，考虑下面一组产生式：$E \to E+E$；$E \to E*E$；$E \to (E)$；$E \to id$。

这里定义的是由操作符+和*所确定的算术表达式，id 代表操作数。非终结符号只有一个 E，终结符号包含了+、*、(、)和 id。

不断应用上述产生式，我们可以推导出该文法的一个句子，例如：$E \vdash E*E \vdash (E)*E \vdash (E)*id \vdash (E+E)*id \vdash (E+id)*id \vdash (id+id)*id$。

对于上下文无关文法，句型的推导可以表示成一棵树——导出树（语法树）。

定义 11.10 $G=(V, \Sigma, P, S)$是一个上下文无关文法，树 T 是 G 的一棵导出树，当且仅当

（1）每个结点均有一个取自 $V \cup \Sigma$ 的标注。

（2）根结点的标注为 S。

（3）分支结点的标注 $A \in V$。

（4）如果标注为 A 的结点 n 有从左到右 k 个儿子依次标注为 x_1，x_2，…，x_k，则 $A \to x_1x_2 \cdots x_k$ 是 P 中的一个产生式。

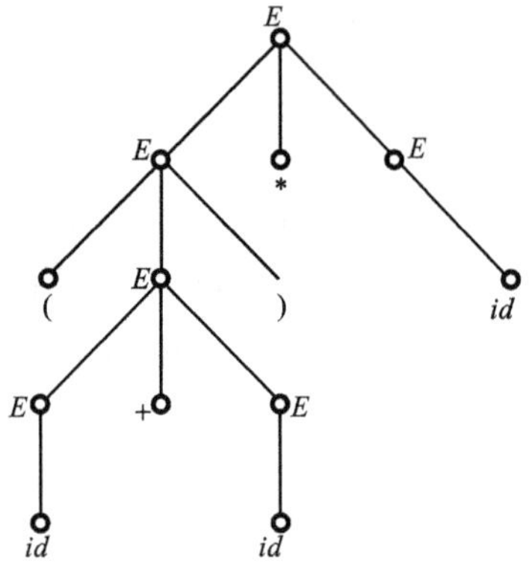

图 11-5 导出树

图 11-5 给出的是前面定义的算术表达式文法的一棵导出树。

把图 11-5 中的所有叶子从左向右排列，得到的恰好是一个句子 $w=(id+id)*id$，我们称此树为 w 的导出树。事实上，导出树恰好是句型推导的一种自然描述，关于导出树与推导之间的关系，有以下结论。

定理 11.4 $G=(V, \Sigma, P, S)$是一个上下文无关文法，则 $S \vdash w \Leftrightarrow$ 文法 G 有一棵 w 的导出树。

由于上下文无关文法产生式右端可能有多于一个非终结符号，因此在每一步推导中，先替换最左非终结符号的推导称为最左推导；而相应地先替换最右非终结符号的推导称为最右推导。

对于上下文无关文法 G，若 $w \in L(G)$，则 w 的每一个最左（右）推导惟一对应着 w 的一棵导出树；而对 w 的一棵导出树，必惟一地对应着 w 的一种最左（右）推导。即，导出树与最左（右）推导是一一对应的。

11.3.2 下推自动机

以一个栈（下推表）作为辅助记忆设备加到有限自动机上而得到的计算模型，称为下推自动机。

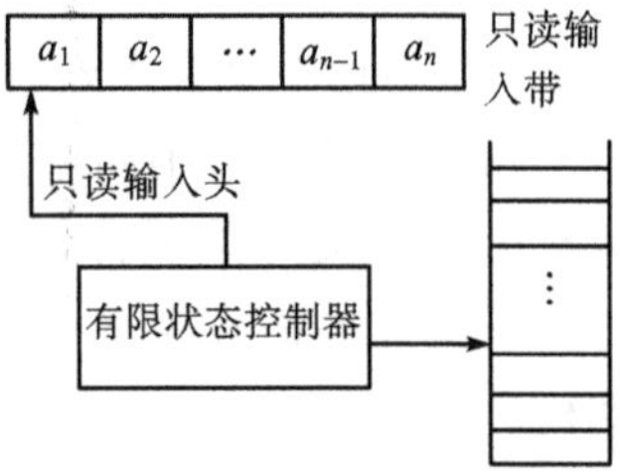

图 11-6 下推自动机示意图

一个下推自动机如图 11-6 所示。它的输入带是一个只读输入带，有限状态控制器通过一个只读输入头对其进行扫描。栈的特点是“后进先出”，有限状态控制器通过读写头与栈顶打交道。当读写头把一个字符写入栈时，该字符成为栈顶；当读写头要从栈中取出一个字符时，

栈顶元素被弹出，而自顶向下的第二个元素成为栈顶。

下面给出不确定的下推自动机的定义。

定义 11.11　下推自动机（PDA）是一个七元组 $M=(Q, \Sigma, \Gamma, \delta, q_0, Z_0, F)$，其中：

（1）Q 是一个有限的状态集。

（2）Σ 是有限的输入字母集。

（3）Γ 是有限的下推字母表。

（4）状态转换函数 δ: $Q\times(\Sigma\cup\{\varepsilon\})\times\Gamma\to P(Q\times\Gamma^*)$。

（5）$q_0\in Q$ 是初始状态。

（6）初始符号 $Z_0\in\Gamma$，开始时被置于栈底。

（7）$F\subseteq Q$ 是终止状态集。

状态 q 描述 M 的一步动作 $\delta(q, a, Z)=\{<p_1, \gamma_1>, <p_2, \gamma_2>, \cdots, <p_m, \gamma_m>\}$ 可进行如下直观解释：

（1）$a\neq\varepsilon$。当 M 处于状态 q，读得符号 a，且栈顶符号为 Z 时，M 机可以（不确定地）进入下列 m 种状况之一：状态转换为 p_i，Z 出栈，符号串 $\gamma_i(i=1, 2, \cdots, m)$ 入栈，输入头右移一格。若 $\gamma_i=\varepsilon$，则只有出栈操作，栈的深度减小。

（2）$a=\varepsilon$。M 机与输入带无关地进入任一 $<p_i, \gamma_i>$ 状况，但输入头不移动，该动作称为 ε-动作。

由于 ε-动作的存在，即使输入带上的字符全部被读完，M 仍可能运行；而若栈被卸空，则 M 就再也不能动作了。

例 1　$M=(\{q_0, q_1, q_2\}, \{a, b\}, \{Z, A, B\}, \delta, Z, \{q_2\})$ 是一个 PDA，其中 δ 由以下各式定义：

$\delta(q_0, a, Z)=\{<q_0, AZ>\}$，$\delta(q_0, a, A)=\{<q_0, AA>, <q_1, \varepsilon>\}$，$\delta(q_0, a, B)=\{<q_0, AB>\}$

$\delta(q_0, b, A)=\{<q_0, BA>\}$，$\delta(q_0, b, B)=\{<q_0, BB>, <q_1, \varepsilon>\}$，$\delta(q_1, a, A)=\{<q_1, \varepsilon>\}$

$\delta(q_1, b, B)=\{<q_1, \varepsilon>\}$，$\delta(q_1, \varepsilon, Z)=\{<q_2, \varepsilon>\}$　■

显然这是一个不确定的下推自动机，下面将看到它所接受的语言为 $\{ww^r|w\in\{a, b\}^+\}$，其中 w^r 表示字符串 w 的逆转。为了形式地给出 M 在任一瞬间的描述，下面引出格局的定义。

定义 11.12　$M=(Q, \Sigma, \Gamma, \delta, q_0, Z_0, F)$ 是一个 PDA，它的格局是一个三元组 $(q, w, \alpha)\in Q\times\Sigma^*\times\Gamma^*$，其中：

（1）q 是有限状态控制器的当前状态。

（2）w 表示只读输入带上还未扫描到的那一部分字符串，w 的第一个字符正处于输入头的下方。若 $w=\varepsilon$，说明输入带上的字符已全部被扫描。

（3）α 是下推表的内容，它的最右边的字符是当前的栈顶元素，若 $\alpha=\varepsilon$，则表示栈已被卸空。

下推自动机 M 的运行，可由其格局之间的推导关系 $\vdash$ 来表示，$\alpha_1\vdash\alpha_2$ 表示由 α_1 可以推出 α_2。

如果 $(q', \gamma)\in\delta(q, a, Z)$ 且 $w\in\Sigma^*$，$\alpha\in\Gamma^*$，则有 $(q, aw, Z\alpha)\vdash(q', w, \gamma\alpha)$。

一般来说，对于一个特定的输入字符串 w，M 的初始格局是 (q_0, w, Z_0)，终止格局的定义有两种不同的方式：（1）若 $q\in F$，则格局 (q, ε, γ)，$\gamma\in\Gamma^*$ 作为终止格局；（2）把栈空的格局$(q, \varepsilon, \varepsilon)$，$q\in Q$作为终止格局。从而，$M$所接受的语言就是两种不同的定义方式。

定义 11.13 $M=(Q, \Sigma, \Gamma, \delta, q_0, Z_0, F)$是一个 PDA。$M$的以终止状态接受的语言记作$L(M)$，$L(M)=\{w|(q_0, w, Z_0)\vdash(p, \varepsilon, \gamma), p\in F, \gamma\in\Gamma^*\}$。

对例 1 中的下推自动机M，考虑输入字符串$w=abba$，则M的格局推导式为：

$$(q_0, abba, Z)\vdash(q_0, bba, AZ)\vdash(q_0, ba, BAZ)$$

$$\vdash(q_0, a, BBAZ)\vdash(q_0, \varepsilon, ABBAZ)$$

$$\vdash(q_1, a, AZ)\vdash(q_1, \varepsilon, Z)\vdash(q_2, \varepsilon, \varepsilon)$$

这里，有一个格局推导能导致终止格局$(q_2, \varepsilon, \varepsilon)$，从而$w$是被$M$的终止状态所接受的字符串，$w\in L(M)$。进一步的考虑可知，$M$的以终止状态接受的语言$L(M)=\{ww^r|w\in\{a, b\}^+\}$。

考虑M的以空栈接受的语言时，终止状态集是无关紧要的，常记作空集。

定义 11.14 $M=(Q, \Sigma, \Gamma, \delta, q_0, Z_0, \varnothing)$是一个 PDA。$M$的以空栈接受的语言记作$N(M)$，$N(M)=\{w|(q_0, w, Z_0)\vdash(p, \varepsilon, \varepsilon), p\in Q\}$。

例 2 $M=(\{q_0, q_1\}, \{0, 1\}, \{X, Z_0\}, \delta, q_0, Z_0, \varnothing)$是一个 PDA。其中$\delta$可由以下各式定义：

$$\delta(q_0, 0, Z_0)=\{<q_0, XZ_0>\}, \delta(q_0, 0, X)=\{<q_0, XX>\}, \delta(q_0, 1, X)=\{<q_1, \varepsilon>\}$$

$$\delta(q_1, 1, X)=\{<q_1, \varepsilon>\}, \delta(q_1, \varepsilon, X)=\{<q_1, \varepsilon>\}, \delta(q_1, \varepsilon, Z_0)=\{<q_1, \varepsilon>\}$$

考察两个字符串$w_1=00011$，$w_2=00111$，由$(q_0, w_1, z_0)\vdash(q_1, \varepsilon, \varepsilon)$可知$w_1\in N(M)$。而$(q_0, w_2, Z_0)\vdash(q_1, 1, Z_0)$不能导出终止格局，$w_2\notin N(M)$。

可以证明，对于本例的 PDA，$N(M)=\{0^i1^j|i\geqslant 1, 1\leqslant j\leqslant i\}$。 ■

11.3.3 下推自动机与上下文无关语言的关系

对于下推自动机，用空栈接受和用终止状态接受语言的定义方法，是否存在本质上的不同呢？下面两个定理就回答了这个问题。

定理 11.5 对语言L，如果存在一个下推自动机M_2，使$L=L(M_2)$，则必存在一个下推自动机M_1，使$L=N(M_1)$。

定理 11.6 对语言L，如果存在一个下推自动机M_1，使$L=N(M_1)$，则必存在一个下推自动机M_2，使$L=L(M_2)$。

以上定理证明了 PDA 的两种语言定义在描述能力上是等价的。

下面的定理指出下推自动机是与上下文无关文法对应的识别器。

定理 11.7 L是一个上下文无关语言$\Leftrightarrow$存在一个下推自动机M，使得$L=N(M)$。

对于例 2 中的语言$N(M)$，我们能构造出与它对应的上下文无关文法$G=(\{S, A\}, \{0, 1\}, P, S)$，其中$P=\{S\to 0A, A\to 0A, A\to 0A1, A\to 1\}$，从而，$N(M)$是一个上下文无关语言。

由本节开始的假定知，定理 11.7 中的下推自动机指的是不确定的下推自动机（NPDA）。DPDA（即确定的下推自动机）的不同之处在于，在任何格局下最多只能有一种可能的格局推导，其形式化定义如下。

定义 11.15 $M=(Q, \Sigma, \Gamma, \delta, q_0, Z_0, F)$为一个确定的下推自动机（DPDA），如果

它满足：对任意的$(q, a, Z)\in Q\times\Sigma\times\Gamma$，$|\delta(q, a, Z)|+|\delta(q, \varepsilon, Z)|\leqslant 1$。

可以证明，例 1 中的$L(M)$不能被任何 DPDA 所接受。即 DPDA 和 NPDA 是不等价的。

综合以上三个定理，容易推出下面三个命题是等价的：

（1）L 是上下文无关语言。

（2）存在下推自动机 M_1，使 $L=N(M_1)$。

（3）存在下推自动机 M_2，使 $L=L(M_2)$。

11.4　图灵机

图灵机（TM）是一种重要的计算模型，它由英国数学家 A. M. Turing 于 1936 年提出。这个模型很好地描述了计算过程。无数的事实表明，任何算法都可以用一个图灵机来描述，这就是著名的丘奇论题。图灵机在可计算性理论中起着重要作用。可以证明图灵机识别的语言就是 0 型语言。

11.4.1　图灵识别器

图灵机的基本模型如图 11-7 所示。它由一个有限状态控制器、一个读写头和一个输入带组成。其中输入带具有最左端，但右端可以无限伸长。带上的每一格恰好有一个字符。开始时，带上最左边的 n 个格存放着由有限输入字母表上的字符组成的字符串，第 n+1 格及其右边各格均为空白。空白是一个特殊的带符号，它不属于输入字母表。读写头一次可以在带上读或写一个字符，并可根据指令向左或向右移一格。有限状态控制器根据当前的状态，读到输入字符并发布指令。指令的内容包括状态转换，在带上的一格写上（更换）字符，以及读写头向左或向右移动一格等。

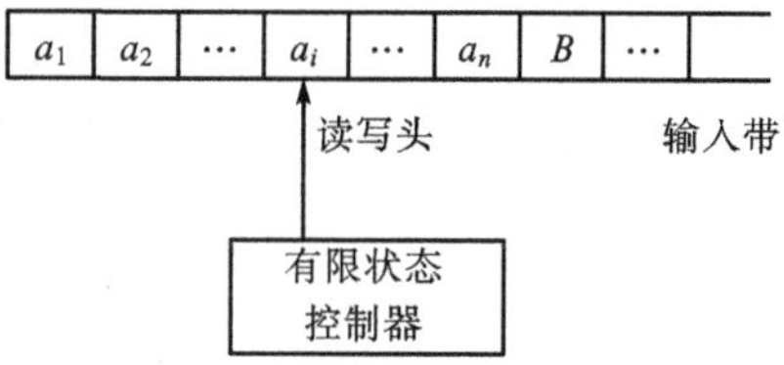

图 11-7　图灵机的基本模型

定义 11.16　图灵机（识别器）是一个七元组$M=(Q, \Sigma, \Gamma, \delta, q_0, B, F)$，其中：

（1）Q 是一个有限状态集。

（2）Σ 是输入字母表。

（3）Γ是所有允许的带符号的有限集，且$\Sigma\subseteq\Gamma$。

（4）δ: $Q\times\Gamma\rightarrow Q\times\Gamma\times\{L, R\}$是一个转换函数，其中 L 和 R 分别表示读写头左移或右移一格，对于某些 $q\in Q$ 和 $a\in\Gamma$，$\delta(q, a)$可以无定义。

（5）$q_0\in Q$ 为初始状态。

（6）$B\in\Gamma-\Sigma$ 是空白符号。

（7）$F\subseteq Q$ 是终止状态集。

定义 11.17　图灵机 M 的格局记作$\alpha_1 q\alpha_2$，这里 $q\in Q$ 是 M 的当前状态，$\alpha_1\alpha_2\in\Gamma^*$，$\alpha_1\alpha_2$是输入带上从初始端（最左端）直到最右边的非空白符号为止的内容。读写头正扫视着α_2 最左符号，若$\alpha_2=\varepsilon$，则读写头扫视一空白符号。

定义 11.18　设 $X_1\cdots X_{i-1}qX_i\cdots X_n$是图灵机 M 的一个格局，如果：

（1）$\delta(q, X_i)=(p, Y, L)$，则若 $i=1$，没有下一个格局；否则，$X_1\cdots X_{i-1}qX_i\cdots X_n\vdash X_1\cdots X_{i-2}pX_{i-1}YX_{i+1}\cdots X_n$。

（2）$\delta(q, X_i)=(p, Y, R)$，则 $X_1\cdots X_{i-1}qX_i\cdots X_n\vdash X_1\cdots X_{i-1}Yp X_{i+1}\cdots X_n$，其中，$\alpha_1\vdash\alpha_2$ 表示由 α_1 可以推出 α_2。

对任意一个输入字符串 w，图灵机 M 的格局推导有三种结果：（1）进入终止格局。若 $q_0w\vdash\alpha_1p\alpha_2$，$p\in F$，则称 $\alpha_1p\alpha_2$ 是终止格局，且字符串 w 被接受；（2）停机拒绝。若 $q_0w\vdash\alpha_1p\alpha_2$，且 $\alpha_1p\alpha_2$ 没有下一个格局，则 M 停机。当 $p\in F$ 时，字符串 w 被拒绝；（3）永不停机。即对任何可达的格局总有下一个格局。

定义 11.19 设 $M=(Q, \Sigma, \Gamma, \delta, q_0, B, F)$ 是一个图灵识别器，M 所接受的所有字符串的集合称为 M 所识别的语言，记为 $L(M)$。即 $L(M)=\{w|w\in\Sigma^*, q_0w\vdash\alpha_1p\alpha_2, p\in F, \alpha_1, \alpha_2\in\Gamma^*\}$。

例 1 给出识别语言为 $L(M)=\{0^n1^n|n\geqslant 1\}$ 的图灵机 M。

解 识别过程如下：开始时输入带上的符号序列为 0^n1^n。M 把最左的 0 替换成 X，读写头右移到最左的 1，将之替换成 Y。然后左移找到最右的 X，右移一格找到最左的 0，重复前面的循环。如果当寻找 1 时 M 找到的却是空白，M 停机拒绝；而当 M 把一个 1 替换成 Y 后，却再也找不到 0，则检查有无剩余的 1，若没有则接受。

综上所述，$M=(Q, \Sigma, \Gamma, \delta, q_0, B, F)$ 为所求的图灵机（识别器），其中 $Q=\{q_0, q_1, q_2, q_3, q_4\}$，$\Sigma=\{0, 1\}$，$\Gamma=\{0, 1, X, Y, B\}$，$F=\{q_4\}$，$\delta$ 由表 11-2 给出。

表 11-2

	0	1	X	Y	B
q_0	(q_1, X, R)	—	—	(q_3, Y, R)	—
q_1	$(q_1, 0, R)$	(q_2, Y, L)	—	(q_1, Y, R)	—
q_2	$(q_2, 0, L)$	—	(q_0, X, R)	(q_2, Y, L)	—
q_3	—	—	—	(q_3, Y, R)	(q_4, B, R)
q_4	—	—	—	—	—

设输入带上的符号串 w=000111，考察这个图灵机的格局推导序列如下：

$$q_0000111\vdash Xq_100111\vdash X0q_10111\vdash X00q_1111\vdash X0q_20Y11\vdash Xq_200Y11\vdash q_2X00Y111\vdash Xq_000Y11$$
$$\vdash XXq_10Y11\vdash XX0q_1Y11\vdash XX0Yq_111\vdash XX0q_2YY1\vdash XXq_20YY1\vdash Xq_2X0YY1\vdash XXq_00YY1$$
$$\vdash XXXq_1YY1\vdash XXXYq_1Y1\vdash XXXYYq_11\vdash XXXYq_2YY\vdash XXXq_2YYY\vdash XXq_2XYYY\vdash XXXq_0YYY$$
$$\vdash XXXYq_3YY\vdash XXXYYq_3Y\vdash XXXYYYq_3B\vdash XXXYYYBq_4$$

由于 $q_4\in F$，所以字符串 $w=000111\in L(M)$。 ■

因为 0 型文法产生的语言为递归枚举语言，下述定理说明图灵机（识别器）是与 0 型文法对应的识别器。

定理 11.8 语言 L 是递归枚举语言 $\Leftrightarrow$ 存在一个图灵机 M 识别 L，即 $L=L(M)$。

这里讨论的是基本的图灵机，此外，还有一些“加强”形式和“减弱”形式的图灵机，有趣的是，它们都与基本图灵机具有完全相同的识别能力。双向无限长输入带图灵机便是一种“加强”形式的图灵机，它与定义 11.16 惟一的区别便是输入带两端是无限长的。我们有如下定理。

定理 11.9　语言 L 被一个双向无限长输入带图灵机所识别⇔L 被一个基本图灵机所识别。

11.4.2　用于计算的图灵机

同有限自动机一样，除了作为语言识别器外，图灵机还可以对输入的信息（字符串）进行加工，并把加工的结果输出，我们称图灵机的这种功能为计算函数。

用于计算的图灵机常称为五重组图灵机。其输入带是双向无限长的，输入信息放置在带中间，两端均为空白符号。这种图灵机没有终止状态集。一般地，输入字符集和带符号集是同一集合。这种图灵机的读写头的移动方式有三种，即 L：左移一格；R：右移一格；N：不移动。

定义 11.20　五重组图灵机定义为 $TM=(Q, \Gamma, \delta, M, q_0)$，其中：

（1）Q 是有限状态集。

（2）Γ是读写带上的符号集合。

（3）$M=\{L, R, N\}$。

（4）q_0 为初始状态。

（5）δ: $Q\times\Gamma\rightarrow Q\times\Gamma\times M$，对某些 $q\in Q$，$X\in\Gamma$，$\delta(q, X)$可能无定义。

对于五重组图灵机的格局定义，完全与定义 11.17 类似，记作$\alpha_1 q\alpha_2$，$q\in Q$，$\alpha_1\alpha_2\in\Gamma^*$，$\alpha_1\alpha_2$ 是当前输入带上的非空白部分。我们只要注意到当前字符串$\alpha_1\alpha_2$ 的两端均是无限多的空白即可。

格局推导仍用⊢连接，不同的是：当$\delta(q, X)=(p, Y, L)$时，$qX\alpha\vdash pBY\alpha$（没有最左端）；而当$\delta(q, X)=(p, B, R)$时，$qX\alpha\vdash p\alpha$（p 左端的 B 可以省略）。⊢仍表示有限步的格局推导。

由于没有终止状态集，TM 的格局推导最终只有两种可能：停机或永不停机。TM 停机时进入终止格局，读写头注视的非空白块便是计算结果。

例 2　设有图灵机 $TM=(Q, \Gamma, \delta, M, q_0)$，其中 $Q=\{q_0, q_1, q_2, q_3, q_4, q_5\}$，$\Gamma=\{1, B\}$，$\delta$由表 11-3 给出。

表　11-3

	q_0	q_1	q_2	q_3	q_4	q_5
B	—	—	—	$(q_5, 1, R)$	—	—
1	$(q_1, 1, R)$	$(q_2, 1, R)$	$(q_3, 1, R)$	$(q_4, 1, L)$	$(q_3, 1, R)$	—

（1）若初始信息为 111，则 $q_0111\vdash 1q_111\vdash 11q_21\vdash 111q_3\vdash\vdash 1111q_5$，TM 停机进入终止格局。

（2）若初始信息为 1111，则 $q_01111\vdash 1q_1111\vdash 11q_211\vdash 111q_31\vdash 11q_411\vdash 111\ q_31\vdash 11q_411\vdash\cdots$，从而 TM 的格局陷入 $111q_31\vdash 11q_411\vdash 111q_31$ 的死循环而永不停机。■

一般地，图灵机实现某 n 元函数 $f(x_1, x_2, \cdots x_n)$的计算，需要解决三方面的问题：（1）怎样在图灵机的读写带上存放初始数据；（2）怎样模拟（实现）函数表达式 f 的功能；（3）怎样表示计算结果和输出。

首先，要确定读写带上数的表示方法，这里介绍的是自然数的一种表示方法——一元表示法。我们用左右以 B 相隔的连续 n 个“1”表示数 n，记作 1^n。

一个图灵机，便是计算某函数 f 的过程或算法的一个机械实现。

例 3 构造计算函数 $f(x, y)=x+y$ 的图灵机 TM。

解 对于任意的自然数 x 和 y，初始格局为 $q_0 1^x B 1^y$，当 TM 停机时带的内容为 1^{x+y}。这只需要把初始格局中 1^x 与 1^y 之间的 B 与右边的 1 逐个交换。首先找到这个 B，然后看右边是否为 1。若是 1，则把 1 改写为 B，返回左边把 B 改写成 1，再返回右边。重复上述计算。若是 B，则表明已经完成交换，停机，计算结束。

TM=(Q，{1}，{1，B}，δ，q_0，B)，其中 $Q=\{q_0, q_1, q_2\}$，δ 见表 11-4。

表 11-4

δ	q_0	q_1	q_2
1	$(q_0, 1, R)$	(q_2, B, L)	—
B	(q_1, B, R)	—	$(q_0, 1, R)$

假设 TM 的初始带为 $111B11$，则计算过程为：$q_0111B11 \vdash 1q_011B11 \vdash 11q_01B11 \vdash 111q_0B11 \vdash 111Bq_111 \vdash 111q_2BB1 \vdash 1111q_0B1 \vdash 1111Bq_11 \vdash 1111q_2BB \vdash 11111q_0B \vdash 11111Bq_1B$。TM 停机，计算结果便是 5。■

11.5 线性界限自动机

四类自动机前面已经讨论过三类，所剩下的一类是线性界限自动机。

线性界限自动机实质上是一种不确定的、受一定限制的图灵机。它的输入带上符号区的两端设置两个特定的符号：$\varnothing$和\$，分别称为左端标志和右端标志。规定读写头的移动不得越过这两个标志符。也就是说，机器具有阻止读写头离开符号区的能力，这样的不确定的图灵机就是线性界限自动机。

形式地讲，线性界限自动机可以定义为六元组 $M=(Q, \Sigma, \Gamma, \delta, q_0, F)$，其中 Q 是状态集；$F \subseteq Q$ 是终止状态集；q_0 是初始状态；Γ 是带符号集；$\Sigma \subseteq \Gamma$ 是输入符号集，Σ 中包含两个特殊的符号$\varnothing$和\$，称为左端标志和右端标志，读写头只能在$\varnothing$和\$之间移动；δ：$Q\times\Gamma \to Q\times\Gamma\times\{L, R\}$ 是转换函数。线性界限自动机所接受的语言可定义为：$L(M)=\{w | w\in (\Sigma-\{\varnothing, \$\})^*$ 且 $\exists q\in F$ 使得 $q_0\varnothing w\$ \vdash \varnothing\alpha q\beta\$\}$。

前面曾指出，线性界限自动机所识别的语言是上下文有关语言，即有下述定理。

定理 11.10 语言 L 是上下文有关语言$\Leftrightarrow$存在一个线性界限自动机 T，使 $L=L(T)$。

11.6 典型例题分析

例 1 设有文法 $G=(\{S\}, \{a, b\}, P, S)$，其中 $P=\{S\to baS, S\to a\}$，指出 G 属于哪一类文法，并用集合形式表示出 G 所产生的语言。

【相关知识】 文法、语言、文法的分类。

【分析】 根据各类文法的定义判断属于什么性质的文法。根据初始符号 S 能推导出的句子的特点来描述 G 所产生的语言。

解 根据 3 型文法的定义：P 中的每个产生式都具有形式 $A\to a$ 或 $A\to aB$（$A, B\in V, a\in \Sigma^*$），则称 G 为正规文法或 3 型文法，可以判断该文法属于正规文法或 3 型文法。

G 所产生的语言：{baa，$babaa$，$bababaa$，$baba\cdots baa$}。

例 2　$G=(N, \Sigma, P, S)$是一个上下文无关文法，其中 $P=\{S\to aRb, S\to abSb, S\to a, R\to bS, R\to aRRb\}$。若 $w=abab$，w 是否是 $L(G)$的句子？w 有几个最左推导？

【相关知识】 句子、最左推导。

【分析】 只要初始符号 S 能推导出符号串 $abab$，则 w 就是 $L(G)$的句子。

解　由 $S\vdash abSb\vdash abab$ 可知，$w=abab$ 就是 $L(G)$的句子。

w 有两个最左推导：（1）$S\vdash abSb\vdash abab$，（2）$S\vdash aRb\vdash abSb\vdash abab$。

例 3　设有一个五重组图灵机 TM=$(Q, \Gamma, \delta, M, q_0)$，其中，$\Gamma=\{B, 1\}$，$Q=\{q_0, q_1, q_2, q_3, q_4\}$，$\delta$ 见表 11-5。

表 11-5

	q_0	q_1	q_2	q_3
B	$(q_1, 1, R)$	(q_2, B, R)	—	—
1	$(q_0, 1, R)$	$(q_1, 1, L)$	(q_3, B, R)	—

假设带上的初始信息为 $B11B11B$，试写出这个图灵机的工作过程及输出信息。

【相关知识】 用于计算的图灵机的工作过程。

【分析】 利用图灵机的工作方式进行推导，就能得出最终结果。

解　$Bq_011B11B\vdash B1q_01B11B\vdash B11q_0B11B\vdash B111q_111B\vdash B11q_1111B\vdash B1q_11111B\vdash Bq_111111B$

$\vdash q_1B11111B\vdash Bq_211111B\vdash Bq_31111B$

上述为图灵机计算 2+2 结果的过程，输出信息为 4。

11.7　上机实验

1．实验内容

设计一个状态输出自动机 M，对于输入的一个二进制 x，M 输出 x 被 3 除的余数，并在计算机上实现。

2．实验目的

自动机理论是离散数学在计算机科学中的重要应用。通过该实验，目的是让学生更加深刻地理解自动机的相关概念，并能通过程序实现自动机的构造。

3．算法的主要思想

由于输出是输入二进制数 x 的模 3 数，而与具体的输入数无关，所以输入字母集是{0，1}。而输出字母集 R={0，1，2}。要求机器能"记住"输入二进制数的模 3 数，所以状态集也有三种状态，即 Q={A，B，C}，分别对应余数 0、1 和 2。设 a 为输入二进制数 x 的最后一个数字，则状态转换函数为：

$$f(A, a)=\begin{cases}A & a=0\\ B & a=1\end{cases},\quad f(B, a)=\begin{cases}C & a=0\\ A & a=1\end{cases},\quad f(C, a)=\begin{cases}B & a=0\\ C & a=1\end{cases}$$

它的输出函数为：

$$g(A, a)=\begin{cases}0 & a=0\\ 1 & a=1\end{cases},\quad g(B, a)=\begin{cases}2 & a=0\\ 0 & a=1\end{cases},\quad g(C, a)=\begin{cases}1 & a=0\\ 2 & a=1\end{cases}$$

因此，$M=\{\{A, B, C\}, \{0, 1\}, \{0, 1, 2\}, f, g, A\}$。

算法描述如下：

① 输入二进制数 x。

② ip=0，设置当前状态为 A。

③ 从 x 的第一个数字开始，根据状态函数依次修改当前状态，直到最后一个数字为止。

④ 输出余数 ip。

习　　题

1. 写出字符串 011 的全部前缀、后缀和子串。

2. 以合理的顺序展开下列语言，并把它们写成带省略号的列举法表示。

（1）$\{ab\}^*$ （2）$\{a, b\}^*$ （3）$\{a\}^*\{b\}^*$ （4）$\{a^nb^{2n}|n\geq 0\}$。

3. 现有文法 $G[S]$：$S\to aAb$，$A\to BcA$，$A\to B$，$B\to idt$，$B\to\varepsilon$，给出下面几个句子的推导过程。

（1）$aidtccb$　　（2）ab　　（3）$aidtcidtcidtb$

4. 指出 $G=(\{S\}, \{a, b\}, P, S)$属于哪一型文法，其中 $P=\{S\to bSS, S\to a\}$，并用集合的形式写出它产生的语言。

5. 设 $M=(\{p, q, r\}, \{a, b\}, \delta, p, \{r\})$为有限自动机，其中$\delta$ 如表 11-6 所示，画出 M 的状态转换图，并用格局转换推导式证明字符串 $abaab\in L(M)$。

表 11-6

状　态	输　入	
	A	B
p	q	P
q	r	p
r	r	r

6. 设有一个 NFA：$M=(\{p, q, r, S\}, \{0, 1\}, \delta, p, \{S\})$，其中状态转换函数$\delta$ 如表 11-7 所示，试构造与它等价的 DFA。

表 11-7

状　态	输　入	
	0	1
p	$\{p, q\}$	$\{p\}$
q	$\{r\}$	$\{r\}$
r	S	$\varnothing$
S	S	S

7. 已给文法 $G[S]$：$S\to aAcB$，$S\to BdS$，$B\to aScA$，$B\to cAB$，$A\to BaB$，$A\to aBc$，$A\to a$，$B\to b$，给出下面句子的最左推导、最右推导和相应的导出树。

$$w=(bd)^2(ab)^2c^2ab$$

8. 构造一个接受语言 $L=\{0^n1^n \mid n\geq 1\}$的图灵机。

第 12 章　纠错码简介

纠错码技术是 20 世纪 50 年代提出，20 世纪 60 年代发展起来的。在计算机和数据通信中，经常需要传输二进制数字信号，由于在传输过程中存在各种干扰，可能会使二进制信号产生失真现象，纠错码技术就是用来发现和纠正传输中的错误。本章主要讨论线性分组码，并给出构造纠正单错的群码的方法。

12.1　纠错码的基本概念

在计算机和数据通信中，信息的传送需经过三个必要步骤：首先将所要传送的信息转换成电信号；然后通过可靠的信道，传输电信号；最后再将接收到的电信号还原成原来的信息。

电信号可分为模拟信号和数字信号两种，如电话线传输的信号为模拟信号，而电报传输的信号为数字信号。这里，我们仅限于讨论数字信号。

在计算机和数据通信系统中，信号大多采用二进制表示。在传输二进制数字信号时，由于存在着各种干扰，可能会使二进制信号产生失真现象，即在传输过程中二进制信号 0 可能会变成 1，1 可能会变成 0。图 12-1 是一个二进制信号传输的简单模型，它有一个发送端和一个接收端，二进制信号串 $X=x_1x_2\cdots x_n$ 从发送端发出经传输介质至接收端。由于存在着干扰对传输介质的影响，因而接收端收到的二进制信号串 $X'=x_1'x_2'\cdots x_n'$ 中的 x_i' 可能不一定与 x_i 相等，从而产生了二进制信号的传输错误。

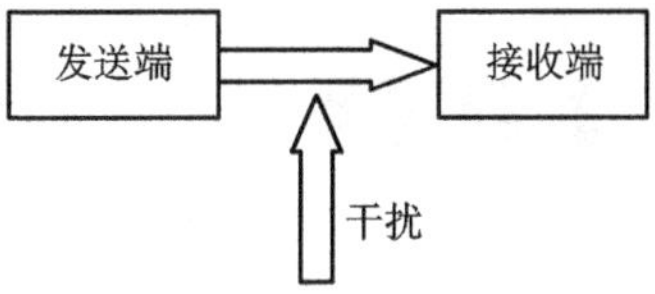

图 12-1　数据通信中信号干扰图示

由于计算机和数据通信系统中的信号传输非常频繁与广泛，因此，如何防止传输错误就变得相当重要了。当然，解决这个问题可以有不同的途径。人们所想到的第一个途径是提高设备的抗干扰能力和信号的抗干扰能力。但是，这种从物理角度去提高抗干扰能力的方式并不能完全消除错误。第二个途径就是采用纠错码的方法来提高抗干扰能力。这种方法是从编码上下功夫，使得二进制数字在传输过程中一旦出错，在接收端的纠错码装置就能立刻发现错误，并将其纠正。由于这种方法简单易行，因此目前广泛应用于计算机和数据通信系统中。采用这种方法后，二进制信号传输模型就变为图 12-2 所示的模型。

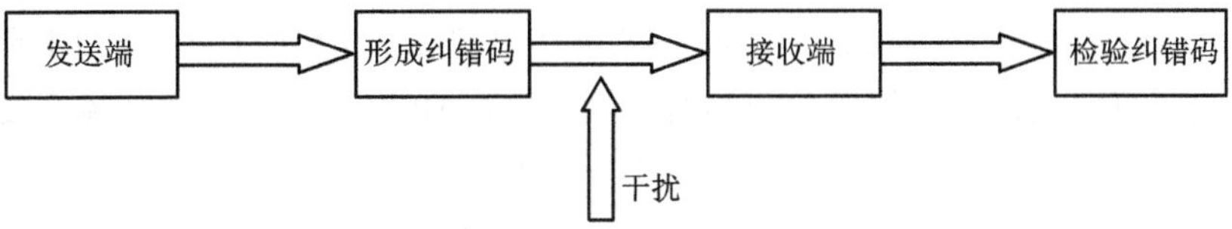

图 12-2　数据通信中纠错码的应用图示

从图 12-2 的模型可以看到，当二进制信号串从发送端发送时，需按规定转换成具有抗干扰能力的纠错码，然后才发送出去。在接收端，当接收到二进制信号串后立即对收到的纠错码进行检查，查对传输过程中是否失真，如失真则纠正。

这个模型的一个典型实现，就是在远程数据传输系统中具有纠错能力的数据传输装置，如图 12-3 所示。

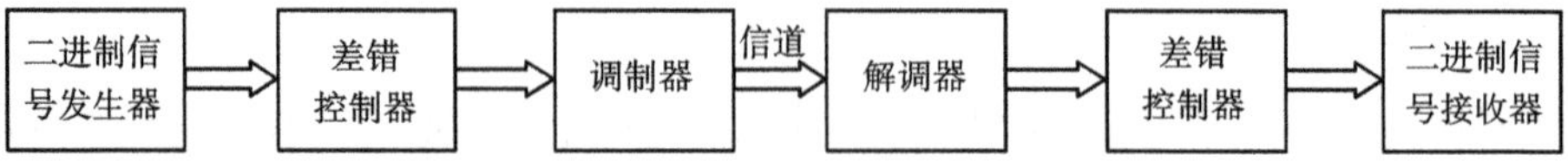

图 12-3　有纠错能力的数据传输装置

从图 12-3 中可以看出，二进制信号发生器发出信号（二进制信号发生器可以是计算机，或者其他装置，如终端等），经差错控制器形成纠错码，然后经调制器使二进制信号变成适宜于信道传输的电信号，这种信号通过信道传输至接收端，首先通过解调器将其还原为原来的二进制信号，再经差错控制器检验经信道传输后是否产生失真，并采取措施进行纠正。经纠正后的二进制信号送入二进制信号接收器（二进制信号接收器可以是计算机，或其他接收装置，如终端等），从而完成整个传输过程。

数字通信中一个重要的问题是由差错控制器形成纠错码，输出端的差错控制器能检测并纠正错误，从而可靠地重现信息序列。差错控制器通常将二进制信号发生器输出的二进制数据 m 变换成一个更长的二进制码，使它具有对付噪声干扰的能力，上述设计方法是根据 1948 年香农（Shannon）提出的编码定理。该定理指出，在一定条件下，只要码的长度充分大，一定存在一种编码、译码方法，使得错误译码的概率充分小。

那么，纠错码为什么具有发现错误、纠正错误的能力呢？纠错码又是按什么样的原理去编的呢？为了说明这些问题，我们首先介绍一些基本概念。

定义 12.1　任一由 0、1 组成的字符串称为字。一些字的集合称为码。码中的字称为码字，不在码中的字称为废码。码中的每个二进制信号 0 或 1 称为码元。

例如，长度为 2 的字集 $S_2=\{00, 01, 10, 11\}$ 有 2^2 个不同的字，S_2 的任一非空子集都是一个码，故共有 2^4-1 个码。长度为 3 的字集 $S_3=\{000, 001, 010, 011, 100, 101, 110, 111\}$ 有 2^3 个不同的字，S_3 的任一非空子集都是一个码，故共有 2^8-1 个码。一般地，字长为 n 的不同字共有 2^n 个。

例 1　考察编码 $C_1=\{00, 01, 10, 11\}$，如果在信息传输过程中，由于噪声的干扰，可能产生一位信息错误，那么码字 10 在第一位出错变为 00，第二位出错变为 11，它们仍是码字。一般地，码 C_1 中任一码字一位出错后仍是码字，因此，这种编码根本无法查错。若选取 $C_2=\{00, 11\}$ 作为编码，码字 00 和 11 有一位出错时将变成 01 或 10，此时 01 和 10 均为废码，因而这种编码可以发现单个错误。但当接收到 01 或 10 时，可以知道传输中发生了单错，但不能判断是 00 出错还是 11 出错。因而，这种编码只能发现单错而不能纠正错误。 ■

例 2　考察编码 $C_3=\{001, 110\}$，因为码字 001 出现单个错误后将变为 000，011，101，而码字 110 出现单错后将变为 111，100，010，这些码字都是废码且互不相同。因此，这种编码不仅能发现单错而且能纠正单错。当然，上述编码还有一个缺点，就是它只能发现并纠正单个错误。当错误超过两个码元时，它就既不能发现错误更无法纠正错误了。 ■

下面来考察信息传输的出错概率。

设 p 表示一个字母在信道中正确传输的概率，那么，由于噪声干扰，产生错误传输的概率是 $q=1-p$。设各位字母的传输是相互独立的，则一个 n 位的码字出现 r 个错误的概率是 $C_n^r p^{n-r} q^r$，其中 C_n^r 是从 n 位中任取 r 位的不同组合数。

12.2　纠错码的纠错能力

由上一节可知，按 C_2 编码仅能发现单个错误，按 C_3 编码可发现并纠正单个错误，由此可以看出，不同的编码具有不同的纠错能力。那么，编码方式与纠错能力之间到底有什么必然的联系呢？为此，我们先来看一个例子。

例 1　对于编码 C_1={00，01，10，11}，上一节已讨论过，它不能发现单错，现在将每一码字增加一位，使每一码字中所含 1 的个数为偶数，它们就变成了 000，011，101，110，如果在传输过程中出现单错，就变成含有奇数个 1 的废码，如 000 发生单错会变成 001，010 或 100。同样，如果在传输过程中一个码字出现三个错，也会变成含有奇数个 1 的废码，因此，对这种码，能发现奇数个错误。但由于 000 在第一位出错，101 在第三位出错，110 在第二位出错都会变成 100，所以不能纠正单错。

同样，若使 C_1 中的每一码字增加一位，使每一码字中所含 1 的个数变为奇数，则也能发现奇数个错误，但不能纠正错误。■

像这种增加奇偶校验位的码称为奇偶校验码，增加的位称为校验位。校验位是各信息位的模 2 求和，且每一码字都是等长的，这种码称为线性分组码。

定义 12.2　设 S_n 是长度为 n 的字集，即 $S_n=\{x_1x_2\cdots x_n \mid x_i=0$ 或 $x_i=1$，$i=1, 2, \cdots, n\}$。定义 S_n 上的二元运算⊕为：对任意的 X，$Y\in S_n$，$X=x_1x_2\cdots x_n$，$Y=y_1y_2\cdots y_n$，$Z=X\oplus Y=z_1z_2\cdots z_n$，其中，$z_i=x_i\oplus y_i$（$i=1, 2, \cdots, n$），而运算符⊕为模 2 加运算，我们称⊕为按位加。

集合{0，1}上运算⊕为模 2 加运算，如表 12-1 所示。

表　12-1

⊕	0	1
0	0	1
1	1	0

定理 12.1　代数系统 $<S_n, \oplus>$ 是群。

证明　由于{0，1}上二元运算⊕是封闭的和可结合的，所以 S_n 上的二元运算⊕是封闭的和可结合的。$\overbrace{00\ldots0}^{n}$ 是幺元。S_n 中任一元素的逆元是自身。因此 $<S_n, \oplus>$ 是群。■

定义 12.3　C 是 S_n 的子集，若 $<C, \oplus>$ 是 $<S_n, \oplus>$ 的子群，则称码 C 是群码。

定义 12.4　设 $X=x_1x_2\cdots x_n$ 和 $Y=y_1y_2\cdots y_n$ 是 S_n 中的两个元素，X 和 Y 中对应位字母不同的个数，称为 X 和 Y 的海明距离，记作 $H(X, Y)$，即 $H(X, Y)=\sum_{i=1}^{n}(x_i \oplus y_i)$。

例 2　设 $n=3$，码{000，011}对运算⊕构成群，它是群码，000 与 011 有两个字母不同，它们的海明距离是 2。码{000，111}对运算⊕构成群码，000 与 111 三个字母都不同，它们的海明距离是 3。■

例 3　设 $n=4$，X=1101，Y=0100，Z=1010，集合{X，Y，Z}对运算⊕不构成群，因为此集合对运算⊕不封闭，也无幺元。$H(X, Y)=2$，$H(Y, Z)=3$，$H(Z, X)=3$。■

对于海明距离，有以下定理。

定理 12.2 设 X，Y，$Z\in S_n$，则：

（1）$H(X, X)=0$。

（2）$H(X, Y)=H(Y, X)$。

（3）$H(X, Y)+H(Y, Z)\geqslant H(X, Z)$。

证明 令 $X=x_1x_2\cdots x_n$，$Y=y_1y_2\cdots y_n$，$Z=z_1z_2\cdots z_n$。

（1）因为 $x_i\oplus x_i=0$，所以 $H(X, X)=\sum_{i=1}^{n}(x_i\oplus x_i)=0$。

（2）因为 $x_i\oplus y_i=y_i\oplus x_i$，所以 $H(X, Y)=\sum_{i=1}^{n}(x_i\oplus y_i)=\sum_{i=1}^{n}(y_i\oplus x_i)=H(Y,X)$。

（3）因为 $(x_i\oplus y_i)+(y_i\oplus z_i)\geqslant x_i\oplus z_i$，所以 $H(X, Y)+H(Y, Z)=\sum_{i=1}^{n}(x_i\oplus y_i)+\sum_{i=1}^{n}(y_i\oplus z_i)=\sum_{i=1}^{n}(x_i\oplus y_i)+(y_i\oplus z_i)\geqslant\sum_{i=1}^{n}(x_i\oplus z_i)=H(X,Z)$。 ■

定义 12.5 一个码 C 中所有不同码字的海明距离的极小值称为码 C 的最小距离或极小距，记为 $d_{\min}(C)$。即 $d_{\min}(C)=\min\limits_{X,Y\in C且X\neq Y}H(X,Y)$。

例如，码{000，111}的极小距是 3，码{1001，0100，1000}的极小距是 1。

利用编码 C 的极小距离，可以刻画编码方式与纠错能力的关系。下面给出两个定理，分别说明一个码的查错和纠错能力。

定理 12.3 一个码 C 能查出不超过 k 个错误当且仅当 $d_{\min}(C)\geqslant k+1$。

证明 若 $d_{\min}(C)\geqslant k+1$，设 C 中码字 X 经传输后变为 X'，如果传输过程中产生错误且错误位数 $r\leqslant k$，则有 $H(X,X')=r\leqslant k$，且 $X\neq X'$。对 C 中任一不为 X 之码字 Y，有 $H(X,Y)\geqslant d_{\min}(C)\geqslant k+1>H(X, X')$，于是 X' 不是码 C 中不同于 X 的码字，即 X' 是废码。这就意味着码 C 能查出不超过 k 个错误。

反之，设码 C 能检查出不超过 k 个错误，这表示与一个码字的海明距离不超过 k（且 $k>0$）的所有字都是废码，于是码 C 中任两个码字的海明距离至少为 $k+1$，因此有 $d_{\min}(C)\geqslant k+1$。 ■

例如，码{000，111}的极小距是 3，能查出单错和两个错；码{1001，0100，1000}的极小距是 1，不能查出错，如码字 1001 在第四位出错，成为 1000，不是废码。

为讨论纠错，先建立一条译码准则。

最小距离译码准则 给定码 C，设接收字为 X'，在 C 中找一码字 X，使 X 与 X' 的海明距离是 X' 与 C 中所有码字海明距离的极小值，则将 X' 译为 X。

定理 12.4 一个码 C 能纠正 k 个错误当且仅当 $d_{\min}(C)\geqslant 2k+1$。

证明 若 $d_{\min}(C)\geqslant 2k+1$，设 C 中码字 X 经传输后变为 X'，且 $H(X, X')=k$，对任一 $Y\in C$ 且 $Y\neq X$，因为 $H(X, Y)\geqslant d_{\min}(C)\geqslant 2k+1$，所以 $H(X', Y)\geqslant H(X, Y)-H(X, X')\geqslant (2k+1)-k=k+1$。根据最小距离译码准则，$X'$ 只能译成 X，不能译成其他码字，所以能纠正 k 个错误。

反之，设码 C 能纠正 k 个错。用反证法。假设 $d_{\min}(C)\leqslant 2k$，则存在 X，$Y\in C$，$H(X, Y)\leqslant 2k$，由定理 12.3 知 $H(X, Y)\geqslant k+1$，X 与 Y 中至少有 $k+1$ 位不同。设发送字 X 经传输后变为 X'，而 X' 与 X 有 k 位不同，且这 k 位恰是 X 与 Y 不同位的一部分。因为 $H(X, Y)\leqslant 2k$，所以 X' 与

Y的不同位数$\leqslant k$，即$H(X', Y)\leqslant k$。根据最小距离译码准则，如果$H(X', Y)<k$，则X'可错误地纠正成Y；若$H(X', Y)=k$，则X'可纠正为X或Y。因此不能纠正k个错误，与假设矛盾。■

例 4　编码$C_3=\{000, 111\}$能纠正单错，因为$d_{\min}(C_3)=3=2\times1+1$。但编码$C_2=\{00, 11\}$不能纠正单错，因为$d_{\min}(C_2)=2$。■

12.3　纠错码的选择

我们知道S_2无纠错能力，但在S_2中选取C_2后，C_2具有发现单错的能力。同样，S_3无纠错能力，但在S_3中选取C_3后，C_3具有纠正单错的能力。从这里可以看出，如何从一些编码中选取一些码字组成新码，使其具有一定的纠错能力，是一个很重要的课题。

在计算机中经常使用的一种编码叫做海明码，它是 1950 年由海明提出的，这种编码能发现并纠正一个错误。在讨论构造海明码之前，先看一个例子。

例 1　设有编码S_4，S_4中每个码字为$a_1a_2a_3a_4$，若增加三位校验位a_5，a_6，a_7，使其成为字长为 7 的码字$a_1a_2a_3a_4a_5a_6a_7$，其中校验位a_5，a_6，a_7应满足下列方程：

$$a_1\oplus a_2\oplus a_3\oplus a_5=0 \tag{1}$$

$$a_1\oplus a_2\oplus a_4\oplus a_6=0 \tag{2}$$

$$a_1\oplus a_3\oplus a_4\oplus a_7=0 \tag{3}$$

由此可知，a_1，a_2，a_3，a_4一旦确定，则校验位a_5，a_6，a_7可根据上述方程惟一确定。这样，我们就可以得到一个长度为 7 的编码C，如表 12-2 所示。

表 12-2　码 C 的码表

a_1	a_2	a_3	a_4	a_5	a_6	a_7
0	0	0	0	0	0	0
0	0	0	1	0	1	1
0	0	1	0	1	0	1
0	0	1	1	1	1	0
0	1	0	0	1	1	0
0	1	0	1	1	0	1
0	1	1	0	0	1	1
0	1	1	1	0	0	0
1	0	0	0	1	1	1
1	0	0	1	1	0	0
1	0	1	0	0	1	0
1	0	1	1	0	0	1
1	1	0	0	0	0	1
1	1	0	1	0	1	0
1	1	1	0	1	0	0
1	1	1	1	1	1	1

这种编码C能发现单错，并能纠正单错。如果C中码字发生单错，则上述三个方程必定至少有一个等式不满足；当C中码字发生单错后，不同的字位错误可使方程中不同的等式不

成立。如当 a_3 发生错误时必有方程（1）、（3）不成立，而当 a_2 发生错误时必有方程（1）、（2）不成立，方程中三个等式的八种组合可对应 $a_1 \sim a_7$ 的七个码元每个码的错误以及一个正确无误的码字。为讨论方便起见，我们建立三个谓词：

$$P_1:\ a_1 \oplus a_2 \oplus a_3 \oplus a_5 = 0$$

$$P_2:\ a_1 \oplus a_2 \oplus a_4 \oplus a_6 = 0$$

$$P_3:\ a_1 \oplus a_3 \oplus a_4 \oplus a_7 = 0$$

对任一字 $a_1a_2a_3a_4a_5a_6a_7$，当右端方程满足时，则 P_i 为真，否则为假。如对于字 0001101，P_1 和 P_2 为假，P_3 为真。

根据 P_1，P_2，P_3 的真假能够发现并纠正单错，如表 12-3 所示。

表 12-3 纠错对照表

P_1	P_2	P_3	出错字母
1	1	1	无
1	1	0	a_7
1	0	1	a_6
0	1	1	a_5
1	0	0	a_4
0	1	0	a_3
0	0	1	a_2
0	0	0	a_1

例如，接收字是 1000011，代入方程（1）、（2）和（3），方程（1）不满足，（2）和（3）满足，故 P_1 值为假，P_2 和 P_3 值为真，由表 12-3 可知出错字母为 a_5，因此发送字为 1000111。又如接收字是 0101101，方程（1）、（2）和（3）都满足，P_2，P_1，P_3 都为真，故无出错字母，发送字为 0101101。■

现在，我们将这个例子加以抽象，首先将方程（1）、（2）和（3）表示为矩阵形式：$\overrightarrow{\boldsymbol{X}} \cdot \boldsymbol{H}^{\mathrm{T}} = 0'$，其中，$\overrightarrow{\boldsymbol{X}} = (a_1,\ a_2,\ \cdots,\ a_7)$，它是码字 $X = a_1a_2\cdots a_7$ 所对应的向量，$\boldsymbol{H}^{\mathrm{T}}$ 是 $\boldsymbol{H}$ 的转置矩阵，而 $\boldsymbol{H}$ 为

$$\boldsymbol{H} = \begin{bmatrix} 1 & 1 & 1 & 0 & 1 & 0 & 0 \\ 1 & 1 & 0 & 1 & 0 & 1 & 0 \\ 1 & 0 & 1 & 1 & 0 & 0 & 1 \end{bmatrix}$$

从这里可以看出，一个编码可由矩阵 $\boldsymbol{H}$ 确定，而它的纠错能力可由 $\boldsymbol{H}$ 的特性决定。下面讨论矩阵 $\boldsymbol{H}$。

定义 12.6 一个码字 X 所含 1 的个数，称为此码字的重量，记为 $W(X)$。

例如，码字 0001001 的重量为 2，码字 1000000 的重量为 1，码字 00…0 的重量为 0，通常将 00…0 记为 0′。利用码字的重量，我们有如下定理。

定理 12.5 设有码 C，对任一 X，$Y \in C$，有 $H(X,\ Y) = H(X \oplus Y,\ 0') = W(X \oplus Y)$。

证明 设 $X = x_1x_2\cdots x_n$，$Y = y_1y_2\cdots y_n$，$Z = X \oplus Y = z_1z_2\cdots z_n$，其中 $z_i = x_i \oplus y_i$（$i = 1,\ 2,\ \cdots,\ n$），则有 $H(X,\ Y) = \sum_{i=1}^{n}(x_i \oplus y_i) = \sum_{i=1}^{n}((x_i \oplus y_i) \oplus 0') = H(X \oplus Y,\ 0')$。又因为 $\sum_{i=1}^{n}(x_i \oplus y_i) = W(X \oplus Y)$，所以 $H(X, Y) = H(X \oplus Y, 0') = W(X \oplus Y)$。■

定理 12.6 群码 C 中非零码字的最小重量等于此群码的极小距，即 $\min\limits_{Z \in C 且 Z \neq 0'} W(Z) = d_{\min}(C)$。

证明 因为<C，$\oplus$>是群，幺元 $0' \in C$，对于任一非零码字 Z，有 $W(Z) = W(Z \oplus 0') = H(Z,\ 0') \geqslant \min\limits_{X, Y \in C 且 X \neq Y} H(X, Y) = d_{\min}(C)$，所以 $\min\limits_{Z \in C 且 Z \neq 0'} W(Z) \geqslant d_{\min}(C)$。

对于 X，$Y \in C$ 且 $X \neq Y$，由于 $\oplus$ 是封闭的，则有 $X \oplus Y \in C$ 且 $X \oplus Y \neq 0$。于是 $H(X,\ Y) = W(X \oplus Y) \geqslant \min\limits_{Z \in C 且 Z \neq 0'} W(Z)$，所以 $d_{\min}(C) = \min\limits_{X, Y \in C 且 X \neq Y} H(X,\ Y) \geqslant \min\limits_{Z \in C 且 Z \neq 0'} W(Z)$。

因此，$\min\limits_{Z\in C且Z\neq 0'} W(Z)=d_{\min}(C)$。■

这个定理给出了群码 C 的极小距与最小重量的关系。

定理 12.7　设 $\boldsymbol{H}$ 是 k 行 n 列矩阵，$X=x_1x_2\cdots x_n$ 是 n 位二进制串，$G=\{X|\overrightarrow{\boldsymbol{X}}\cdot\boldsymbol{H}^{\mathrm{T}}=0'\}$，则 $<G, \oplus>$是群，即 G 是群码。

证明　因为$< S_n, \oplus>$是有限群，$G\subseteq S_n$，根据有限子群判别条件，只要证明 G 是封闭的即可。设 X，$Y\in G$，则 $\overrightarrow{\boldsymbol{X}}\cdot\boldsymbol{H}^{\mathrm{T}}=0'$，$\overrightarrow{\boldsymbol{Y}}\cdot\boldsymbol{H}^{\mathrm{T}}=0'$，于是 $\overline{(\boldsymbol{X}\oplus\boldsymbol{Y})}\cdot\boldsymbol{H}^{\mathrm{T}}=\overrightarrow{\boldsymbol{X}}\cdot\boldsymbol{H}^{\mathrm{T}}\oplus\overrightarrow{\boldsymbol{Y}}\cdot\boldsymbol{H}^{\mathrm{T}}=0'\oplus 0'=0'$，即有 $X\oplus Y\in G$，因此 G 是群码。■

由本定理可知海明码是群码。

定义 12.7　群码 $G=\{X|\overrightarrow{\boldsymbol{X}}\cdot\boldsymbol{H}^{\mathrm{T}}=0'\}$称为由 $\boldsymbol{H}$ 生成的群码，而 G 中每一码字称为由 $\boldsymbol{H}$ 生成的码字，矩阵 $\boldsymbol{H}$ 称为一致校验矩阵。

矩阵 $\boldsymbol{H}$ 的 n 个列向量记为 h_1，h_2，…，h_n，则 $\boldsymbol{H}=(h_1 \quad h_2 \quad \cdots \quad h_n)$。

定义列向量 h_i 和 h_j 的和 $h_i\oplus h_j$ 为

$$h_i\oplus h_j=\begin{bmatrix} h_{1i}\oplus h_{1j} \\ h_{2i}\oplus h_{2j} \\ \vdots \\ \vdots \\ h_{ki}\oplus h_{kj} \end{bmatrix}$$

定理 12.8　一致校验矩阵 $\boldsymbol{H}$ 生成一个重量为 p 的码字⇔在 $\boldsymbol{H}$ 中存在 p 个列向量，它们的按位加为 $0'$。

证明　若 $\boldsymbol{H}$ 中存在 p 个列向量 h_{i_1}，h_{i_2}，…，h_{i_p}，满足 $h_{i_1}\oplus h_{i_2}\oplus\cdots\oplus h_{i_p}=0'$。构造一个字 $X=x_1x_2\cdots x_n$，其中 x_{i_1}，x_{i_2}，…，x_{i_p} 均为 1，其余为 0，则有 $\overrightarrow{\boldsymbol{X}}\cdot\boldsymbol{H}^{\mathrm{T}}=(h_{i_1}\oplus h_{i_2}\oplus\cdots\oplus h_{i_p})^{\mathrm{T}}=0'$，故此 X 是由 $\boldsymbol{H}$ 生成的重量为 p 的码字。

反之，若 $\boldsymbol{H}$ 生成重量为 p 的码字 X，设 $X=x_1x_2\cdots x_n$，其中 $x_{i_1}=x_{i_2}=\cdots=x_{i_p}=1$，其余为 0，则由 $\overrightarrow{\boldsymbol{X}}\cdot\boldsymbol{H}^{\mathrm{T}}=0'$可得 $h_{i_1}\oplus h_{i_2}\oplus\cdots\oplus h_{i_p}=0'$。故 p 个列向量 h_{i_1}，h_{i_2}，…，h_{i_p} 按位加为 $0'$。■

推论　由 $\boldsymbol{H}$ 生成的群码的极小距等于 $\boldsymbol{H}$ 中列向量按位加为 0 的最小列向量数。

由于一个码的纠错能力由其极小距决定，所以根据这个推论可知，一个群码的纠错能力可由其一致校验矩阵 $\boldsymbol{H}$ 中列向量按位加为 $0'$的最小列向量数决定。因此，只要选取适当的 $\boldsymbol{H}$ 就可使其生成的码达到预定的纠错能力。

如果矩阵 $\boldsymbol{H}$ 中列向量和为 $0'$的最小向量数是 1，则在 $\boldsymbol{H}$ 中恰存在一个列向量为零向量。

如果矩阵 $\boldsymbol{H}$ 中列向量和为 $0'$的最小向量数是 2，则在 $\boldsymbol{H}$ 中恰存在两个相同的列向量。

对于例 1，$\boldsymbol{H}$ 中没有零列向量，且各列向量之间均互不相同，但它的第二、三、四列向量的按位加为 $0'$，由此推论可知这个码的极小距为 3，再由定理 12.4 可知，此群码必能纠正单个错误。

将上述海明码推广到一般的情况，码 C 的每一码字 X 由信息位 $x_1x_2\cdots x_m$ 及校验位 $x_{m+1}x_{m+2}\cdots x_{m+k}$ 组成，其形式为：$X=x_1x_2\cdots x_mx_{m+1}x_{m+2}\cdots x_{m+k}$。

X 中 k 位校验位与 m 位信息位之间有关系：$x_{m+i}=q_{i1}x_1+q_{i2}x_2+\cdots+q_{im}x_m$（$1\leqslant i\leqslant k$），其中 $q_{ij}\in\{0, 1\}$，$1\leqslant j\leqslant m$。

令 $\boldsymbol{H}=(\boldsymbol{Q}_{k\times m}\quad \boldsymbol{I}_{k\times k})$，其中

$$\boldsymbol{Q}=\begin{bmatrix} q_{11} & q_{12} & \cdots & q_{1m} \\ q_{21} & q_{22} & \cdots & q_{2m} \\ \cdots & \cdots & \cdots & \cdots \\ q_{k1} & q_{k2} & \cdots & q_{km} \end{bmatrix}_{k\times m} \qquad \boldsymbol{I}=\begin{bmatrix} 1 & & & 0 \\ & 1 & & \\ & & \ddots & \\ 0 & & & 1 \end{bmatrix}_{k\times k}$$

码 C 中任一码字满足方程：$\overrightarrow{\boldsymbol{X}}\cdot\boldsymbol{H}^{\mathrm{T}}=0'$。记 $n=m+k$，这种码简称为(n, m)码。

要使码 C 能纠正单个错误，由前面的定理可知，只要对 $\boldsymbol{H}$ 进行适当的赋值使得 $\boldsymbol{H}$ 的列向量均不相同且无零列向量，就可保证 C 的极小距大于 2，即要求 $\boldsymbol{H}$ 中 $\boldsymbol{Q}$ 的列向量均不为零且不出现 $\boldsymbol{I}$ 中的所有 k 个列向量。因为 $\boldsymbol{Q}$ 的列向量是 k 维的，故可有 2^k 个不同列向量，而供 $\boldsymbol{Q}$ 选择的列向量是这 2^k 个列向量除去 $\boldsymbol{I}$ 中 k 个列向量及零列向量以外的所有 2^k-k-1 个列向量。故可在 2^k-k-1 个列向量中任选 m 个列向量组成 $\boldsymbol{Q}$。m 与 k 之间满足 $m\leqslant 2^k-k-1$ 或 $2^k\geqslant(m+k)+1=n+1$，即 $k\geqslant\log_2(n+1)$。

因此，只要码 C 中校验位位数 k 满足 $k\geqslant\log_2(n+1)$，就可以在 2^k-k-1 个列向量中任选 m 个列向量组成 $\boldsymbol{Q}$，而使 C 具有纠正单错的能力。从这里也可以看出如何组织具有一定要求的纠错能力的纠错码。

例 2 设 $n=7$，$2^k\geqslant 7+1=8$，$k\geqslant 3$，我们取 $k=3$，则 $m=n-k=7-3=4$，即每一码字中 4 位是信息位，3 位是校验位，在一致校验矩阵 $\boldsymbol{H}$ 中，$\boldsymbol{Q}$ 有 4 个列向量，而 $2^k-k-1=2^3-3-1=4$，故 $\boldsymbol{Q}$ 的 4 个列向量是惟一确定的，它们是：

$$\begin{bmatrix}1\\1\\1\end{bmatrix},\ \begin{bmatrix}1\\1\\0\end{bmatrix},\ \begin{bmatrix}1\\0\\1\end{bmatrix},\ \begin{bmatrix}0\\1\\1\end{bmatrix}$$

因而 $\boldsymbol{H}$ 是

$$\boldsymbol{H}=\begin{bmatrix} 1 & 1 & 1 & 0 & 1 & 0 & 0 \\ 1 & 1 & 0 & 1 & 0 & 1 & 0 \\ 1 & 0 & 1 & 1 & 0 & 0 & 1 \end{bmatrix}$$

此 $\boldsymbol{H}$ 就是例 1 的海明码的 $\boldsymbol{H}$，此例中的(7, 4)码是惟一的。 ■

例 3 设 $n=9$，$2^k\geqslant 9+1=10$，$k\geqslant 4$。如取 $k=4$，则 $m=9-4=5$。在一致校验矩阵 $\boldsymbol{H}$ 中，Q 有 5 个列向量，而 $2^k-k-1=2^4-4-1=11$，所以 $\boldsymbol{Q}$ 可以有 $C_{11}^5=462$ 种组成方法。故下面都是一致校验矩阵：

$$\boldsymbol{H}_1=\begin{bmatrix} 0 & 1 & 1 & 1 & 1 & 1 & 0 & 0 & 0 \\ 1 & 0 & 1 & 0 & 1 & 0 & 1 & 0 & 0 \\ 1 & 0 & 0 & 1 & 1 & 0 & 0 & 1 & 0 \\ 0 & 1 & 0 & 1 & 0 & 0 & 0 & 0 & 1 \end{bmatrix} \qquad \boldsymbol{H}_2=\begin{bmatrix} 0 & 1 & 0 & 1 & 0 & 1 & 0 & 0 & 0 \\ 0 & 1 & 1 & 1 & 1 & 0 & 1 & 0 & 0 \\ 1 & 0 & 1 & 1 & 1 & 0 & 0 & 1 & 0 \\ 1 & 0 & 0 & 0 & 1 & 0 & 0 & 0 & 1 \end{bmatrix}$$

矩阵 $\boldsymbol{H}_1$ 中第三列、第五列、第八列 3 个列向量之和为零向量，所以它对应的码只能纠正单错。同样，矩阵 $\boldsymbol{H}_2$ 中第三列、第四列、第六列 3 个列向量之和为零向量，所以它对应的码也只能纠正单错。 ■

12.4　群码的校正

上一节给出了纠正单错的方法，但这个方法较繁琐，下面将介绍一个简单的方法——查表译码法。

设有一海明码 C，它的字长为 n，其信息位长为 m，校验位长为 $k=n-m$，$<C, \oplus>$是$<S_n, \oplus>$的子群。

设有 $X\in C$，X 在传输过程中第 i 位发生了错误而变为 X'。令 $e_i=\overbrace{0\cdots010\cdots0}^{n}$，其中 1 恰在第 i 位，此时有 $X'\oplus e_i=X$，$X\oplus e_i=X'$，$H(X, X')=W(X\oplus X')=W(e_i)=1$，根据最小距离译码准则接收字 X'应译为 X。

因为海明码 C 可纠正单错，$\min\limits_{Z\in C且Z\neq 0'} W(Z)\geqslant 3$，即 C 中除零码字 $\overbrace{00\cdots0}^{n}$ 外，不包含重量不超过 2 的字，所以 $e_i\notin C$（$1\leqslant i\leqslant n$）。在群$<S_n, \oplus>$中，C 关于 e_i 的左陪集为 $e_i\oplus C$，这种左陪集可有 n 个。

由拉格朗日定理可知，C 在 S_n 中的左陪集个数有$|S_n|/|C|=2^{n-m}=2^k$个。若 $2^k=n+1$，则 S_n 中关于 C 的所有左陪集为：C，$e_1\oplus C$，$e_2\oplus C$，…，$e_n\oplus C$。否则，继续求 C 的其他左陪集，方法是：取一个不在已有左陪集中的字 z，构造左陪集 $z\oplus C$，依此类推，直到 2^k 个左陪集构造完毕。

设 $C=\{c_1, c_2, \cdots, c_{2^m}\}$，按下列方法构造一张表，这个表叫做译码表，如表 12-4 所示。其中 $p=2^k-(n+1)$。

表 12-4　译码表

C:	c_1	c_2	c_3	…	c_{2^m}
$e_1\oplus C$:	$e_1\oplus c_1$	$e_1\oplus c_2$	$e_1\oplus c_3$	…	$e_1\oplus c_{2^m}$
$e_2\oplus C$:	$e_2\oplus c_1$	$e_2\oplus c_2$	$e_2\oplus c_3$	…	$e_2\oplus c_{2^m}$
…	…	…	…	…	…
$e_n\oplus C$:	$e_n\oplus c_1$	$e_n\oplus c_2$	$e_n\oplus c_3$	…	$e_n\oplus c_{2^m}$
$z_1\oplus C$:	$z_1\oplus c_1$	$z_1\oplus c_2$	$z_1\oplus c_3$	…	$z_1\oplus c_{2^m}$
$z_2\oplus C$:	$z_2\oplus c_1$	$z_2\oplus c_2$	$z_2\oplus c_3$	…	$z_2\oplus c_{2^m}$
…	…	…	…	…	…
$z_p\oplus C$:	$z_p\oplus c_1$	$z_p\oplus c_2$	$z_p\oplus c_3$	…	$z_p\oplus c_{2^m}$

利用上表，我们就可以进行译码。设接收字为 X'，它在表的第 i 行第 j 列，则 X'的发送字为 c_j，X'的错码位为 i，这就是查表译码法。

例 1　设 $m=3$，$n=6$，一致校验矩阵是

$$\boldsymbol{H}=\begin{bmatrix}1&1&0&1&0&0\\1&0&1&0&1&0\\1&1&1&0&0&1\end{bmatrix}$$

它的校验位满足下列方程：

$$a_4=a_1\oplus a_2$$

$$a_5=a_1\oplus a_3$$

$$a_6=a_1\oplus a_2\oplus a_3$$

因为 $\boldsymbol{H}$ 的列向量中无零向量且各不相同，$h_1 \oplus h_2 \oplus h_5 = 0'$，所以 $\boldsymbol{H}$ 生成的群码 C 可以纠正单错。

C={000000，001011，010101，011110，100111，101100，110010，111001}

它的译码表如表 12-5 所示。

表 12-5 C 的译码表

C：	000000	001011	010101	011110	100111	101100	110010	111001
$e_1 \oplus C$：	100000	101011	110101	111110	000111	001100	010010	011001
$e_2 \oplus C$：	010000	011011	000101	001110	110111	111100	100010	101001
$e_3 \oplus C$：	001000	000011	011101	010110	101111	100100	111010	110001
$e_4 \oplus C$：	000100	001111	010001	011010	100011	101000	110110	111101
$e_5 \oplus C$：	000010	001001	010111	011100	100101	101110	110000	111011
$e_6 \oplus C$：	000001	001010	010100	011111	100110	101101	110011	111000
$z \oplus C$：	000110	001101	010011	011000	100001	101010	110100	111111

如果以表 12-5 的方框字为接收字，则它们对应的发送字和出错位可用表 12-6 表示。

表 12-6

接收字	接收字所在行、列	发送字	出错位
011011	[3，2]	001011	2
011100	[6，4]	011110	5
101100	[1，6]	101100	无
111000	[7，8]	111001	6

■

12.5 典型例题分析

例 1 给定码字{00000，10001，01100，10101}，求码 C 中任两个码字的海明距离和码 C 的极小距 $d_{\min}(C)$。此码是否有查错或纠错能力？

【相关知识】 海明距离、极小距的概念，定理 12.3 和定理 12.4。

解 根据海明距离的概念，有 $H(00000, 10001)=2$；$H(00000, 01100)=2$；$H(00000, 10101)=3$；$H(10001, 01100)=4$；$H(10001, 10101)=1$，$H(01100, 10101)=3$。

码 C 的极小距 $d_{\min}(C)=1$。

因为码 C 的极小距是 1，由定理 12.3 和定理 12.4 知，此码没有查错或纠错能力。

例 2 求下列码的极小距和码中非零码字的最小重量，两者是否相等？说明理由。

C_1={0000，1111}，C_2={001，010，100}，C_3={110，111}

【相关知识】 群码 C 中非零码字的最小重量等于此群码的极小距。

【分析】 要判断 C_1，C_2，C_3 是否是群码。

解 （1）对于 C_1，非零码字 1111 的重量是 4，C_1 的极小距也是 4，两者相等。因此码 C_1={0000，1111}为群码。

（2）对于 C_2，非零码字 001，010，100 的最小重量是 1，C_2 的极小距是 2，两者不相等。因此码 C_2={001，010，100}不是群码。

（3）对于 C_3，非零码字 110，111 的最小重量是 2，C_3 的极小距是 1，两者不相等。因此码 C_3={110，111}不是群码。

例 3　构造一个可纠正单错的(7，3)码，并求出此码中非零码字的最小重量。

【相关知识】　一致校验矩阵，由一致校验矩阵生成群码。

【分析】　一致校验矩阵与群码的关系。

解　因为是构造(7，3)码，所以 n=7，信息位为 m，校验位为 k，对于校验位 k，要求满足 $2^k \geqslant 7+1=8$，$k \geqslant 3$ 即可，(7，3)码取 k=4，m=3，则一致校验矩阵 $\boldsymbol{H}$ 为

$$\boldsymbol{H}=\begin{bmatrix} & 1 & 0 & 0 & 0 \\ & 0 & 1 & 0 & 0 \\ \boldsymbol{Q}_{4\times3} & 0 & 0 & 1 & 0 \\ & 0 & 0 & 0 & 1 \end{bmatrix}$$

矩阵 $\boldsymbol{Q}$ 有 3 个列向量，而 $2^4-1-4=11$，所以 $\boldsymbol{Q}$ 可以有 $C_{11}^3=165$ 种组成方法，即可有 165 个不同的(7，3)码。构造其中的一个一致校验矩阵：

$$\boldsymbol{H}=\begin{bmatrix} 1 & 0 & 0 & 1 & 0 & 0 & 0 \\ 1 & 1 & 0 & 0 & 1 & 0 & 0 \\ 0 & 1 & 1 & 0 & 0 & 1 & 0 \\ 0 & 0 & 1 & 0 & 0 & 0 & 1 \end{bmatrix}$$

矩阵 $\boldsymbol{H}$ 的第一列、第四列、第五列 3 个列向量之和为零向量，所以它对应的码只能纠正单错。

它的校验位满足下列方程：

$$a_4=a_1$$
$$a_5=a_1 \oplus a_2$$
$$a_6=a_2 \oplus a_3$$
$$a_7=a_3$$

$\boldsymbol{H}$ 对应的线性分组码为：C={0000000，0010011，0100110，0110101，1001100，1011111，1101010，1111001}，此码中非零码字的最小重量是 3。因为 C 为群码，所以 C 的极小距也是 3，可以纠正单错。

12.6　上机实验

1．实验内容

已知一个（n，m）码的一致校验矩阵 $\boldsymbol{H}$，编程求出满足其校验方程的可纠正单错的（n，m）码，并能根据给出的接收字求出其对应的发送字。

2．实验目的

纠错码理论是离散数学在计算机科学中的重要应用。通过该实验，目的是让学生更加深刻地理解纠错码的相关概念，并能通过程序实现纠正单错。

3．算法的主要思想

设 n，m 和 k 分别为码长、信息位长和校验位长，$\boldsymbol{H}$ 为一致校验矩阵，YMB[0]为群码，E 为

左陪集的代表元，*YMB* 为译码表。*C*、*E* 和 *YMB* 中每个元素分别存放其二进制数对应的十进制数。

求一个接收字的发送字的算法描述如下：

① 输入 n，m 和 $\boldsymbol{H}$。

② 根据 $\boldsymbol{H}$ 求得群码 $YMB[0]$。

③ 求 $E[i]=\overbrace{0\cdots010\cdots0}^{n}$，其中 1 恰在第 i 位，i=1，2，…，n。

④ 构造译码表。

首先，求群码 $YMB[0]$的所有左陪集：$YMB[0]$，$E[1]\oplus YMB[0]$，$E[2]\oplus YMB[0]$，…，$E[n]\oplus YMB[0]$。

其次，如果 $2^k>n+1$，取一个不在上述左陪集中的字 z，依此类推，直到 2^k 个左陪集构造完毕。

⑤ 输入接收字，并根据译码表求出其发送字。

习 题

1．构造出所有长度为 2 的二进制编码，找出能检查出单错的编码。是否存在纠正单错的编码？为什么？对长度为 3 的二进制编码，找出能纠正单错的编码。

2．一个字长 8 位的码字在传输过程中要求两位出错的概率不超过 10^{-3}，求字母正确传输的概率。

3．给定码 C={100111，111001，110010，101100}，求出码 C 中任两个码字的海明距离和码 C 的极小距 $d_{\min}(C)$。

4．证明字长不超过 $2k$ 的码不能纠正 k 个错误，字长不超过 k 的码不能查 k 个错误。

5．设 C={000000，010101，011110，001011，100111，111001，110010，101100}，求码 C 的极小距和码中非零码字的最小重量，两者是否相等？说明理由。

6．给定线性码 C，如果 $d_{\min}(C)\geqslant k+k'+1$（$k'\geqslant k$），则码 C 能查 k' 个错且能纠正 k 个错，构造一个能纠正单错且能查出两个错的线性码。

7．构造一个可纠正单错的(9，5)码，写出它的一致校验矩阵。

8．考察一个(7，4)码，它的校验位 a_5，a_6 和 a_7 满足下列方程：

$$a_5=a_1\oplus a_2\oplus a_3$$

$$a_6=a_1\oplus a_2\oplus a_4$$

$$a_7=a_1\oplus a_3\oplus a_4$$

构造译码表，并求接收字 1000111，0110010 和 1111110 的发送字。

9．给定码 C={00000，11111}，证明它是一个群码，并能纠正两个传输错误。构造译码表，确定接收字 01001，01110，11101，01101 和 11111 的发送字。

10．给定一个(8，4)码，它的一致校验矩阵是

$$\boldsymbol{H}=\begin{bmatrix}1&1&1&1&1&0&0&0\\1&1&0&0&0&1&0&0\\0&1&1&0&0&0&1&0\\0&0&1&1&0&0&0&1\end{bmatrix}$$

构造译码表，并求接收字 00111001，10000111，00011010 和 00101111 的发送字。

参 考 文 献

[1] 左孝凌，李为鑑，刘永才. 离散数学[M]. 上海：上海科学技术文献出版社，1982.
[2] 李盘林，李丽双，李洋，王春立. 离散数学[M]. 北京：高等教育出版社，2001.
[3] 耿素云，屈婉玲. 离散数学[M]. 北京：高等教育出版社，2001.
[4] 吴顺唐. 离散数学[M]. 上海：华东师范大学出版社，2000.
[5] 王元元，张桂芸. 计算机科学中的离散结构[M]. 北京：机械工业出版社，2004.
[6] 潘承洞，潘承彪. 简明数论[M]. 北京：北京师范大学出版社，2001.
[7] 张君达. 数论基础[M]. 北京：北京科学技术出版社，2002.
[8] 耿素云，屈婉玲，张立昂. 离散数学[M]. 北京：清华大学出版社，2000.
[9] 邱学绍. 离散数学[M]. 北京：机械工业出版社，2005.
[10] 徐洁磐，朱怀宏，宋方敏. 离散数学及其在计算机中的应用[M]. 北京：人民邮电出版社，2005.
[11] 胡新启. 离散数学考点精要与解题指导[M]. 北京：人民邮电出版社，2002.
[12] 蒋宗礼，姜守旭. 形式语言与自动机理论[M]. 北京：清华大学出版社，2004.
[13] 徐凤生. 最短路径的求解算法[J]. 计算机应用，2004（5）.
[14] 徐凤生，黄倩. 关键路径求解的新算法[J]. 计算机应用，2004（12）.
[15] 徐凤生. 求关键路径的新算法[J]. 计算机工程与应用，2005（24）.
[16] 徐凤生. 求最短路径的新算法[J]. 计算机工程与科学，2006（2）.
[17] 徐凤生，李天志. 所有最短路径的求解算法[J]. 计算机工程与科学，2006（12）.
[18] 徐凤生，李天志. 命题逻辑中真值表的生成方法[J]. 计算机工程与科学，2008（1）.
[19] 徐凤生. 离散数学实验教学探讨[J]. 计算机时代，2008（2）.
[20] 徐凤生. 有向图所有单向连通分支的求解算法[J]. 德州学院学报 ，2008（2）.

推荐阅读

作者：Abraham Silberschatz 著
中文翻译版：978-7-111-37529-6，99.00元
英文精编版：978-7-111-40086-8，69.00元
本科教学版：978-7-111-40085-1，59.00元

作者：Jiawei Han 等著
英文版：978-7-111-37431-2，118.00元
中文版：978-7-111-39140-1，79.00元

作者：Ian H.Witten 等著
英文版：978-7-111-37417-6，108.00元
中文版：978-7-111-45381-9，79.00元

作者：Andrew S. Tanenbaum 著
书号：978-7-111-35925-8，99.00元

作者：Behrouz A. Forouzan 著
英文版：978-7-111-37430-5，79.00元
中文版：978-7-111-40088-2，99.00元

作者：James F. Kurose 著
书号：978-7-111-45378-9，79.00元

作者：Thomas H. Cormen 等著
书号：978-7-111-40701-0，128.00元

作者：John L. Hennessy 著
书号：978-7-111-36458-0，138.00元

作者：Edward Ashford Lee 著
书号：978-7-111-36021-6，55.00元